中国船闸文明演变进化史研究

韩志孝　李家熹　著

黄河水利出版社

·郑州·

内 容 提 要

本书既是一本专门研究我国船闸文明演变进化的史学专著，又是一本讲述全球船闸文明传播与发展的科普书籍。同时，它还是一本弘扬中华文明博大精深与源远流长的历史教科书以及对青少年进行爱国主义传统教育的优秀课外读物！

本书内容翔实、史实确凿、主线明晰、阶段清楚、分析独到、图文并茂。它既是对船闸文明演变进化历史的探索，同时又是对新中国成立70余年来社会主义建设伟大成就的讴歌！

本书可供“三水文明”史学研究者参考，可供水利、水电、水运战线施工、管理部门的职工学习，特别适用于有船闸与升船机的管理部门对青年职工进行专业知识和职业道德培训。

图书在版编目(CIP)数据

中国船闸文明演变进化史研究/韩志孝，李家熹著．—郑州：黄河水利出版社，2023. 10

ISBN 978-7-5509-3768-0

Ⅰ．①中…　Ⅱ．①韩…　②李…　Ⅲ．①水利工程-水利史-研究-中国　Ⅳ．①TV-092

中国国家版本馆 CIP 数据核字(2023)第 201614 号

责任编辑　景泽龙　　　责任校对　高军彦
封面设计　黄瑞宁　　　责任监制　温红建
出版发行　黄河水利出版社
　　　　　地址：河南省郑州市顺河路 49 号　邮政编码：450003
　　　　　网址：www. yrcp. com　E-mail：hhslcbs@ 126. com
　　　　　发行部电话：0371-66020550
承印单位　广东虎彩云印刷有限公司
开　　本　787 mm×1 092 mm　1/16
印　　张　22. 25
字　　数　550 千字
版次印次　2023 年 10 月第 1 版　　2023 年 10 月第 1 次印刷

定　　价　68. 00 元

前　言

中华文明是世界历史上最古老的四大古老文明之一，她与世界各种文明一道，为创建全球多极文明体系、为人类文明的共同发展与进步做出了不可磨灭的历史性贡献。目前，中华文明又是推动世界人类文明共同体创建的中坚力量！船闸文明，是中华文明的子系文明之一。随着社会发展、科技进步以及我国水资源综合开发利用走上法治化轨道，我国各大流域综合开发利用水资源的步伐大大加快。原本仅为满足航运条件而兴建的通航建筑物，其社会职能也已经从过去单纯的渠化航道功能，逐渐转变为在现代大型水利水电枢纽中为水利、水电、航运、防洪、旅游、灌溉等综合效益的发挥起着极为关键的中枢协调作用。

中华数千年文明史，有着深厚的专门史研究的传统，它不仅表现在《史记》《汉书》等正史中，如后魏之郦道元的《水经注》等专著，相继从通史中破门而出、斐然成章而自成格局，从而建构我国一个较大的"专门史"学术门类。时至今日，随着学术分科向深度与广度拓展，专门史研究亦成为现代史学研究中一个方兴未艾的学术领域。新中国70余年社会变革与经济建设的巨大成就铸就了我国古老船闸的现代辉煌，《中国船闸文明演变进化史研究》理所当然应属于专史研究范畴。通观全书有三大特点：首先是把船闸演变进化的历史提高到中华文明的子系文明高度来认识，并用现代文明学的观点去认识和审视船闸的演变进化与发展历程。此无先例！其次是作者在本书中不按史书千篇一律的以朝代更迭为阶段划分，而是以典型的通航建筑物的出现作为相关阶段划分的依据。此无先例！其三是作者把历史的真实性和故事的生动性以及古典诗词的韵律美巧妙地结合起来并相映成辉，既感人至深又烘托出中华古典文学的强大生命力，使人们在学习船闸文明演变进化史的同时，还能获得古典文学艺术熏陶的升华！此无先例！因此，本书弥补了我国船闸无专史的史学空白，为丰富我国水利、水运、水电之"三水文明"的史料和弘扬中华文明的悠久历史和辉煌成就，起到了一定承前启后的积极推动作用。

《中国船闸文明演变进化史研究》一书，是从中华文明浩如烟海的史籍中挖掘、整理出来的我国船闸文明演变进化的发展历程。它从我国船闸文明发展演变的悠久历史和宝贵内涵中总结出历史的经验与教训，从而宣扬中华文明博大精深的辉煌成就和源远流长的光辉历程，这一切将极大地激励我国人民的民族自豪感和爱国热情。因此，本书不仅是一本记述我国历代水工科学技术发展历程的科技书籍，更是一本不可多得的历史教科书和优秀的爱国主义读物。本书曾得到葛州坝机电建设总公司原总工程师、教授级高级工程师王守运老师，中国航海学会船闸专业委员会、三峡通航管理局局长计玉健老师，宜昌市科普作家协会会长何林老师，三峡大学历史文化研究学者何广庆教授等领导和老师的支持和审读，他们从不同专业角度为本书提出了宝贵的修改意见。在此，谨向以上领导、老师和朋友们的支持与帮助表示真诚的感谢！

作　者

2023 年 6 月

目　录

第一章　绪　论

——从人类进入文明时代的“铁门槛”说起

（公元前40世纪—公元前5世纪左右）

人之初，从古猿到人之变，并非如传说之中的玩魔术一样，摇身一变而成。原始人类的演变进化，是要经历一个相当漫长的日积月累的进化过程的！这个进化过程，既是人类的远祖——古猿群体发展过程的终结阶段；同时，又是人类社会最初形成的起步阶段。很显然，如果人类不想割裂自己与动物群体之间的血肉联系的话，那么，我们就必须承认这个过渡阶段是人类初期的孩童时代，或者说是孩童时代的“摇篮时期”。

人，是具有“高度社会属性”与“自然属性”（两类属性于一体）的特殊动物，是“人性”与“兽性”因素并存而又相互作用的生物。因此，我们现在提出的所谓的“文明程度”，其实，它就是人类离开动物界的远近程度。其远近程度取决于“人性”与“兽性”因素的比例。这一点，曾经被马克思主义的创始者加以阐述。换句话说，如果“人性”意识占据着主导作用，其“文明程度”的表现形式则较高；反之则表现偏低。

恩格斯说过：“文明是个历史概念，文明是和蒙昧、野蛮相对立的，是人类历史发展到一定阶段的进步状态。”（《家庭、私有制和国家起源》）

《中国大百科全书·哲学》中对人类文明的解释为：“文明，是人类改造世界的物质与精神成果的总和，是社会进步和人类开化状态的标志。”

由此理解，所谓人类文明，其实就是人类在改造客观世界时，所获得的精神文明成就与物质文明成就之总和，是相对于历史发展过程中一种社会的进步状态。

物质文明成就是看得见、摸得着的。它主要表现在社会财富、人类生活必需物品与经济实力等诸多方面，是人类生存的必备基础或必要条件。然而，精神文明则是无形的，它主要表现在社会的思想意识方面，例如，文化素养、认识水平、意识形态、精神面貌、发明创造能力、文学与戏剧等表演艺术形式、国家制度与组织形式以及社会发展潜能等诸多方面。因此，我们现在所要研究的船闸文明演变进化史，其实就是沿着“精神文明与物质文明”两个文明成就的发展方向，去追寻船闸文明的“历史演变进化过程”的主线并逐步向前探索和研究。换句话说，也就是“以船闸演变进化的历史轨迹为主线，以精神文明与物质文明成就为依据”来进行综合的挖掘、整理而后再进行分析与研究的！

第一节 史前文明与人类文明

人,其实也就是地球上诸多动物中的一种。不过,人不是普通动物,而是经历了漫长的地球演变与生物进化过程的长期磨难与历练,于300万年前后才从动物界中“破门而出”的特殊动物。也正是因为人经历过如此漫长的艰苦磨难与历练,于是,人类才能够最终缓慢而艰难地从动物界中脱颖而出,最后终于成为茫茫宇宙之间拥有智慧的“动物之星”、当今世界的“万物之灵”。

人类活动及人与人之间的相互关系构成社会。于是人类就有了自然与社会两个属性及两部历史。自然史是研究人类生物性的历史,社会史是研究人类社会发展的历史。自文字出现后,有文字记载的历史称为人类文明史,无文字之前的历史称为史前文明(见图1-1)。

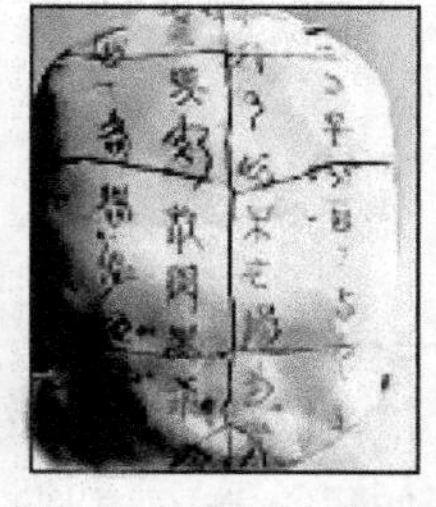

图1-1 原始人、象形文字与甲骨文等史前文明

有文字记载的历史有据可查、有证可考;而无文字记载的历史仅仅靠神话或口口相传的传说,或者是这些遥远的神话与传说,等后来文字出现之后再被后人补记下来(例如我国的“女娲补天”“共工筑堤”“大禹治水”等)。随着社会的进步和现代科技的发展,我们现代人对远古时期的地质与气候等客观条件的变化,以及对人类学的研究等方面,均取得了丰硕的成果;同时,现代考古发现和科学测定等检测手段,也已经相当完善。因此,人们对全球各地区、各民族的神话或者传说都可以结合考古发现,用科学的眼光去综合分析或推理还原出当初的原始面貌。可以肯定地说,现代人基本上可以用多种方式补充或印证史前文明中人类的某些活动或一些文明现象。

第二节 中华文明与船闸文明

本书所研究的历史,是“人类文明史”中最重要、最悠久而又最特殊的中华文明史属下的一个子系文明——中国船闸文明演变进化史。

中华文明因水利而兴,按照恩格斯关于人类进入文明社会的标准界定的话,早在公元前4 000多年前的轩辕黄帝时代,中华民族就已经进入父权制社会并开始向文明时代过渡(这一时期出现了原始的象形文字)(见图1-1);虞舜时期,我国与世界其他地区一样,曾发生过连续数载之久的特大洪水灾害等地球气候异常现象。在华夏大地上,当时大禹因治水有功而当上部落联盟首领,拥有了至高无上的权力。于是,他后来废除了部落联盟首领的“原始民主禅让制”而改为奴隶社会的“世袭制”，并于公元前21世纪建立了中国历史上第一个奴隶制国家——夏王朝。从此，中华民族就一步跨入了人类文明的“铁门槛”——奴隶制社会。当时，我国是在铁器尚未开始大量使用、商品经济尚未全面发展起来、氏族血缘关系还未瓦解的情况下，而踏进文明时代的“铁门槛”的。这在世界人类文明发展史中，被称之为“早熟文明”。它与欧洲的希腊、罗马等古老国家的发展途径有所不同。西方国家是在有了使用铁器的个人生产之后，从而用家庭的个体生产形式代替原始的集体劳作形式，通过瓦解原始公社、发展家庭私有制的途径而进入奴隶制社会的。于是，中华民族要比西方国家大约提前1 000多年时间进入到文明时代。这种特殊的超前文明已经被史学界称之为“早熟文明”。而恰恰水利就是这种“早熟文明”的“早熟基因”，或者叫“早熟文明的催化剂”。

由此得知，中华文明因水利而兴。而船闸文明的萌生，则是在其“治水防洪”的水利活动中才孕育出来的。于是，我们也就把水利建设称之为“中华母亲文明遗传给子系文明——船闸文明的“早熟基因”。其演变进化的过程可用下面四句话简单地概括：

★原始水利是孕育船闸文明的土壤；

★开凿运河是诞生船闸文明的温床；

★漕粮运输伴随着船闸文明的成长；

★现代科技的发展让船闸文明辉煌。

第三节　船闸文明的历史定位

船闸文明是隶属于中华文明的子系文明，她与伟大的中华母亲文明一脉相承。可以这样说：她其实就是伟大中华文明的一个缩影！古往今来，无处不折射出中华文明的源远流长与博大精深的光辉。同时，船闸文明萌生于中国而后又传播于世界，对我国以及对全球人类文明的进步产生着极其深远的影响。鉴于我国“水利有史而船闸无史”的现实，本书实为填补我国船闸文明发展演变进化的史学空白而编撰。于是，本书就以《中国船闸文明演变进化史研究》为书名。

在我国史学研究中，司马迁曾告诫后人：真实，是史学研究的生命；求实，是史学研究的灵魂。写史必写信史，一要秉笔直书，二要写有新意。即“专题史著作，是以……某一专题为研究对象，在广征博引文献典籍和考古发现及前人研究成果的基础上，钩沉稽玄、探幽发微、考镜源流、传承文明，力求翔实而又清晰地展现这些领域滥觞、形成、发展的历史轨迹”(引自《中国水利发展史》出版说明)。本书作者依此而行，一头扎进我国数千年之历史长河，抱石泅水，大海捞针，进行着探索与研究。从退休前至退休后的几十年时间里，埋头在蛛丝马迹处探幽，凝神在似是而非中稽玄，在堙没之所钩沉，在断流之处考源。把被历史尘封的古代船闸文明演变进化的蛛丝马迹聚拢、分类、分析、甄别、推敲，去伪存真，理顺脉络，并从中探索出船闸文明演变进化的历史轨迹，从而归纳总结出船闸演变发展的六个历史阶段或时期，并通过这六个历史阶段的典型标志性工程建筑物，界定了各个历史阶段的具体年代和时间范围。

书中，作者用现代文明学的观点与理念，去认识、审视和研究我国船闸文明演变进化的历史进程，并通过深入的探索和研究，认识到我国船闸文明在其自身演变进化过程中，对光辉灿烂的中华母亲文明,在物质文明与精神文明以及其他诸多文明成就方面所做出的历史性贡献。为此,作者试图通过本书的出版,在伟大中华母亲文明多姿多彩的美丽画卷上,再重重地增补上一幅我国船闸文明演变进化的绚丽动人的新篇章。让船闸文明在中华文明发展的历史进程中找到自身的定位,并且继续发挥古老文明璀璨夺目的现代光辉及其一往无前、顽强奋进的勃勃生机!

第四节　研究船闸文明演变史的历史意义

中华文明,是世界上最优秀的古老文明之一,她有光辉灿烂的悠久历史、源远流长的多民族文化、博大精深的丰富内涵、浩如烟海的史料记载、璀璨夺目的精神文明与物质文明成就。前面讲过,若从人类文明发展的源头上讲,中华文明是因水利而兴,船闸文明更是一脉相承,也是因水利而孕育和发展的。

虽说船闸文明是中华母亲文明的子系文明,然而她既是我国水利文明中的一个重要分支,又是我国水运文明中的一个重要组成部分,还是我国后起之秀的水电文明中不可或缺的重要工程项目。总的来说,她在我国"三水"文明中,占有极其重要的地位!随着我国各大流域间的水资源综合开发与利用的流域规划逐渐落实与实施,她最终成为我国水资源综合开发利用中,协调水利、水运、水电三大子系文明系统综合效益发挥的焦点和不可或缺的关键性工程。其实,所谓水利,顾名思义,即水之利益。它的范畴应该是很广泛的,从我国有关典籍中便可认识和了解她所具有的广泛基本含义。

在《现代汉语词典》中有如下注释:

【水利】 ①利用水力资源和防止水灾的事业。②水利工程。

【水利工程】 利用水力资源和防止水的灾害的工程,包括防洪、排洪、蓄洪、灌溉、航运和其他水力利用工程。

我国水利前辈张含英老先生在《中国水利史稿》"序"中是这样说的:"水利一词指有关对于水的改造和利用的各项事业,它是一个综合性的名词。《事物纪源·利源调度部·水利》载:'沿革曰:井田废,沟浍堙,水利所以作也,本起于魏李悝。通典曰:魏文侯使李悝作水利。'起初水利一词可能专指兴利的工作。然而,水害的消除与水利的兴修互为联系,而后,水的利用范围又日渐扩大,且一项工程措施常可使水源得到多种利用,所以水利便成为一个综合名词。举凡保护社会安全的防范洪水灾害,有关农业生产的灌溉、除涝、降低地下水位,便利交通的航运,发展经济的水力动能,供给工矿企业及其他各项用水等,概称之为水利事业。"

历史的发展有其自身的规律:原来一个笼统的系统或者模糊定位的行业,随着社会的发展、科学技术的进步以及社会生产力的逐步提高,社会的分工会越来越细,也越来越趋明确。新中国成立以来,我国的"三水事业"(水利、水运和水电事业)得到了长足的发展(特别是在改革开放以来,其发展速度是相当惊人的)。目前,全国拥有通航船闸900余座。1994年7月,具有全国性质的行业协会——中国航海学会船闸专业委员会在长江三峡通航管理局正式成立。它的成立,标志着我国船闸文明作为一个独立行业的历史地位以及她对中华母亲文明的历史性贡献,已经被现实社会广泛确认和普遍认同!

起初，船闸只不过是水利建设诸多项目中的一个分项，同时，也是水运文明之航道中基础设施建设的一个部分。因此，船闸文明演变进化的历史，同样离不开各朝各代水利建设的历史和水运发展的历史。水有源、树有根，虽说本书是以船闸文明演变进化的历史为主线，但是，在不脱离中华总体历史发展趋势和时代背景的前提下，水利和水运仅仅只是作为船闸文明演变进化之陪衬和背景资料！

然而，水利有史、水运有史，而船闸则无史！于是，挖掘或整理出版我国船闸文明演变进化的历史，探索中国船闸文明在其演变进化过程中对我国乃至人类文明进步与发展所做出的历史性贡献，填补中国船闸文明演变进化之史学空白的历史使命，也就这样责无旁贷地落到了新时期现代船闸人的肩上！

一、研究船闸文明演变史的意义

恩格斯关于人类进入文明社会的界定标准认为：从社会制度上讲，奴隶社会是人类进入文明时代的“铁门槛”。“铁门槛”之前是原始、蒙昧的野蛮时期，“铁门槛”之后是人类逐渐开始走向文明时代。

然而，人类要生存，文明在前进，从生产方式上讲，“农耕文明”是人类野蛮时期与文明时代的“分水岭”。“分水岭”之前是“茹毛饮血”的野蛮生存，“分水岭”之后是“刀耕火种”原始农业的开始，或者说是农耕文明的起步。

我国是世界上最早进入农耕文明的国家。水利是农业的命脉，几千年来，我们的祖先在广袤的中华大地上，为谋求民族的生存、繁衍与发展进步，与各种自然灾害进行了长期不懈的艰苦卓绝的斗争，从而取得了早期治水的辉煌成就，即兴水利、除水害，征服自然、改造环境，为中华文明的进步做出了至关重要的历史性贡献。进入文明时代后，随着社会进步和水运发展。我国是世界上最早创建和使用船闸的国家。从唐开元二十二年(734)润州刺史齐浣主持开挖瓜洲至扬子镇之间的伊娄河开始，在前代使用单个斗门的基础上，创建了两斗门式初期船闸的雏形(船闸基本模式)；直到2003年，我国建成世界上水头最高、级数最多、技术条件最为复杂的三峡多级船闸为止，船闸的使用在我国已经历了1 269年的历史。

由此看到，我国船闸的演变进化历史是漫长的、曲折的，不是一蹴而就的，而是循序渐进的。然而，在我国浩如烟海的史籍中，有关船闸兴建、使用的记载，虽然有时也可散见于各种水利史、运河史、闸坝史或者其他的一些地方史志之中，然而，其中有的难辨真伪(因各个时期、各种资料对船闸的称谓各有不同，“船闸”一词来源于清末民初)，有的确实记载不详。而系统性地阐述船闸文明演变进化过程，或者明晰地展现船闸文明演变发展的历史轨迹，至今尚属空白。说白了就是至今船闸文明演变进化尚无专史！本书作者就是试图弥补中华子系文明的这个史学空白，或者说为弥补这一史学空白，为国家今后正式编撰出版行业史书的《船闸文明史典》做些前期探索、研究及挖掘、整理的基础性工作。

对中国船闸文明演变进化史研究的主要意义如下。

(一)船闸文明是中华文明的重要组成部分

船闸文明是中华母亲文明的重要子系文明，是中华文明的重要组成部分。一部船闸文明演变进化史，既反映了从远古到现代我国社会发展的全过程，也折射出我国历代的政治、经济、科学、技术、文学和艺术等诸多方面的发展状况和历史轨迹。例如，各朝各代的政治是否稳定，经济(当时主要是农、副业经济)是否发达，以及商贸活动的繁华与萧条、国家的统一或分裂、国运的昌盛或者衰弱、朝代更迭的历史沧桑与社会变迁的历史教训等。唐代李世民曾有句名言:“以铜为镜,可以正衣冠;以史为镜,可以知兴替,以人为镜,可以明得失。”如前所述,我们研究文明的发展过程,也就是为了认识文明、弄清楚船闸文明在历史发展过程中的普遍性与特殊性规律,并且认识它与当时政治与经济、国运的昌盛与衰弱、朝代更迭兴替以及统一或分裂的关系,从中认真总结出文明发展过程中的各种普遍性和特殊性的经验与教训,从而指导或促进日后文明建设的加速发展。中华文明如此,船闸文明亦如此,绝无例外。

(二)弘扬中华文明,凝聚爱国热情

研究船闸文明演变进化的历史,是中华文明史学研究中,对子系文明专门史研究的一件大事。它将为进一步探索、研究我国各个历史阶段中,船闸文明及其他各行各业子系文明对中华母亲文明所做出的巨大贡献:展示船闸文明的悠久历史和珍贵的历史文化内涵;展现中华文明博大精深的光辉形象,凝聚广大人民群众的爱国热情,增强整个民族伟大的凝聚力和向心力!

(三)探索历史足迹,发扬艰苦奋斗精神

船闸文明的演变进化历史是漫长而曲折的。我们的祖先,在当初生产力极度低下、环境极度恶劣的客观条件下,百折不挠地与恶劣的客观条件进行着艰苦卓绝的斗争,终于使船闸文明从孕育、探索、诞生,从而发展到现代的辉煌。这是一部光荣的历史,它激励着华夏子孙,弘扬民族精神,树立艰苦奋斗、振兴中华的决心,不忘“探索历史足迹,发扬艰苦奋斗精神”之初心。

(四)总结经验教训,促进今后发展

船闸文明的演变进化与发展,与社会的进步、生产力的发展、科学技术的创新、人们的认识能力深化等因素都有着紧密的联系。船闸文明的演变进化与发展,又同时促进了一个时代的生产力、生产关系与科学技术的发展,从而使社会文明和社会生产力更上一个新的台阶。探索船闸文明发展的历史轨迹,发现并掌握船闸文明发展的历史规律,总结船闸文明演变过程中的经验与历史教训,对促进和指导我国未来的经济建设与社会生产力的发展以及经济增长或者科技创新,都起着极其重要的促进作用,有着极其深远的历史意义。

二、让“船闸”有个准确的定义

“船闸”一词,由“船”和“闸”两个字义组成。所谓“船”,古称舟也。古书《世本》有“古者观落叶而以为舟”的文字记载;《淮南子·说山训》有古人“见窾(音款,挖空之意)木浮而知为舟”。这两句话的主要意思就是说,在原始社会里,我们的祖先从观察落叶和木头能浮于水面的自然现象受到启示,从而引发主观能动性思考。于是,就模仿落叶内凹的特点,用简陋的原始工具将圆木的内部挖空。因此,就创造了最为原始的船——独木舟。后来《易·系辞》中也记载有“刳(音哭,即挖)木为舟,剡(音演,即削)木为楫,舟楫之利,以济不通”的描述。这句话的意思也就是说,有了用圆木挖空后而形成的独木舟作为运物载人的交通工具的“船”,有了用木棒削薄削细后而成为划船工具的“楫”后,从此,人类就有了水上往来的交通之便利。过去,因为有水的阻隔而无法往来的地方,现在也因为有了这种方便的水上交通工具,也就可以彼此相互沟通了。

从我国20世纪末的考古研究成果中可知,我们的祖先早在7 000多年前的原始社会后期,就已经从长期的生产和生活实践中,逐渐掌握了使用木筏和独木舟作为水上交通的运输工具了。1958年,我国考古队在江苏省武进县发掘出一只长11 m、宽0.9 m的独木舟(见图1-2)。经现代科学测定距今4 700多年。当时,华夏大地还正处于原始社会后期的父系氏族公社时期,即先民们才刚刚开始迈进人类文明初期阶段的历史门槛,即本书前面所说的“铁门槛”。

图1-2　考古发现我国4 700年前的独木舟

随着历史的进程,后来“合木为舟”(用多块木板拼成的船)在夏末商初开始出现。《甲古文编》第八卷里就有关于“帆”的文字记载。这说明殷商时期已经有近似现代帆船一样借助于风力而使用的“帆船”出现。《史记》中记载着,周朝的国家政权中,设置有名叫“舟牧”的官职,这是专门管理有关舟楫事务的官职。可想而知,当时的造船业和水上运输业均已经受到统治者的重视。

所谓“闸”字,《辞海》(缩印本)中是这样注释的:

【闸】　①为一种用门控制水流的水工建筑物;

②使机器减速或停止运动的制动器(运动部件适用)。

如果我们把“船”和“闸”两个字连起来使用就成了“船闸”。把上面的解释综合起来讲,即船闸,就是利用闸门控制水流的水工通航建筑物。这样解释得通,但作为一个水利水运工程中重要的工程项目,其称谓还欠专业或规范。

如果,我们用现代的综合技术语言来给予船闸一个标准定义的话,那么,船闸“就是帮助船舶克服航道上下游集中水位落差障碍的水工通航建筑物”。

在这句话中,主体是船舶,客体是水工通航建筑物;主题是通航(所体现的或者是应该起到的作用),客观条件即上下游集中水位落差障碍。其使用目的或者功能就是克服上下游集中水位落差障碍。然而,现代船闸与升船机,都是帮助船舶克服上下游集中水位落差障碍的,二者在文字表述中很容易造成称谓的混淆,为了区别起见,应该分别作如下定义:

(1)船闸,是借助水体对船舶的浮力作用,用闸门控制水流进出闸室的多少来实现或平衡闸室内、外(上、下游)之间的水位差,让过闸船舶在上下游水位落差之间实现平稳过渡,从而实现帮助船舶克服上下游集中水位落差障碍的水工通航建筑物。

★标准定义(简称)——船闸是帮助船舶克服上下游集中水位落差障碍的水工通航建筑物。

(2)升船机,是借助卷扬机带动钢缆(滚动升降)或齿轮齿条机械之扭矩的爬升和下降(也有借助机械力或水力的)带动船厢与配重一起,作相对的上下平衡升降运动,使船厢从一个水平面平稳地升、降到另一个水平面,从而实现帮助船舶克服上下游集中水位落差障碍的水工通航设施。

★标准定义(简称)——升船机是帮助船舶克服上下游集中水位落差障碍的水工通航设施。

“通航设施”与“通航建筑物”,一词之差,表示区别,避免混淆。

(3)除上述给船闸一个规范的定义外,在此,还要提出一个值得大家特别应该留意和关注的关键词——“集中水位落差障碍”。

所谓水位落差,就是河流的上下游任意两地之间的水面高程之差。同时,水位落差与相邻两测点间的距离的比值,称水流比降。如果用公式表示的话,设甲、乙两地高程为 h_1、h_2,两地间距离为 L,求 $h_{落差}$ 与 $h_{比降}$。

∵ $$h_1-h_2=h_{落差}$$

$$h_{落差}/L=h_{比降}$$

∴ $$h_{比降}/h_{落差}=L$$

由此得知,比降较小时,说明两测点之间的落差较小或者两测点之间的距离较远;如灵渠上筑堤壅水后,原湘江故道落差增大,为减小比降,所以另开北渠并采用蜿蜒渠道,以增加渠线长度来降低水流比降;比降较大时,说明两测点之间的落差较大或者两测点之间的距离较近。水利枢纽上的大坝上下游之间的水流比降应属后者,即水位落差相当大而上下游两测点间的距离则又相当接近。

另外,这里提到的“集中水位落差障碍”一词里的“集中水位落差”,因为它不是平常一般提到的河流的自然水位落差。它是通过外力(或人为)的作用,把相当一段距离内的水位落差人为地集中到某一处而同时显现出来的结果(如筑坝)(见图 1-3)。这说明在 $h_{落差}$ 一定的情况下,L 与 $h_{比降}$ 成反比。而当 L 小时则 $h_{比降}$ 大,但当 L 大时则 $h_{比降}$ 小。一般来说,水流比降决定了水的流速,也同时决定了船舶航行的难易程度:“船舶航行于河流中对水流比降有一定要求,一般为三千分之一。比降愈大,航行愈艰险。”(引自《船闸结构》第 67 页)。三千分之一即 $h_{比降}\approx 0.3‰$。大于此值就会给船舶航行安全造成影响或者造成船舶航行障碍(此值可能应该是主要对非机动船而言)。

图 1-3　壅高水位后上下游集中水位落差加大

虽说船闸是帮助船舶克服上下游集中水位落差障碍的水工通航建筑物。然而,这种对船舶构成障碍的“集中水位落差”也基本有两种情况:

其一,是地壳运动形成的地质断层,如黄河壶口和北美五大湖的瀑布等。

其二,非自然形成,而是人为通过一定的工程手段,把相当一段距离内的水位落差集中到某一处而突出地显现出来的突降水位落差现象。因为它不是自然形成的,而是人为造成的。所以(因地球“造山运动”自然形成的断层或瀑布除外),从历史发展的角度看,造成这种现象有三种可能情况:一是早期的防洪或灌溉,即“壅防百川”之筑堤、筑坝;二是“以埭壅水、以堰平水”(见图 1-4),即为改善航行条件而筑坝壅水实现渠化航道;三是现代水利枢

图 1-4　以埭壅水,以堰平水

纽,为综合利用水资源而人为地筑坝壅水发电。

所谓船闸,也就是帮助船舶克服人为地集中水位落差障碍的通航建筑物。

就现代航运来说,影响船舶航行的客观因素颇多:除水流纵向比降外,还有水流横向比降,以及水的流速、流量、紊流、泡漩、回流、夹堰、翻花、航深、风浪等。但是,对于人类早期航运来讲,一般所要求解决的问题,主要还是比降、流量与航深(吃水)要求的问题。

由于古代运河主要是在不同流向的支流间连接,流短、水少、落差悬殊大,因此比降便成为特别突出的问题。比降大则流速也大,其紊流与泡漩增多,水体的流态恶化,水的流失加快,船舶航深难于保证,这就使得人力木船航行条件十分险恶,从而制约着水运的安全与发展。于是,原始萌芽的埭堰文明也就此应运而生。随着社会的发展,船闸文明也与时俱进。这样,前后经历了 2 500 多年的演变发展过程,方才演变进化为现代船闸的基本模式。因此,我们必须用历史唯物主义和辩证唯物主义的观点去看待船闸的演变进化过程。现代船闸与初期各阶段(埭堰、斗门、两斗门……)均不可同日而语。至于现代船闸通航水流条件,属于现代船闸输水系统的水力学问题。

第五节　船闸演变阶段划分

船闸文明演变过程是复杂的、循序渐进的,而不是一蹴而就的。它具有明显的阶段性以及在不同的历史时期有不同的内、外因素促使其演变进化过程。本书对其演变进化阶段的划分也有如下三大特点:

第一,本书不按照一般史书编写的常规惯例:即不以朝代更迭为根据的习惯性划分阶段的方法,进行历史阶段的写作划分。

第二,本书以一个历史时期内,某种助航设施出现某一典型创新的标志性工程为断代根据。以某项创新的工程项目出现代表着某一历史阶段的结束或者下一个历史阶段的开始。

第三,尽管本书是以典型创新的标志性工程为断代根据,但船闸文明演变进化的过程也是极为不平衡的,有时甚至是有反复的。在同一个阶段时期内,有时还会同时出现几种不同文明时期的、不同文明层次的通航建筑物或过坝方式存在。然而,这一现象并不影响船闸文明演变进化的阶段划分,而更加说明了船闸文明在历史过程中,演变进化的复杂性、艰巨性,并不是一蹴而就能完成的。

船闸文明演变阶段与历史时期对应表见表1-1。

表1-1 船闸文明演变阶段与历史时期对应表

序号	文明阶段	主要特点	对应朝代及其他	说明
1	原始文明孕育阶段	防洪治水时期	从共工氏“壅防百川,堕高堙庳”开始,历夏、商、周三代直到春秋时期(本阶段约3 000年)	进入农耕文明时代,奴隶社会确立,防洪治水,建沟洫,井田制
2	埭堰文明萌芽阶段	船只翻坝时期	从春秋末期经战国时期直到秦统一中国之初期(本阶段近300年)	奴隶制由盛而衰,封建制萌芽,群雄并起,战争不断,初期运河开凿等
3	斗门文明过渡阶段	单门控制时期	秦、两汉、两晋、南北朝到隋代统一全国后(本阶段约1 000年)。隋唐之东西京杭大运河连接沟通	水运对政治、军事作用显著,秦汉开始有史以来第一次水利建设高潮
4	船闸文明成型阶段	二门一室时期	从唐代,经五代十国,到两宋时期(本阶段约为700年时间)。“二门一室”船闸诞生和不断完善	唐“二门一室”模式确立,宋代发展完善。船闸技术发展逐渐完善
5	运河渠化多级阶段	徘徊衰退时期	从元、明、清至民国时期历四代(本阶段约700年时间)。南北京杭大运河于元代沟通、明代完善	世界科学技术迅猛发展,中国却停滞不前,船闸技术徘徊衰退,南北大运河渠化
6	综合开发利用阶段	现代辉煌时期	新中国成立后的一段时期	中国特色社会主义制度确立,国民经济发展的十四个“五年计划”

第二章　原始文明孕育阶段
——防洪治水时期

（从远古初期治水始至夏、商、周三代）
（约公元前3000年—前486年）

船闸文明，是在中华母亲文明的乳汁哺育下逐渐成长起来的子系文明。她所经历的每一个历史时期或者历史阶段，都与中华母亲文明当时所处的时代背景、政治经济状况、自然环境、气候条件、社会需求等客观因素分不开。

中国黄河流域是世界公认的人类四大古文明的发源地（人类古文明的四大摇篮）之一。然而，从现代无数的考古新发现成果证实：不仅黄河流域是孕育中华文明的摇篮，而且长江流域也同样是孕育中华文明的摇篮。换句话说，实际上中华文明是由长江、黄河之两河流域同时孕育出来的“一体多元”的古老文明。

黄河与长江同为中华民族的母亲河。她们的主要区别在于：黄河文明，是从古至今一直未曾间断过的连续文明；长江文明，则是“断而再续”的文明。

以连续发展的黄河文明为主体和以断而再续的长江文明为补充的中华文明，悠悠五千余年，延绵不断，繁衍至今，都是中华古老文明的主源。

第一节　史前文明之今释

中华民族是世界上最早利用水资源造福于人类自身的民族。

我们的祖先，早在传说中的远古时期就已经开始了变水害为水利的斗争（见图2-1）。史前文明传说中的“女娲补天”“共工筑坝”“大禹治水”都是有力的历史例证。别看这些都是传说，其实它们都是人类早期的精神文明产物，是中华民族宝贵的史前文明遗产（人类在没有文字记载之前的历史，人们只能用口口相传的形式广为流传并保存下来，即使有的现在已经

图2-1　中华民族是最早利用水资源为人类服务的

有了文字记载,那也是后人在文字出现后而根据传说内容记载下来的。如“大禹治水”等)。它记述了我们的祖先在远古洪荒年代的漫长岁月中,在极其艰难困苦的环境下,同大自然的风雨雷电、洪水猛兽、炎热干旱、地震火灾、冰冻严寒等恶劣气候与严酷的自然环境进行着不屈不挠斗争的史实,表达了先人们渴望征服自然的愿望和理想。然而,原始人类毕竟生产力极其低下,思维与认识能力简单。对于一些当时人类还无法理解或者无法解释的自然现象与灾害,在先人们的眼中,看起来好像都是很神奇而不可思议的现象。于是,先人们便幻想着在宇宙之间,有一种超越自然的神秘力量在暗暗地主宰和支配着整个世界。于是,人们也就人为地用主观的想象来代替本来的客观事实,把一切未知的而无法理解的事情统统归纳为有一个上天“万能的神灵”在默默地主宰着整个世界的一切。

马克思在《政治经济学批判导言》中指出:原始人类“用想象和借助想象以征服自然力,支配自然力,把自然力加以形象化”。这样,在原始人群中就逐渐产生了各种形形色色的、多姿多彩的神话传说故事。我国的治水神话很多并且引人入胜,然而,这些传说故事中所歌颂的英雄人物,也就是我们那些勤劳善良的祖先们——是他们用极其简陋的生产工具与大自然进行着顽强抗争的劳动形象;实际上,这些英雄人物的形象,其实就是我国远古祖先们劳动时的集体智慧、力量和愿望的化身。它不仅反映出我国远古劳动人民渴求征服水害的理想以及歌颂与洪水灾害作不屈不挠斗争的精神,而且还记载着我国远古劳动人民在治水与灌溉方面的原始方法与生产技巧、技能。如果我们现在不客观地去认识或者看待这些与船闸文明演变进化史有着关联的故事的来龙去脉的话,那么,船闸文明的演变进化历史就好像是有水而无源、有果而无因了。其结果,本来可以理解和梳理得清清楚楚的历史脉络,就会因其无头无尾而更加显得扑朔迷离!

中华文明因水利而兴,在兴修水利的劳作中,因兴利除害而发展。水利事业虽然源远流长,但历史的风沙掩盖着远古的实情。现代的考古发掘虽然成果颇丰,而且有的文物确实可以断代;然而,史前文明毕竟迷茫不清,沧海桑田,很多事情又确实一言难尽。历代水土工程圮毁众多,考察原址确实相当难寻。古史文献虽浩如烟海,但千万年前的往事,早已烟消云散、似是而非,要真正去探寻或者还原历史的本来面目,确实是一件相当不易的事情。因此,作者在撰稿时,摘录了《中国水利发展史》中,作者姚汉源的一段原文,作为对上述远古传说,用现代辩证唯物主义与历史唯物主义的观点来认识或理解远古往事的典范来佐证——

(古代)有些难于忘掉的大事,口口相传,也会久而变形,特别是表达手法古今不同,古代大量使用象征手法,现在不易理解。如古代的神话和传说中的帝王,很多只是指文明发展的阶段,有巢氏指巢居穴处时代,巢居既足以避禽兽,又可以避水湿;燧人氏不过指人类发现了火,可以熟食阶段;神农氏指已进入农业文明。五帝指人类文化各种成分,如黄帝为部落的开始,颛顼为巫教的发生,帝喾是血缘亲族的象征,帝尧是陶器盛行的时代,虞舜为娱神乐舞的象征等。由三皇而五帝是物质文明的发展,进而为精神文明的丰富。

现代以生产工具的改进把古代文明分为旧石器时代、新石器时代、青铜时代和铁器时代,古文献中已有相似说法:“轩辕、神农、赫胥之时以石为兵,……至黄帝之时以玉为兵,以伐树木为宫室,凿地,……禹穴之时以铜为兵,以凿伊阙,通龙门,决江导河,东注于东海,天下通平,治为宫室。……当此之时,作铁兵,威服三军。”(《越绝书·越绝外传记宝剑》)石相当于旧石器,玉相当于新石器。“当此之时”指春秋末战国初,铁器已开始使用。值得注意的是禹用铜器治水。禹时开始有青铜器，已进入奴隶社会，开始建成国家。

——引自姚汉源《中国水利发展史》第22页

我国自原始氏族社会开始，经历了一两千年之久的漫长的石器、蚌器和木器时代。与石器、蚌器、木器时代的生产工具相适应的水利事业也经历了漫长的原始探索过程。在这个阶段中，人们只能在比较易于劳作的松软的黄土冲积平原上，开挖小型的沟洫和陂塘从事农业灌溉生产。在较小的范围内修筑一些原始的堤坝（最初称作"防"），以抵御洪水，保护古代先人们的住所和庄稼。随着人类活动范围的扩大，农业作物与种植范围也在不断增加，原始水利就显得与当时的农业耕作不相适应了。于是，小型水利数量与规模也不断增多。但人们还是不能摆脱靠天吃饭的状态；所谓"琴瑟击鼓，……以祈甘雨"，"有渰萋萋，兴雨祈祈，雨我公田，遂及我私"。这是《诗经·小雅》中的一类反映当时人们盼望降雨，祈求上天下雨的诗句。但是，人们通过长期的生存实践，也初步认识到，靠天吃饭是不行的。不管你对天如何虔诚，水旱灾害照常发生。于是人类在经历无数次教训后终于认识到，唯有依靠自己对灾害的防范才行！于是后来就出现了"备水防旱，止水防淹"。《周礼·稻人》中有"以潴蓄水，以防止水"的记载。

这些都是我们的祖先在当时生产力水平极其低下的情况下，在同大自然的水旱灾害进行长期斗争的有效办法和实践经验的总结。

第二节　我国古代治水的历史意义

从古至今，中国都是一个农业大国。农业生产需要水的灌溉，而且同时还要预防水旱灾害。因此，中国又是一个水利大国。可以这样说：中华民族治水的历史，其实也就是中华文明史的开始。如果将中国治水的历史与世界其他民族相比较的话，我国的治水成就是相当辉煌的！大禹治水的神话虽然只是个传说，其实它是有着真实的历史根据的。据考证，在禹之子启，把部落联盟的原始禅让制度转变为世袭制的夏家天下的奴隶制国家时，根据现代天文现象的准确推算，夏朝建立的确凿年代应为公元前2070年。也就是说，我国古代社会在距今4 000多年前，就已经开始跨入人类文明的"铁门槛"了，即进入奴隶制社会！

当原始人类进入奴隶制社会后，随着社会生产力的发展，原始的农业和牧畜业便成为当时人类赖以生存与繁衍的主要物质保障和生活来源。对刚刚进入"铁门槛"的人类来说，对初期农业与家畜饲养显现出相同的重要作用。

当时，我国北方的农作物主要是旱地作物，南方则以种植水稻为主，各种蔬菜也开始在各地种植。先人们从生产需要和生活方便出发，他们总是以血缘亲属的氏族公社为单位，集体居住在河流或湖泊临近的台地上，即"聚族而居，濒水而作"。根据现代考古发掘发现，当时越是自然条件较好的地区，古村落分布也越密集。例如，从近几十年来我国考古发现得知，在豫北洹水沿岸大约7 km的地段内，已先后发现了19处原始村落的遗址；在西安市沣河下游两岸大约7 km的地段内，也发现散布着8处村落遗址；在浙江河姆渡文化遗址内，就曾发现过距今7 000多年前的谷粒。很显然，人们濒水居住有着很大的方便性。然而，濒水居住也有一个致命的弱点，那就是，在雨季或洪水季节到来之时，濒水而居的人们，又常常要遭受到因河水泛滥以及由内涝难排带来的洪涝灾害之苦。

后来,人类在长期的生存实践中得到教训,开始了主动利用自然和改造自然环境的进程。起初,人类改造自然,当然是从最容易实施的地方开始,即首先是纯粹地利用自然,然后,才开始在利用自然的同时,也逐渐进行一些人为的措施。随着人为措施增多,人类对自然的改造就越彻底。例如,当人类遭受水患灾害时,人们为了保护居所和耕地的安全,就用土堆垒成一定高度的堤坎,借以阻挡洪水的蔓延。这种堤坎古人称为“防”,即“以防止水”,就是利用“阻”和“障”的办法来隔离洪水与耕地或居所,即筑围堤。于是,我国最原始的城垣即由此而始(后来人们将“城垣”也就叫作“城池”)。当洪水大时,如果仅用“阻”“障”的办法也是不能解决问题的。后来,又有了“疏浚导滞”的办法,用来沟通河道而排除积水,从而增加河道泄洪能力,降低洪水峰值,减轻洪水的危害(见图 2-2)。从“阻”“障”到“疏”“导”,这是人类开始“防洪治水”的第一次进步。

图 2-2 从被动防御到主动治水,从堵到疏,是人类认识的一次大的飞跃

但是,疏虽然能减轻洪水危害,但还是不能有效地控制较大的洪水。于是,人们又修筑和加高系统性的堤坝,增加河床容纳水体的能力,防止洪水漫溢河槽从而使灾害扩大。于是,系统性的堤坝工程成为防止洪灾的又一大保障。有了这个保障,人类防洪就更主动了。由“防”到“疏”,再由“疏”回到系统性的“堤坝”,这是人类“防洪治水”认识的第二次进步。

“自然界的一切,归根到底是辩证地而不是形而上学地发生的。”(《马克思恩格斯选集》第三卷第 62 页)治水技术从“障”→“疏”→“堤”的交替发展过程,也就是人们从被动防洪到主动治水所经历的每一次经验教训总结后,使一次次认识得到提高而产生飞跃的过程。人类社会的进步和发展,就是在这一次次的“认识→提高→飞跃”的过程中得到了升华和提高的。

总的来说,人类对客观事物的认识与经验取得,是有个实践与认知过程的。因此,不同时期通过不同的实践,产生不同的解决方法。而由于解决方法的不同,所得到的结果当然也就各异。关键在于,人们对前人的经验教训,不能生搬硬套。也就是说,要灵活地应用前人的或者说过去行之有效的经验与教训。并且根据当时当地的具体情况而进行具体的处理,这样才能取得良好的治水效果。

禹之父鲧之所以失败而大禹治水能取得成功,其关键亦在于此。

据汉初陆贾的《新语》说:“后稷乃列封疆,画畔界,以分土地之所宜;辟土殖谷,以用养民;种桑麻,致丝帛,以蔽形体。当斯之时,四渎未通,洪水为害,禹乃决江疏河,通之四渎,致之于海,大小相受,百川顺流,各归其所。然后人民得去高险,处平土。”这段历史,正说明了农业发展与治河防洪工程之间的因果关系和刚刚进入“铁门槛”的先人们所处的历史背景,即当时的华夏大地,农业已初步发展,聚落增加,先民们逐渐由高地移居平原和河边台地;从农业灌溉的要求出发,从聚落的安全出发,确实需要防洪治水。因此,大禹治水也是当时社会发展的需要。大禹顺应了历史规律的发展,同时也顺应了社会发展的需求,并且在实际施工中,采用防、疏结合取得了辉煌胜利,从而促进了民族的发展与中华文明的“早熟”。

纵观全球的历史,世界许多国家和民族都有曾经在古代遭受特大洪水灾害的神话传说。例如,《圣经》中所说的“诺亚方舟”的故事。这些神话传说,说的都是在远古时期地球曾经出现过一次不可抗御的滔天大洪水,几乎灭绝人类。最后,仰仗神的旨意才使得有一部分人得救而脱险,使少数人生存繁衍了下来。

原始人类的生产力极其低下,人类的认识能力也极为有限,在大自然和洪水面前,人的力量确实是显得极其渺小而脆弱的。然而,也只有中华民族的史前文明传说中,才有女娲、共工、大禹等惊天动地的治水英雄事迹。当然,即使在治水过程中也曾遭受过极大挫折,但仍然能够战胜洪水而取得胜利,并通过治水,使自己的民族提前进入了人类文明的“铁门槛”。

第三节　早期水运的开拓与发展

船闸文明孕育阶段,是从远古共工氏“壅防百川,堕高堙庳”开始,经历夏、商、西周和东周而至春秋战国时期。到周敬王三十四年(前486)吴王夫差北上争雄而草创北神堰为止。孕育阶段历时3 000余年。

在这一阶段,人类做了两件大事:

第一,认识到水的利弊关系。水既是人类生存与农业生产的必需物质,而同时又会给人类生存与农业生产带来灭顶之灾。

第二,认识到“水资源”“兴利除害”的重要性而对大自然进行主动抗争。于是,人类改造自然也就由此而始。在与洪涝灾害抗争中,人们总结经验教训,终于认识到:个体的力量对自然来说太渺小了。人类若要改造自然或者要与自然抗争的话,必须团结众多人一起来共同奋斗,力量才会强大。于是,由部落联盟组成的全民“抗洪救灾”便应运而生。从此,在我国历史上就出现了第一次发动群众最普遍、最原始而波澜壮阔、可歌可泣的伟大的群众性治水运动。

当然,也就是因为部落联盟治水的胜利,才导致了联盟内部的领导权力过于集中。这样,部落联盟的首领开始唯我独尊,于是,他们理所当然地就再也不甘愿把到手的权力与好处拱手“禅让”给他人。这一切也就促成了奴隶制独裁政权的产生。奴隶制国家建立后,统治者及奴隶主利益集团为了更好地压迫奴隶、强化自己对各部落群体的管控,以及统治者对所属部落指令的传达,各部落对至高无上的统治者进行礼仪朝拜和纳税进贡等。于是,交通往来也日渐增加,使社会对初期水运的需求也在逐渐增多。又由于原始农业的发展,则又会刺激和带动原始手工业及工艺品生产。而各地产品与需求各异,于是又会促使商品流通、物品交换并使以物易物等的原始商业活动应运而生,并逐渐形成原始的商品与物贸流动的商贸往来。后来,随着人们生活需求的增加,以及不同地区的物质交换与社会政治经济联系增多的需要,统治者为维护政权巩固和国家统一,以及为了诸侯国相互兼并的战争需要等,从而刺激了古代水上运输业的兴旺与发展。人类开始从早期的“刳木为舟,剡木为楫”,到合木为舟的船舶制造;从天然河流或湖泊中的小范围、短距离的航行,发展到跨流域、跨地区的物资交换或商贸往来；从利用天然河道，到连接相邻水道的简易人工运河的出现，再发展到沟通不同区域或流域间的水上交通的运河形成，进而为改善船舶航行条件，提高河渠工程技术水平及孕育船闸文明诞生的工程也就随之出现。

世界上任何新生事物的出现，总有个最根本的原则，那就是：

首先，必须要有客观存在的社会需求。有需求才会有驱使人们去努力满足客观需求的动力！

其次，要具有满足客观需求的物质条件和能力，如资金、技术等。

然而，人们在实施过程中总是先易而后难，先简而后繁。这个过程也分两步：先从纯粹地利用自然条件开始，然后，再发展到对自然条件进行逐渐的改造与完善。

由此看到，在中华文明发展历程中，是先有水利（先满足人类生存需要），而后才有水运（能生存后才考虑到经商或交通往来）。由于水利、水运的相继出现，也就为孕育船闸文明创造了客观条件。这就是我们为什么说"中华母亲文明因水利而兴，而船闸子系文明也是随着水利的兴起而孕育"的原因。自水运的出现和发展开始，由于航行条件等客观因素的影响及限制，又由于社会普遍对水运的需求增加，因此水上运输又对航道条件提出了基本要求。于是，社会的需求就是孕育船闸文明催生的具体条件。

新中国水利界老前辈张含英在《中国水利史稿》"序"中，对"水利"的词意内涵做了概括性说明。从张含英的"序"中，我们知道"水利"所指范畴极广，水运亦属水利之列。水利、水运本是一对孪生兄弟（在水利、水运、水电的"三水事业"中，水电是后起之秀的小兄弟，在我国才100多年历史。西方比我国要早将近100年）。因水而生利，因水才有运。随着人类进步、社会发展，水利、水运、水电基本上都各自单独正式成为一个专业部门或独立的机构而正式出现于现代历史的行业舞台。

从现代考古得知，7 000年前的我国就开始出现独木舟，那是原始社会时期，那时人类利用舟船的目的主要是生存，即渔猎。亦为了生活和生存而将舟船作为捕捞水产食物的工具，因为那时的人类与氏族以外的人交往甚少。后来，奴隶制国家产生后，为适应社会的需求，水运才逐渐成为主要的交通手段或工具。人类改造客观世界的规律是"先利用，后改造，先易而后难"。我们如果将古代人类的演变进化与人类社会的最早发展脉络进行一些条理性梳理的话，其基本过程应该如下：

（1）人类手、脚分工是古人进化的前奏，是人类进入制造工具和改造自然的开始。

（2）火的出现，在人类进化过程中起着相当关键的作用。开始使用"火"，是人类从野蛮时代迈向文明时代的必备的先决条件。

（3）有了火，人类才得以吃熟食，彻底改变"茹毛饮血"的野蛮生活方式；有了火，人类才学会了"刀耕火种"而进行粗放式的原始农业的耕作方式。

（4）"刀耕火种"是农耕文明的第一步，它虽然是最原始的农业种植方法，但有了刀耕火种，也就有了农耕文明的萌芽或起步。

（5）农业的发展，需要水利灌溉，也需要防洪、排涝等措施的保障，而这些工程措施的实施，需要付出相当多的人力和物力。

（6）聚集众多部落的集体力量，实施统一而协作的联合治水方案，给部落联盟的首领提供了集中一切权力的极佳机会。

（7）部落联盟首领也趁此机会，抓紧控制最高权力并强占部落生产的劳动剩余物资和剩余财富,加速了原始公社的瓦解。

(8)权力的过度集中,使部落首领再也不愿意主动实行“禅让制”而拱手交出到手的权力。于是,民主禅让制被破坏,世袭奴隶制国家由此而产生。

(9)奴隶制国家建立后,社会从此跨入人类文明的“铁门槛”,使生产力得到发展。为加强政权控制,奴隶主需要“年年朝拜,岁岁纳贡”,水上运输增多。

(10)随着奴隶制国家政治、经济发展,社会对水运的需求量日益增多,这给早期的水运提供了良好的发展机遇。

(11)水运需求增加,又受到自然水道的限制。于是,改造水道(开凿运河和建设助航设施)成为社会需求的必然。

第四节　早期水路贡道路线考

据《尚书·禹贡》记载,在夏代,全国疆土划分为九个行政区域,即九个州——冀州、兖州、青州、徐州、扬州、荆州、豫州、梁州、雍州。

冀州在北方,是帝都所在之地。除冀州外,其他各州均有水道通往帝都(在今山西南部),直接向天子(或统治者利益集团的首领)输送或交纳田赋和进贡各种珍稀物品及各种土特产品。

其中,梁州、荆州、扬州三州的贡道,《禹贡》记叙线路如下。

一、梁州贡道

“西倾因桓是来,浮于潜,逾于沔,入于渭,乱于河。”这里应该解释为:在梁州东北境的,直接越沔入渭;在西境的,循西倾山(今甘肃潭县西南)由桓入潜,由潜跨沔,然后入渭渡河,以达帝都。因为桓水入潜,潜水接近沔,沔可以接入褒。所以,此州贡道用现在的地名解释就是:由西倾山白龙江,经甘肃岷县、宕昌入西汉水(嘉陵江),至陕西略阳县,逾嶓冢山,入沔水,经沔县、褒,溯褒水,经留坝,舍舟登陆,经斜峪,由郿县入渭水,经周至、兴平、户县、咸阳、长安、临潼、高陵、渭南、华阴,横渡入河,最后到达山西帝都(《长江水利史略》第26页)。

二、荆州贡道

“浮于江、沱、潜、汉,逾于洛,至于南河。”可以解释为:浮江而行,自江入沱,自沱入潜,自潜入汉水,自汉水溯丹江而上,至河南、陕西,越过冢岭,北浮洛水,经河南卢氏、洛宁、宜阳、洛阳、偃师、巩县,通到黄河靠南的一段而达山西南部。(注:沱,约相当今之湖北江陵县夏水,今已湮没;潜,汉水支流,出今潜江县,分流至沔阳县,合东荆河入江。今已湮没。)(《长江水利史略》第26页)。

三、扬州贡道

“沿于江、海,达于淮、泗。”那时的江、淮水之间尚无运河直接沟通,因此须沿大江东下至崇明入海,北经启东、如皋、东台、盐城、阜宁等海域入淮,溯江而上,历涟水入淮安,至淮阴县清口入泗水北上(《长江水利史略》第26页)。

《禹贡》大致成书于战国时期，它是最早记录我国奴隶社会初期纳贡的水运路线的；它根据当时人们所能了解的知识，作者整理并总结成这个具有史实记载的史书，比较完整地叙述了那个时期的水道运输系统。虽然以上记录未必全部都是夏、商的情况，但毕竟是我国一部古老的经典，其可信度应该是相当高的。

第五节　早期水上运输考

我国的水运交通，始于奴隶制社会的商、周时期。那时的水运主要还是借助于天然河流。《诗・国风・河广》上说："谁谓河广，一苇杭(航)之"。

我国最早见于历史记载的水上运输是殷商时期的"盘庚涉河迁都"。当时武丁入河，水运已有一定规模。所谓"盘庚迁都"，说白了就是在盘庚统治时期，黄河流域曾多次泛滥成灾，殷商都城受到洪水威胁，不得不连续多次舍弃原来都城而搬迁。而且这多次都城的搬迁还必须过河。一国之都城搬迁过河，其人员、物资一定不会少，供搬家过河的船只规模也可想而知(见图 2-3)。

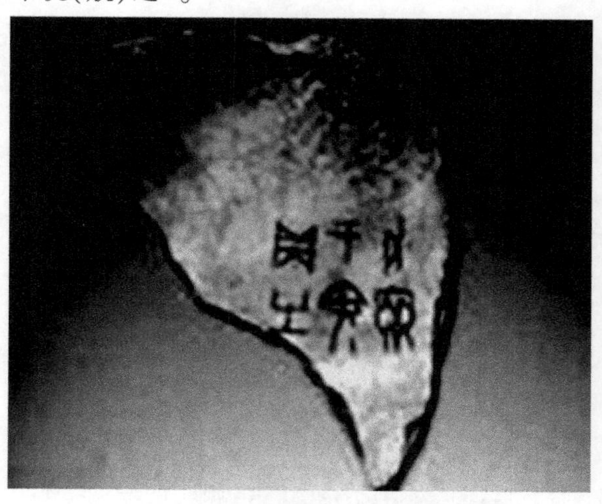

图 2-3　考古发掘甲骨文记载着盘庚迁都

西周初年，大约距今 3 000 年。传说周武王伐纣时，曾率五万名士兵、三百乘战车在孟津横渡黄河(《史记・周本纪》)。战车三百，士兵五万，都要渡江去作战。即使现在的舟桥部队，能够供数万士兵和数百辆战车渡江的船只，其规模也应该是相当可观的。

后来，周武王的曾孙昭王，也曾进兵到今湖北一带，镇压农民起义。相传在汉水渡江时，大臣祭公献策，向当地老百姓征用船只。当地老百姓有意给他们提供一种仅用胶水粘结船板的船。这样，"王御船至中流，胶液船解。王及祭公俱没于水中而崩"(《史记・周本纪・正义》引《帝王世纪》)。天子出征，兵员肯定不少，当时，既能建造正常航行的船，又能建造胶水粘结船板之船，其造船技术可想而知，也已经达到一个相当高的水平了。

春秋时期，有个著名的"泛舟之役"。《左传・僖公十三年》载："秦于是乎输粟于晋，自雍及绛，相继。命之曰，泛舟之役。"这个事件历史上记载得很清楚，即公元前 647 年，晋国发生了大饥荒，秦国援助了大批粮食。当时，晋国都城绛在山西翼城东，秦国都城雍在今陕西凤翔南，水运可以从渭水到黄河，又溯黄河而北可以入汾水，达于绛。那个时候，由于粮食运送的数量大，渭水、黄河、汾水的船只络绎不绝，可见当时水运已经有相当可观的规模。所谓著名的"泛舟之役"，其实就是我国古代的一次大规模的水上运输的实际演习过程。

由此看到，初期水运交通的发展，对促进我国早期各地间的物资交流和人员往来，以及为削弱当时诸侯国的各自封建割据，从而实现民族融合和全国统一提供了有利条件。

第六节　鄂君启节与江汉商运水道考

战国中期,楚国利用长江水运之便,使楚国疆域日益扩大,航道通向四方,交通方便,进一步促进了商贸往来和经济文化的交流。

1957 年在安徽寿县出土了四件“鄂君启节”(见图 2-4),这是新中国成立后发现的最珍贵的楚文物之一,在历史地理研究上具有极其重要的价值。鄂君启节铸造于楚怀王六年(前 323),是楚怀王赐给鄂君启的铜节。铜节上有错金铭文记载着水陆线路、途经地名、舟车数量,以及有效期限等,持节人可免征税收并受到所经城邑或驿站的接待。在这四件出土的鄂君启节中,有一节是舟节,舟节的铭文系统而完整地记载了当时的水路交通线路。舟节铭文沿途路程部分的释文意思如下:鄂君启,是战国中期楚怀王时(前 328—前 299)鄂地(今湖北鄂城)的一个封君。节,即是商品运输的通行证。节文规定鄂君在楚国境内的商业路线,舟节起点为鄂(鄂城),舟节终点为郢(楚都,今江陵城北),水路四条,分别通向北、东、南、西。

图 2-4　鄂君启节:左整体两件,右铭文放大

(1)北路。自鄂城向西经过一系列的古代湖泊,再溯汉水而北上,经鄢郢(今宜城县南),自汉水入唐白河,到芑阳(汉代淯阳,今南阳);若再溯汉水而向西,则可至今谷城附近。如果折入夏水(今已湮没,西段大约相当于东荆河,再向北折入汉水,下游即汉水河道)可通过江汉子而到郢都。

(2)东路。自鄂城起可顺长江过彭泽(今江西湖口)而至今安徽枞阳,还可以折入赣江,并通往鄱阳湖沿岸。

(3)南路。先向西,顺长江转入湘江,可通今广西边境,还可以转入耒水通今湖南郴县;也可以通资水、沅水、澧水和油水(今已湮没)各个运道。

(4)西路。沿长江,可至楚都郢(今江陵),还可沿江西上,通往四川境内各支流。

第七节　初期开凿人工运河考

春秋战国时期,是我国古代社会极不稳定而急剧动荡的特殊变革时期。当时,许多诸侯国在地方经济发展的基础上逐渐强盛起来。由于各地的经济发展极不平衡,以及各诸侯国之间国力悬殊极大,于是就形成了弱肉强食、列强兼并、群雄四起、诸侯争霸、各显其能的动乱局面。沿江地区的诸侯国,发挥其所处之地理优势,利用水运之便,迅速发展和扩充着自己的势力。接着,长江、淮河等流域干支流的水运开发利用范围也随之扩大。这一时期,各水系的水运已经不仅仅只是作为水上的一种交通方式,而逐渐演变为当时各诸侯国之间政治、军事斗争的工具或焦点,以致成为诸侯争霸与列国兼并战争的重要军事手段之一。

当时,河道与水运在国家政治经济及军事安全方面的重要作用日益显现。然而,不是所有的天然河流都可以行船或者航行的。通航还必须满足一定的航行条件。例如,有时相邻河流间的水路又往往不相通,从而制约了航运的范围。为克服天然河流自身的条件局限,延伸可供通航的河道,扩大航运范围,特别是扩大诸侯国之间的贸易交往,增强相互间军事斗争的实力,扩大互相争霸的势力范围,于是区域性人工运河的开凿,在各诸侯国之间也悄然兴起。

任何时候,社会需求都是行业兴起的先决条件。水运的发展、初期运河的开凿、造船业的兴旺,给船闸文明的出现奠定了必要的物质基础(所以这一时期叫船闸文明孕育阶段)。那么,在这个孕育阶段,我国到底开凿了哪些人工运河呢?

一、泰伯渎的开凿

相传,早在商代末年,我国即已开凿成功一条规模可观的运河,名叫泰伯渎,是周太王的长子泰伯将王位继承权让给其弟季历后而避地荆吴(太湖流域)时开凿的。这条最早的运河位于今无锡市东南,当初开凿的目的主要是排泄太湖洪水入海,还兼航运之便。这个首建于商末周初的泰伯渎,长期默默无闻。但是,在后来则成为南北京杭大运河江南段的一个重要的组成部分。

二、开凿“陈蔡运河”

有记载的最早开凿的另一条人工运河,是春秋时在陈国和蔡国之间开凿的“陈蔡运河”。当时,陈国都城在今河南淮阳县,而蔡国都城在今河南上蔡县。两国都城都分别临近淮水支流的沙水和汝水。但是,陈蔡之间的水运却需要经淮水而向东南绕一个大圈子。于是,“沟通陈蔡之间”(《水经·济水注》引《徐州地理志》)便成为史实。但是,这条运河的具体位置和开凿时间至今无法考证。可能运河并不宽大,而且不久便被堙废,所以只有记载,未见遗址,后来少有人提及。

三、开凿“胥溪运河”

春秋末年,吴国阖闾、夫差父子相继为王,太湖流域经吴国几代人开发已经初见起色,后来,又有伍子胥、孙武等人襄助,国力逐渐强盛。公元前6世纪末至前5世纪初,吴国在太湖流域已开凿了多条运河。最早开凿的是胥溪(今高淳县境,又叫堰渎),当时,吴都在今苏州,其主要敌国是西方的楚、南方的越。开胥溪是为进攻楚国、运送军用物资做准备。胥溪运河,东通太湖,西入长江,以今宜兴东南为起点,经溧阳、高淳,沟通水阳江,从安徽芜湖出长江。

四、开凿“杨夏运河”

杨夏运河,据《水经・沔水注》,楚灵王时(前540—前529)曾开漕渠通章华台(今湖北监利西北),这一带有大量湖泊和水道,古称“云梦泽”。“言此渎灵王立台之日漕运所由也。其水北流。注于杨水”。这样一来,从杨水西溯可到郢都,东下可入汉水,改善了郢都的水运条件。后来,伍子胥率吴军攻楚时,也曾利用此水路。1955年《地理知识》第9期,谭其骧先生在《黄河与运河的变迁》中指出:“西方一渠当为杨水,是沟通长江和汉水的一条人工运河……这条运河是公元前六世纪初楚相孙叔敖主持下……开凿的……”

五、开凿“济淄运河”

济淄运河是战国时期东方强大的齐国开凿的,它以沟通齐之都城临淄与中原地区的水路联系为主要目的。古临淄城东有淄水东北入海,城西还有一条较小的时水,下游汇入淄水。临淄城北五六十里有条可通中原的济水流过。齐国为了沟通与中原的水上联系,于是,在淄水与济水之间开凿了一条济淄运河(见图2-5),运河虽然很短,但是解决了齐国交通上的大问题。《史记・河渠书》记载:“于齐则通淄济之间”,所说的就是此运河。

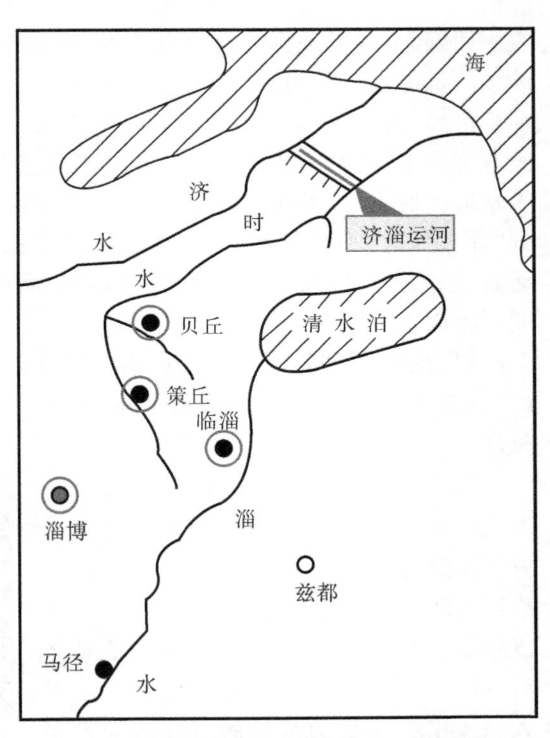

图2-5　春秋战国时期,齐国开凿“济淄运河”

六、开凿“邗沟运河”

我国历史上第一条有确切开凿年代记载的运河,是自扬州至淮阴的邗沟。公元前486年,吴王夫差为了北上争霸,“城邗,沟通江淮”(《左传・哀公九年》)。邗即后来的扬州,邗沟于扬州南接长江,向北则利用其星罗棋布的湖泊与河道,疏通开凿,至淮安东北而入淮水。此运河后代曾屡次经过改道和整修。两千多年来,一直是沟通江淮的主要运河。此运河修建中(前486),在距淮安附近不远的运河道上,由于“北神堰”是史料记载最早的埭堰(引自《船闸结构》第67页),因此此堰便被作为“船闸文明孕育阶段”的断代下限。而且“北神堰”又是船闸文明进入“原始文明萌芽阶段——埭堰翻坝时期”的标志性工程,即原始文明萌芽阶段的上限。为了便于今后更好地展开叙述,笔者这里仅作一般表述,将在下一章与菏水、鸿沟一起详述。

第八节　何为船闸文明孕育阶段?

中华文明因水利而兴,船闸文明因水利而孕育,因水运开发而酝酿,因运河兴建与航运需求而诞生和发展,而后又因水资源综合开发与利用而走向辉煌。

我国的原始农业,始于母系氏族时代。当时以男人出去狩猎、采集为主业,女人在家从事饲养、栽种与后勤等为副业。然而,狩猎、采集主要靠运气,有时可能猎获颇丰,有时则可能空手而返。主业的可靠性得不到保证,人类的生存条件就没有了保障。副业虽少却稳定可靠,少吃总可以活命,没吃可就活不成!随着时间推移,副业(原始农业)逐渐上升为主业,而主业也渐渐就变成了副业。

当初,狩猎与采集,是人们被动适应环境的结果;整天到处去找猎物,不见得每天都有收获,所以生活得不到保障。原始农业和饲养家畜,是人们主动适应环境的第一步。首先,人们把捕获多余的猎物饲养并繁殖起来,把采集剩余的植物种子撒入土中生长;待狩猎与采集空手而归时,再把饲养的猎物和成熟的植物或种子拿出来充饥。开始,原始农业和饲养家畜的收获虽然不一定很多,但可靠而且能救急。尝到甜头的原始人类从此便开始了主动改造客观世界的征程。人类逐渐把重心从靠天吃饭,转移到靠自己双手吃饭上来。于是,人类在改造客观世界的同时,也开始踏上改造自己主观世界的漫漫征程。然而,原始农业也还是靠天吃饭。后来,人类从无数次的洪涝、干旱灾害中逐渐认识到水的"利弊"本质后,终于认识到"靠天靠地,不如靠自己"!于是,在人类头脑中,兴利除害的思想认识开始逐渐形成。紧接着,防洪排涝中的"堤坝疏障"与农业灌溉中的"沟洫陂塘"等改造客观世界的水利工程也就开始逐渐出现。

奴隶制国家的产生和专制强权的建立,推动了古代水利建设与水运的发展,也推动了我国初期古老的中华文明现象的逐渐形成。这一切,同时又为孕育船闸文明的诞生准备了条件。

例如,防洪与灌溉都需要筑堤和筑坝。古代筑坝都是草土混合坝(见图 2-6),从古至今筑堤筑坝,无不都是为了阻挡洪水蔓延而防止洪水泛滥,以及壅高水位后导流灌溉。然而,在筑堤筑坝的水位壅高之后,堤坝上下游之间也就很自然地形成了人为地集中起来的水位落差。这种集中起来的水位落差,虽然可以有利于导流进行自流灌溉,但是当初期水运出现后,她所造成的集中水位落差也将对初期水运的船只通过形成障碍。因此,这种"集中起来的水位落差障碍",就是因水利而兴的中华母亲文明在孕育过程中遗传给船闸子系文明的"早熟"基因。因为,如果没有集中水位落差障碍的形成,也就不会有船闸文明"早熟"基因的出现。那么,初期船闸文明的出现

图 2-6　对我国古运河的土草坝遗址进行实地考察

就会缺少必要条件而推迟，或者像埃及现代的苏伊士运河是世界上唯一的无闸运河一样。苏伊士运河是利用地中海与红海之间的这一条贯通的苏伊士地狭沟通而成，此地狭是由海洋沉积物、粗沙以及历代降雨所积存的砂砾、尼罗河的冲积土和大风吹来的沙漠尘土等物质构成。于是，地中海与红海之间的海平面也几乎相差无几。因此，它根本没有形成集中水位落差障碍的条件，所以，船舶也就不需要什么助航设施便可自由通过。尽管古苏伊士运河开凿时间较早，然而它始终没有构成航行障碍而成为船闸文明诞生温床的条件。

“存在决定意识”。这是我们过去经常讲的一句术语。有了这个“人为的集中水位落差障碍”的存在，就会影响水运畅通。同时，也就迫使着人们去思考或探索，如何才能解决这个“集中水位落差障碍”的办法或措施——这种思考或者探索解决“集中水位落差障碍”办法的过程，也就是我们现在所说的：是孕育解决方案的过程。当然，如果没有水运出现，没有船舶或河流需要航行，这种单纯的“集中水位落差”，也就无“障碍”可言了。而这种单纯的“集中水位落差”，就我们现代水利工程而言，特别有利于水力发电、农田灌溉、工农业和生活用水等工程。由此看到，集中水位落差，只有在水运出现之后，才会形成障碍的现象。从这件事情的发生与发展的客观需求讲，船闸就是为了克服“集中水位落差障碍”而萌生的一个水工通航建筑物。所以说，集中水位落差障碍的出现，就意味着出现孕育船闸文明的“早熟”基因的开始。因此，这种酝酿着解决或克服“集中水位落差障碍”的手段或方法的过程，就是船闸文明的孕育阶段。

人类的历史告诉我们，生产力的发展或者创新，在经过长期社会实践检验后，会促使人们对客观事物的认识逐渐深化。当人们的认知通过长期实践的认识深化而一旦出现飞跃之后，又将反过来促进着生产力的发展。

经历了早期酝酿与孕育的船闸文明，她的成长是伴随着我国古代人工运河的大量开凿，为满足我国古代社会政治、经济发展的需求而出现的，是国家统一的需要，是社会经济发展的需要；是时代进步的需要，是南北物资交流的需要；是民族融合与各民族人民友好交往的需要，是民族团结和文化科学技术交流的需要；是商品交换与市场繁荣的需要，是人民生活的需要。她是伴随着我国一个时期的政治、经济中心（如战争与漕运或者商贸、物资交流等人类交往）对水运的需求而变化、发展和成长起来的。

所以说，我国古代早期水利建设就是孕育船闸文明的土壤，是培育船闸文明原始种子萌芽前催生的温室，是船闸文明诞生之前的铺垫。于是，我们就将本阶段定义为船闸文明孕育阶段，即船闸文明演变发展最初始阶段的第一个环节。

第九节　我国精神文明成就的首次高峰期

船闸文明在“原始文明孕育阶段——防洪治水时期”（也称先秦时期），出现了我国古典文化的第一次大繁荣。这个古典文化繁荣高峰期的特征是“百花齐放，百家争鸣”。在这一时期内，改革家、思想家、政治家、军事家、水利专家等诸子百家，一齐涌现；道家、儒家、法家、兵家，各显其能；政治、经济、军事、哲学、天文、历数、舆地、农业、水利等领域无不涉及。其著作之丰，影响之久远，文化内涵之精深，所含内容之博大，举不胜举。

一、这一时期是人类文明的轴心时代

大约公元前10世纪前后,是对人类文明有着特殊意义而又产生着极其深远影响的历史时期。在这一时期,全球人类文明所有的精神文明成就,基本上都是在这个时期最早地出现而定型的。德国哲学家雅斯贝尔斯把这个时期统称为人类文明的"轴心时代"。在他的著作《人的历史》中如是说:

在公元前800—公元前200年间所发生的精神过程,似乎建立了这样一个轴心。在这时候,我们今日的人开始出现。让我们把这个时期称为"轴心时代"。在这一时期充满了不平常的事件。在中国诞生了孔子和老子,中国哲学的各种派别的兴起,这是墨子、庄子以及无数其他人的时代……

——转引自《文明纵横谈》第40页

在此,特别对影响我国古代水利建设的管子等给予简单的介绍。

二、有影响的典型人物简介

• 管子

管子即管仲,春秋初期政治家,名夷吾,颍水之滨人。由鲍叔牙推荐而任齐相,齐桓公尊称为"仲父"。他在齐国为相期间推行改革,使齐之国力大振。因此,齐国一跃而成为春秋时期七大诸侯国中的第一个霸主。管仲的言论可见于《国语·齐语》《汉书·艺文志》《管子》等。

《管子》一书相传为管仲所撰。其实,应系后人托其名而作。共二十四卷,原本八十六篇,今存七十六篇。内容庞杂,其中,包含道家、名家、法家等诸子百家的思想以及天文、历数、舆地、经济、农业等科学技术知识。

《管子·度地》篇中,论治国先除"五害"。所谓的"五害",即是"水、旱、风雾雹霜、疠(疫病)、虫"。其中,水害为诸害之首,而且是当时最重要的第一害。同时,他还把当时人们认识所存在的"水"分为五种:

一为经水,即河流;

二为枝水,即很多股入海之分支;

三为谷水,即季节性的溪流;

四为川水,即江河之支流与人工渠道;

五为渊水,即湖泊等。

而且还说,五种水要因势利用。另有:"除五害之说,以水为始。请为置水官,……使为都匠水工……"这是我国历史上第一次提到请求设置水官,并且还涉及水力学以及渠道设计等水工建筑物等一些繁杂的问题。同时,他在我国历史上第一次提出了"水工"这一词汇的概念。所谓水工,其实即是水利工程之简称。

《管子》一书是我国古代防洪治水与水利灌溉工程的经验之作和经典之作的历史文献,是我国在船闸文明孕育阶段出现的一颗熠熠生辉的精神文明硕果!

第三章　埭堰文明萌芽阶段
——原始翻坝时期

(周敬王三十四年到秦始皇三十三年)

(公元前486年—前214年)

春秋战国是我国历史上社会急剧动荡的政治变革时期。各诸侯国的奴隶起义与平民暴动相继发生。周王室衰落,诸侯争霸,封建制度悄然兴起并逐渐有取代奴隶制度之势。这时期,生产关系的变革促进了社会生产力的发展;铁制工具开始广泛使用;人们使用畜力耕地已经相当普遍;为大规模兴修水利、开垦农田、改进农耕技术提供了有利于人类生存与发展的人力条件和物质基础。这一时期,各诸侯国之间,各自从经济发展或者是因战争的需要出发,出现了许多古代著名的水利工程,以及水利、航运、灌溉兼用的多用途工程。这一阶段,从早期人工运河的开凿,直到后来秦统一中国,其上限标志性工程为周敬王三十四年(前486)吴王夫差急于北上争霸伐齐,而邗沟水浅,其船只被阻邗沟北端末口附近的北神庙,首创土草坝于北神庙处。从此,开启了运河临时壅水过船之先例,中国历史上第一座埭堰(北神堰)由此而产生。下限标志性工程为秦始皇三十三年(前214),秦为统一中国并远征岭南,修建了湘、漓之间的人工运河——灵渠,并出现"斗门",为船闸文明"埭堰文明萌芽阶段——原始翻坝时期"。本阶段历时约300年时间。值得说明的是,虽然船闸文明的"埭堰文明萌芽阶段——原始翻坝时期",只有短短300年时间,但是由于我国地域辽阔,各地的气候、降雨、地质、地貌、海拔、河势等客观条件各异,因此在船闸演变进化过程中,各地域之间的发展也是极不均衡的。正是由于这些主、客观原因的影响,埭堰实际使用年代却相当久远,它曾经与后来的斗门、"二门一室"的初期成型船闸一起共存了相当长的历史时期。如果把直到明、清时代在我国个别河流上,还能见到这类原始过坝的埭堰算上的话,埭堰这种船闸原始文明的初期萌芽形式,其顽强的生命力经历了2 000余年的历史。然而,船闸文明这种在不同地域之间演变发展的不均衡性或者滞后性,是任何事物在发展过程中都有可能出现的特殊现象,所以它并不影响船闸文明演变从低级逐渐向高级进化的过程,也不影响将它作为一个断代与进化阶段进行划分的主要依据。

第一节　埭堰文明萌芽阶段的时代特征

"埭堰文明萌芽阶段——原始翻坝时期",始于春秋战国之交的吴王北上伐齐而首创"北神堰"壅水过船(前486)的埭堰,止于秦之沟通湘江、漓江水系的人工运河——灵渠并在其运河上出现陡门时(前214)。这期间,公元前221年以前,是战国末期。待到公元前221年时,秦已统一中原六国。接着,秦国正在准备发动一场统一华夏而进军岭南的统一战争。为了军需物资的运送才开凿了这一湘桂运河——灵渠(其中建有陡门)。这一阶段虽然仅仅相隔了不到300年,然而,就是在这不到300年的时间内,中国的历史就已经发生了天翻地覆的变化。这一阶段的主要特征是:

其一,国家从大动荡、大变革的诸侯割据、群雄并起、列国纷争、战乱不休的动乱局面,逐渐地走向我国历史上的第一次国家大一统的时代。

其二,这一时期铁器工具与利用畜力(牛)耕作,已经开始流传全国各地并逐渐普及,从而使社会生产力与劳动效率都得到了迅速的发展与提高。

其三,原有奴隶制时期的井田制随着时间推移逐渐瓦解,奴隶制度开始渐渐走向崩溃;封建制度从萌芽而逐渐走向占据全社会的支配地位。

其四,这一历史阶段中,由于生产力与劳动效率不断提高,在我国历史上,出现了第一次农田水利建设高潮和大规模的水利、水运工程建设高潮。

如果用马克思主义的历史唯物观和辩证唯物观去看待中国这段历史时期的话,应该说,秦统一中国,是我国社会发展的需要;是符合人类社会发展规律性的进步;是历史发展的必然结果;是我国政治、经济、文化与科学技术发展的必然结果;是生产工具与生产力提高的必然结果;是我国多民族国家中,各兄弟民族之间长期取长补短、友好交流、友好相处并相互融合的必然结果。

第二节　群雄纷争为何秦独能胜出?

春秋战国时期是我国古代社会大动荡、大融合,政治制度急剧变革时期;是旧的奴隶制度走向崩溃,新的封建制度从萌芽开始走向历史前台的时期;是由青铜时代走向铁器时代的过渡时期。这一时期,在奴隶制度统治下,劳动力高度集中,社会生产力快速发展,使我国农田水利建设进入一个崭新的历史时期。原来农业灌溉的井田、沟洫工程,逐渐被大规模的灌、排渠系所取代。

一、这一时期的时代特点

由于铁制工具得到应用和普遍推广,"使更大面积的农田耕作、开垦广阔的森林地区(未耕种的荒地)成为可能"(《马克思恩格斯选集》第四卷第158页)。

私田的开辟加上牛力耕作的推广(见图3-1),使社会生产力发展速度得到加快,从而使劳动生产率大为提高,于是给予原来落后的井田制有力的冲击。

图3-1　牛犁田,水通粮,渠灌溉,生产力大幅提高

然而,当时腐朽的奴隶制生产关系仍然严重地束缚着生产力的发展。同时,奴

隶制度在奴隶起义和大批奴隶逃亡的双重打击下，统治者目睹着私田日益增多的现状以及面对生产关系不断悄然改变的无奈，各诸侯国也不得不相继进行改革，以适应当时国内形势的发展。

例如，公元前594年，鲁国开始实行“初税亩”（《春秋・宣公十五年》）。即不分公田、私田，一律按土地面积征税。这样的改革实际上就是已经承认了“私田”这一新兴的封建土地所有制的事实，从而加速了原有井田制的破坏和崩溃。新出现的土地占有关系，打乱了原有井田制的沟洫体系，使旧有的沟洫不再适应新的生产关系了。于是，迫切需要兴建较大规模的渠系工程来适应和满足新的农田灌溉需要。历史记载中，我国较大型的渠系工程就是在这种历史背景之下出现的。

这一时期，秦国在关中陆续兴建了郑国渠、白渠以及六辅渠、成国渠等一系列较大规模的灌溉渠系工程；南方楚国以孙叔敖为相，在今河南固始一带也修建了我国最早的渠系工程即“期思・雩娄灌区”；在淮河流域的安徽寿县也建成了著名的蓄水灌溉工程“芍陂”（安丰塘）；在中原地区魏国的重要都会邺城附近，也建成了大型引水灌溉系统工程——漳水十二渠，并开始引用泥沙多而浑浊的漳水去淤灌和改良当地的盐碱土地，从而使这一地区的土质得到良好的改造，并且达到了“成为膏腴，则亩收一钟”的改土造田的良好效果。

在急剧的社会变革中，由于诸侯各国的经济发展极不平衡，于是，诸侯国与诸侯国之间开始不断地出现纷争并相互称霸争雄，从此战乱不休。各诸侯国也为了自身利益想尽各种办法促使自己的国力强盛来壮大自己的势力范围，纷纷开始进行政治上或经济上的改革，纷纷兴修水利而发展经济。同时，又由于各国经济发展和军事争夺与战争的需要，各国又对水上交通也提出了新的需求：一方面，为克服天然河流本身的条件限制而扩大水运交通范围，于是区域性人工运河相继出现；另一方面，水运交通与人工运河的出现，也促进了造船业与商贸行业的发展。

“三水”之中，水利与水运本来就是一对孪生兄弟，只有水电才是后起之秀。当时，在大型水利工程兴建的同时，也开始兴建许多大型水运工程，如开凿人工运河，延伸通航水域，缩短航运里程，使航运业得到迅速发展。同时，也促进了商贸和农业经济的进步，这是我国春秋战国时期的一大显著特点。

二、这一时期的主要时代特征

（一）运河初凿期

春秋时期开凿的运河，都是区域性的运河，是以沟通邻近江河湖泊或者缩短或延伸航运里程为主要目的的运河。此段时期称为运河初凿期。

（二）流域间的运河沟通期

沟通黄淮、江淮之间的一些流域间的运河是在春秋战国之交时才开始的。以著名的邗沟和鸿沟为代表的较大运河的出现，为我国的水利、水运发展史开辟了一个与灌溉、防洪同等重要，而且其规模更大、更具有影响、更为艰巨复杂的水上运输工程领域。这一时期是流域间运河的沟通期。

（三）南北政治与经济促进期

上述工程沟通了我国南北之间的水运交通，对我国南北政治、经济、文化交流，对当时以及后代的社会文明进步均产生着极为深远的影响。同时，也对船闸文明的诞生产生着至关重要的作用。特别是给我国多民族融合，相互学习、往来交流沟通、共同发展提供了更为方便的交通条件。

(四)诸侯国综合国力较量期

区域性运河，都是分封制下的诸侯国，因其自身政治与经济需要，在改革了土地制度后，为促进商业和交通运输业的发展而兴建的。他们既是为了便于诸侯国自身内部征收的税赋、谷物的运输方便，同时也是诸侯国之间争霸时所进行相互攻战的重要交通手段。其实，秦国最初实力并不强大，正是在后来的这场政治、经济、军事、水利、交通的综合竞争中，才逐渐崭露头角而崛起的。

(五)秦国在这一场竞争中胜出

公元前361年，雄心勃勃的秦孝公即位，他首先重用了提出富国强兵新法的商鞅，在秦国实施变法取得了成效。后来，由于人口增加和战争的需要，关中粮食需求量越来越大。为解决用粮问题，既要依靠从外地进行长途漕运，而且更重要的是发展本地农业，扩大种植面积和提高粮食产量。在此情况下，秦在关中陆续兴建起郑国渠、白渠以及六辅渠、成国渠等一系列大规模的灌溉渠系，于是关中灌溉面积大大增加。号称“八百里秦川”的关中地区，由于主要是黄土地带，土质肥沃，一经得到水利灌溉，也就变成了沃野千里的富庶之地，从而使秦之国力逐渐强盛，以致后来吞并六国，统一全国，实现我国历史上第一次大统一。

第三节　造船的规模与技术初具雏形

社会进步和经济发展，同时促进了水利、水运事业的发展，从而刺激了造船业的兴起；造船业的进步则又反过来推动着水上运输的兴旺发达。另外，为了行船的安全与便捷，对河道的航行条件提出了一定的要求。由此看到，船在水运链的环节中所起的重要作用及影响。不同的船需要不同的河道和助航设施，于是船闸文明也就是在这一系列的相互需求和互相促进的循环过程中，开始萌芽和发展。

《史记·周本纪》记述着“昭王南巡狩猎不返，卒于江上”这一历史事件。周昭王十六年，周昭王亲自率领大军南征伐楚。他从国都镐(今陕西西安市之西)出发，大军来到汉江之滨。当时，随军有个谋臣叫祭公的献策说：“江汉湖泽之地，航运发达，民素有船行技术和大量船只。陛下可以征用大量民船，并抓夫驾驭，不日便可运大军顺利渡江。”周昭王采纳了祭公的意见，下令强征民船渡江。大兵压境，战争残酷，使汉水两岸的人民深受其害。当周昭王于十九年班师回朝时，却发生了一件意料不到的事情：“昭王德衰，南征，济于汉，船人恶之，以胶船进王，王御船，至中流胶液船解，王及祭公俱没于水中而崩。”(《史记·周本纪·正义》引《帝王世纪》)。这里记录了当时汉水之滨的人民对昭王强征民船恨之入骨，采用以胶水粘船的方法应付昭王之师，终于巧妙地惩罚了不得人心的周天子。从这次历史事件中，我们不难看出两个问题：①当时的江汉地区的航运与造船技术已经达到相当高的水平(见图3-2)。②天子出征，兵员众多，要满足昭王渡江需求，更是需要较多船只。

《吕氏·音初》中记载，昭王“还反涉汉，梁败”。这里所说的应该跟前面《史记·周本纪》记载的是同一件事。但昭王到底是如何死的却记载不同。

一个记载是昭王伐楚得胜回朝(还反)，要过汉水(涉汉)时，征用民船搭起浮桥(桥即

图 3-2　秦代水利水运发展，造船技术初具规模

梁）。结果梁败，即“浮桥坏了”而死于水中。

而另一则记载却为“至中流胶液船解，王及祭公俱没于水中而崩”。两处记载显然对昭王是“如何死的”有些差异，但是，两处记载中，周昭王率军伐楚，这在历史上是事实，周昭王“强征民船”德衰（不得人心）的历史也是事实，还反涉汉，没于水中而崩（被淹死），这也是历史事实。所以说，此事基本上还是事实确凿的，只是在记载中对如何死的有点出入，但总之是死了。

这件事从一个侧面反映了当时汉水之滨的水上交通运输之方便和发达。同时，也从另一角度反映出当时汉水之滨的造船行业极其兴旺，以及造船规模之大与造船技术水平之高超，也已经达到相当高的水平。

事实上，不但楚国的造船技术已经发展到相当高的水平，而且吴、越地区的造船技术和水平也可以说是更胜一筹。例如：伍子胥在楚受迫害而投奔吴国后受到重用。吴国的造船技术本来也很高，他把楚国的造船技术带到吴国后，使吴国在造船技术方面有了更大的提高。例如，吴国有专门制造船舶的工厂，叫船宫（造船厂）。船宫能制造“大翼”“小翼”“突冒”“楼舡”“桥舡”等不同类型战舰。据《北堂书抄》《太平御览》引《越绝书》佚文记述：吴王阖闾曾经问伍子胥应该怎样训练“舡军”（水军），伍子胥答道：“战船有许多种，训练时应和‘陵军’（陆军）的方法相对照；‘大翼’就如陆军的重车，‘小翼’就如陆军的轻车，‘突冒’就如陆军的冲车，‘楼舡’就如陆军的行楼车，‘桥舡’就如陆军的轻足骠骑。”后来，吴国就是依仗如此完备的水军装备，经常与楚、越交战。在那段时期内，楚国在统治阶级内部矛盾和奴隶起义的双重打击下曾一度衰弱。吴王阖闾乘机派伍子胥和杰出的军事家孙武率军攻破楚国的国都，把楚国打得节节败退、七零八落。后来，在夫差继位后，又打败了越国，并依仗着吴国水军之强、水运之便，兴兵北上去问鼎中原，一举打败了北方的劲敌齐国，并企图强迫晋国让出当时的盟主地位而称霸诸侯。

吴国能够由一个小国逐渐强盛起来而成为当时称霸一时的强国，在很大程度上有赖于开凿人工运河和发展航运。当时的运河是灌溉、水运兼用，这样的话，不但水运交通发达，而且有力地促进了吴国的农业生产，并繁荣了商业经济。

第四节　埭堰文明萌芽阶段三大水利工程

一、漳水十二渠系统水利工程的兴建

战国初期,赵、魏、韩三家分晋后,其中,魏国最先实施了变法改革。魏文侯在位期间(前445—前396),他在李悝、吴起、西门豹等人的协助下,对魏国的政治、经济等基本国策进行了一系列的改革,使魏国因此而成为北方当时在政治、经济、军事诸方面都盛极一时的国家,从而称霸中原。魏国的强盛,除了它在政治、经济上的改革,更重要的还是它相当重视农业生产,并修建了漳水十二渠水利灌溉系统工程,从而使农业得到长足的发展。

魏之邺地(现河北省临漳县西),紧靠太行山,漳水流经全境。邺地依山傍水,气候温和,本应是个很好的农业区,然而,当地的老百姓被当时人称的"三害"(人害、水害、土害)整得"民不聊生",人民苦不堪言。

西门豹来到邺地,目睹一派荒凉景象,心里很不是滋味。因为他来之前,地方官吏廷椽和当地豪绅"三老"已经对百姓进行过恐吓,因此西门豹来到后,邺城空空,不见人影。偶尔看到几个人,也远远地躲他而去。西门豹是历史上一个有决心做一番事业的能干人,他为了把事情弄个水落石出,便亲自深入乡下进行调查访问。经过仔细的调查研究后,西门豹采取了如下三项措施整治"三害"。

(一)消除人害——揭露"河伯娶妻"

漳水年年泛滥,冲毁房屋、淹没农田、毁坏庄稼。邺地"三老""廷椽"等地方官吏和豪绅勾结巫婆装神弄鬼,欺骗百姓,谎说漳水泛滥是"河伯显圣",只要每年挑选一个美女送给河伯做老婆,再送些财物,就可免其水患之灾,从而借机索取钱财并强迫把美女扔进漳河淹死。百姓害怕,只得背井离乡,四处逃亡。从此,百姓畏官如虎,见官就逃,耕地荒芜,十室九空。

图3-3　西门豹除去"人害、水害、土害"获得成功

西门豹首先机智地借机会清除了"人害",巧妙地惩治了贪官污吏和地方豪绅的为非作歹,惩治了装神弄鬼坑害人民的巫婆(见图3-3),受到广大百姓的拥护和爱戴。

(二)根治水害——杜绝"漳水泛滥"

为了消除水害,西门豹亲自察看了邺地的地形地貌和漳水流经水域具体情况,还请来魏国著名的能工巧匠进行施工。施工前他们周密地进行了勘测、设计和规划,同时征集了大批民工,在西门豹的亲自带领下,经过一段时间的艰苦劳动,开渠引漳,终于建成了著名的漳水十二渠系统灌溉工程。工程由西门渠进水口、西门干渠和十二分渠组成。十二渠建成后,能排能灌，洪水时，分洪排泄漳水洪峰，消除水灾；干旱时，能灌地浇田确保农作物丰收。这是我国先民在与洪水斗争中“变水害为水利”的一次伟大的创举，也是我国古代人民劳动智慧的结晶。

（三）根治土害——改良“盐碱泽卤”

邺地原有大片“泽卤”之地，即盐碱之地。西门豹开渠引水成功后，使邺地大片“泽卤”之地变成了肥沃的良田（见图 3-4）。其主要原因是，浑浊的漳河水里含有大量的泥沙，泥沙中含有大量的有机肥料，每当山洪暴发时，泥沙俱下，用它来灌田，便可以改良土壤，提高土壤肥力。这种用河流泥沙来灌田的做法，古时就叫作“淤灌”。这是我国古代劳动人民的又一个伟大的创举。漳水十二渠建成后，使盐碱之地得到灌溉，改良了土壤，使亩产一下子提高了好多倍。《汉书·沟洫志》有这样的记载：“若有渠溉，则卤下湿，填淤加肥，故种禾麦，更为杭稻，高田五倍，下田十倍。”这就是说，兴建了漳水十二渠系统灌溉工程后，原种禾麦的可改种水稻，产量也可以大大提高。邺地水利事业的发展，促进了灌区的农业大丰收。于是，魏国后来迅速成为战国初期的一个经济、军事强大的诸侯国。邺地也就成为魏国东北部的一个重要的军事要塞和农业经济发达的富庶之地。

图 3-4　实施“淤灌”后“盐碱泽卤”变良田

西门豹在修建漳水十二渠灌溉工程时，困难颇多，他大批征集民工，严格用工纪律，也引起了一些人的怨言和非议。他办事认真，工作有成效，也令人忌妒。魏国有些近臣便大进谗言。但是，西门豹没有去贿赂魏文侯左右的宠臣，而是继续干着实事。后来，魏文侯真的生气了，要治西门豹的罪，西门豹用大量事实说服了魏文侯。但是，在魏文侯死后，文侯的儿子武侯即位时，西门豹仍然遭到杀害。西门豹虽遭不幸，但是，他的治水业绩和除暴安良的事迹均已载入史册，历史决不会忘记那些为中华文明的发展与进步做出过贡献的人。

二、都江堰系统水利工程的兴建

都江堰，位于成都平原西北的灌县。秦惠文王灭蜀后，废除分封制，改为郡县制。秦昭襄王五十一年（前 256）秦灭东周后，秦王以李冰为蜀郡守。李冰在职期间，主持兴修了我国历史上著名的都江堰水利工程。

《华阳国志·蜀志》记载：“冰能知天文地理，谓汶山为天彭门。乃至湔氐县，见两山对如阙……冰乃壅江作堋，穿郫江、检江，别支流，双过郡下，以行舟船；岷山多梓柏大竹，颓随水流，坐致木材，功省用饶；又灌溉三郡，开稻田。于是，蜀沃野千里，号为陆海，旱则引水浸润，雨则杜塞水门，故记曰：‘水旱从人，不知饥馑，时无荒年，天下谓之天府也’……”由此可见，四川省为“天府之国”之称谓由来已久，与都江堰工程有着直接的重大关系。

都江堰工程历两千余年而不废,至今效益有增无减,这在世界水利史上是绝无仅有的。这与当初堰址选择优越、工程布局合理、维护简便易行,并能在分洪减灾的同时,给灌区提供充足的水资源等巨大的综合效益分不开。堰首工程的基本原理,古今无根本区别。它的主要工程经过历代的改进,才具有了近代的规模。灌区内渠堰工程,实质上就是支渠上一系列的分水鱼嘴工程系统。堰首主要设施由百丈堤、鱼嘴、金刚堤、飞沙堰、人字堤和宝瓶口组成。这些工程主要用于分水、溢流,兼有护岸作用。其中,三大主体是鱼嘴、飞沙堰和宝瓶口(见图3-5),三者之间配合紧密,组成了一个有机结合的整体。

图3-5 都江堰系统工程历两千余年仍然发挥作用

(一)分水工程系统

分水工程包括都江鱼嘴、金刚堤、宝瓶口。鱼嘴就是修筑在岷江干流的分水堰,因堰的尖端形状如同鱼嘴,又是堰首的起点,所以叫都江鱼嘴。岷江在鱼嘴处分成内江和外江。沿鱼嘴内、外二江向下游延伸是内(江)金刚堤、外(江)金刚堤。正是由于鱼嘴和金刚堤的分水作用,才使水进入地势较高的宝瓶口。宝瓶口是控制内江流量的咽喉,它左面是玉垒山,右面是离堆,古代所谓凿离堆,就是开宝瓶口,口宽约20 m,洪水期宝瓶口可起自然控制水的流量作用。宝瓶口左岸岩石上刻有水则,可观测内江水位。《宋史·河渠志》载:"离堆之趾,旧镵石为则,则盈一尺,至十而止。水及六则,流始足。"元代《蜀堰碑》载:"尺为之画,凡有十一;水及其九,其民喜;过则忧;没其则则困。"近代灌溉用水,要达十一二画才够用,到十三四画时才开始溢流。历代所要求的水位标准是不同的,主要是因为刻划尺度长短有别,以及随着时间的推移,成都平原灌溉面积不断扩大,内江灌溉用水也不断增加。鱼嘴是堰首工程,其位置布置十分合理,起到了自动调节流量"四六分,平潦旱"的作用:春季插秧时节,内江占六成,外江占四成;洪水季节,变为"外六内四"。近代内江灌溉面积不断地扩大,春季用水又有所增加。"四六分"古制是灌区人民在长期使用实践中的分水经验之总结。

(二)溢流工程系统

溢流工程包括飞沙堰、人字堤。飞沙堰在宝瓶口对面,位于内江右岸,是一个溢洪飞沙的低堰(滚水坝)。长约180 m,全部用竹笼和特大卵石砌成。它的作用是排泄进入内江的过量洪水和一部分沙石。当内江水位达到旧水则13划时,内江流量可达350 m^3/s,正好可以满足下游成都平原春耕时农田浇灌的用水量。当水位超过13划时,洪水超过飞沙堰顶便会自动地翻越飞沙堰泄往外江。由于飞沙堰位于内江凹岸,江水产生的弯道环流有侧面排沙的作用,所以部分泥沙就随着溢流漫过堰顶排到外江去了。筑飞沙堰的材料全部用竹笼装卵石砌成,洪水过大时,堰坝就会溃决垮塌,于是就起到了"非常溢洪道"的作用,保护着其他位置堤坝的安全而不至于垮塌。飞沙堰与宝瓶口联合使用,保证了灌区春水不缺、洪水不淹,并保障了成都平原的防洪安全。

由此看到，飞沙堰工程当时的项目设计和水量控制构思是非常科学和巧妙的。这是我们聪明的祖先们长期劳动智慧的结晶。

（三）灌区工程系统

都江堰的宝瓶口、鱼嘴、飞沙堰三大主体骨干工程，其设计和施工方法具有高度的科学性和创造性。它兼备防洪、灌溉、航运三种功能。都江堰最大的贡献就是变水害为水利，例如，在内江开河，使它流经成都平原作为灌溉的主干渠。据记载，李冰曾开过两条河，一条郫江，一条检江，都流经成都，并在两江之间开了不少支渠，实际上就是利用一系列的分水鱼嘴，把水流分成若干小支渠的渠首系统，灌溉着广大成都平原附近三郡之农田（见图3-6）。

图3-6　都江堰水利工程：左为马扎，右为宝瓶口

都江堰水利工程建成2 000多年来，它一直在防洪、灌溉、航运三方面显示着巨大的综合效益，并以其卓越的布局、高超的施工技术和广阔的受益面积著称于世。经历代劳动人民的不断修建，历时两千余年还日益显现出其强大的生命力。因此，它是世界水利史上的一大奇迹和创举。它像一座巍峨而壮丽的历史丰碑，记录着我国古代人民的劳动智慧和创造精神，是我国古代水利工程的光辉典范。

三、郑国渠水利灌溉工程的兴建

郑国渠是秦国兴建的大型水利工程，对秦国后来完成我国第一次大统一的伟大事业起到了至关重要的作用。司马迁对秦国三大著名水利工程之一的郑国渠曾做出过如此评价："渠就，用注填淤之水，溉泽卤之地四万余顷，收皆亩一钟，于是关中为沃野，无凶年，秦以富强，卒并诸侯。"（《史记·河渠书》）郑国渠的建成，确实大大地促进了关中地区农业经济的发展，为秦国一统天下提供了强大的物质基础，这是不争的事实。所以，司马迁对郑国渠的兴建做出了如此高度的评价。

兴建郑国渠的动因，其实开始并不是为了秦之强国之需，而是出自其邻国韩国为消耗秦之国力的阴谋——开始时，秦之邻国韩国，企图利用这一艰巨的水利工程的施工来拖垮强秦的经济。谁能料到，当初这个"疲秦之计"，在后来，反而助秦强盛，这是当初出此计谋者所始料不及的事情。

郑国,是当时颇有名气的水利工程师。他受韩王派遣来到秦国,说服秦王开渠。郑国从历史上都江堰的兴建而使蜀地变成天府,又从“天府之国”对秦国逐渐强大的作用,谈到目前秦国军事用粮年年增加,所谓“兵马未动,粮草先行”,出兵东伐,却要从远道运粮,这样对用兵非常不利。最后,还用激将法说:“关中广袤数百里膏腴之地,又有泾、洛诸水可引,难道秦之谋士都不识其中之妙乎?”秦王听后大喜,采纳其建议并委托郑国全权负责开渠事务。郑国受命之后,深入关中平原实地调查。选择合理的渠线、坡度,充分利用地形地貌特点。同时,郑国精心测量,决定从仲山以西谷口开渠(见图3-7),直至洛河,干渠由西向东,渠线沿渭北平原二级阶地最高线缓缓而下。这样,省工省时而且还方便自流引水。谷口海拔430 m,入洛河处365 m,渠长约300里(150 km),平均比降4‰~5‰,当时能灌溉农田200多万亩。在春秋战国末期,能建成如此规模的灌溉水渠,确实是件前无古人的创举。

图3-7　2 000多年前秦修郑国渠之引水口遗址

由于渠道设计巧妙,立石困堰壅水,凭借三四里长石质河床作堰势而进水量多,不易淤积,并创建了诸如“水勃子”“退水渠”“横绝”等当时的水工新技术,为日后大规模兴修水利工程开创了先例。这些都是郑国精心设计的成果。

后来“疲秦之计”败露后,秦王曾经准备杀了郑国。当郑国面对秦王时,却理直气壮地说道:“‘疲秦之计’乃是韩王一厢情愿之事。大王如果仔细想想,即使大渠竭尽秦之国力,也只是暂时无暇窥韩,韩国仅能数载苟安。然而,此渠开成之后,却能造秦万代之福。依愚看来,这是一项崇高的事业。郑国之所以披星戴月、呕心沥血于大渠,实不忍弃崇高事业而离去!若不为此,当初大渠开工之后,大王即使再加十万赏钱,恐怕郑国早已逃得无踪迹了……”

秦王与众大臣听后,无不点头称是。于是,郑国再次获得秦王信任,便全身心投入修渠中。渠成时,关中百姓为了纪念郑国的业绩,将渠命名为“郑国渠”。汉代史学家司马迁非常热情地赞颂郑国的献身精神,高度评价郑国渠的历史作用。从此,郑国与郑国渠均青史留名而为后人所世代传颂。

第五节　埭堰文明萌芽阶段三大水运工程

一、邗沟水利枢纽工程的修建

春秋战国之交,早期人工运河开凿日久,如陈、蔡之间的"陈蔡运河",楚之"江汉运河""杨夏运河",吴之"胥溪运河""江南运河""江淮运河"。现在看来,在我国历史上所有最早开凿的运河中,唯有吴国开凿的这批运河,无论对当时还是后代,都产生和发挥着极其深远的重要影响与重大作用。

吴国是由周太子泰伯,于商末周初让位其弟而后避祸吴地立国的江南小国,国小而地僻,长期默默无闻。到后来的春秋末年,阖闾、夫差父子相继为王时,众臣中,又有伍子胥、孙武等人襄助,国力逐渐强盛。它首先对南方地区的两大邻国(越国和楚国)发动战争。为了在战争中便于运送军需物资,公元前6—前5世纪之交,吴国利用自然河道,在太湖流域陆续开凿了三条运河:一为胥浦,北起太湖东,南到杭州湾。这是对越国战争需要而开凿的运河。另一条叫胥溪,位于太湖之西,是沟通太湖与长江之间,便于向西进入楚地的运河。再一条是北上江阴西与长江汇合,便于经此骚扰长江下游楚地的运河。

吴大军伐楚前,对楚国采用了声东击西的"疲楚"战术,这一战术就是利用后面两条运河,或向西扰楚,或向北扰楚,使楚军防不胜防,疲于奔命。成语"疲于奔命"的典故即源于此。这些运河的开凿,不仅促进了区域性的水运交通和农田灌溉,而且还为后来大运河的江南运河段奠定了基础。

周敬王十四年(前506),吴军大败楚师于柏举(今湖北麻城县东北)。12年后,即周敬王二十六年(前494),吴军又败越师于夫椒(今太湖西洞庭山)。经此两次战役后,楚国一蹶不振,越国也臣服于吴。吴王夫差认为自己在长江流域的霸主地位已经基本确立,于是决定用兵北方,以便强迫晋、齐、鲁、宋等黄河流域的诸侯国也俯首听令。筑邗城、开邗沟,都是吴国以北上争霸为目的之用兵需要来考虑和决定兴建的水运工程(见图3-8)。

周敬王三十四年(前486),"秋,吴城邗,沟通江淮"(《左传·哀公九年》)。邗,即古扬州,在今扬州市西北郊蜀冈一带。吴国筑邗城,其目的是在长江北岸建立一个进军北方的军事后勤补给基地。凿邗沟旨在便于运送军队和粮秣。据《水经注·淮水注》载,这条邗沟从邗城西南引江水,经过城东,再向北流,从陆阳、广武两湖(两湖分别位于今高邮县东部和西部)中间穿过,北注樊良湖(今高邮县北境),又折向东北,连续穿过博芝、射阳两湖(两湖位于兴化、宝应间),出射阳湖后再折向西北,绕了一个大弯子,然后到末口(今淮安市东北)入淮。邗沟为了利用当地众多的天然湖泊,路线比较曲折,从而减少了工程的施工量。这个"Ω"形的弯道,直到东汉时期才向西改道而成为更加直接的水道。这是我国也是世界上第一条有确切开凿纪年的大型运河,长约150 km。此前,虽有泰伯渎、胥溪、杨夏运河、陈蔡运河、济淄运河等人工运河开凿,但它们都记载简单、模糊,只有大概时期而没有确切的开凿年代。

吴开凿邗沟后第二年,即公元前484年,吴师与齐师大战于艾陵(今山东泰安南)。齐师几乎全军覆灭。打败齐师之后,吴国又准备再开一条运河,以便进军中原,然后以军事力

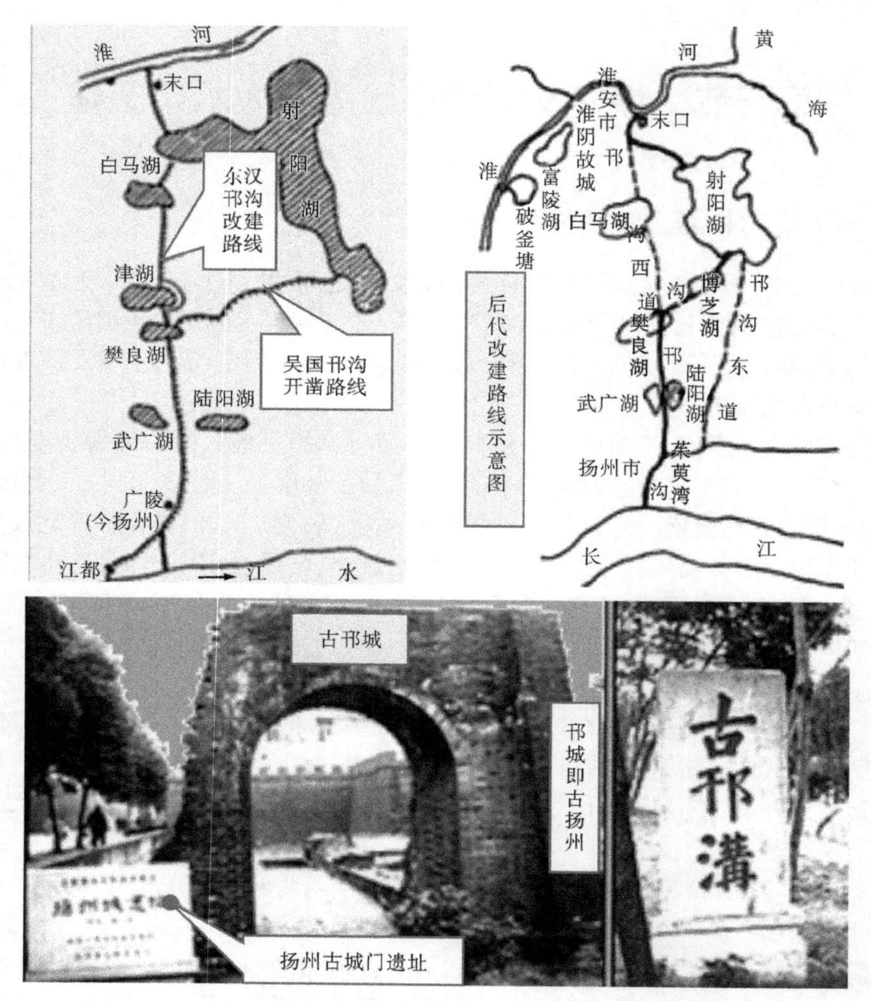

图 3-8　夫差北上争盟主为军事目的而筑“邗沟”

量为后盾,迫使当时北方诸侯首领晋国就范。这条运河就是沟通黄河支流济水与淮河支流泗水之间的菏水(见图 3-9)。

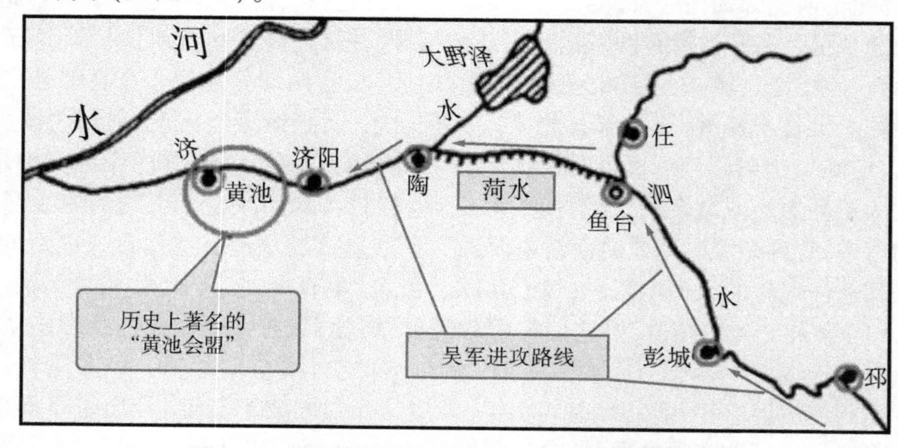

图 3-9　夫差胜齐后为“黄池会盟”而开凿菏水运河

黄河与淮河之间有两条较大的自然河道，一条是济水，是黄河的汊道，首起荥阳，向东流经菏泽；一条是泗水，发源于鲁中山地，西南流入淮水。泗、济两水相距不远，只要在它们中间开一条不长的运河，吴国的军队便可从淮水北溯泗水，再通过运河，循济水直达中原腹地。周敬王三十八年（前482），夫差在泗、济之间凿出一条运河，它东起湖陵（今山东鱼台县北），西到与济水相连的菏泽。因其水源来自菏泽，故称为菏水。

当年夏天，夫差率领吴国大军浩浩荡荡到达黄池一带（今河南封丘县西南），召集北方诸侯举行历史上著名的黄池会盟。晋国自晋文公以后的100多年中，一直是北方诸侯的首领，即是诸侯盟主或霸主。晋国当时不肯轻易放弃这一特殊地位。因此，在这次盟会上，谁当盟主，执牛耳以盟诸侯？吴、晋双方互不相让。正当两军剑拔弩张之时，吴王突然接到国内空虚的吴都已被越军攻破的消息，于是，只好向晋让步，夫差此时才不得不急匆匆仓惶带着吴师南归。

邗沟和菏水都是夫差从政治、军事需要出发而开凿的，工程比较粗糙，邗沟的河道也较曲折浅滞。因此，航运受到一定的影响。但是，它们毕竟沟通了江、淮、泗、济诸水，对当时加强和推动长江、淮河、黄河三大流域地区的政治、经济和文化联系，都有着极其重要的作用。

二、鸿沟水利枢纽工程的修建

从公元前475年到公元前221年，是我国历史上的战国时期。在战国初期，魏国最早实行变法，魏文侯在位期间（前445—前396），在李悝、吴起、西门豹等人的协助下，对国内政治经济进行了大量改革，其后，军事力量曾经盛极一时。战国中期，魏惠王仍然雄心勃勃，力图称霸中原。为了达到这个目的，他先于魏惠王九年（前361），将都城由安邑（今山西夏县西北）东迁至大梁（今河南开封市）。继而又以大梁为中心，在黄、淮流域之间大兴水利，并且开凿了中国历史上最著名的鸿沟水运枢纽（见图3-10）。

图3-10　魏王称雄凿鸿沟，成为沟通黄淮两大水系的水运枢纽

鸿沟是沟通黄、淮两大水系的水运枢纽。这一工程经过两次大规模的施工，才告完成。它开工于公元前360年，即迁都大梁的第二年。当时主要工程是从黄河的汊道济水引黄河水南下，注于大梁西面的圃田泽（现已淤），再从圃田泽引水到大梁。当时圃田泽是一个很大的湖泊，周围300余里它既可作为计划中鸿沟航道的水柜，又可用以调剂新建运河之水量,还可使水中的大量泥沙沉淀于湖中,从而减轻下游运道的淤塞。在20多年后,即魏惠王三十一年(前339),魏国对鸿沟水运枢纽又做了一次大规模的扩展,将原来的大沟向东延伸,经大梁北郭到城东,再折而南下,至今河南沈丘东北,与淮水重要支流颍水汇合。这条人工河道,史称鸿沟。鸿沟从大梁南下时,一路上又沟通了淮河的另一批支流,如丹水(汴河上游)、睢水(现已淤)、濊水(今浍水)等。

魏国境内,当时可以通航的河道很少,黄河多沙,只有一部分河段可以行舟,其中丹水、睢水、濊水、颍水等流短水少而很少舟楫之利,航运很不发达。鸿沟开凿成功后,引来了丰富的黄河水,不仅鸿沟本身成为航运枢纽,而且丹水、睢水、濊水、颍水等也因此补充了水量,使航道因此比较畅通了,使内河航运有了很大的发展。魏襄王七年(前312),越国对魏国表示友好,赠送了一批魏国需要的军事物资,其中除500万支箭杆外,还有300艘船只。赠箭、赠船分别反映了当时魏国在战争和航运两方面对这些军事物资的需求量都在增加。鸿沟水系改善了魏国的水运交通,水道还可以灌溉农田,因而也就进一步促进了魏国的农业发展。史念海先生所著《河山集》中,认为鸿沟和丹水、睢水、濊水、颍水等流域都是战国后期我国主要的产粮区之一(见图3-11)。

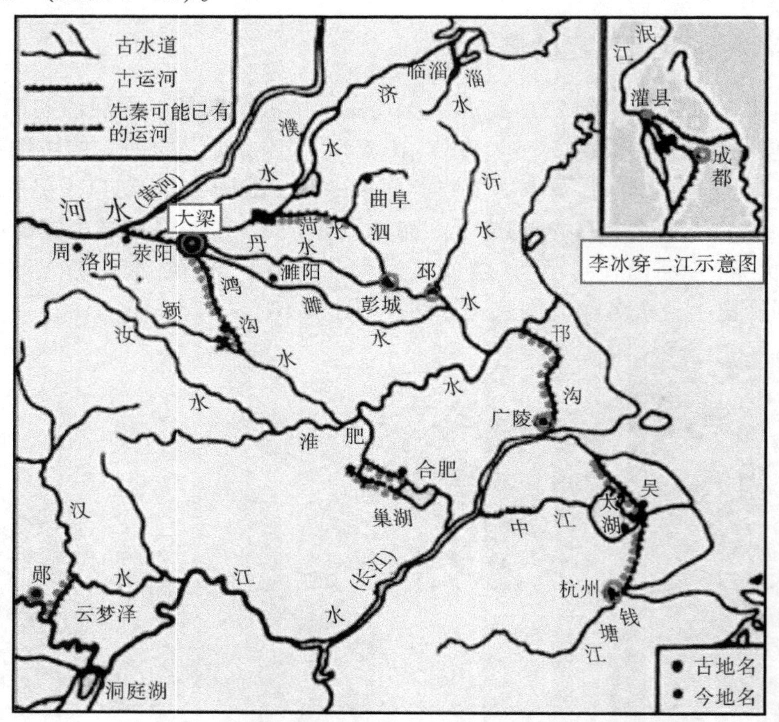

图3-11 埭堰文明时期江淮、中原、太湖等地运河开凿

在开凿鸿沟之前,黄河中下游和淮水流域已经形成了部分城市。它们中的大部分是政治中心的都城,如洛阳、大梁、帝丘、彭城等。人工运河鸿沟,到汉代称为狼荡渠,魏、晋时的蔡河也是鸿沟一部分,它在中国历史上长期发挥着重要作用。中国早期运河的出现,标志着我国古代劳动人民改造大自然的伟大胜利,从而体现了我国古代劳动人民伟大的创造能力。对国家的统一和各民族的团结,以及对南北政治、经济和文化的交流都起到极为重大的历史作用。

三、灵渠水利枢纽工程的修建

灵渠，又称零渠、秦凿渠，由于渠内设有斗门，也称陡河，在近代又称兴安运河或湘桂运河。位于广西兴安县境内，是秦统一六国后，为进一步完成岭南统一而为克服五岭障碍，解决军粮运输等问题，由一个名叫禄的监郡御史（也通称史禄或监禄）主持开凿的一条沟通湘江和漓江支流的人工运河。

灵渠的修建，不仅有利于秦王朝统一岭南的事业，而且也促进了自秦以来岭南与中原地区的经济和文化交流。所以，灵渠在后来历代都发挥着极其重要的作用，并且历代都进行过大修。汉代，出兵岭南，也曾经继续取道灵渠南下。隋代南北大运河开通后，灵渠显得更为重要。当时，从广州乘船可直达华北。后来，直到明、清时期，灵渠还是“巨舫鳞次”，船只往来不绝。古代的灵渠除可供通航而作为沟通中原与岭南的重要水上交通运输通道外，还可以灌溉沿途两岸的农田。

灵渠工程，由分水工程、南渠、北渠三部分组成（见图3-12）。分水工程建在水量比较丰富的海洋河上，其具体位置在今兴安县东南2 km处的分水村。这里并不是海洋河与始安水相距最近的地方，但为何舍近而求远呢？原来，此地的河床较始安水约高，便于引流。分水工程呈“∟”形，似木工角尺，角尖对着海洋河上游。平时，它拦截海洋河水，阻止河水流入原来河道，并将河水一分为二：七分进北渠，三分入南渠。分水工程被后人称为人字堤，就是今天的大、小天平的前身。大、小天平均属滚水坝。洪水时，水可以从坝上漫出而流入故道，从而减轻天平本身及南、北渠道的洪水压力，保护渠道与堤坝安全。后来，在大、小天平的顶端前，又增建了铧嘴，借以提高分水能力和保护天平。据考证，铧嘴是后来唐代增建的。

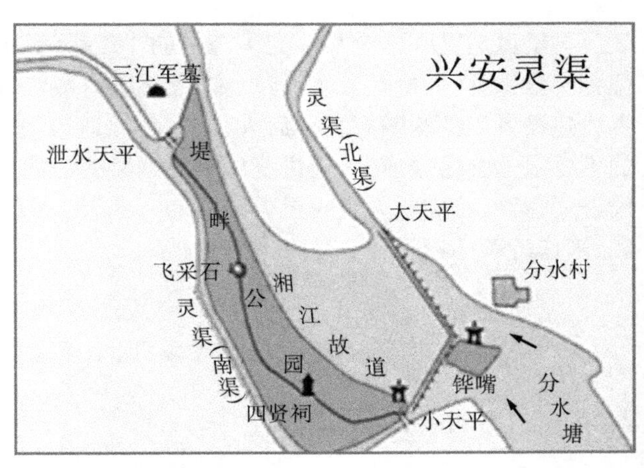

图3-12　灵渠水利枢纽总布局

南渠可分为上、下两段。上段自小天平向西北走向，直到兴安县北，再接始安水，长约4.5 km。这一段系凿岩而成渠，全部由人工开凿而成，渠宽7~14 m，工程比较艰巨。下段则沿始安水、零水向西，至今溶江镇附近，接漓江，长约30 km。下段是在原来的故道上拓展而成，宽10~60 m。南渠全长30多km，落差却有29 m，比降达1/900。

北渠从大天平向北，到今洲子上村附近回到湘江故道，长约3.5 km。北渠经过的地带为山间小平原，这里的地面虽然较少沟壑，但坡度偏大，若与南渠一样采用直线渠道，水流过急（比降在1/167左右），不便航行。为了减小渠道比降，北渠巧妙地采用了曲线迂回渠道，以增加渠道的长度来降低水流比降（降到1/300）。尽管如此，其航行条件仍然很差。为此，灵渠在南北渠道之中，专门设置了斗门（或陡门），以调整渠道内水流的比降和航行时的水深，有利于通航。灵渠自秦之后，经历代维修与扩建，设置的斗门逐渐增多，后来数目多达36道，从而保证了南北水运交通的畅通。

斗门的出现,在船闸文明的演变进化历史中是一个划时代的标志。它标志着我国船闸文明在经历了早期治水筑堤的孕育时期以及后来埭堰翻坝的原始过坝时期后,已经开始进入使用闸门节制水流,并开始向成型船闸转化的一个文明过渡过程(见图3-13)。

图3-13 灵渠工程南北渠斗门与人行桥

灵渠虽然是一个全长不到40 km的小型运河,但它沟通了长江、粤江两大水系,其地理位置十分重要,无论在勘测设计、施工路线选择或工程巧妙布局等方面,它处处闪烁着我国古代建设者们的聪明睿智。后人称之为“人造银河”。两千多年来,灵渠一直是内地和岭南的主要水上交通渠道,对促进我国多民族经济与文化的交流,加快岭南地区的经济开发与建设进度,意义特别重大。对灵渠工程的巧夺天工和它所带来的舟楫之便,宋人范成大深有感触,曾作诗颂扬:

狂澜既奔倾,中流遇铧嘴。
分为两道开,南漓北湘水。
至今舟楫利,楚粤径万里。
人谋夺天造,史禄所经始。
——(《石湖居士诗集》卷十五)

直到1936年和1941年,粤汉铁路和湘桂铁路相继建成通车。灵渠作为湘桂之间水运交通的枢纽作用,最后终于让位于现代化的交通工具。后来,直到1956年,灵渠才最后停止了水运。灵渠是中华文明鲜活的宝贵历史文化遗产。虽然现代它已经停止了水上运输,然而它仍然可以作为当地的农田灌溉和城市供水的水源。同时,它所具有的历史风貌和美丽的自然环境,仍然是全国游客以及世界各地旅游者游玩、观赏和凭吊古迹的游览胜地。

第六节 埭堰文明萌芽阶段的过坝方式

大型水利、水运枢纽工程的相继建成,不但促进了我国早期农业经济的发展,而且更重要的是,在促进当时社会进步的同时,也促进了全国各地的经济物资和文化思想交流,以及我国多民族的融合。然而,初期人工运河毕竟是在利用天然湖泊或与不同水系的支流之间的简单沟通,它们都是在不同高程的河床之间进行连接,因此具有流短而水急、河床坡降大、水少而河浅、行船水深得不到保障等缺点。为解决这些问题,先人们从共工氏的“壅防百川,堕高堙庳”中得到启示,他们继承中华民族在水利建设中经常采用的“筑堤堵水、筑坝蓄水”等方法,以实现“以堰平水”,从而达到能使船舶顺利通航的目的。

于是,先人们根据当时的历史条件,就地取材而用简单的草土混合材料,在人工运河上筑成一条条横拦着渠道的堤坝,借以达到壅高水位的目的。这种用来堵水的简单堤坝称为“埭”,因埭之壅水而形成的“水塘”叫堰,即达到“以堰平水”之目的。然而,堰中的水位虽然平了,但是这因(草土坝)壅水而形成的埭之上下游的水位落差,又必然会影响到船只的正常通行而成为障碍。于是,为克服这种由人为所形成的集中水位落差障碍,刚开始时,人们就不得不采用最原始的人力翻坝形式来完成。于是,船闸文明萌芽初期的埭堰文明萌芽阶段,原始翻坝时期也就由此而始了(见图 3-14)。

图 3-14　埭堰就是横江筑堤,壅高水位,平水行船

一、壅高水位的原因、方式及影响

水是一种具有流动性的液体,它的流动有两种态势:一种是自然流态,称为“漫流”(或散流),即任其自然地由高向低乱流;一种是由人工干预或经外力改变流态流向的叫“束流”,即受约束之流。

不管是“筑堤堵水”还是“筑坝挡水”,它们都是通过人力干预后而在上游形成缓流的“水塘”即“以堰平水”,其结果都是壅高上游水位。这种人为集中起来壅高水位而形成的较大水位落差之障碍的做法,其实就是先辈们在与洪水作斗争的治水过程中,使中华文明提前跨入“铁门槛”的“早熟”基因。所以,我们说:原始水利,既是催生伟大中华文明的“早熟”基因,也同时是中华文明在孕育船闸文明时,遗传给子系文明——船闸文明的“遗传基因”。换句话说,船闸文明就是先天继承了中华文明这个“早熟”基因而孕育而诞生的。

我们再看看,沟通江河湖泊之间的人工运河,有的是在上游支流间的沟通,流短而量少;有的则是在不同高程之间的工程连接,因此才比降大,流速也陡急,水体更容易流失。木船行船时流急水浅,航行条件相当艰险。

所谓航行条件,在这里还需顺带说明一下,古代生产力低下,往来于初期运河的船只能是一些较小的木船。这种由人力牵引的木船对航行条件的要求主要是比降和水深。因为比降大,则水势陡,水流湍急。木船在湍急水流中行船相当艰险而吃力。再者水流湍急时,水的流失加快,这又必然会造成航道水浅,木船不能载重或者容易搁浅与擦破船底。因此,我们不能用现代航道的三要素(航深、航宽、曲度半径)来要求,只要比降和水深能达到行船要求就行了。

我们聪明的祖先早在水利建设施工中,就从“筑坝堵水”受到启示,发明了在河道中“间断筑埭,分段通航”的措施来解决这一“水浅流急”的难题。

假设在 500 km 航道内,水流比降都大于 0.3‰,而且由于比降较大,其流速大,水的流失也都较快,行船水深很难得到保障。如果我们在这 500 km 航道内,每 100 km 筑上一个堤坝(埭),只需 4 座堤坝壅水即可达 500 km,亦可形成 4 个 100 km 左右的堰塘。这 4 个堰塘内形成 4 段“平水”。船在平水中航行,是一件轻松而又惬意的事情。这不就彻底改善了 500 km 航道的航行条件了么?

然而,4 段平水航行的问题是解决了,那么,这 4 道埭坝形成的埭坎又如何通过呢?古代人们的认识能力有限、生产力低下,初期只能用土草结构来筑成埭坝。然而,用土草结构筑成的埭坝承受不了太大的水压力。如果埭坝筑得稍高点,就会被水流冲垮。因此,只要能壅水就行。例如,周敬王三十四年(前 486)吴王夫差急于北上争霸而伐齐,邗沟水浅船只被阻邗沟北端末口北神庙附近。当时的水流情况是这样的,江水比淮水高,邗沟是江水入淮。首创土草坝不高,积水后便成为滚水坝。于是,夫差率兵船,陆续顺流顺水翻越滚水坝而去。由此开创了我国船只过埭堰之先例(这是下水过埭堰的第一种方法)。

前面是顺水行船,假如是逆水行船那又怎么办呢?即使是在不高的埭坎处,人们也只能像纤夫拉滩一样用力向上拖拽。后来,随着壅水增高,埭坝也会增高,那时才会出现使用绞盘或者牛力代替人力牵引过埭坝的情况。

虽然原始的过埭坝方式技术含量低,全靠人力,但是它施工简单适用,在船闸文明内河航运史上,起到了一个划时代的作用。正是因为有了埭堰的产生,也就标志着“帮助船舶克服集中水位落差障碍”的船闸文明的埭堰文明诞生。许多滩险水急、不能通航的河流才能开始行船。洋洋洒洒 2 500 多 km 长的隋唐京杭大运河才有可能畅通。在科学与生产力并不发达的古代,埭堰改善了人力木船所需要的航行条件,满足了维持木船航行所需的起码水深和行船要求,保持了我国古代政治中心与全国各地的交通和政治、经济及文化联系。

明清时期的学者顾炎武先生在论述我国的水工建筑物时,曾经用这样几句话进行概括:“以塘潴水,以坝止水,以澳归水,以堰平水,以涵泄水,以闸时其纵闭,使水深可容舟。”(顾炎武:《天下郡国利病书》卷二十八,引自《长江水利史略》第 123 页)这里的“以堰平水”确实就是埭堰文明原始翻坝的实情记载。

当然,有关船闸的形成,此时还远远没开始。虽然在后来的唐宋时期才有了船闸雏形或者所谓的基本模式出现,然而这种埭堰文明的原始翻坝办法,直到明清时期还有个别地方在采用,由此可见其生命力之顽强。

二、埭堰过坝的基本原理与过坝方式

(一)埭堰过坝的基本原理

史籍《越绝书·越绝外传·记地传》中曾有这样的记载:“水行而山处,以船为车,以楫为马。”这里应当理解为“水渠到纵坡太陡(埭坝处),只有把船只当成车子拖”的意思。并且在《中国水利史稿》中也有如下相同叙述:“埭就是横拦渠道的坝,渠道纵坡太陡,用堰分成梯级,可以蓄水、平水,保证通航。船过堰时需要拖上坝,再下放于相邻段内。拖船上下坝最初用人力,后来用牛拉。用牛拉的叫牛埭。小船可以直接拖,大船就需要绞盘等简单机械,可以算作最初的升船机。”(《中国水利史稿》第 285 页)

其实,埭堰过坝的方式,是我们聪明的祖先从水流湍急的船夫拉纤中受到的启发。他们通过长期实践观察并用朴素的唯物辩证思维方式,从船舶逆流而上的“拉纤”作业中得到了相应的启示。原来,拉纤与斜坡升高重物一样都是属于现代力学中的斜坡原理

(见图3-15)。当然,古代人们科学知识有限,还不会用力学方式进行分析。先人们仅凭感性认识把这一原理应用到船舶过埭的翻坝上,并顺利完成了“帮助船舶克服集中水位落差障碍”的第一个解决办法。

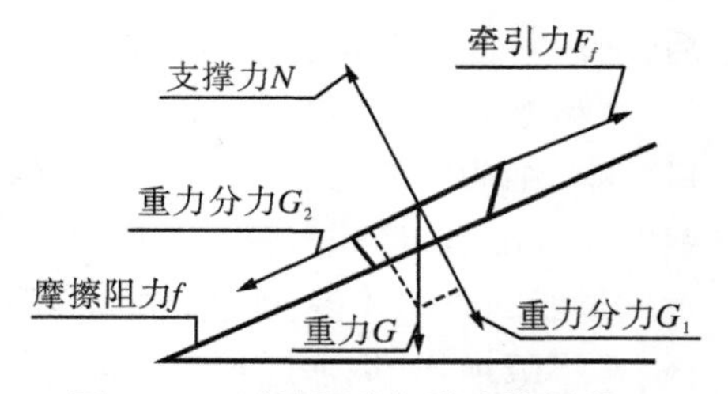

图3-15　过埭堰犹如逆水拉纤升高重物的斜原理

如果我们用现代力学中“力的分解与合成方法”去分析理解,埭堰所采用的方法迄今仍然合理:

假设G为船重,N为埭坝面向上的支撑力;f为摩擦阻力;在埭堰斜坡上,重力G可以分解为垂直于坝面的分力G_1和具有向下滑移趋势并与坝之斜面保持平行的向下分力G_2。由此,我们可以认识这组力系有如下几种关系:

(1)如果要牵引船舶过坝(上坡),其牵引力F_f必须大于分力G_2与摩擦阻力f之和即($F_f>G_2+f$)。

(2)如果坡面角度愈大,坝面愈陡,具有向下滑移的分力G_2也就愈大,需要的牵引力F_f也就愈大($F_f>G_2+f$)。

换句话说,斜坡面对船底的摩擦阻力(f)愈大,需要的牵引力F_f也愈大。因此,先人们在修建埭坝时,采用将堤坝两侧的边坡放缓的办法来降低分力G_2,从而减少牵引力F_f。

同时,利用在斜坡上敷以泥浆或草皮等作为润滑材料,降低或者减少坝面对船底的摩擦阻力f,从而也就可以减少向上的牵引力F_f。

另外,先人们还采取了一些其他措施,例如:利用牛力牵引或用简单绞盘牵引等办法来降低人力牵引的劳动强度……

埭堰这种助航设施,在古代的称谓也不一致,各地区有各地区的叫法:古代最早有叫作“土豚”的;后来,也有单叫一个“埭”的,例如东晋太元十年(385)宰相谢安在邵伯所建之邵伯埭,就是只叫一个“埭”字的;也有单叫一个字“堰”的,如春秋战国时期周敬王三十四年(前486)吴王夫差所建的北神堰(今江苏淮安北五里)(引自《船闸结构》第67页);或者两个字同时一起叫“埭堰”的,“埭堰”这一名称的由来,可能就是因为埭(坝)拦水而形成了堰(平水),所以连起来就叫“埭堰”,这是根据其作用称呼,反映其主要有“堵水和平水”两种功能之意。

同时,不同时代与不同地区,其叫法亦不相同,构筑埭坝所用的材料和形状也各不相同。大运河上的埭堰主要是由草土材料或土石材料建成。由于埭堰的大小高低各异,船舶过坝时,其过坝的方法亦不尽相同。

(二)埭堰过坝的方式

最初的埭堰过坝基本都是翻坝式。就像吴王夫差所建的北神堰一样的滚水坝,船只顺水而过埭坝,上水拖拽过坝。

另外,决定筑埭坝的高低还有两个因素,首先是材料因素,土草坝不能筑高,高了承受不了水压要溃坝。另外,如果埭坝太低,水位壅高也小,壅水的淹没区域也少,这样可能改善船舶航行条件的范围或者长度也小,即达不到预想的改善船舶航行条件的效果。后来,人们采用夯实的土石坝,比土草坝承载大,改善航道的效果也较好。埭坝高后就再也不能如滚水坝似的拖拽过坝了。

于是,船只过坝形式就出现两种方式:“破坝式”(开放式)与“不破坝式”(封闭式),最后,它们各自向不同的方向发展。

"破坝式"埭堰过坝方式简介:"破坝式"埭堰,堵水是临时性的,有的事先在埭旁留有堰口(也归纳为"破坝式")。待木船来到堰上或堰下时,再把堰口扒开,把船从堰口拖进堰内,或顺流放出堰口,等木船通过堰口后,再把堰口堵塞起来蓄水。这种办法是埭堰初期,用于批量过船的时间较多,即放一批后堵口蓄水,再放一批,再堵口蓄水……

"不破坝式"埭堰过坝方式简介:"不破坝式"埭堰不留堰口,船到埭下时,将船内东西搬空并转运至埭上,再用人力抬船过埭或将船只(大船)沿斜坡牵扯翻坝。然后再将物品转运上埭,而后等空船拖上来再将原来船上的物品装回木船舱内。这种埭堰,有专门从事搬运船只和物品的人工,称为"堰夫"。这种埭堰也有用绞关和牛拉的,它们分别叫"牛埭"或者"绞埭"。

再有就是"分段接运",即用不同的船只分段接运旅客和货物,堰上的船只来到埭坝后,旅客就带上自己的行李走到埭坝下,乘坐埭坝下游等待的船只。这样像进行"接力赛"一样连续多次地上上下下,走一段路程,换一条船再行一段路程。假设这时横亘在航道的埭堰较多,而且旅客所带行李或物品也多的话,上上下下、转船搬运,也确实是够折腾人的,其麻烦也是可想而知的。

世界上任何事物的发生与发展都是从无到有,从简单到复杂,从低级到高级的。并且在实践中人们也会不断创新,不断地进步和完善。埭堰文明的出现,是历史发展的必然过程。她为现代璀璨夺目的船闸文明与升船机文明开启了一个分道扬镳的好头,给光辉灿烂的中华文明增添了无数绚丽的原始花蕾。

三、原始埭堰船舶过坝方式考

有关埭堰过坝的场景,史料中没有明确记载,现代人也无从考证。埭堰简单易行,并且很有实用价值,生命力极其顽强,个别地方直到民国还在采用。

有个叫成寻的日本和尚,在北宋熙宁年间,来到中国游学,除旅游外,他还与中国各地的佛教高僧、名流,参禅悟道,学习、交流佛学。回日本后,他写了一本书名叫《参天台山五台山记》,书中他记载了当时在中国游学期间,经过运河沿途过埭堰的实际情况,为我们留下了当时船舶经埭堰翻坝的第一手资料。

(一)日本成寻和尚翻埭实况

北宋熙宁五年(1072),日本成寻和尚从浙江省曹娥江的曹娥堰起,经江南运河与江淮运河(邗沟运河),至江苏省石梁镇闸(洪泽闸)的船舶过坝的史实记载。

一天傍晚,成寻乘船来到京口堰,当晚船停堰脚下,成寻和尚在船上留宿。第二天下午,天气晴朗,堰官客气地请僧人暂时离船上岸。

起初,成寻和尚还不知道是什么事,他听从堰官指挥,来到岸上。不一会儿,只见堰官将手一挥,运河两岸有人牵着两群牛来到堰旁(据他记载,左右各有壮牛 7 头,两边共 14 头)。两边牵牛的堰工,各将每边的牛都串套在一根竹纤维绞成的粗缆绳之上。然后,两边都把缆绳系牢在船上,并且将备好的泥浆草皮涂覆于斜坡面上。待一切准备就绪后,随着堰官的一声令下:"起!"两边牵牛人一齐挥鞭,14 头牛同时发力,硬是把船只从下游水面拖上了堰顶,接着又滑向上游水面(见图 3-16)。

在这时,成寻和尚被这场惊心动魄的场面惊呆了,他那张大的嘴巴,老半天也合不上来。

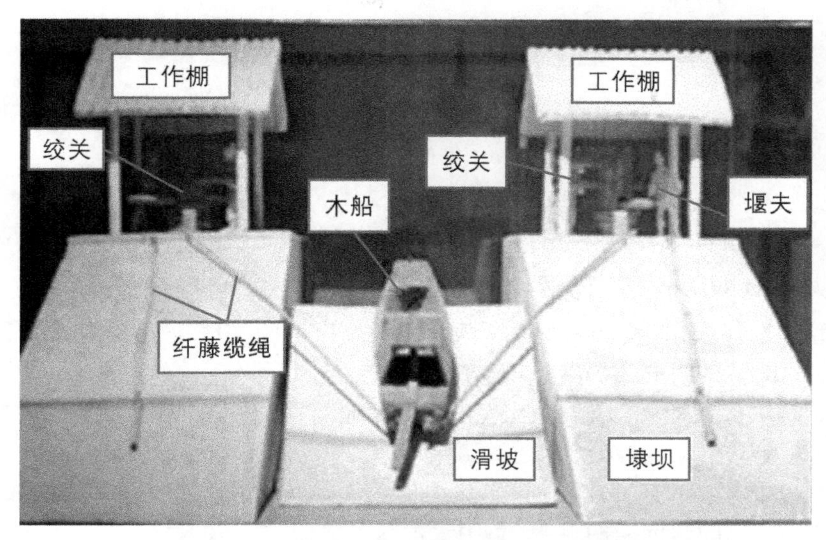

图 3-16　模拟埭堰用人工机械绞盘牵引过埭的场景

过了很久,他才慢慢缓过气来,连声惊呼:"……啊!真是举世罕见!举世称奇!啊!……"

据《船闸结构》一书(第 67 页)介绍,北宋时期大运河入口的瓜洲堰(今江苏省邗江县瓜洲镇),船只过堰时,拉辘轳的壮牛竟用了 22 头之多,其场景当然比起石梁镇闸来更为惊险而壮观。

成寻和尚是北宋熙宁年间来到我国游学的,那时,我国"二门一室"初期船闸基本模式已经成型并且也逐渐完善。那么这些船只为什么不去过船闸,而偏偏要去过比较危险的埭堰呢?这主要还是因为早期运河沿线的埭堰相当普遍(因为简单易行)。如果将所有运河沿线的埭堰全部改建成船闸的话,一是可能需要的资金和人力、物力太多,对北宋来说,财政并不乐观,是否能够承担?改建是否有这个必要?这些都是当时当政者需要考虑的问题。同时,如果加上初期船闸耗水量相当大,运河本来就流短水少,是河道满足不了行船水深才建埭堰的。另一个原因是建埭堰比较简单,可以因地制宜,省工省料。于是,运河沿线遍地开花到处都是埭堰。这可能就是埭堰同船闸长时期并存的主要原因之一。还有一个原因可能就是,漕运是维护历代封建朝廷的生命线,而运河及助航设施主要是为漕运服务而避免漕船被风浪吹翻沉没而设置的。因此,为了确保朝廷的生命线,一般的民用船舶也就只有过埭堰的份了。

(二)有关埭堰的精神文明作品

前面所说的两种不同文明形式的过闸方式长期共存的情况也有记载。例如,在唐代开元年间就已经出现两斗门式的初期船闸的基本模式。然而,到晚唐时期的著名诗人李商隐,还在他的诗中多次提到埭,如以下两诗中提到的鸡鸣埭和南埭:

南　朝

玄武湖中玉漏催,
鸡鸣埭口绣襦回。
谁言琼树朝朝见,
不及金莲步步来?

咏　史

北湖南埭水漫漫，
一片降旗百尺竿。
三百年间同晓梦，
钟山何处有龙盘？
——引自“唐宋名家诗词”《李商隐诗》第227页

通过不同时期的历史文献(游记或诗词)记载,我们了解到三个实际问题:

(1)不管是唐代或宋代,或者其后的某一朝代,当船闸文明进入初期成型和完善阶段后,原始翻坝的埭堰文明形式仍然在较长历史时期内与其共存。

(2)原始翻坝的埭堰文明形式,虽然建埭可因地制宜,省工省料、简单易行,造价也相对低廉,但是其对船只过埭的惊险与损伤程度都很大,安全得不到保障。

(3)鉴于以上存在的这些问题,它必然会促使人们再去进行思考并再去酝酿创新而寻求更新的解决方案,即帮助船舶克服“集中水位落差障碍”更新的办法。

于是,船闸文明就是在整个演变进化历史过程中,通过不断的经验教训总结,也就一步一步地推动着我国船闸文明从低级向高级发展和演变进化,向有利于船舶顺利通过的更高层次发展和演变。那一次次探索、思考船舶克服“集中水位落差障碍”的新办法的过程,其实就是酝酿、孕育新的解决办法产生的过程。

第四章　斗门文明过渡阶段
——单门控制时期

(从秦始皇三十三年到唐开元二十六年)
(公元前 214 年—738 年)

秦虽然短暂,但它结束了春秋战国以来诸侯割据、战乱不休的混乱局面,建立起我国第一个华夏大一统的中央集权制的封建专制国家。

接着是汉代,西汉前期采取了一系列巩固政权和发展经济的措施,使当时的国力逐渐强盛,并使社会经济得到了较大的发展,以至于后来成为中国历史上最强盛的朝代之一。后来,在东汉的 200 年中,也维持了国家的统一局面。然而,在东汉以后,国家则又经历了三国、两晋、南北朝约 300 年的南北长期分裂与战乱的混乱局面。直到后来隋代,国家才又实现了第二次全国性大统一。隋虽短暂(581—618),但是,它是我国历史上第二次华夏大一统的重要时期。短暂的隋朝,国家也曾出现过短暂的社会经济繁荣景象。后来,荒淫无道的隋炀帝不惜民力、贪图享乐,以残暴手段压迫人民,激起人民反抗。隋末一场波及全国的农民大起义,终于推翻了短命的隋王朝。接着,李渊、李世民父子乘机而起,建立了唐朝,随后统一了全国,开创了约 300 年的唐代基业。

在这段时期内,从秦始皇三十三年(前 214)开凿连接湘、漓之间的运河——灵渠出现斗门(陡门)开始,到唐代开元二十六年(738),润州刺史齐浣主持开挖瓜洲至扬子镇之间的伊娄河并首次创建两斗门式初期船闸为止,历时约 1 000 年。在这一段时期里,虽然有东汉末年出现的三国鼎立和两晋后又出现的南北分裂对峙局面,但总的来说,这一时期是我国历史上第二次水利建设的高潮时期。其中,最主要的是治理黄河与促进黄河流域的农业发展、全国各地的大规模农田水利开发等。特别是全国性的水运发展以及隋代大运河的建成,形成了我国从中原地区西达关中、北连华北、南接太湖流域与岭南地区的全国性水运交通网(见图 4-1),这一切都为当初“二门一室”的船闸文明的诞生准备了足够的物质条件和社会基础。

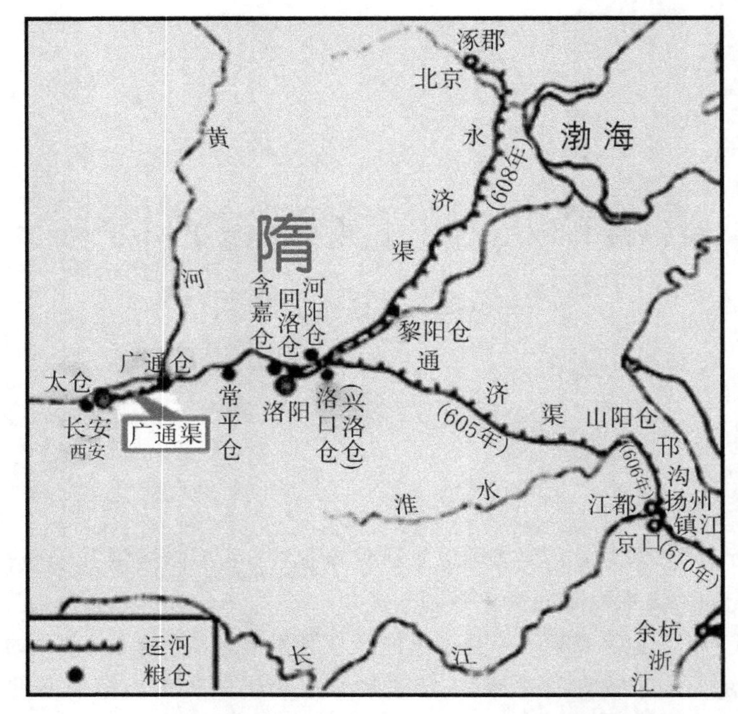

图 4-1 隋代沟通了海河、黄河、淮河、长江、钱塘江五大水系

第一节 斗门文明过渡阶段的时代特征

秦汉时期是我国封建社会巩固和发展的最重要时期。秦在统一战争中,为确保统一战争需要的后勤物资运输保障,兴修了灵渠水利工程。灵渠是我国古代水利水运工程的又一次伟大的创举。它沟通了长江和珠江两大水系,对后世历代水运交通都起到了极其重要的作用。特别是它在解决通航水道的水流比降大的突出问题时,所采取的用曲线开渠绕道迂回而降低渠道比降的方法,值得后世称赞。而且它是第一次在通航渠道内采用斗门(陡门)设施,为我国初期船闸的诞生提前进入斗门文明过渡阶段做出了有效的尝试,为我国船闸文明先于世界其他国家进入船闸成型阶段做出了历史性贡献,并产生着极其深远的影响,具有重要的历史意义。

从秦初斗门出现开始,经历秦汉、两晋、南北朝、隋代,一直要到唐代开元年间“二门一室”初期船闸诞生为止。其中,要经历五个时代,跨越历史 1 000 多年。

一、秦汉时期的水利发展

秦朝虽短暂,但结束了春秋战国以来诸侯割据的分裂战乱局面,建立起我国历史上第一个大一统的多民族封建专制国家。随后,两汉也采取了一系列巩固政权和发展经济的措施,使这一时期国家的政治、经济等均得到了稳定的发展。

秦汉时期,为巩固政权,强化国家机器,保证军队和日益增加的都市人口的物资供给,特别是粮食供给,更需要积极地发展农田水利建设和沟通全国性的水上运输通道。因此,在这期间,实施改建或者扩建过去各诸侯国割据时期留下的区域性水利、水运工程,使其成为更具价值与效益的灌溉系统或者地区性水运交通运输网势在必行。同时,这期间因全国人口增加则粮食需求量也增大,粮食经由水路的运量也随之增多。这些情况对通航水道及其配套设施,为保障畅通和满足社会消费需求,提出了较高的要求。然而,任何事物的发展都是由低级向高级、从落后向先进循序渐进逐步发展的。船闸文明经历了我国早期孕育和埭堰文明的长期探索与实践后,于秦汉时期进入斗门文明过渡阶段。此阶段的特点是无论灌溉渠系或者运河线路,都逐渐开始"以闸时其纵闭,使水深可容舟"(顾炎武:《天下郡国利病书》卷二十八,引自《长江水利史略》第123页),即是在重要航道上逐渐结束原始翻坝形式,并逐渐采用破坝式的(埭堰开口)或预留水门式的通航方式,使其通航孔口之水流纵闭均由斗门控制。

秦汉时期,是我国封建社会巩固和发展的重要历史时期。统一的中央集权制政权为动员更广大的人力、物力来进行经济建设(如大型水利与水运工程建设)提供了有利的条件,大大促进了这一时期的水利、水运事业的发展。西汉前期政权较巩固,经济发展也较快,这些都为水利事业的发展奠定了物质基础。直至汉武帝时期,水利建设达到高潮。其主要工程分布以关中为主。当时,为了保证抗击匈奴侵扰中原的正义战争,也着重开发和推进西北的水利。其中,以建成一系列的大型农田灌溉工程为当时的主要特点,从而显示了水利工程施工技术发展的新水平。随着经济的进一步发展,农田水利建设也开始向全国各地辐射。汉水南阳地区和淮水上游地区的水利也逐渐开始建设。同时,水利建设也扩展到了西北、西南等边远地区。这一时期的封建经济、文化也得到了高度的重视与发展,而这些发展又与当时的水利、水运事业的开发发展有着密切关系。

随着区域性经济的不断开发,黄河中下游地区的经济地位越来越显得格外重要。因此,黄河中下游地区人民对黄河治理的要求更为迫切。在西汉时期,黄河水灾的记载明显增多,我国古代人民在对黄河的治理中,历尽艰辛,付出了巨大的代价。同时,在治黄规划和治黄技术上,也都获得显著的成效。其中,以东汉初年的王景治河最著名。此外,在这一时期中,还发明了许多水力机械、灌溉水车等,水排的发明也比欧洲早一千多年,这些都体现了我国古代劳动人民的勤劳和智慧,展现出中华文明在物质文明与精神文明多方面所取得的巨大成就。

历朝历代封建统治者为了巩固自己的统治地位,总要保持一定规模的国家机器和一支庞大的军队,来控制全国、保卫都城、开发边疆、抵御外敌。同时,随着政权巩固和经济发展,人口数量也在逐渐增加,特别是都城人口,比其他地区的人口增加得要快得多。保障政府、军队和人口剧增的粮食供给问题,是秦汉时期乃至以后各朝各代交通运输的首要问题。于是,我国著名的"漕运"自秦汉而始,以致后来各朝各代都将其作为全国水上运输的第一大任务,有力地促进了全国性运河网的沟通以及助航设施的兴建与发展。

二、两晋、南北朝时期的水利发展

在两汉(西汉与东汉)约400年间,全国水利发展形成了一个高潮。从东汉末年到三国、两晋、南北朝,接连爆发了黄巾起义以及一系列的农民起义。农民革命战争沉重地打击了豪强地主与豪门世族的统治。魏、晋、南北朝也约为400年,这400年是我国历史上长期分裂、南北对峙的战乱时期,也是我国多民族大融合时期。其政权变更频繁意味着内乱与战争不断;各分裂势力统治时间长的不过百年,短的不过一二十年,这意味着政局极不稳定。战争和动乱必然伴随着国家的经济衰退,水利、水运工程建设遭到破坏,因而导致全国人口大量流离失所和死亡。据资料记载,晋太康短暂统一之时,全国人口较东汉末年仅剩下十分之三。此时,北方少数民族趁机进入中原,这些少数民族是由奴隶制社会刚刚进入封建制社会,而少数民族的统治者在进入中原后,在对人民加紧剥削和镇压的同时,又互相进行争夺与杀伐,使得整个国家处于极其动荡与分裂的局面。因此,这时期的水利、水运遭受到极大的破坏,社会经济发展几乎完全停顿。

由于我国的疆域辽阔,在分裂局面下,各地区农业经济的发展也极为不平衡。有时,因局部政权统治者的需要,也进行了一定的地区性的开发与发展。例如,三国鼎立时期,蜀国在长江上游及其汉中的开发,以及吴国在长江中下游的开发等,使长江流域与太湖流域的经济逐渐上升。东晋南迁,中原人口及农业技术大量南移,是继孙吴之后,对江南农业与水利的再一次开发与促进。由于南方的气候与水利条件都较北方优越,因而大大地促进了江淮、江南等广大南方地区水利建设和农业经济的发展,于是,国家经济重心逐渐南移。与此前不同的是,在中国历史上,南北经济发展重心从此开始了南北转换。

然而,在这同一时期内,黄河流域的中原地区却战乱不断,北方少数民族进入中原,大量汉人被迫南逃。于是,北方的农业经济迅速衰落。虽然战争破坏着经济,然而战争也需要有一定的经济力量来支撑。所以,在有的地区,也同时出现了一些直接为军事和战争服务的农业和水利工程,以三国鼎立时期为例:江淮流域以军民屯田形式的农业和水利也开发不少。最有名的有三国时邓艾在淮水、颍水上大兴水利建设和经营屯田,是直接为曹魏伐吴做准备和服务的;诸葛亮在陕西、汉中一带屯田是为伐魏服务的。这些水利建设因急于见效,急功近利,工程质量往往较差,所以邓艾开发的淮、颍水利,到西晋时就基本已经大部分废弃了。

政权分立,连年战乱,航运交通的发展,无一例外均受到影响而衰退,如汴河的废弃等。但也由于战争的需要,用于军事目的也曾开辟过一些新航道,兴建过一些水运工程。这些工程对商运、民运其实作用都不大:如三国魏吴交兵时走的巢湖、肥水航道,东晋桓温北伐时所开的桓公沟等。曹魏时期所开凿的白沟、平虏渠、泉州渠等运河,后来为隋唐大运河的北方运河的形成奠定了基础。这是曹操为北征袁尚和乌桓时,急于求成所开凿的,因急于求成,其开凿比较粗糙,后来的民运效果当然就不会显著了。

西晋短暂统一不久,南北又开始分裂。东晋和宋、齐、梁、陈等王朝延续了270多年。后来,其政治中心和经济中心均逐渐转移到南方。在南北分裂时期,北方经济衰退的情况下,"长江下游地区的社会经济逐渐繁荣,与水利事业的发展是分不开的。这个时期的长江水利,以现在的镇江、太湖周围和安徽沿江一带最为发达,其次是长江中游的湘江、沅江、汉江和赣江的一些地区。从这个时期开始,南方经济逐渐赶上北方,改变了过去北方先进、南方落后的局面"(引自《长江水利史略》第69页)。同时,南方的发展,又刺激着南北水运交通的发展。而南方水运条件较好,也大大促进了航运事业和造船业的发展。

由于上述原因,在国家分裂、战乱不休的这大约400年间,江、淮、黄、海各水系的区域性航运网各自开始逐渐形成。

这一时期黄河洪灾记载不多,防洪治河的水利工程亦较少。而人为的以水为战争的方式、渍涝与水灾等典型事例却不少。例如,萧梁时期的拦截淮河筑浮山堰,壅水攻寿阳(今寿县)，而堰溃后下游死者多达十余万人之众。这些死者几乎全都是老百姓，从而给当时当地的劳苦大众带来了极其深重的灾难。

三、隋唐时期的水利发展

公元581年，隋文帝杨坚废北周，建立隋朝，并于隋开皇八年(588)十二月，挥师50万，水陆并进，直指南陈。次年二月，一举攻下建康(今南京)，统一全国。隋朝在我国历史上的统治时间虽然也极其短暂，但是它是我国历史上第二次大一统的重要时期，并且初期也曾出现过短暂的经济繁荣。

自隋统一全国后，直至唐前期(唐"安史之乱"以前)，国之强盛，较秦、汉时期有过之而无不及。虽然隋唐之间也有过全国性的农民起义和统一战争时期的战乱，但是，随着唐太宗的"贞观之治"开始，全国经济日益发展，水利遍及南北各地。同时，北方黄河流域的经济恢复也已经逐渐超过了西汉时期。

隋统一全国后，也出现过短暂的社会经济的繁荣景象。后来，在隋文帝死后，文帝二子杨广即位(隋炀帝)，他出于统治者的享乐需要，不惜民力、大兴土木、不顾农时，以残暴手段强征民力，例如修宫殿、建东都(洛阳)、屡修长城、修驰道、开运河等。而且这些工程的实施多在农忙时节，少则发丁数万，多则一二百万之众。据说，当时修河抓工，男人不够就抓女人凑数。修河的监工人数都达到数万之众。监工们用"枷项、笞脊"强迫民工日夜劳动。通济渠才修到徐州就"尸横遍野"，逃亡过半。当时的百姓，不仅承受着艰苦的劳役，而且承担着繁重的赋税，有的农民还被强迫交纳多年租税，劳苦人民在水深火热之中实在无法生活下去，有的只能靠吃树皮草根度日，甚至出现人吃人的悲剧。广大人民群众在被逼迫得走投无路之时，终于被"逼上梁山"而走上了农民起义的道路。于是，隋炀帝杨广连同他那个短命的王朝，最终很快就被农民革命的熊熊烈火所吞没。

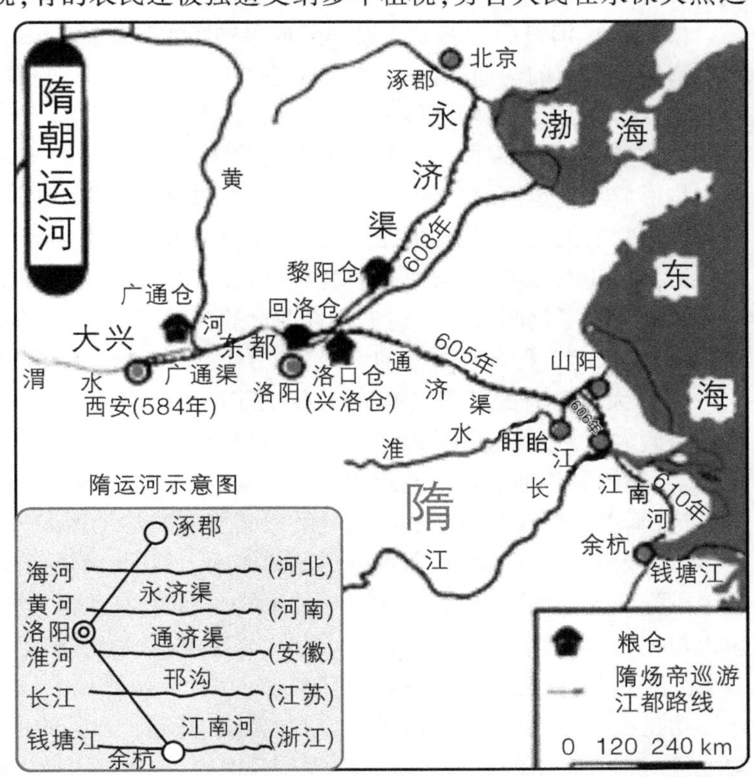

图4-2　将已往区域性运河连续扩展为隋唐大运河

隋虽短暂，但它在中国乃至在世界历史上干了一件最具影响力的大事，那就是建成并沟通了我国海、黄、淮、江、钱五大水系的隋唐大运河(见图4-2)。

隋代大运河的建成，不仅是我国水利、水运史上的一件大事，而且是几千年中华文明史中一件了不起的大事,是人类文明史中的一大奇迹,是船闸文明演变进化史中一件划时代的成果。它证实了"水利是孕育船闸文明的土壤,运河是诞生船闸文明的温床",表明了船闸文明演变进化史的四大环节的客观性和正确性。正因为大运河建成,为"二门一室"初期船闸的诞生奠定了必要条件和基础。

对大运河历史作用的评价,后人是有争议的:过去,有些人从唯心主义出发,把运河的创建当成一种历史罪过或者归结为一代君王的功劳,这些都是不对的;也有人把它看成是一代王朝衰败的原因,这更是不科学、不全面的评价。历史只能站在历史唯物和辩证唯物的立场上去综合分析,才能正确总结出正反两个方面的经验与教训。任何片面的观点或者看法都是不正确的或者不可取的。

(一)隋代大运河修建是社会发展的必然结果

隋代以前,中国经历了长达400余年的长期分裂局面,对当时社会生产力破坏极大。北方连年战乱,民不聊生,人民迫切希望早日结束战争、实现国家统一。

人工运河的开凿是从春秋战国时期初创,再到隋代全国性大运河的开凿与沟通,先后经历了一千多年的历史。在这段历史时期内,我国的科学技术,如造船和铁的冶炼等技术都有了很大的发展。同时,南方相对稳定,经济发达,也推动了商业、造船业和航运业的发展。人心所向,人民需要国家统一,社会需要稳定,南北需要交通方便和商贸畅通,经济发展需要文化、艺术交流与社会繁荣。因此,沟通大运河,是国家经过长期分裂与战乱之后,对国家统一、经济发展、科学与技术进步,以及南北政治、经济、文化交流的迫切需要,是社会发展的必然结果。

(二)大运河是历代劳动人民辛劳成果的积累和结晶

隋代大运河的沟通,有一个循序渐进并由量变到质变的过程。我国初期人工运河始于春秋战国时期,先后出现江淮之间的邗沟、黄淮之间的鸿沟。到秦代又开凿了沟通长江与珠江之间的灵渠;秦汉以后鸿沟演变为重要的汴渠,江南太湖一带先秦以来开凿的一批运河,也初步形成江南运河的雏形。北方曹魏时期的北方五渠,也逐渐演变为黄河以北运河系统的大概轮廓。因此,隋代沟通大运河,是在我国水运工程技术长期积淀的基础上加以系统性的整治与扩建而成的。隋代以前我国一千多年对人工运河开凿的施工实践,为我国运河进一步扩大提供了勘测、设计、施工和管理上的一系列重要的经验与教训。所以,隋代大运河的出现,是水运工程合乎规律的发展,是历代劳动人民辛劳成果的积累和结晶。

(三)大运河巩固了国家的统一、促进了南北经济繁荣

隋唐大运河,是由五条规格大体一致的区域性运河(广通渠、通济渠、山阳渎、江南河、永济渠)整治并沟通而成。它组成了由长安、洛阳为中轴的全国扇形水运网。北通涿郡,南达余杭,基本上把我国当时的政治、经济、文化最发达地区紧密联系在一起了。对国家的统一、巩固、繁荣与发展,都有着难以估量的作用。然而,隋炀帝杨广不惜民力、不顾农时,以残暴手段强征民工兴建如此浩大的工程,虽然在当时,它给广大的劳苦人民造成了极其深重的痛苦与灾难,但是,我们如果用一分为二的观点,就事论事地来看待这一问题的话,就应该"功是功,过是过,功在千秋,祸害当时":

功是大运河之功,是大运河带给后代的中国历代人民的福利,是为巩固国家统一、促进南北经济繁荣带来的千秋之功。功劳是客观的,是大运河带来的。

过是隋炀帝统治者之过。他祸害的是当时的穷苦百姓。历代封建统治者都是以牺牲广大劳苦大众的生命利益为代价，来谋取个人的私利与享乐腐化，罪过是主观的。因为他明知会给广大人民群众带来生命危害和人为灾难，其目的是牺牲国家利益、牺牲人民利益来满足统治者的享受与虚荣。

后人中，也有人对隋唐大运河给予很高的评价。但是，对于祸国殃民的隋炀帝，却没有人给他一个较好的评价。唐末诗人皮日休的诗，基本上算是客观的、一分为二的、历史唯物的评价。

伟大领袖毛泽东曾经说过："人民，只有人民才是创造世界历史的动力！"为此，唐代魏征也曾总结出"水能载舟，亦能覆舟"的历史教训。唐末诗人皮日休原诗附后（《中国古代著名水利工程》第39页）：

汴河怀古

唐·皮日休

尽道隋亡为此河，
至今千里赖通波。
若无水殿龙舟事，
与禹论功不较多。

四、斗门文明过渡阶段的科学技术进步

在我国数千年的社会发展历史中，水利、水运的兴衰历来都是同社会制度、生产关系以及科技进步、经济发展等因素有着密切关系的。一方面，水利作为社会生产力的一个部分，将直接作用于社会，促进社会经济发展与变革；另一方面，社会的发展、变革与科技进步，又反过来影响和刺激着水利、水运事业的发展。历史的发展虽然也会有迂回、反复或曲折，但是，它总体趋势是一直向前的。

秦统一六国，统一政令、统一文字，"书同文，车同轨"，建立起我国第一个大一统的中央集权的封建制国家。这是中华文明凝聚力的结果，是中华多民族融合的总体趋势，是历史发展的必然结果。然而，秦代也干了不少蠢事和傻事，如史料中记载的"焚书坑儒"，让中华文明许多早期精神文明成果与作品遗憾地被付之一炬，从而结束了我国古代第一次精神文明繁荣的高峰期。像春秋战国时期那种"百花齐放，百家争鸣"的局面亦不复存在了。

汉初，崇尚"黄老之学"，实施"无为而治"；后来，又转而独尊儒家。再后来，随着少数民族进入中原后的民族大融合，中华文明又吸纳和融合了外来的印度文化。从此，一个以"儒、道、佛"三教鼎立的、为封建统治阶级利益服务的思想体系开始确立，并逐渐形成了我国封建时期的传统的统治阶级思想体系。

这一时期，最值得提出的而且至今仍然影响着我国的一件大事，就是隋文帝为加强当时统治集团的力量，吸纳社会优秀人士进入统治集团，破天荒地第一次开科取士，从而创立了我国封建专制社会的科举制度。这个制度直到清末民初，才废科举而办学校。"学而优则仕"的科举制度，延绵了2 000余年，成为我国历代封建统治者选拔人才的唯一方法和标准。

在这一段时期里，我国在农业方面还发明了许多水力机械，如灌溉水车的出现，水排的发明也比欧洲早1 000多年。这些都体现了我国古代劳动人民的聪明才干和劳动智慧，是我国船闸文明进化过程时期的精神文明成果。

这一时期，虽然没有先秦时期的诸子百家那样多的文化繁荣，但是历史文献与著述也不少，如水利方面有《史记·河渠书》《汉书·沟洫志》《水经注》等。

(1)《史记·河渠书》。《史记·河渠书》是我国第一部有关水利的专著，也是我国第一部水利通史。全书所述时间，上起大禹治水，下至汉武帝时代的水利事业。内容以黄河治理及人工渠道(运河)开凿为主。所记史实翔实可靠，史料价值极高。然而也有人认为，作为水利、水运专门著述的话，稍嫌简略。

(2)《汉书·沟洫志》。《汉书》是叙述西汉一代的历史，《沟洫志》是其叙述西汉时期的水利史，是我国水利断代史的第一部著作。它前半部分照抄《史记·河渠书》，不过其中也稍有改动而有所不同。自汉武帝开白渠之后，《沟洫志》是我国水利方面最主要的著作，在历史上很有价值，对后代的治河也有一定的影响。

(3)《水经注》。郭璞的《水经注》早已失传。郦道元的《水经注》虽仍依《水经》为纲，但是绝非一般的注释。实际上是1 000多年来的一部空前创作。清初著名学者刘献廷曾称赞："郦道元博极群书，识周天壤。其注《水经》也，于四渎百川之源委、支派、出入、分合，莫不定其方向，纪其道里。数千年之往迹故渎如观掌纹而数家宝。更有余力铺写景物，片语只字妙绝古今，诚宇宙未有之奇书也"(《广阳杂记》)。郦氏《水经注》原书四十卷，在宋代已有部分遗失，现存本仍分四十卷，其实系后人分割凑数。现存字数三十余万，为原《水经》的40倍。所提到的水道《唐六典·注》说是"引枝流一千二百五十二"，实际上今本所记达五千多个。郦道元写的《水经注》内容系统全面，叙述周密细致，文字简练。不只是主观上表达自己的学术见解，而且能为治水兴利除害作参考。郦道元写的《水经注》，差不多综述了公元6世纪以前中国水利工程的成就，是空前绝后的一部较古老的地理、水利名著，是我国古代水利著作的一朵奇葩。

第二节　斗门文明过渡阶段的著名水利工程

一、统一黄河大堤和治理黄河水患

修筑黄河堤防的历史，是从战国开始的。当时诸侯割据，黄河下游分属齐、燕、赵、魏、韩等国。各诸侯国为维护自身的利益以及企图让本国农田不遭受水患之灾，才在黄河两岸筑起堤防。当时燕国的易水、魏国的北洛水和齐国的济水上，都有相当规模的堤防。不过，这些堤防分属有关各国，由于其修建之初的各自利益不同，堤防修筑的合理性与效果也各自不一。一些修建得不合理的堤防，往往会造成人为的险工。有时，堤防也会被用来"以水代兵、以邻为壑"，如"楚师出河水，以水长垣之外"(《水经·河水注》)，而给邻国人民带来灾难。西汉人贾让曾有这样的叙述："堤防之作，近起战国，壅防百川，各以自利。齐与赵魏以河为境，赵魏濒山，齐地卑下，作堤去河二十五里。河水东抵齐堤西泛赵魏。赵魏亦为堤去河二十五里。虽非其正，水尚有所游荡。时至而去，则填淤肥美，民耕田之。或久无害，稍筑室宅，遂成聚落。大水时至漂没，则更起堤防以自救。稍去其城郭，排水泽而居之，湛溺自其宜也。"(《汉书·沟洫志》)贾让所说是先人们在封建制度下为发展农业生产而与洪水争地的实情。齐、赵、魏三国当时的地理位置也正如贾让所述：齐地势较低，首先受到黄河洪水之害，离河二十五里筑堤，为的是保护自己，将洪水威胁转嫁到赵国。最后，赵、魏为保护自身安全，也都效法齐国做法去河二十五里筑堤保护自己。各国堤防相邻的部分，各国有着共同的利害关系，堤防大约有的会是互相衔接，有的则“各以自利”。

秦王朝建成了我国历史上第一个统一的封建帝国后，政治上的统一，不仅为统一文字、度量衡，修筑驰道、长城等有益事业创造了必要条件，也为水利事业的进一步发展开辟了广阔的天地。黄河大堤也因而有可能实施系统性的合理整治。据记载，秦始皇在他执政的第三十二年（前215）东游碣石，他在刻石记颂其统一功德时，曾特别指出：“初一泰平，堕坏城郭，决通川防，夷去险阻。”（《史记·秦始皇本纪》）这里“决通川防，夷去险阻”，可能就是改建不合理的堤防，从而使旧有的险工堤段化险为夷。这一记述，也有可能是包括统一整治黄河大堤，因秦始皇特别重视此事，所以他要在此次“刻石记颂”中专门为自己的治理功德记上一笔。

西汉初年，开始黄河还比较安定，唯一的一次记载是在汉文帝十二年（前168），那一年“河决酸枣，东溃金堤”（《史记·河渠书》）。酸枣在今河南延津县，决口后曾派出许多民工前往堵口，从而揭开西汉时期的治黄序幕……

汉武帝时，黄河决口频频出现：从武帝建元三年（前138）到武帝元光三年（前132）黄河三次决口。其中最为严重的瓠子口决口“东南注巨野，通于淮泗”，即黄河夺淮、泗入海、泛滥横流二三十年（见图4-3）。这时（从公元前129年至前119年这段时间），正是西汉王朝反击匈奴入侵战争的紧张阶段。朝廷无暇旁顾，加上丞相田蚡从中阻挠，以致泛区灾情极其严重，人民流离失所，引起劳动人民的不满和反抗。为了稳定当时的封建统治，元封二年（前109）汉武帝下决心堵塞决口，命令汲仁、郭昌主持，动用几万民工参加。汉武帝为表示虔诚，亲自到决口处沉白马、玉璧祭祀河神，并命令随从官员自将军以下都背着柴草参加施工。由于黄河二三十年泛滥横流，给堵口增加了许多的困难，当地防汛堵口材料极其缺乏。为了堵口的需要，当时，竟连“淇园”（战国时期卫国的皇家苑园）里的竹子都砍下来作堵口材料使用了。汉武帝亲临现场，经过众多百姓的英勇奋战，决口终于被成功堵塞了，并在其上修建“宣防宫”，这就是著名的“瓠子堵口”。

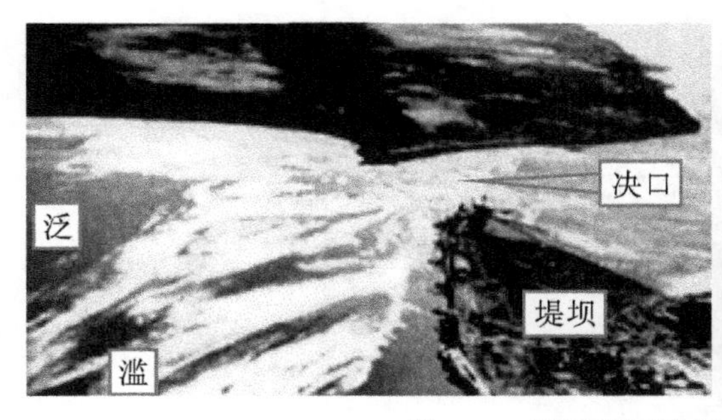

图4-3　西汉黄河溃口泛滥成灾著名“瓠子堵口”

汉武帝在决口现场，当缺口尚未完全堵住时，就赋诗曰：“颓林竹兮楗石菑，宣防塞兮万福来”（《史记·河渠书》），所说“颓林竹”，即指砍淇园之竹作堵口材料的事。这次黄河瓠子堵口，司马迁当时也在现场目睹了这一切，体会深刻，他说：“余从负薪塞宣防，悲《瓠子》之诗而作《河渠书》。”（《史记·河渠书》）司马迁所说，他在《史记》中首创《河渠书》专史篇的体例，就是他在负薪“塞宣防”（参加现场劳动）并受到汉武帝作《瓠子》之诗受到感动后，才决定的。《史记·河渠书》系统地论述了前代的治水史实以及当代的防洪、航运和农田水利建设的主要事迹。他首创的专史篇《河渠书》,是中国第一部水利专史,是司马迁为中华文明在漫长的历史发展进程中,对历代先人们为兴水利、除水害所取得的无数精神文明与物质文明成果而谱写的我国第一首水利赞歌与专史纪实。

二、关中地区农田水利工程

西汉时期,郑国渠又获得了稳定的发展,增建了白渠等一系列的渠系,再次扩大了灌溉面积(见图4-4)。西汉定都长安,关中是京师官吏、军队、百姓等的粮食与生活必需品的主要供给地。同时,西汉重视开拓西北边疆,关中又是拓边的主要基地,肩负着为西北边疆开发提供粮秣的重任。因此,汉武帝在位期间(前140—前87),为了满足西北边疆地区多方面对粮秣等战略物资的需求,除了开凿漕渠,从东方运粮入关外,更主要的是在关中增建灌溉工程,并以此扩大渠水灌溉面积,增加关中粮食产量。于是,西汉时期在关中再一次兴起了水利工程的建设高潮,在短短几十年中,穿凿了龙首渠、六辅渠、白渠、成国渠等大批农田水利工程。

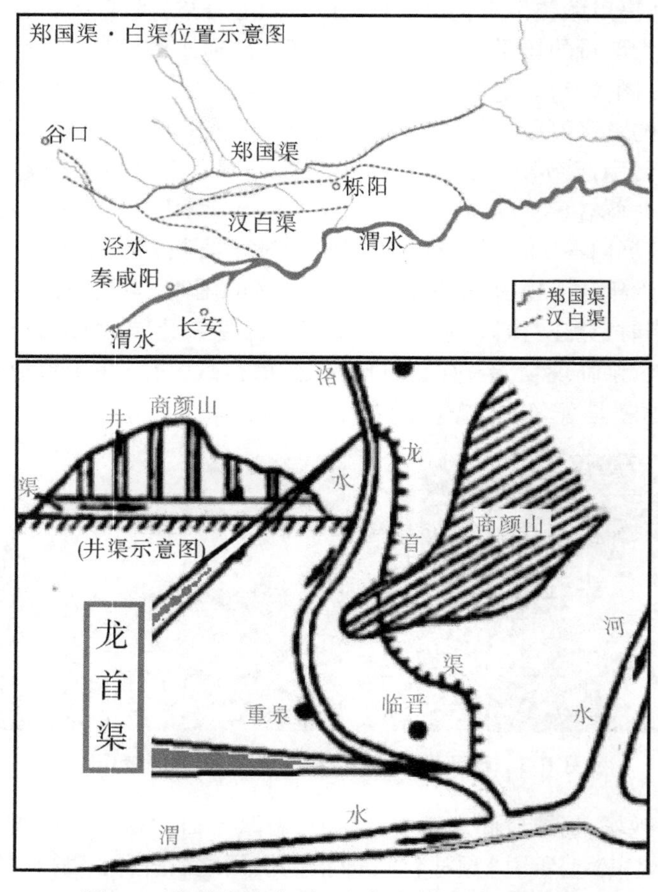

图4-4　汉代关中水利工程与龙首渠创井渠技术

（一）龙首渠

西汉时，关中灌渠的开凿以龙首渠为最早，约在汉武帝元狩到元鼎年间（前 122—前 116）。当时有一位名叫庄熊罴的人，向皇帝上书，反映临晋（今大荔一带）人民要求，希望开一条渠道，引洛水灌溉重泉（今蒲城东南）以东 10 000 多顷盐碱地。武帝采纳了这一意见，发兵卒万余人担任凿渠任务。军工自征县（治所在今澄城县西南）向南开渠，开到商颜山（今铁镰山）麓，由于土质疏松，穿凿的明渠渠岸极易崩塌，改用井渠结构。井渠由地下渠道和竖井两部分组成。渠道行水，竖井方便挖渠人员上下及出土和采光。最深的竖井达 40 多丈。由于凿渠时挖出许多骨骼化石，当地百姓把它当作龙骨，所以称其为龙首渠。渠道挖通后，解决不了塌方的问题，溉田的效果亦不佳。然而，这次施工却首创了世界水利工程施工史中先进的井渠技术。后来，此技术流传于我国新疆以及中亚和世界各地。

（二）六辅渠

六辅渠是武帝元鼎六年（前 111）由内史倪宽主持兴建的。规模虽然不大，然而它是作为六条辅助性渠道的总称。后人认为它们是引冶峪、清峪、浊峪等小溪流的水，也有人认为它是引郑国渠上游的水（《中国水利史稿》第 126 页），灌溉郑国渠上游北面的农田，这些农田地势较高，郑国渠灌溉不到。六辅渠建成后，为了更好地发挥这一工程的作用，据《汉书·倪宽传》载，在六辅渠用水方面规定了“水令”。这是见于史料记载的我国最早的用水制度或法规。

（三）白渠

六辅渠建成后第 16 年，即武帝太始二年（前 95），动工开凿白渠。这一工程由赵中大夫白公建议和主持。渠道也在谷口，渠道在郑国渠南面，向东南流，经池阳（治所在今泾阳县西北），注入渭水。长 200 里，灌溉郑国渠之水所不能到达的 4 500 余顷农田。白渠建成以后，谷口、池阳等县因为有郑、白两渠的灌溉，便成为不知旱涝的农业作物高产区。当时，当地曾流行这样一首民歌，即歌颂郑、白两渠在当时所起的作用：

田于何所，池阳谷口。郑国在前，白渠起后。
举臿为云，决渠为雨。泾水一石，其泥数斗。
且溉且粪，长我禾粟。衣食京师，亿万之口。
——《汉书·沟洫志》

以上诗中，反映出当时关中平原的泾水含沙量之大，即“泾水一石，其泥数斗”，虽然夸张是诗歌艺术的创作手段，但是，一石泾水，就有数斗泥沙，可想而知，黄土高原上人类早期开发破坏植被后，水土流失何其严重。

（四）成国渠

西汉时新建的关中地区另一重要农田水利工程是成国渠。它建于何年，何人主持这一工程，史书没有明文记载，只说建于武帝在位期间。这是一条以渭水为水源的大型灌溉系统，位于渭水北面，渠道在郿县境，傍渭水向东，经斄（治所在今扶风县东南）、槐里（治所在今兴平县东南）等县，渠尾接上林苑的蒙笼渠。成国渠的长度略小于白渠，溉田面积约万顷，是白渠的 1 倍以上。后来还一度发展成为关中最主要的灌溉渠道。上林苑在咸阳西面，周 300 里，跨渭水南北，是秦汉时帝王射猎游乐之所。蒙笼渠属皇家园林中水道，供封建帝王等统治者游乐、浇园、荡舟等用。这期间，关中水利一直由三大渠系组成：其一，以泾水为源的引泾渠系;其二,以渭水为源的引渭渠系;其三,以洛水为源的引洛渠系。

西汉时期,这三大著名的渠系已经基本形成。除上面所举的一批著名的灌溉工程外,武帝时,还在渭水南面建成一批小型的灌溉工程,如灵轵渠、澋渠等。它们是以发源于南山的山溪水为水源,灌溉着渭南的农田。

三、南阳与汝南农田水利工程

秦汉时期,长江流域的灌溉以汉水支流唐白河发展最为显著。唐白河的灌溉以今河南南阳、邓州、唐河、新野一带较为发达。

汉元帝时,南阳太守召信臣对这一带水利建设有着特殊贡献,他上任以后,就对当地进行了广泛的水利资源调查,随后提出了发展经济的种种措施,推广灌溉是其主要政绩。史载:召信臣"行视郡中水泉,开通沟渎,起水门提阏凡数十处,以广灌溉,岁岁增加,多至三万顷,民得其利,蓄积有余"(《汉书·召信臣传》)。在他的领导下,几年之内,建设引水渠道数十处,灌溉面积约合今二百多万亩,成绩十分可观。召信臣不仅注意新建工程,而且也重视灌溉管理。为了合理调配用水,他制定了"均水约束"(《汉书·召信臣传》),即今日之灌溉用水制度。由于发展了水利,再加上其他措施,南阳地区的面貌有了较大的改观,"郡中莫不耕稼力田,百姓归之,户口增倍"(《汉书·召信臣传》)。召信臣因而受到老百姓的拥戴,被誉为"召父"。

六门碣(又称六门陂)是召信臣兴建的数十处工程中最著名的一处,它位于穰县(今邓州)之西,兴建于建昭五年(前34)。该工程壅遏湍水,设三水门引水灌溉。汉元始五年(5)又扩建三石门,合为六门,因而被称之为六门碣。六门碣"灌溉穰县、新野、昆阳三县五千余顷"(《水经·湍水注》),是一个当时具有相当规模的大灌区。汉末六门碣曾一度荒废,晋太康中杜预和刘宋时期刘秀之又相继修复使用(《宋书·刘秀之传》)。

东汉时期,南阳水利进一步兴盛。建武中,杜诗任南阳太守,他很重视发展农业"修治陂池,广拓土田,郡内比室殷足"(《后汉书·杜诗传》)。杜诗曾发明我国古老排灌用水排,水排是我国早期水利灌溉用具的重大成就,对后世发展水力机械具有重大意义。杜诗也以其贡献较大,与召信臣一起,同被群众称颂。此后西晋杜预修复过南阳水利。在他的经营下,"修召信臣遗迹,激用滍,淯诸水,以浸原田万余顷。、分疆刊石,使有定分。公私同利,众庶赖之"(《晋书·杜预传》)。刘宋元嘉二十二年(445)沈亮在任南阳太守期间大力恢复古代灌区,"又修治马人陂,民获其利"(《宋书·沈约自序》)。

六门碣的下游还有众多港、陂等,在泚水(今唐河)上还有马仁陂(马人陂)、大湖、醴渠、赵渠等陂渠,这些陂渠有的相互串联,形成类似"长藤结瓜"的独特的水利形式(见图4-5)。以六门碣为例,其"下结二十九陂,诸陂散流,咸入朝水"(《水经·湍水注》)。诸陂蓄水相互补充,统一使用,灌溉效益更有保证。

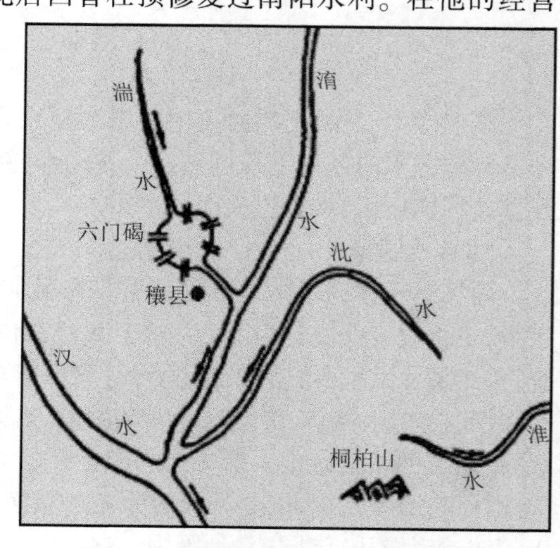

图4-5　独特的南阳水利"长藤结瓜"

汝南地区位于淮河支流的汝水流域，这一带的水利工程在两汉时期以鸿隙陂最著称。鸿隙陂在淮水和汝水之间，位于现在息县的西北方。它"首受淮川，左结鸿陂"（《水经·淮水注》），下游与淮水支流慎水相通，是一个具有相当规模的蓄水灌溉工程。在汝南地区范围的陂塘灌溉工程已经相当普遍，仅在《水经注》中记载的与汉水和淮水有关的陂塘就各有17处之多。这里的灌溉工程形式大多与南阳地区类似，往往都是陂塘串联的"长藤结瓜"形式，共同灌溉着汝南地区数万顷良田。

四、秦汉时期浙江鉴湖水利工程

鉴湖称镜湖，是江南最古老的大型灌溉工程之一，位于今浙江绍兴县境。鉴湖形成之后的800年间，能够大大减轻这一带的水旱灾害，并获灌溉之利，究其原因在于先人们巧妙地利用了当地的特有地形并采取了有效的工程措施。绍兴县境，从东南到西北为会稽山脉围绕。北部是广阔的冲积平原和杭州湾，形成了"山→原→海"三级台阶式的特有地形（见图4-6）。

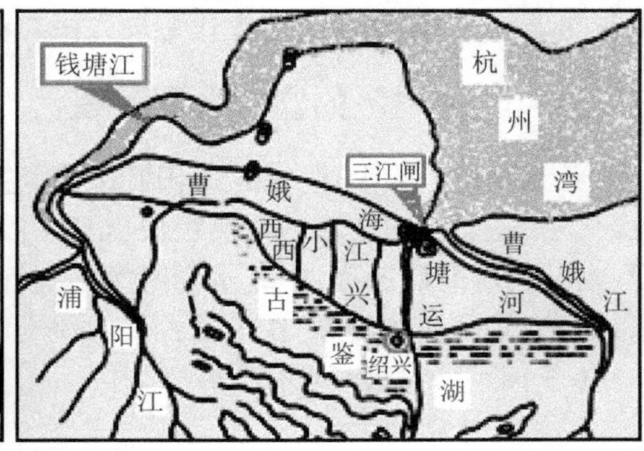

图4-6　钱塘潮水倒灌与鉴湖灌溉示意图

南北流向的小河纵贯本区，这些河流分别流入曹娥、浦阳二江，然后入海。而曹娥、浦阳二江都是潮汐河流，在尚未修海塘与江塘的历史时期，钱塘大潮由二江倒灌造成了山会平原（今绍兴市附近）的严重内涝。不仅平原北部常是一片沼泽地，地势较高的平原南部，也因潮水倒灌，山水排泄不畅，潴成无数湖泊。在枯水季节，各湖彼此隔离，仅以河流港汊相连通，一旦山水盛发或遇到涨潮，则泛滥漫溢，使此平原之地成为一片泽国。为了改变这一带的内涝局面，在先秦时期先人们就已经兴修了一些水利工程。当时越国建成有富中大塘、炼塘、吴塘等。从春秋到汉代，这一带也曾经陆续兴建过一些水利工程。然而，这些陂塘水利工程规模都较小，不足以解决整个地区的水利问题。平原北部的大部分地区仍然处于潮汐和内涝的威胁之下。这种状况显然极不利于当地农业生产。

东汉永和五年（140），会稽太守马臻主持修筑了鉴湖，就是把分散的湖泊下缘修一道长围堤，形成了一个大蓄水湖泊，即鉴湖（见图4-6）。

鉴湖水利首次记载于刘宋时期孔灵符所著的《会稽记》中，当时叫镜湖。"顺帝永和五年马臻为太守，创立镜湖，在会稽、山阴两县界。筑塘蓄水，水高（田）丈余，田又高海丈余。若水少则泄湖灌田，如水多则闭湖泄田中水入海，渐无凶年。其堤塘周回三百一十里，都溉田九千余顷。"（《会稽记》）鉴湖在《水经注》中也有记载，郦道元称作长湖。"浙江又东北得长湖，湖广五里，东西百三十里，沿湖开水门六十九所，下溉田万顷，北泻三江口。"（《水经·

浙江水注》)鉴湖东西狭长,长湖显然是因其湖形狭长而得名。这是南北朝时鉴湖的范围及其工程设施的基本概况。鉴湖的巨大容积可以起到对山溪来水的储存和调节作用,初步解除了这一带的洪水威胁。其中,湖水高于农田,农田又高于海面的高程关系,为农田灌溉和排水提供了前提条件;而建于湖堤上的69所水门是控制灌溉和排水的设施。水门根据田中需水情况进行调节:天旱时泄湖水而灌溉,天雨时则将水门关闭,从而保证了万顷农田的需要。大约此后,鉴湖上的设施陆续又有所增加,其中特别重要的一项是溢洪设备。宋人曾巩《南丰类稿·序越州鉴湖图》说:"因三江之上两山之间疏为二门,以时视田中之水,小溢则纵其一,大溢则尽纵之,使入三江之口。"所说建于两山之间的二门,就是古代的溢洪设备(闸门)形成的灌溉排涝系统。

鉴湖自东汉形成直到北宋初年的800年中,一直发挥着巨大的灌溉作用。此后,由于泥沙淤积以及围垦等原因,鉴湖效益逐渐减少。到了南宋淳熙二年(1175),朝廷还下诏任由豪强垦占,鉴湖便告堙废,成了现在的肖绍平原。但是,鉴湖工程在我国水利史上占有极其重要的地位,它体现了我国古代劳动人民在沿海地区兴修水利工程的高超技术和聪明才智。

五、其他地区的农田水利工程

秦、汉时期,除上述关中、南阳和汝南、鉴湖等地区水利工程外,由于国家统一后,各地区政治、经济、文化和技术的交流很快,全国各地的农田水利建设都有所发展,如扩建都江堰工程、太湖流域灌溉工程、华北水利灌溉工程等;特别是在边远地区,如云南滇池、河套地区、新疆等地区的水利建设等,在我国古代农耕文明史上又出现了第二次农田水利建设高潮。

(一)新疆地区水利开发

1. 屯田开渠

西汉时,灌溉工程已经扩展至今新疆地区。武帝时期,桑弘羊建议大力经营西域,指出:"故轮台以东、捷枝、渠犁皆故国,地广饶水草,有溉田五千顷以上。处温和、田美,可益沟渠,种五谷。"(《汉书·西域传》)桑弘羊的建议当时未能付诸实施。后至昭帝时,才采用桑弘羊的建议,在轮台(今轮台县)、渠犁(今库尔勒县)一带屯田。此后,屯田扩展至伊循(今若羌县一带)、车师(今吐鲁番盆地)、楼兰(今罗布泊北岸)。《水经注·河水注》还记有敦煌人索励曾率领士兵四千在楼兰附近兴修水利,"横断注滨河……灌浸沃衍,胡人称神,大田三年,积粟百万",东汉时期还曾在伊(今哈密附近)设置屯田机构。屯田区多有灌溉工程,考古发现,在今轮台东南孜尔河畔柯尔确尔汉代故城附近的红土滩上,可见到当年修筑沟渠的痕迹。而在今沙雅县东仍还可见到红土所筑成的长达100多km的渠道,渠宽约8 m,深约3 m,至今当地人犹称之为"汉人渠"。

2. 开凿坎儿井

新疆特殊的水利工程形式——坎儿井也开始于西汉。据《汉书·西域传》记载,宣帝时"汉遣破羌将军辛武贤将兵万五千人至敦煌,遣使者按行表,穿卑鞮侯井以西,欲通渠转谷,积居庐仓以讨之",三国人孟康注释"卑鞮侯井"说:"大井六,通渠也,下流涌出,在白龙堆东土山下。"可以看出,这个工程有六个竖井,井下通渠引水,显然是近代的坎儿井。坎儿井是新疆特有的取水工程形式(见图4-7)。这一形式适应新疆一些冲积扇地形区,土壤多为砂砾,渗水性很强,山上雪水融化后,大部分渗入地下,地下水埋藏也较深,为了将渗入地下的水引出,供平原地区灌溉,开挖井渠是比较方便的,而井渠技术已早在龙首渠的施工中应用,新疆先人们吸收了井渠法的施工经验,并将它应用到新的地理条件下,创造了新型的灌溉工程形式,近人王国维曾明确地论证了这个问题(参阅王国维《观堂集林·西域井渠考》)。

图4-7　坎儿井

(二)西南地区的水利开发

滇池地区屯田与开发:滇池,古代称作滇南泽,又叫昆明池。据《后汉书·西南夷传》记载,因为它"水源深广,而末更浅狭,有似倒流,故谓之滇池"。滇池地区早在战国时期就得到了初步的开发,只是当时与中原地区的联系尚少。秦始皇时,为了开发西南,加强这个地区与中原的联系,曾"略通五尺道"(《汉书·西南夷传》)。五尺道是从四川盆地通向云贵高原的要道,因道宽五尺而得名。北起四川宜宾,南抵云南曲靖,已接近滇池地区。西汉元封二年(前109)在今滇池地区的晋城设置益州郡;以逐渐推行屯田为守边政策,"所施屯田守之费,不可胜量"(《汉书·西南夷传》)。屯田守边本来是减少军费开支的重要措施,这里所说的大量"屯田守之费",有可能是用于开垦土地或治水的措施上。由于这项开支较大,西汉后期曾有人主张废止屯田守边制。但这项政策并未废止,反而为朱提(今云南昭通)都尉文齐所采纳。文齐先在朱提主持"穿龙池,溉稻田,为民兴利"(《华阳国志·南中志》)后来在做益州太守时,又在滇池地区广泛招集历年来流散的兵士,利用这些兵士从内地带来的生产技术和治水经验,并组织滇池各族人民,"造起陂池,开通灌溉,垦田二千余顷。"同时司马迁还盛赞滇池"地方三百里,旁平地,肥饶数千里。"(《汉书·西南夷传》)(见图4-8)。

图4-8　滇池水利

(三)西北边区水利开发

御边屯垦与灌渠开凿:西汉时期,抗击匈奴的侵扰和威胁是当时国家对外的主要任务。汉王朝在加强西北防务的同时,也积极发展西北地区的农田水利,使之成为仅次于关中水利的重点地区。元朔二年(前127)武帝派卫青等出击匈奴,收复了河套地区,建立朔方、五原郡。当年移民十万人去朔方,并采用主父偃的主张,对这一带进行开发,以后又调动大批军队充实西北。由于这一带开发程度并不高,因此军需供应起初主要靠内地的漕运。据《史记·平准书》记载:"又兴十万余人筑卫朔方,转漕甚辽远,自山东咸被其劳,费数十百巨万,府库益虚。”对匈奴军事斗争活动频繁,粮食需求量大,单凭远道转漕,不仅适应不了形势的需要,经济上也感到颇为吃紧。在这种情况下,在西北大力实行屯田意义重大,可是西北地区气候干燥,雨量又少,在这里,首先需要解决的是灌溉问题。于是,在元狩四年(前119)做了大量的工作,“自朔方以西至令居,往往通渠,置田官,吏卒五六万人”(《汉书·匈奴列传》),工程花费不少,但当时并未充分发挥效益。之后,于太初元年(104),又做了进一步的努力,“初置张掖、酒泉郡。而上郡、朔方、西河、河西开田官,斥塞卒六十万人戍田之”(《史记·平准书》)(见图4-9)。

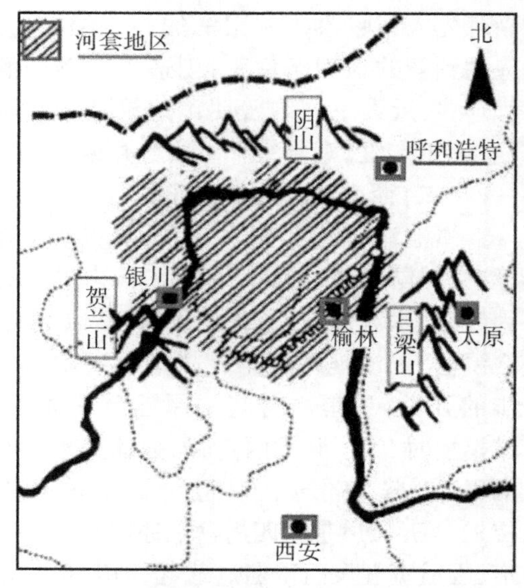

图4-9　河套水利

六十万人的屯垦规模是相当可观的,其间也整修或新建了不少灌溉渠系,据《史记·河渠书》记载:“朔方、西河、河西、酒泉皆引河及川谷(水)以溉田”,当时在这一带兴建的灌溉工程数目很多。上面四郡相当于今山西的西北部、内蒙古和宁夏河套以及甘肃河西走廊一带。宁夏地区现存的汉渠、汉延渠都可能最早兴建于汉代,这些灌渠即使在现代都是长达百里、灌溉面积十万亩以上的灌溉渠道。

第三节　斗门文明过渡阶段著名水运工程

水利、交通都是关系国家生存与发展的命脉。所谓“军马未动,粮草先行”说的就是这个道理。无论军事、政治、经济、文化和商贸等人类活动,无不依赖于此两项工程。在此阶段,春秋战国时的邗沟、鸿沟以及江南等地的区域性运河,皆已俱备;曹操用于军事目的而开凿的北方五渠和汉代治理的汴河等,都为隋代东西大运河的连通和建成准备好了各项物质基础和历史条件。

俗话说“万事皆备,只欠东风”!船闸文明四个环节中前面的两个环节是:“水利是孕育船闸文明的土壤,运河是诞生船闸文明的温床”。本阶段名为斗门文明过渡阶段。其实,也就是从斗门逐渐过渡到“二门一室”初期船闸成型阶段的过渡阶段。说白了,就是从使用一扇闸门过渡到联合使用两扇闸门的过渡阶段。此阶段“二门一室”船闸诞生,从实践中去摸索使用经验并奠定两门联用的相关技术基础。

一、建都长安与洛阳,开凿漕河为保粮

西汉建都时,皇帝刘邦与群臣在选择都城时曾有过争议。后来,张良开口说:“关中左殽函,右陇蜀,沃野千里,南有巴蜀之饶,北有胡苑之利。阻三面而守,独以一面专制诸侯。诸侯安定,河渭漕輓天下,西给京师。诸侯有变,顺流而下,足以委输,此所谓金城千里,天府之国也。”(《史记·留侯世家》)我们从张良的这段话中不难看出,他提议建都长安的指导思

想是很明确的。除了关中有较好的自然环境(金城千里,阻三面而守,独以一面专制诸侯),主要还是依靠渭水和黄河所沟通的全国水上运输。既可以满足补给京师的物资供应,又能居高临下控制全国。刘邦后来最终采纳了张良的这个意见而建都长安。由此看到,当时京城的漕运和物资供应对于西汉政权的稳固是何等的重要。

(一)建漕渠运粮保长安

刘邦建都长安后,西汉前期漕运量不大。但到了汉武帝时期,京都人口不断增加,官僚机构膨胀。而且又要用兵匈奴和经营西域,朝廷所需粮食开支日益巨大,其运输压力也就更大。汉武帝时粮食用量增加,年需运粮入京四五百万石。为解决这个问题,大司农(主管全国农业的长官)郑当时提出开凿漕渠的建议,说:“漕水道九百余里,时有难处。引渭穿渠,起长安,并南山下,至河三百余里,径,易漕,度可令三月罢;而渠下民田万余顷,又可得以溉田。”(《史记·河渠书》)于是,汉武帝采纳了这一建议,并征发了几万人参加,于汉武帝元光六年(前129)动工,由齐人水工徐伯负责勘查、测量、定线,并由几万军工负责施工。渠首位于长安,从长安县境开渠,引渭水为水源,经长安城南向东,沿着南山(秦岭)东下,与渭水平行,沿途收纳泬(皂河)、灞、浐等水,以增加漕渠水量。这些水道都发源于南山,含沙量很少。漕渠穿过霸陵(今西安市西北),经临潼、渭南、华县、华阴和潼关,直抵渭水口附近与黄河汇合。渠长300余里,历时三年完工。汉武帝元狩三年(前120),又在长安西南开凿昆明池。昆明池周长达40多里,将沣水、滈水均拦蓄于池内并用于操练水兵和调济漕渠水量以及供应京师用水(见图4-10)。

漕渠建成后,便利了粮食运输,加上当时造船业也已相当发达,出现了长五丈到十丈的可装五百到七百斛的大船(见图4-10),漕运能力大大提高,使之成为维持西汉王朝统治的生命线。年运输量在400万石左右,最高达600万石。除航运外,还灌溉农田面积达10 000顷上下,比白渠多1倍以上,约与当时成国渠相当。西汉亡国后,漕运之“东粮西运”结束,漕渠因此失修而逐渐湮废。

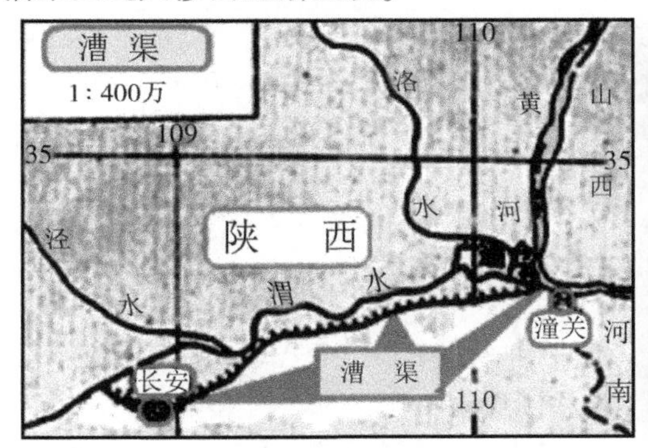

图4-10　汉代开漕渠,以保京师和在西北用兵

(二)漕运东移开凿新渠

东汉定都洛阳,于是漕运的重点东移。后来,又开凿了一条阳渠新水道,还比较彻底地治理了汴渠。当时黄河支流洛水的河床水浅,不便航运。为使粮船能直达京师,光武帝建武五年(29),河南尹王梁组织力量“穿渠引谷水(洛水支流)注洛阳城下,东写(泻)巩川”(《后汉书·王梁传》)。但由于水量不足和渠线安排不当,虽凿成但不通水。19年后,即建武二

十四年(48),大司空张纯改引洛水以通漕:西起宜阳东部,向东经过洛阳城的西面、南面和东面,再向东到偃师附近回注洛水。这条运河叫阳渠,第二年完工。从此,沟通了洛阳与中原地区的水运交通。以后,来自南方、东方、北方等地的粮船,经邗沟、汴河、黄河等水运航道,再循洛水、阳渠,可在洛阳城下傍岸。不仅能通漕,而且也使“百姓得其利”。

不过,东汉最大的运河工程应该算汴河治理了。春秋战国之交,魏国开凿的鸿沟枢纽水系,几百年来,因黄河一再决口而支离破碎,几乎完全断航。由丹水演变而来的汴河,航道经常受阻。汴河是通往京师的主要水运粮道,在全国入京的租赋中,来自豫、兖、徐、扬、荆等州所占比重相当大,多循此河而入京。如果都城洛阳与淮河流域之间的水路交通阻塞,那将直接威胁到东汉政权的巩固。所以,朝廷对汴河非常重视,其中,最重要的一次是永平十二年(69)由王景、王吴二人主持的治理黄河与汴河的工程。黄河泛滥是汴河堵塞的最根本的原因,所以治汴必须先治黄河。在治理黄河的基础上,治汴工程首先必须改造引水渠口,同时结合筑堤以及渠道疏浚等工程。

汴河以黄河为引水水源,而黄河主流在河床中摆动无常,单一引水口不能稳定地引入河水。为解决这个问题,王景、王吴二人除修复旧闸外,又建新闸,实行了用多水口引水的方法。同时,将引水闸由原来的土木结构改建成石质结构,以便更好地控制进水。然而,黄河洪水流量大,即便闸门设控,一旦洪水过量进入汴河,仍然会决堤成灾。为增加汴河安全系数,二人又在汴河上游用“墕流法”(溢流坝,或称滚水坝)将涌入的过量洪水有控制地排出堤外。从荥阳到泗水,汴河全长800里,二人还全面地修筑河堤,深挖河床。经此次治理后,汴河漕运能力大大提高,从而成为当时黄淮之间的水上交通要道。

二、曹操北伐开五渠,河北诸水渠相串

河北平原位于黄河下游北面,太行山东侧,燕山以南,东临渤海。这里河流纵横,水道众多。南部多为黄河故道,由西南流向东北;中部之水源多出自太行山,一般为西东流向;北部诸河发源于燕山,则为北南流向。众水都流入渤海,流短而水少,不便航运。不过,若能在诸水之间开凿一条渠道,使其与诸河流沟通并连缀起来,也不失为一个极好的办法。如此,渠道之水源能得到相对集中和相互调剂,其航运效益也会得到较大的提高。

东汉末年,曹操从统一北方的政治与军事需要出发,改进华北地区水上交通运输,先后开凿成功白沟、平虏、泉州、新河、利漕等五条水运通道。

东汉建安五年(200),官渡之战曹操打败了袁绍,但袁绍之子袁尚仍盘踞邺城而负隅顽抗。建安九年(204),曹操亲领大军渡河北征。从军运需要出发,他在河北首先建成了一条名为白沟的运河(见图4-11)。白沟的主要工程之一是筑堰遏淇水北流。古淇水即今淇河,发源于太行山,东南流向,分两条水道注入黄河,因此筑有大小二堰。小堰用石材建

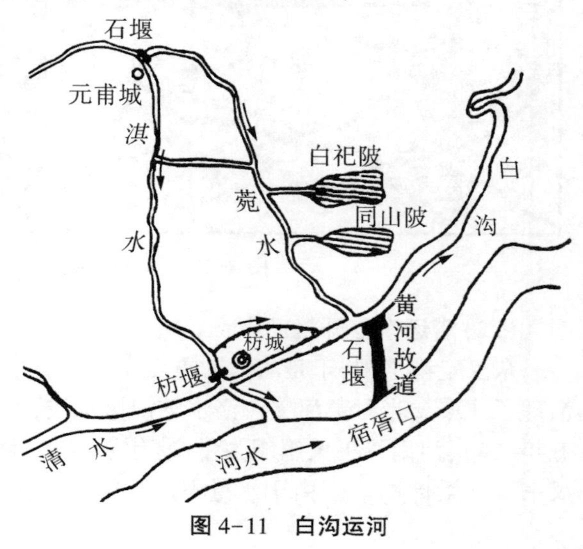

图4-11 白沟运河

成，人称石堰，主要目的是堵塞小河，将全部淇水集中于正流。大堰叫枋堰，建于淇水正流入河不远处，这是一条木、铁、石掺用，以大枋木为主的拦河大坝。淇水水量欠丰，不能像灵渠采用分水工程，只能堵住全部淇水，促其别向而流。“宛水东南流，两岸各有一个排水涵洞，西岸洞后的沟叫天井沟，西通淇水；东岸洞后的沟叫蓼沟，东通白祀陂、同山陂。”（《中国水利史稿》上册第 271 页）从此，河船入沟，沟船入河，都必须盘坝（翻越埭坝形式），先将货物从船上卸下，拉空船沿坝的斜坡过坝，然后在坝上再将货物装回船中，再继续航行。另一工程是在枋堰北面穿渠，引淇水进入另一自然河道白沟。白沟下接黄河故道古清河，清河北流到今天津境内，与沱河（滹沱河）汇合。虽有盘坝之劳，但毕竟改善了黄河南北线路的水运条件。

袁尚被曹操击败后，投奔辽西乌桓首领蹋顿，图谋卷土重来。为了根除后患，建安十一年（206），曹操北伐乌桓。在进军过程中，他命令董昭负责组织力量施工，相继开凿成平虏、泉州、新河三条运粮渠道，开辟了通向辽西的水路。平虏渠在今天津市静海县境内，南起沱水，北到泒水。泒水下游，大体上就是后来大清河的入海河段。泉州渠是沟通泒水下游与鲍丘水（潮白河）的渠道，由于它位于泉州县（治所在今武清县西南）境内而得名。新河西起鲍丘水，经过今唐山境内，东接濡水。濡水就是今天的滦河。这三条渠道，特别是后两条，由于军马倥偬，冀东沼泽众多，施工困难，工程粗糙，实际上后来发挥作用有限。

上述四渠的开凿，主要是从军事上的需要出发；开利漕渠则不同，它主要是从政治需要出发。邺城北控河北平原，南联中原腹地，地位相当重要，曹操消灭袁氏势力后，接着将自己的政治中心由许都（今河南许昌市）北迁于此。所以，他很重视邺城的建设。发展这里的水路交通，兴建利漕渠，便是其中一个方面。利漕渠开凿于建安十八年（213），以漳水为水源，经邺城，向东到馆陶县西南，与白沟衔接。白沟是当时河北地区重要的水上交通线，利漕渠凿成后，邺城有白沟之利，对幽燕中北部的控制及对黄河以南的联系都大大加强。由于漳水比较丰富，因此又增加了水源，使白沟的航道更为通畅。除以上五渠外，曹魏时还开凿了白马渠，沟通沱水和漳水的水运通道。河北五渠与诸水的沟通，支援了东汉末年的统一战争，同时也为我国古代全国性大运河的沟通奠定了基础。

三、隋代运河呈扇形，长安、洛阳为轴心

隋朝在长安建都后，当初繁华非凡的汉代古都景象实际上已经荡然无存了，而且满目疮痍，已经成为一片荒凉的废墟。曾经富甲天下的关中农业，也大都因长期战乱而荒废，实际上难以满足当时都城军民生活的日常需求；大量的粮食和物资供给，还是必须依靠隋代后来开凿的广通渠（汉代开凿而后荒废的漕渠，重新整治而成），把由关东、江淮等地，特别是由江南等地区的粮食和物资漕运入京。

隋初，渭水浅而多沙，行船十分艰险。隋文帝杨坚于开皇四年（584）下令宇文恺在汉代漕渠的基础上重开运粮渠道并命名广通渠。广通渠从潼关到长安，全程 300 余里（见图 4-12）。

公元 604 年，隋炀帝杨广登基，他认为关中与山东、江南、河北等地道路遥远，“兵不赴急”，欲将都城东迁，下令营建东都洛阳。接着，又陆续发令开凿以东都为中心，通向江淮、河北等地的全国性水运网——隋唐京杭大运河。

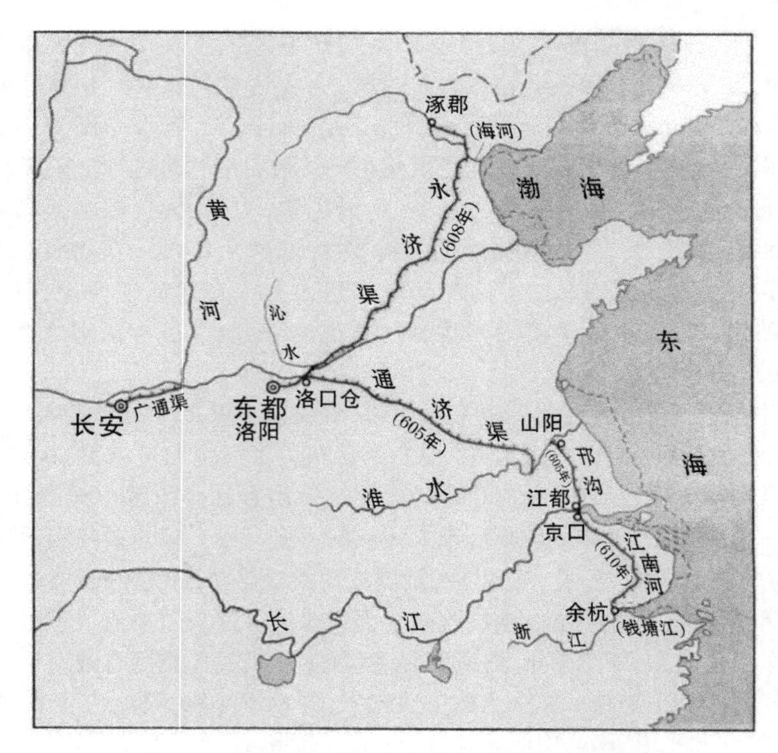

图 4-12　以长安、洛阳为中轴的扇形东西大运河

(一)开凿通济渠

隋大业元年(605),隋炀帝下令开凿通济渠。

通济渠分为西、中、东三段,西段以东都洛阳为起点,以洛水及其支流谷水为水源,在旧有渠道阳渠和自然水道洛水的基础上扩展而成,到洛口与黄河汇合。由于古阳渠又叫通济渠,后来就把西、中、东三段一起统称为通济渠。中段以板渚(河南荥阳西部)为起点,引黄河水为水源,向东到浚仪(河南开封市)。这一段原是汴渠上游,隋代加以浚深和拓宽而成。浚仪以下,与汴渠分流,东南走向,经宋城(河南商丘县南)、永城、夏丘(安徽泗县)等地,到睢眙注入淮水,这是东段。多由自然水道拓展而成。通济渠三段全长 2 000 里。它不仅渠道长,因为要行龙舟,而且要宽 40 步(每步 6 尺),即渠宽 240 尺(约 80 m),深度无记载。同时,因为随龙舟还有纤夫拉船和军队护卫共 10 万余人,并要求运河两岸的堤坝必须平整宽敞(见图 4-13),而且沿途还要修建离宫数十座,供皇帝和后妃们休息。

图 4-13　通济渠御道

通济渠工程由尚书右丞皇甫议负责,“发河南、淮北诸郡男女百余万”(《资治通鉴·隋纪四》)服役。百万人中有四五十万人为此献出了宝贵的生命。通济渠完工后,南来北往,船只不断,南粮北运,意义重大,使之成为当时南北交通

之大动脉。一时间，扬州、会稽、两广等地的贡品，江南的粮食、物资等货物纷纷由此水运而北上。为便于仓储和转运，隋炀帝在洛阳周围还建了许多大粮仓，如洛口仓、回洛仓、河阳仓、含嘉仓等（见图4-14）。

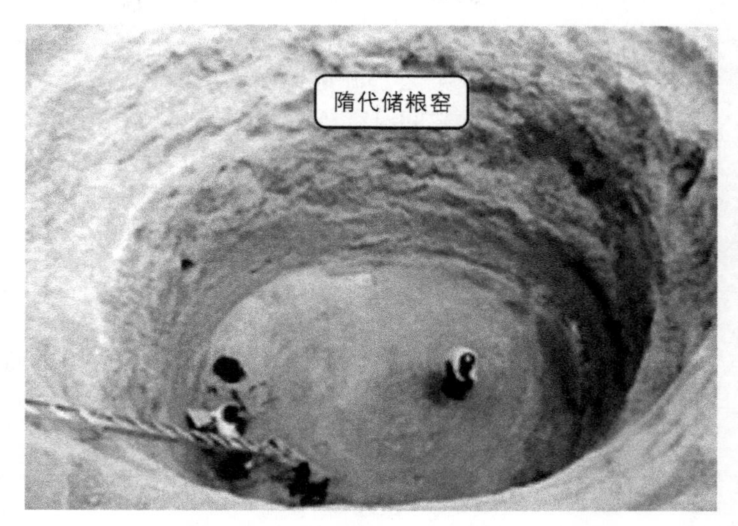

图4-14　考古发现隋代在洛阳建了许多粮仓

（二）治理山阳渎

所谓山阳渎，即古邗沟。它南起邗城，北到山阳县（江苏淮安）。邗沟如前所述，最初开凿于春秋之末的吴国，因临时为北上伐齐的战争需要而开凿，工程简陋，水道曲折浅涩。历代曾多次改造：东汉末年广陵（扬州）太守陈登做了一次重要的改道；后隋文帝从伐陈的需要出发，又对部分渠道做了调整，将入口由淤浅了的末口改到山阳（所以后又叫山阳渎）。

后来，隋炀帝为了提高山阳渎的航运能力并使之能与通济渠的运道配套使用，对这条古运河做了较为彻底的治理。隋大业元年（605），隋炀帝在通济渠开凿的同时，又征调淮南10余万人投入这一工程。当时除按照通济渠的标准，浚深加宽渠道，修筑道路、离宫外，又开凿了新的入江渠口。由于长江沙洲的淤积，原来山阳渎的入江渠口堵塞严重。这次扩建，便将南段折而向西，开了几十里的新渠，使其从扬子（江苏仪征东南）入江，这就是隋唐时期著名长江渡口扬子津。山阳渎经过这次改造后，全线畅通无阻，像龙舟（上建四层重殿，长200尺×高45尺）那样的庞然大物，也都可以进退自如了。

（三）江南河的改造

在建成通济渠和山阳渎后的第六年，隋炀帝又下令拓展江南河。在春秋古运河的基础上加以扩建，沟通了北起丹徒（江苏镇江东南丹徒镇），中经会稽郡治，南到钱塘（浙江杭州市）的水道。东晋时于京口（镇江市）筑丁卯埭，以控制河水泄入长江，改善了江南河航道水深。在上述基础上，隋炀帝扩建了江南河。《资治通·隋纪四》载："大业六年冬十二月，敕穿江南河，自京口到余杭（杭州市），八百余里，广十余丈，使可通龙舟，并置驿宫、草顿，欲东巡会稽。"这里的会稽，即指浙江绍兴市境内的会稽山，相传大禹曾会诸侯于此，秦始皇也曾登此山"望于南海"（实为东海），好大喜功的隋炀帝，大概也想要效法大秦皇帝的故事。不过，在江南河下令开凿不久，隋炀帝就被高丽战争和农民起义所困，再也无暇南渡长江，登会稽，望南海了。

（四）永济渠的拓展

自东汉末年，曹操开凿河北五渠后，虽然形成了北方一条纵贯南北的水道，但它是以自然河道为主，河道深浅不一，行船不畅，很难适应隋朝的政治、军事和经济需求。于是，隋炀帝在完成通济渠和山阳渎扩建疏通之后，决定在曹氏水道的基础上，再次拓展为有较大航运能力的运河——永济渠。

隋大业四年（608），"诏发河北诸郡男女百余万，开永济渠，引沁水南达于河，北通涿郡"

(《隋书·炀帝纪上》)。当初曹操发展河北水运,白沟的渠首工程是“遏淇水入白沟”。然而其原因如下:一是新渠之水源远比旧渠丰沛。这是新渠航道远比旧渠通畅的基本原因。二是旧渠在白沟、黄河之间筑有枋堰,由沟入河或由河入沟,舟船都必须盘坝或换船,这就大大限制了通航能力。三是新渠“引沁水南达于河,北通涿郡”,因此表明,其渠口可能建有分水工程,舟楫可以直接出入(南达、北通)的河渠,无须换船或盘坝,这就大大提高了此段运河的通航能力。

永济渠分三段,南段起于沁水入河处,北到卫县(河南浚县西),是当时新凿渠道。卫县以下经馆陶、东光等地至今天津市境内与沽河汇合,是中段,以曹魏时期故道为基础,扩展而成。天津至古涿郡(今北京)为北段,系改造两条自然河道而成。永济渠全长 1 900 里,大业七年建成(见图 4-15)。

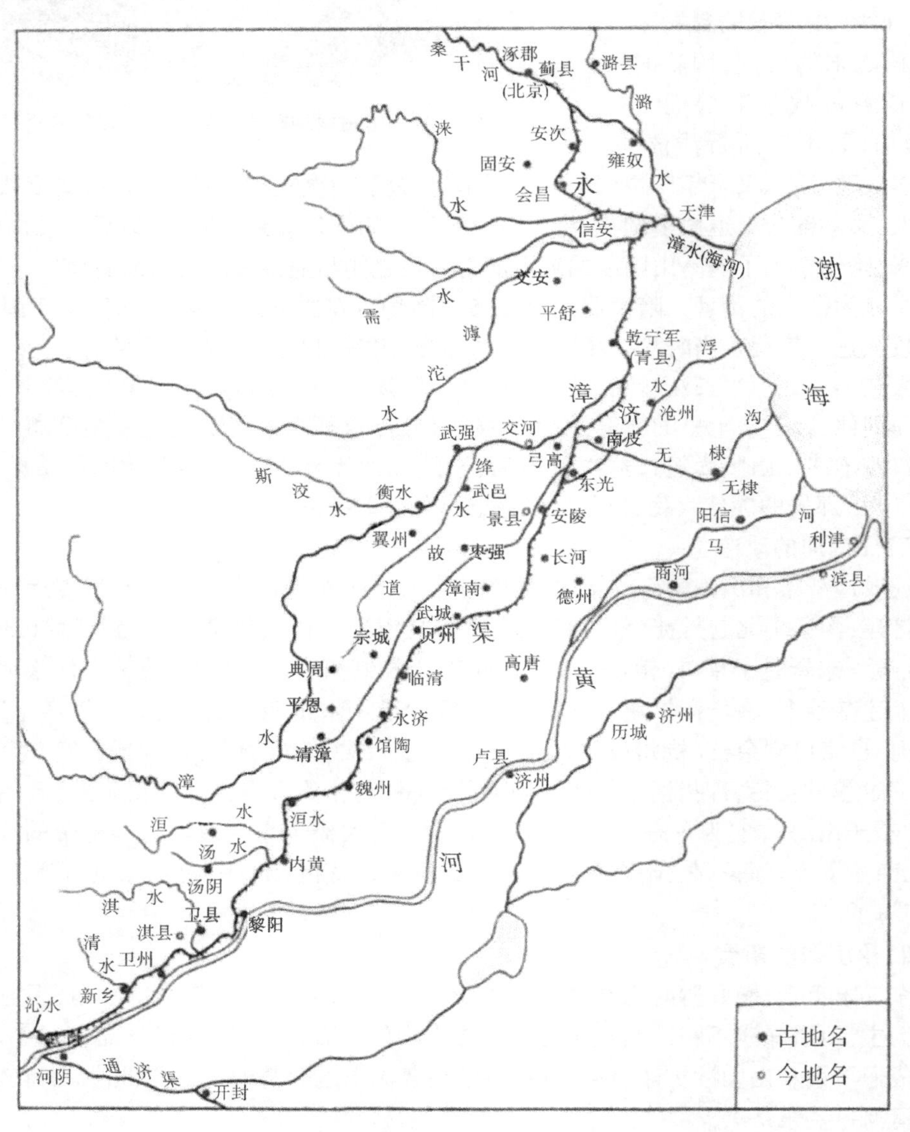

图 4-15 永济渠

广通渠、通济渠、山阳渎、江南河、永济渠，是五条独立的区域性运河。按隋炀帝下诏时要求，其规格应保持基本一致并由此组成一条以长安至洛阳为中轴线、向南北展开(东南通余杭，东北达涿郡)的呈扇形的完整的运河网(见图 4-16)。虽然运河网是由五个独立的区域性运河组成的，然而正是因为有了运河网，才把我国当时政治、经济、文化最发达的区域紧密地联系在一起。

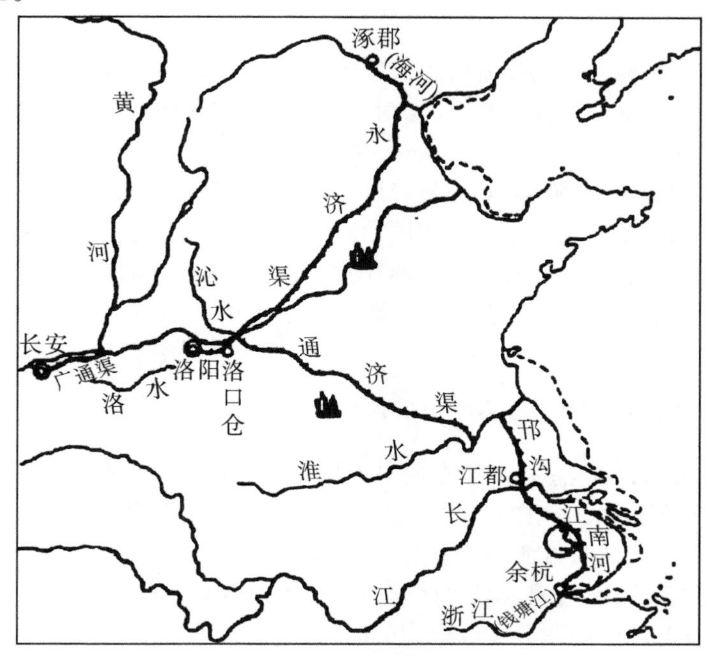

图 4-16　隋朝的大运河

如果让我们现在用历史唯物主义和辩证唯物主义的观点，去一分为二地评价隋炀帝及其兴建的这个工程的话，首先，作为一个封建统治者，他弑父杀兄、穷奢极欲、荒淫无道、草菅人命……已经对人民犯下了不可饶恕的罪过！再则，他作为一国之君，不惜民力、不顾农时、不管百姓死活，大兴土木，以残暴手段强征民工，百姓不但遭受劳役之苦，还要受鞭打笞脊，劳累冻饿而死，以至“尸横遍野”，给当时的劳苦人民造成了极其深重的灾难。百姓被迫在水深火热之中挣扎，不得不揭竿而起，推翻了这个残暴之君的统治。“水能载舟，亦能覆舟”，隋炀帝的残暴统治和倒行逆施，天理不容，这一切都是历史对暴君的惩罚，是隋炀帝自作自受，是封建统治者的罪过，不是劳动人民和运河的过错。

然而，我们在对隋唐大运河进行评价时，就不应该只单纯地看到当时的统治者为修运河，曾经给那时的老百姓带来的诸多苦难深重灾难的负面影响，而应该看到它在历史上所起到的积极作用的一面。总的来说，大运河是我国古代劳动人民劳动智慧的结晶，它对上下五千年中华文明的发展有着重大的历史推动作用。它在世界人类文明史上，迄今为止仍然是人类第一次伟大的创举和奇迹，国际上至今仍然尚无哪一条运河的线路比它长、历史比它悠久。它是孕育我国船闸文明演变进化的基础和土壤，是船闸文明诞生的温床。同时，它对我国这个多民族国家的民族团结与融合，对我国南北政治、经济、文化的交流与发展，对我国两千余年来的南北物质交流与商贸繁荣，对国家统一与历代的政权巩固，对工农业建设及其推动社会发展与进步等,都具有极其重要的作用。所以,后人对大运河也有很多正面的评价,例如,唐末诗人皮日休。

第四节　斗门文明过渡阶段的过闸方式探讨

斗门文明过渡,是船闸文明演变历史过程中的第三个阶段。船闸文明在经历了孕育和萌芽阶段后,这一阶段的主要任务是,在船闸文明的演变过程中起着一个承上启下的过渡作用。即在“以堰平水”改善了较长距离水道的航行条件后,横亘于运河水道之埭坝上下,因壅水而出现的集中水位落差障碍问题,就突出地显现出来了,并且成为航运的主要矛盾。为解决这一新矛盾,前一章萌生了埭堰文明原始翻坝过船方式。但这个办法很笨,费工费时,也极不安全。我们聪明的祖先在经过一段时间的实践与探索之后,终于又孕育出了第二个解决的办法。于是,船闸文明也就由此进入到承上启下的斗门文明过渡阶段——单门控制时期。

一、克服障碍很重要,灵渠斗门第一标

承上启下的斗门文明是怎样开始在灵渠上最先使用和解决的呢?在灵渠上有一个称为“天下第一陡”的斗门(见图 4-17)。也正是因为有了这个“天下第一陡”的名声,灵渠才会成为船闸文明进入斗门文明过渡阶段的标志性断代工程。马克思说过一句话:“人类始终只提出自己能够解决的任务,因为只要仔细考察就可以发现,任务本身,只有在解决它的物质条件已经存在或者至少是在形成过程中的时候,才会产生。”(《马克思恩格斯选集》第四卷,第 248 页)。船闸文明的历史演变进化过程,也正如马克思所说的那样,在解决问题的物质条件基本成熟的时候,人们所期望的过程也就会自然而然地发生(或出现)了。

图 4-17　斗门文明过渡阶段标志性工程——天下第一陡!

值得深思的是,既然是研究和探讨,那我们就应该尽量地追根溯源。我们要问:灵渠上采用的斗门(或陡门)到底是何时开始的?它又是如何演变而来的?还有,初期斗门到底是

个什么样子？用作斗门的材料又是什么？以及船舶又是如何通过斗门的？这一切如果不搞清楚，那么，我们将还是弄不明白斗门文明是如何演变而产生的，以及它的演变进化过程和使用方法。史籍上又是如何记载的？自己是如何理解的？在这里，我们绝不能空口说空话。现在，还是让我们带着问题到史料的故纸堆中去探寻其中的蛛丝马迹和答案吧！看一看史料中是如何记载的，初期斗门是什么材料做的，开始船只又是如何通过斗门的。

（一）陡门文明时期的闸门及船过陡方法考证

查寻史料中的原始记载。

据记载，我国的水工建筑物在史料中出现最早的是水门：

> 水门是调节引水的渠首建筑物。黄河水门至迟在西汉已经运用。贾让说："其水门但用木与土耳。"不过这种水门可能并不带闸门，水门运用上存在不少技术困难，例如黄河主溜多变，"与水门每不相值"（大概是对不上）……垒石为门大约是在汴口修筑低滚水堰……
>
> ——《中国水利史稿》第211页

漳水十二渠是多渠口有坝取水：

> 《水经·浊漳水注》记载：曹魏时，"二十里中作十二墱，墱相去三百步，令互相灌注。一源分为十二流，皆悬水门"。墱的意思是梯级，就是近代的低滚水堰。十二个堰，十二个口，十二条渠道，渠口都有闸门控制，这虽是后代的情况，但完全可能就是沿袭战国时的故制。
>
> ——《中国水利史稿》第65页

另外，史料中对六门碣是这样记载的：

> 石质闸门：南阳六门碣在西汉末年修有石质闸门六座。更大的石门修在汴水通黄河的口门处。东汉时，汴口石门共两座，（这里）所说石质闸门当指闸座而言，闸门本身往往都采用木质。
>
> ——《中国水利史稿》第155页

从以上史料中，我们可以得知有关古代水门的几个相关信息：

（1）所谓"水门"，应该首先是使用在水利工程上，即先在水利工程中出现，然后才在水运工程中出现。这正符合我们说的"水利是孕育船闸文明的土壤"。

（2）南阳六门碣记载："西汉末年修有石质闸门六座。"但又说："所说石质闸门当指闸座而言"，"闸门本身往往都采用木质"。到底是什么？作者没有说清。据推测，石质闸门就是"门框"，闸门还"往往"是木质即"平板闸门"。木质就是木质，加上"往往"二字就不确定了。

（3）以上史料说明，黄河与六门碣的水门出现年代是在西汉末期。

（4）漳水十二渠的水门，史料可能是曹魏时期记载："这虽是后代的情况，但完全可能就是沿袭战国时的故制。"到底是后来记载还是沿袭战国故制没有说清。

由上得知的信息而产生的初步认识如下：从历史记载中看，"水门"显然是最先出现在水利工程中，但在秦汉以前所指水门并不是现代意义的闸门，而是仅指低于堤坝的溢流滚水坝或渠首的引水口门（门座）。"水门"在西汉以前多为土木材料，西汉后才有石门（所谓的闸门，其实可能就是木质或石质的门框、门座）。然而，《水经·浊漳水注》有如下记载：漳水十二渠中的“一源分为十二流，皆悬水门”，这里的“悬”字值得我们注意，所谓“悬”，《现代汉语词典》解释为:【悬】①挂:悬空。②抬:悬笔写字。③无着落:悬案。不管怎么解释，这“悬”字就是有“不着地”的意思。不着地就不应该是指的门座了，绝对是指真正的“悬”起的“闸门”。这是文献中出现最早的“皆‘悬’水门”记载。但到底所悬何物，即“闸门”用什么材料所做，无法考证。同时，《水经注》出书年代在汉末之曹魏时期，这也有可能是在出版此书时，作者按后世情况所记载，不是建造时的原来情况。

以上这些水门都不是水运工程中所应用的“闸门”。因为灵渠是船闸文明进入斗门文明过渡阶段的标志性工程，那我们就只好再回到有关灵渠的历史记载中去寻找新的根据吧，看看灵渠上是怎样开始应用“陡门”的。

（二）陡门使用划时代，连接湘桂有史载

灵渠兴建过程中，有两个问题对船舶通过影响很大：

其一，湘江源头本来坡降就很大，当大小天平在上游壅高水位后，更加大了湘江故道的水位落差（直线比降平均达 1/167，即 $h_{比降}\approx5.98‰$），船只溯湘入漓必然会十分困难，由漓入湘则是“顺流而下”，因此又十分惊险和不安全。

其二，通过弯道来增加渠线长度，从而用来降低比降值后，北渠比降仍然有 1/300，南渠比降也仍然有 1/900。这样的比降，船只单靠人工拖拽还是相当困难的。灵渠修建时，施工者巧妙地采用了如下两项工程措施来改善这里的航行条件。

（1）舍弃湘水故道，另开由分水塘到洲子上村的北渠入湘江。北渠采用蜿蜒的渠道，借以增加渠线的长度来降低比降（见图 4-18）。除能减少激流对渠底的冲刷外，还能将比降从直线的 1/167 降到后来的 1/300，即 $h_{比降}\approx0.33‰>0.3‰$。

（2）在南北渠之跌水处（所谓跌水，即斜坡突然中断而呈断崖式陡降处）设置“陡门”，调整渠道内的水流比降和增加船只的航行水深，这样有利于通航（见图 4-19）。

图 4-18　蜿蜒河段降低比降

图 4-19　设置斗门有利通航

以上两项措施，第一项即增加渠长降低比降，肯定是在修建时就应该采用了的（见图4-20）。然而，有关陡门使用的记载，不同的史料中的记载却也是不尽相同的。

图4-20　斗门遗址，下为石质，上为土草坝

先看看各种史料中的说法：

南渠全长30多km，落差29 m，河床比降很大，渠道不设辅助工程，不便舟楫上下。后人推测，为了便于通航，当年已在沿渠建有原始陡门。陡门现称船闸，平时关闭，随着舟楫的前进而顺序打开，从而可以减少航行困难。我国的正式陡门，至迟形成于唐朝，其雏形有人认为可以上溯到修建灵渠时代。灵渠是世界上最早的有闸运河。

——《中国古代著名水利工程》第15页

灵渠工程主要由四部分组成：分水铧嘴、大小天平、南北渠道、壅水斗门。这四大主要工程把这一航运枢纽组成一个有机的、灵巧的整体。真是：

劈湘铧嘴三七分，大小天平水量均；
泄水天平溢洪流，秦堤牢固护渠身；
闸水斗门三十六，束水行舟利通津。
——《中国水利史话》第45页

唐宝历元年（公元825年），李渤主持重新整治灵渠，在分水处南北渠口各设立斗门一座。随后咸通九年十月间（公元860~869年），鱼孟威又整修铧嘴和斗门共设立了十八座斗门。灵渠的工程技术发展到了一个新的水平。

——《中国水利史稿》（上册）第169页

在这样陡的坡降下，水流速度较快，水深较浅，仍然很难行船。……不过秦代尚未发明船闸，灵渠船闸的记载，最早见于唐代。为了行船，当年大约采取了一些临时性措施，例如修建土堰拦水等，再加上人力牵挽，也可应付，好在当年主要是为了通军运。

——《中国水利史稿》（上册）第168页

在古代技术条件下，建闸控制实属不易，从记载上和考古上都尚未发现在秦代有这样大型的灌溉闸门。

——《中国水利史稿》（上册）第122页

将上述文献资料综合起来看，可以得到如下结论：

（1）秦代以前，无论水利或水运工程，都没见有大型的节制闸门记载。

(2)秦始皇时期修筑灵渠是出于军事目的,历时五年,时间紧迫。修建时,既无前代的经验可循,也无过多的时间等待,只能边干边完善。当初主要是为了通军运,有可能采取前面(《中国水利史稿》(上册)第168页)所指的临时措施。

(3)灵渠当初的工程布局,秦汉的史书都记载不详,有的转述称"后人推测"或者"大约"等不确定用语,缺少准确性、缺少根据。陡门是船闸文明演变发展的阶段过渡物,史料上却称陡门为船闸或者把船闸叫正式陡门均属不妥(这是现代人加上去的称谓)。概念不清,将影响考证、推断的合理性。

(4)唐代以前对灵渠的记载很少,唐代以后对灵渠记载才增多,也基本上比较详细。李渤与鱼孟威二人重修灵渠时所设置的斗门(陡门)史籍记载是肯定的,应该说这里所记载的情况是有根据的。

二、过渡标志符逻辑,历史记载有根据

既然文献记载都没有说清楚灵渠修建初期到底采用了什么样的斗门,那么我们又如何去寻根问底呢?因为灵渠是船闸文明断代的标志性工程,如果我们自己都弄不清楚、搞不明白,那我们何以向读者解释清楚呢?那我们又根据什么来说明灵渠斗门是船闸文明过渡阶段之标志性工程呢?回答这个问题,不是现在我们认为怎样,而应该还是以史籍上记载的事实为准。我们可以根据事实推理,但一定要有史料作根据。因此,还得再去寻找可靠的史料根据才行。我们还是先看看有关水门文献资料是如何记载的吧!

汴渠要在黄河这样多沙河流中取得足够的保障航运的水量,同时又不能无控制地引取,以致渠水漫溢,取水口就是关键了。在《水经注》一书中汴渠和鸿沟水口有好几处,有的是先秦就有的,有的是秦汉修建的或复修的,当时对水门的维护是花费了相当的力量的,……修建水门的技术也逐渐有所改进,在著名的贾让治河三策中,贾让指出,当时的荥阳漕渠道"其水门但用木与土耳",这是西汉前期水门情况。到了东汉时期,"顺帝阳嘉中(公元132~135年),又自汴口以东缘(沿)河积石为堰,通渠古口,咸曰金堤",这是汴口附近的堤工。又有记载:"汉灵帝建宁四年,于敖城西北,垒石为门,以遏渠口,谓之石门。……门广十余丈,西去河三里。""水盛则通注,津耗则辍流。"这时漕渠引水已经由用土木结构的取水口发展为石结构的取水入口了,这样既坚固,又可靠。这个石门的详细结构虽难以考证,但似可说明,汉代取水建筑物的设计比较合理,已经可以比较有效地节制引水流量了,这在航运史上是一个很大的进步。

——《中国水利史稿》(上册)第164页

更大的石门修在汴水通黄河的口门处。东汉时,汴口石门共两座,所说石质闸门当指闸座而言,闸门本身往往都是采用木质。

——《中国水利史稿》(上册)第155页

以上文献记载中所说水门,其实说的是取水的闸座(就是我们现代所说的引水口门)。说西汉前水门用木质和土质比较普遍,东汉后开始采用石门。闸门采用木质(一时水门、一时石门,其实到底是什么?记载者还是没说清楚?也可能到底是什么,谁也说不清楚)。那么秦代灵渠有闸门吗?是用什么材质做的呢?带着这个问题,又查阅了不少资料,最后终于还是在《长江水利史略》(第52页)查到了点蛛丝马迹(见图4-21,为两个考古遗址):

鱼孟威大修灵渠时,对陡门有这样的描述:“……其陡门悉用坚木排竖,增至十八重,切禁其间散材也。”

——《长江水利史略》第 49 页

水门是调节引水的渠首建筑物。黄河水门至迟在西汉已经运用。贾让说:“其水门但用木与土耳。”不过这种水门可能并不带闸门,水门运用上存在不少技术困难,例如黄河主流多变,“与水门每不相值”造成引水困难……

——《中国水利史稿》第 210 页

斗门(陡门),是用巨石在渠道两旁筑成的两座半圆形的建筑物。需要抬高水位过船时,就用陡杠、陡脚、陡编、陡箪等类似马扎的物具,临时堵塞水流。明末人记载,兴安县城西三里桥横跨灵溪,由于水至此太小,就“以箔阻水,俟水稍厚,则去箔放舟”(《徐霞客游记·粤西游记》)。这大概亦可用于斗门。斗门,这种较简单的航道设施,类似大运河上的单闸。宋代发展为复闸,就和近代船闸的原理一样了。

——《长江水利史略》第 52 页

根据以上史书记载的表述,后经分析研究认为,《长江水利史略》第 52 页《徐霞客游记·粤西游记》的记载,比较符合实际。我们现在是否可以这样推理:灵渠修建时,时间紧、任务重,我国当时在运河上只有埭堰作为解决船只翻坝的成熟方案。埭堰壅高水位后虽然能“以堰平水”,解决较长距离的水深和比降问题,但是解决短距离船过埭坝的成熟而简便的方案就是拖牵翻坝。翻坝虽简便,但确实是个不够理想的办法。它费时长、劳力苦、船易损,而且翻坝相当麻烦且危险。于是,聪明的先人们想起过去曾经采用的“埭堰堵水,扒个口子又能过船”的经验,又想出了一个较简易的“陡门”办法。既起到埭堰堵水的临时作用,又便于拆卸和再次堵水。于是,如前面文献中所叙“以箔阻水,俟水稍厚,则去箔放舟”(见图 4-21)就应运而生了。如果说,斗门(陡门)是向成型船闸演变的过渡物的话,那么,这“以箔阻水,俟水稍厚,则去箔放舟”的方式,就是由埭堰逐渐向使用斗门的进化演变的过渡物了。在“以箔阻水”与“去箔放舟”的过程中,也许人们有一天就会发现,这种办法虽比埭堰盘坝好得多,但是还是相当麻烦和费事的;不如做一个更为简便的、可用木枋叠加堵水,也可做成如“门板”一样的“真闸门”(平板闸门),既可以提升敞开堰口过船,又可以放下堵塞堰口,岂不更加方便?并且在没有解决启门工具前,是否可以采用枋木折叠门(这是想象,具体要看古人探索)。这个摸索过程就叫作“实践出真知”,“不经一事,不长一智”,“不经实践不知道,实践方知其中妙”。于是,随着实践次数增多,真正的斗门就会顺理成章地出现了!

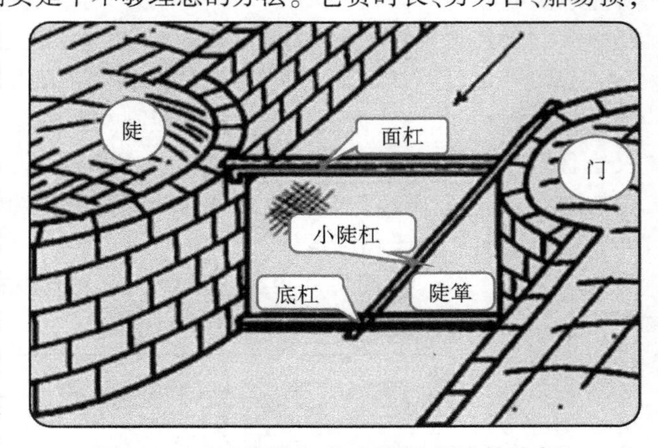

图 4-21　“以箔阻水,俟水稍厚,则去箔放舟”

三、模拟过船两千年，陡门历史邮票现

船闸演变进化历史的阶段性,从表面上看,当初好像也是带着某种偶然性的。但是,在历史演变进化的长河中,往往也正是由于某些内部或者外部的因素所驱使或影响,才会不断地前进和发展起来。如果我们仔细想想,灵渠主要是为秦的统一战争服务、为军需物资运送而开凿修建的。然而,我们也不应该忘记,秦为封建专制时代,又是战争时期,在当时,时间的紧迫性是可想而知的。在这种情况下,要完成军需物资的运送任务,工程施工和运输人员的压力有多么大也是可想而知的。俗话说:“压力就是动力”。压力可以促使人们不得不想办法去完成这个“让军运船只快速通过的任务”(这是外因);换句话说,秦始皇时期的封建专制手段,也是我们现代人所共知的。在当时巨大的军事压力下,人们为了完成上峰交给的运输任务,就不得不主动去想办法来使船只能够尽快地通过灵渠(这里所谓“外因”就会“主动”变为“内因”了,因为人们怕杀头而主动想办法完成过船任务的过程,就是一个由外因转变成内因的过程)。当然,人们对客观事物的认识也是有个过程的,是循序渐进的。这个过程就是“认识、实践,再认识、再实践,直至提高”的过程。也就是我们现在所说的,在总结或吸取了前人的经验教训后而取得的成果,即人们通过实践,发现问题,总结经验,吸取教训,然后再逐渐解决问题的过程。船闸文明也就是在这一次次的总结经验和吸取教训的过程中,一次次地得到创新而发展与完善起来的结果。

然而,人类对压力的承受能力也是有极限的,不可能无限制地增加!当压力超过了人们所能承受的能力时,人们常说的“物极必反”的事情也就会突然发生。秦代的统治者,最终还是灭亡于其用“高压”所激起的农民起义的烈焰之中,最终使自己淹没于被压力激起的“人民战争”的汪洋大海而灭亡。这是社会客观规律所决定的。

由此看到,我们选择灵渠作为进入船闸文明的斗门文明过渡阶段的标志性断代工程,不仅是有根有据的,而且也是恰如其分的。1998 年,我国的邮政部门发行了一套纪念灵渠工程的邮票,这一套邮票一共三枚。从这套邮票中,能真实地再现灵渠南来北往的船舶,是怎样通过灵渠而航行于湘漓运河之上的。

(1)第一张邮票(见图 4-22),全景图,南来北往的船只,自由地绕行于灵渠之分水铧嘴前,它们各自驶向湘江(北渠)或漓江(南渠)。

图 4-22　船舶绕过灵渠铧嘴后,各向南北渠道缓缓前进!

(2)第二张邮票(见图4-23),绕过分水铧嘴后,驶向湘江(北渠)的北上船只,正顺水驶向灵溪桥下的斗门。

这时候,正如《长江水利史略》(第52页)所描述的那样:“斗门(陡门),是用巨石在渠道两旁筑成的两座半圆形的建筑物。”这种两旁筑成的两座半圆形的建筑物在航道中叫“收口”,它可以紧缩此段航道过流截面,有阻水和壅高水位的作用。这正好达到壅高斗门前水位的目的。当然,这一切斗门上的堰工们是早就知道了有船要过斗门的。于是,早已架好陡门上的陡杠,并扎好陡脚,竖向(垂直)铺展好陡编或陡箪,以至形成“以箔阻水”之势。这时,陡编、陡箪已经壅水(临时堵塞水流)。船只行驶在能够满足水深要求的航道中(“以堰平水”之时),当然很轻松地逐渐向斗门驶来。等待船只靠近陡门时,堰官一声令下,堰工们突然拆去陡杠,并向一侧拖住陡编、陡箪,于是,船只随壅水水流“直堕而下,船重水汹”,气势磅礴。这就是《徐霞客游记·粤西游记》中记载的比较符合实际情况的船只通过陡门的模拟实际情况。即《徐霞客游记》中所记“以箔阻水,俟水稍厚,则去箔放舟”的实际过船情况与过程。

图4-23　以箔阻水,俟水稍厚

(3)第三张邮票(见图4-24),再现了南下漓江(南渠)的船只,南渠水流比北渠稍缓(比降略有1/900)。同时,南渠要流经兴安镇,这里有滚水堰(溢流坝)、假山、拱桥、望江亭、渠道两侧护坡和绿树成荫等公园设施等群众游乐场所。轻舟顺流而下也十分惬意。不过南渠上也有几处斗门,同样需要经历“以箔阻水,俟水稍厚,则去箔放舟”的过程。

第三张邮票是南下的船舶,第二张邮票是北上的船舶(当时它们各自都是下水,顺流行船的)。如果我们把两条水路的回程简单讲述一遍,那情况就截然不同了。都是逆流而上行,行船需要纤夫牵引或拉纤、撑行方可。当船行至斗门下等待时,船夫还应该稳住船只,要特别注意避让“去箔放舟”时的下水船突然从上游航道顺水冲出的安全。

图4-24

如果我们把三张邮票组合起来看,就知道了船只当年过斗门时的整个模拟实况过程。如此看来,确实让人感到并不安全而且心惊胆跳。

灵渠上过斗门为何要采取如此形式过船?要回答这个问题,首先应该明白:人的认识水平往往是受到时代条件所局限的。在2 000多年前的秦代,军运紧急,人们在一无经验、二无设计(当时不可能像现代这样,等设计好图纸,然后才去施工)的情况下,在众皆束手无策之时,负责修建灵渠的人们主要考虑的是下面两个问题:

第一是怎么搞的问题。这是天下第一陡,过去从来没干过,没有经验。秦代,只有根据前面曾经在都江堰上使用过的“马扎”的方式作为样板。

第二是如何搞的问题。中国南方,满目青山,树少竹林多,材料是制约如何工作的客观条件。这是明摆着的事:

材料——竹子满山都有,取之不尽,用之不竭。

形式——学习的就是都江堰“马扎”方式的经验。

方式——就用过埭堰预留缺口,“过船扒开,船过堵塞”的方式。

于是,用竹子仿照都江堰的“马扎”而扎成的“陡杠、陡脚、陡编、陡箪等竹编材料的“临时闸门”就应运而生了。这种竹编的“临时闸门”,结构轻巧、使用简单、成本不高、容易编织、就地取材,虽然简单,但也实用,能解决临时问题。当水浅不能行船时,便可马上“以箔阻水”而壅高水位。等蓄水达到“俟水稍厚”的一定深度时,再“去箔放舟”把陡编、陡箪拿掉,让下行船舶顺流而下。即便竹编损坏,备用拆换都很简单,同时还具有材料来源广泛,制作简单、方便,收放容易,成本不高、加工不难等优点。

作者后来对历史资料研究后认为:灵渠创建于秦代,但秦、汉时期的灵渠工程设施,史籍记载不详。灵渠从兴建到后来结束航运,历时 2 000 余年,历代总共进行了 20 多次较大的修理。但是,唐代以前的修理记载很少,而后来的修理记载就较多了。特别是唐代的修理记载中提到陡门(斗门)设施较多。唐代鱼孟威《桂州重修灵渠记》(《全唐文》卷八〇四)说,唐宝历元年(825),李渤曾“重为疏引,仍增旧迹,以利行舟,遂铧其堤以扼其旁流,陡其门以级其直注”。这段文字记载说明,其目的就是“以利行舟”,仍按照原来(旧迹)修复,并着重疏浚以及增建铧嘴而“扼其旁流”。同时,还特别强调,用陡门让灵渠渠道梯级化,即“陡其门以级其直注”。鱼孟威在大修灵渠时,对陡门材料的标准要求相当高,有一段是这样描述的:“其陡门悉用坚木排竖,增至十八重,切禁其间散材也。”(《长江水利史略》第 49 页)文中所说的坚木排竖,经研究,应是用坚木做成的“叠梁门”(但是横排而不是竖排),坚木两端卡入陡门半圆堵头的凹槽中,增至十八重(“重”字应该是一层比一层高的上下排列,并可以两头拴绳提上放下。如果是竖排的话,就不能用“重”字来表示了,同时也不好安装),即用十八根坚木一根一根叠成十八层的闸门。当然也有理解“排竖”是直立排的,但是竖排还有很多问题解释不通,竖排如何承受水压力?上下如何支撑?中间的竖木如何去放?横排在门座两旁有槽,两人在陡门两岸,坚木两头拴绳,二人逐一提着再拖陡门的槽边,逐一放下即可。

从以上史实分析中,我们又可以获得如下的信息:

灵渠开始使用的斗门,是根据都江堰使用“马扎”的成熟经验,先从简便易行的“竹制品”之“以箔阻水”的临时闸门开始,然后才“悉用坚木排竖”。

陡门的使用比起过埭堰盘坝来说又前进了一大步。陡门的主要作用,古人已经说得非常精辟,即“以箔阻水,俟水稍厚,则去箔放舟”。就是用它阻水(蓄水)和增加渠道的水深。一旦水深达到能过船的要求(俟水稍厚),就可以让船通过(去箔放舟)。

陡门(或斗门)是由埭堰文明向船闸文明演变的过渡物,所以此阶段我们把它叫作斗门文明过渡阶段。

如果说,斗门的使用是埭堰文明向船闸文明演变的过渡物的话,那么灵渠上最先开始使用的,类似“马扎”的竹编、陡编、陡箪等临时性过船设施的使用方法,就应该叫作由埭堰文明向斗门文明演变的过渡物。

陡门过渡，虽然比盘坝简单、省时、少费力，然而，显而易见其技术含量仍然很低下。船只过陡还是很不安全。首先是泄漏严重，主要表现在蓄水不易，“竹制品”漏水严重。其次是水位壅高时，则非常艰险。据《船闸结构》一书第67页记载：下水时，一旦水厚去箔则“运船‘直堕而下，船重水汹’，令人望而生畏，不寒而栗”。船只过坝的安全还是得不到很好的保证，这是险；如果船舶上行，一旦去箔，激流滚滚直下，冲击船头，人力拉纤向上也实属不易，这是艰。如此艰险，当然也不是人们所期望或者理想的过船办法。于是，还得另想办法才行。

自灵渠开创了斗门过船先例后，当时，使用斗门让船只通过埭堰的办法，在全国得到普遍应用。斗门一般建在埭堰的一侧，即在筑埭坝时，就将一侧留有缺口（破坝），建好的也可在埭堰一侧扒开个口子。根据《船闸结构》第67页介绍：“瓜洲新河斗门在埭旁，以通江海”，“仪征通江河道上均有斗门”，“仪征真扬堰岸边有斗门八座去江不满一里”。这些介绍和记载都说明了一件事情，即是在灵渠使用斗门后，斗门在埭堰上的应用已经相当普遍了。

船闸文明的发生与发展，都必须满足两个条件。从船闸文明发展的“孕育、诞生、埭堰、斗门”四个阶段看，船闸文明的发展演变离不开最重要的两个条件：其一，它必须具备或者符合事物发生与发展的自身规律；其二，事物的发生与发展，必须适应或满足一定的社会需求。

前者为内因，后者为外因。如果离开了“自身规律”与“社会需求”这两个内外因素，船闸文明就可能停止发展了。而且也只能在内、外因素条件同时具备时，才会使事物的发生与发展产生一定“飞跃”，即质的变化。

不断总结经验教训才能不断前进。从前面表述中看到，斗门的使用也是不尽如人意的。这是当时的社会生产力与科学技术水平的制约与局限所致，从而导致人们的生产实践与认识能力有限的结果。随着时间的推移，如果哪一天人们突然发现了用两个斗门联合使用的奇妙作用后，船闸文明真正的成型时期也就即将到来。当然，这是有根据的，而不是凭空乱说的，从史料记载中，我们已经看到“二门一室”船闸的曙光。

例如，唐代鱼孟威《桂州重修灵渠记》所说（《全唐文》卷八〇四），“陡其门以级其直注”，在这里“以级其直注”就是似台阶一样，一级一级地往下流。当时人们已经认识到斗门是渠化河道而“梯级化”开始。但是，经笔者分析理解认为，当时可能还有两大技术性难题没有得到解决或者无法得到解决：其一，是“陡其门以级”，即当时人们已经知道，一段一段的航道设置斗门，就像梯级一样。但是，所谓的船闸并不只是两个斗门任意安置就是船闸了，它还必须形成闸室而满足船舶过渡的若干条件，这个问题当时没办法解决。其二，就是“其直注”，当斗门开启时，水流“‘直坠而下，船重水汹’，令人望而生畏，不寒而栗”，即还没解决好如何向闸室内进行“充水和泄水”的问题。如果我们换成用现代语言来说就是：一是没有形成用来过渡船舶而有一定技术标准的“闸室”；二是没解决好如何向闸室输水和泄水的安全问题及配套设施；三是没有解决好如何保证“斗门、闸室”泄漏的止水设施等问题。

既然如此，那就只有等待先人们在实践中去慢慢地探索和总结出正反两个方面的经验与教训后，再不断地进行改进、创新和完善。如果先人们在长期使用过程中，哪一天无意中发现了相邻两座陡门联合使用的好处后，一个“二门一室”的成型船闸的雏形不就会脱颖而出了吗？唐开元二十二年(734)润州刺史齐浣主持开挖瓜洲至扬子镇之间的伊娄河时，“二门一室”的伊娄船闸，不就是这样出现的吗？

所以说，斗门虽然是埭堰向船闸演变的过渡物，但是一旦开始了斗门的使用，成型船闸的出现就会指日可待并呼之欲出了。古船闸遗址留下过去不同形式的闸门，如图 4-25 所示。

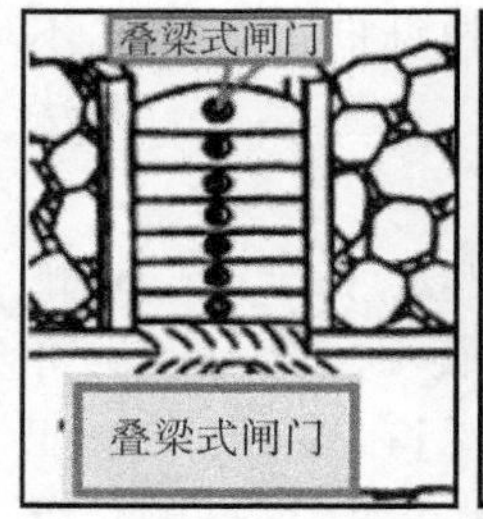

图 4-25　古船闸遗址留下过去不同形式的闸门

第五章　船闸文明成型阶段
——二门一室时期

（从唐代开元二十六年到南宋末年）
（公元 738 年—1279 年）

隋朝末年，隋炀帝杨广贪图享受、不惜民力、横征暴敛、荒淫无道、好大喜功，处在社会底层的劳苦人民被逼得走投无路，终于被“逼上梁山”走上了一条起义反抗的道路。在短暂的国内农民起义战争之后，于公元 618 年，贵族李渊、李世民父子乘机起兵攻占长安，夺取了政权，建立了唐朝。后来，又经过了十余年的国内统一战争，再次统一了全国。

船闸文明成型阶段，自唐开元二十六年（738），第一次出现有关“二门一室”船闸雏形的记载开始，到南宋灭亡的公元 1279 年为止，约 600 年时间（除去船闸尚未出现的开元二十六年前的 120 年，实为 1279 年-738 年=541 年）。在这大约 600 年期间，我国经历了唐代的辉煌与安史之乱后晚唐的衰落，以及后来出现的两宋时期。总的来说，这段时期史称唐宋时期，中间还夹着五代十国的国内分裂时期（历 50 余年）一共三代。这一时期是我国历史上最著名的时期。唐代把我国封建社会的政治、经济、文化和科学技术等都推向了一个历史的鼎盛时期。特别是国力强盛、市场繁荣、商品经济活跃、与西方交往频繁。

北宋虽然也称为统一，然而国力萎缩，边关不宁，战事频频。虽然国家的大部分疆域仍在北宋的掌控之中，但北方有辽、金、蒙、西夏等少数民族政权崛起并骚扰不断。北宋百余年间国内基本上政治还算稳定，经济也有所发展。南方的农田水利，自唐后期直至北宋年间也有不少的创新和发展。水运工程则因江淮地区的大力开发，以隋唐之东西大运河为骨干，经唐、宋两代人的经营与开发，繁荣盛况远远超过前代。特别是南方经济发展较快，虽然当时全国经济重心已经南移，然而政治中心仍然留在北方。因此，朝廷更加依赖于南方的粮食与物资供应，所以，漕运任务显得比前几代更为重要和繁忙。朝廷为确保漕运畅通，于是大大促进了南粮北运的水运工程建设和运河设施的完善。后来的南宋百余年间，朝廷只顾偏安江南，这时北方少数民族大量进入中原，中国又一次出现了民族大融合。这一阶段（唐代 169 年、五代十国 53 年、北宋 167 年、南宋 152 年），船闸文明在经历了前期孕育、埭堰、斗门过渡三阶段后，终于随着社会政治经济的发展与科技进步，以及时代的迫切需求，在唐代开元二十六年（738），真正意义的初期船闸的雏形终于诞生了，从而使船闸文明进入到一个成型阶段，即“二门一室船闸成型时期”。随着唐代船闸雏形的基本模式的定型，后来船闸在宋代又得到长足的发展与完善（见图 5-1）。

图 5-1　唐宋时期初期船闸无法再现，以现代谏壁船闸代之

第一节　船闸文明成型阶段的时代特征

船闸文明成型阶段，经历约 600 年，分为三个时期：唐代将近 300 年为一个时期，北宋 160 多年为一个时期，南宋 150 多年为一个时期。

唐宋之间还夹着五代十国 50 余年。这时期割据分裂、战乱不断，分裂必然影响经济发展，战乱必然破坏水利设施，因此这几十年就没什么可说的了。

总的来说，船闸文明成型阶段这一时期，由于国内的经济发展，交通方便，各地区各民族之间的物质、文化与科技均得到很好的交流。特别是国家的经济发展也大大促进和带动了我国古典文学艺术、科学技术、哲学思想等精神文明的发展与交流。这是继春秋战国之后，我国出现的第二次精神文明成就的高峰。在这里，最值得提出的是，我国文学艺术方面的发展成就已经达到了我国历史上的一个巅峰。我们所说的船闸文明的演变进化成就，当然也应该包括船闸文明在演变进化过程中所产生的物质文明与精神文明两个方面成就的总和。然而，为突出主线，我们仅对部分有关水利、水运的精神文明成就（特别是唐诗、宋词方面），给予一定适当的介绍和提及，点到为止，不予赘述。

一、唐代水利水运工程建设与时代特征

隋统一全国后，出现了短暂的社会经济繁荣气象。然而，隋炀帝杨广以残暴手段强征民力，虽然修通了举世闻名的隋唐大运河，使之成为以长安、洛阳为中轴，以涿州、余杭为南北两端的扇形水路交通枢纽，密切了国内的东西、南北的经济文化联系。这一时期，在中国乃至整个世界的水利水运史上，都占有着极其重要的历史地位。但是，昙花一现的隋朝统治，很快地就被隋炀帝施行暴政所激起的人民革命的怒涛所淹没。然而，隋代留下的隋唐东西大运河，却为唐宋时期的水运、商贸与农田灌溉的发展，以及“二门一室”船闸的诞生做出了特殊贡献。

经过隋末的农民大起义,唐代前期继续推行始于北魏时期的均田制和租庸调制并采用契约形式的定额租佃制,以促进生产力的发展。唐代把我国封建社会的政治、经济、文化、外交、科技等都推向了一个历史的巅峰。据记载,在唐贞观、开元年间,社会曾出现“马牛布野,外户动则数月不闭”“四季丰稔,百姓殷富”的盛况(《水利史话》第115页)。在这一时期,国家经历了长期战乱好不容易走向稳定。统治者吸取前人经验教训,重视水利建设,农田水利工程得到蓬勃发展。特别是江南、长江中下游一带,小型水利工程大量兴修,促进了农业的兴旺和经济的繁荣。这个时期所进行的水利工程大、中、小都有,遍布全国各地。在水利工程设计与施工技术等方面也都达到了一个相当高的水平,使长江流域的经济发展水平逐渐超越了其他地区,一跃而成为全国最重要的农业生产地区。由于全国经济重心向南转移,而政治中心(京城)仍在北方。朝廷更加依赖南方的粮食与物资供应,漕运任务加重,大大促进了南粮北运的水运工程建设和运河设施的完善。

唐开元二十二年(734)润州刺史齐浣主持开挖瓜洲至扬子镇之间的伊娄河。为改善船舶航行条件,提高当时的漕运能力,他在前代使用斗门的基础上发展并创建了世界上最早的初期船闸——两斗门式船闸。第一次将两斗门近距离联合使用,使其在两斗门之间形成了让船舶过渡的闸室。终于完成了初期船闸基本模式的定型,从而使船闸文明进入成型阶段——“二门一室”时期。这一创新不仅使世界上第一座真正意义的船闸诞生了,而且它在船闸的演变进化过程中,还具有划时代的意义,并有利于船舶安全过坝和渠道节水。既改善了船舶过坝的安全性,又大大促进了当时的漕运和内河水运交通的发展。

安史之乱之后,唐由盛而衰,经济供给还是主要依赖江南。此时因北方战乱,南方稳定,不少北方居民避难南迁,出现社会财富和劳动力的历史性大迁徙(由北方迁移到南方)。这为长江流域的进一步开发提供了大量的人力与物质条件。这一时期,南迁移民大规模地开垦荒地,积极兴修水利,农田塘堰灌溉工程遍及长江流域各地。其中,以成都、常德、南昌、镇江一带最为发达。此外,推广提水灌溉机械,扩大了农田灌溉面积,提高了农作物单位产量,使江南农业经济迅速发展起来而一举成为全国的经济重心。

由于漕运的需要,唐代也对大运河实施了整修、疏浚以及改进航运管理和航道设施等措施,使漕运的效能有了很大提高。长江航运与造船技术日益发达,长江、大运河沿线的新兴商业城镇逐渐增多,促进了唐代江南地区的经济繁荣。《新唐书·食货志》说:“唐都长安,而关中号称沃野,然其土地狭,所出不足以给京师,备水旱,故常转漕东南之粟。”唐玄宗任命裴耀卿为江淮都转运使,具体对大运河“南粮北运”(漕运)加强管理。裴耀卿提出“分段运输法”,加强了漕运能力。史载每年由大运河运往北方的漕粮就有200万石以上,天宝初年达到400万石(主要数据资料来自《长江水利史略》第113页)。

唐代社会经济空前繁荣,农业、商业和手工业得到进一步发展,推动了内河航运的发展。当时“天下诸津,舟航所聚,旁通巴汉,前指闽越,七泽十薮,三江五湖,控引河洛,兼包淮海。弘舸巨舰,千轴万艘,交贸往返,昧旦永日”(《旧唐书》卷九十四《崔融传》)。长江干、支流水运船只络绎不绝,既有水道与关中地区的都城长安相通,也可以经洞庭湖及湘桂运河的灵渠,同海外贸易发达的广州相联。由于长江中下游航运的蓬勃发展,沿江的商业城镇也迅速繁荣起来。例如,大运河的重要港口扬州,市容繁盛。“唐世盐铁转运使在扬州,尽斡利权,判官多至数十人,商贾如织,故谚称扬一益二,谓天下之盛,扬为一而蜀(今成都)次之也。”

(洪迈《容斋随笔》卷九)长江中游的汉口,也已成为江汉与洞庭湖地区农产品东运和南下广州的必经之地。南昌亦为各方商货汇集聚散之地。

二、北宋水利水运工程建设

唐朝灭亡后,我国进入到地方割据局面的五代十国时期。北方政权更迭频繁,政局动荡、连年混战,短短53年,历经后梁、后唐、后晋、后汉、后周五个朝代。公元960年,赵匡胤"陈桥兵变"取代后周,建立起宋朝,建都汴京(今开封),史称北宋。北宋虽说统一了中原,但是,北有辽、金,不能收复燕云十六州;西有西夏占据宁夏灌区;西南方则以大渡河为界而成为夜郎之国。

五代十国时期,当时的北方战乱频繁,南方的长江流域局部地区则相对比较安定。于是,北人南迁增多,江南地区经南迁之朴实农民勤恳开发后,农田水利事业获得进一步发展。其中,最主要的是太湖的治理和长江下游的圩田、围田等工程,使沿江与湖区垦田面积迅猛增加。其次,是现今的江西、皖南和苏南丘陵山区的塘堰灌溉,以及江西梯田的兴起。宋代比唐代更加依赖于南方的经济开发和更加致力于南方水利、水运事业的建设与发展。

宋熙宁时(1068—1077)王安石当政,大兴农田水利,虽然人为原因不尽完善,但收获确实也不小。其中,以北方多泥沙河流可淤灌肥田方针,大量淤田和采取泥沙利用等措施,收效突出。在旧灌区的修复上与唐代不同的有汉水流域各渠堰的修复并且得到极好利用等。

大运河从无河到有河,由分段到全线贯通,自春秋至隋代,经历1 100多年的准备、铺垫和沟通后,最后终于完成了全国的水运网络。这是我国古代劳动人民用血汗累积出来的伟大工程。大运河流长域广,地势高低不一,水源有枯有丰,为了改变这些客观的自然条件,并达到能通航的目的,先人们采用了各种有效的方法,如疏河导湖、筑坝建闸等。就运河中的航运设施及相关工程而言,宋代确实相对于前代更胜一筹。当时,在江南河及仪征河段上已经开始使用先进的澳闸和多级船闸,宋代的运河设施技术当时也已经达到了历史的较高水平。

归纳起来,北宋时期的运河有三大系统:其一为江北运河,连接黄河、长江的汴运、颍运;其二为江南运河,连接江苏、浙江;其三为荆襄运河,连接长江、汉水。

北宋王朝采取"国家根本,仰给东南"的方针,因此很重视内河水运网建设,而且还把它作为封建统治的重要经济命脉和保障(见图5-2)。

宋代重视大运河的漕运,在水工技术上,运河上大量兴修闸坝,有些河段上曾设置了两层的新式复闸(多级船闸),使漕运效率大大提高。

北宋建都开封,从地理位置上说,比旧都长安更接近盛产粮米的江淮地区,漕运方向因而发生了很大变化。这样,与京都开封紧密通联的汴河(隋之通济渠)也就显得十分重要和更加繁忙了;而与汴河密切相关的邗沟,亦成为"汴河之首"。两浙及江南、荆湘的漕运,首先要经此而入淮,再沿汴河运往开封。宋朝的封建统治者为了保障漕运这一重要经济命脉畅通无阻,不断扩大运河的货运量,在当时曾经大量征调民工,在"宋重和元年(公元1118年)扬州至淮阴,淮阴至泗州的运河线上共有闸七十九座,其中包括一些节制闸。从中可以看出,宋代以闸代替埭堰已达高潮"(引自《船闸结构》第68页)。

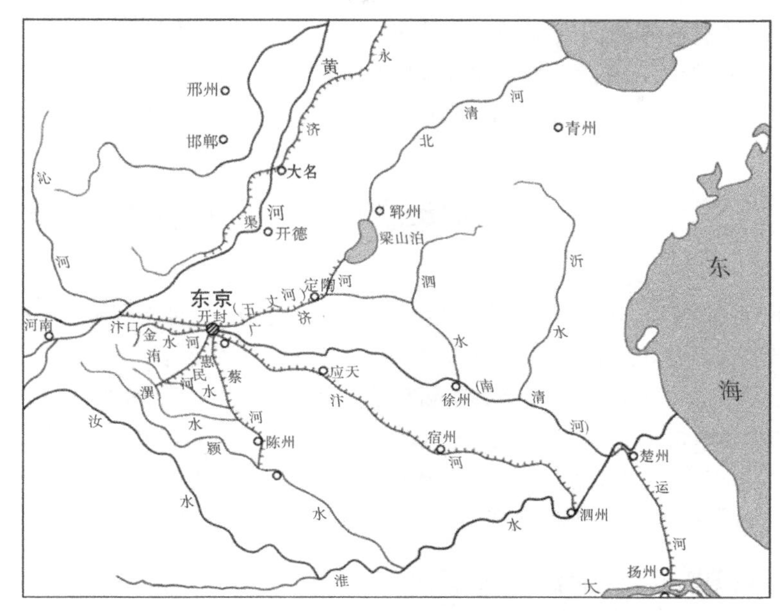

图 5-2　"国家根本,仰给东南",北宋依靠南方重视水运

三、南宋水利水运工程建设

北宋,朝廷腐败,军事实力敌不过辽、金。到后来,二帝被擒,少数民族入主中原。后来,朝廷被迫南逃而偏安江南,史称南宋。江南农业是南宋的立国之本,沿江自太湖,西至巢湖、鄱阳湖、洞庭湖等圩垸农田发展迅速;当年号称其"一地熟而天下足"。此期间,苏、浙、闽地区农田水利开发之多前所未有。

南宋时,太湖水利政绩据《宋史·河渠志》及后代地方府县志记载,做了不少疏浚港浦与围田置闸之类的工程。例如,"绍兴十五年(公元 1145 年),秀州通判曹泳重开顾汇浦,自华亭县北门,至青龙浦,凡六十里,南接漕渠,而下属于松江"等(《长江水利史略》第 113 页)

到南宋亡国二十余年之后,元代都水少监任仁发盛赞五代和南宋的水利措施治绩:"议者曰:钱氏有国一百余年,止长兴年间一次水灾。亡宋南渡一百五十年,止景定年间一、二次水灾。今则一、二年或三、四年,水灾频仍,其故何也?"答曰:"钱氏有国,亡宋南渡,全借苏、湖、秀数郡所产之米,以为军国之计。当时尽心经理,使高田、低田各有制水之法。其间水利当兴,水害当除,合役军民,不以繁难,合用钱粮,不吝浩大。……凡利害之端可以兴除者,莫不备举。又复七里为一纵浦,十里为一横塘,田连阡陌,位位相承,悉为膏腴之产。设有水患,人力未尝不尽。遂使二、三百年之间,水患罕见。"此论于南宋亡国后仅 20 余年,其目的在于斥责当时而不免过誉前代,但就南宋水利治绩而言,不会出入太大(引自《长江水利史略》第 114 页)。

两宋之统治者多荒淫昏庸,朝廷腐败无能。能臣干将,忧国忧民,屡遭打击。然而,贪赃枉法,达官显贵,争相围湖抢垦,圩田、围田因饱和而问题显现。据《宋史·河渠志》记载:"永丰圩……有田九百五十余顷,先后属蔡京、韩世忠、秦桧等大官僚。"(《长江水利史略》第 114 页)湖区大量围垦,以致排水不畅,涝溢成灾。后来,屡禁不止,时兴时废,一直延至元代,其数量还在增加。其中,也有田中积涝而又还原而成湖泊的。

南宋与金以淮水为界而偏安江南。南宋初年,为了阻止金兵南下,一度焚毁了淮扬运河上的闸坝。到后来,虽有所恢复,但是此时政治中心已经南移,其所起作用亦不如从前了。倒是江南运河的作用开始日益显现,维修也较勤,其他如浙东运河及广西灵渠亦常修治。

第二节　船闸文明成型阶段著名水利工程

从东晋、南北朝经隋、唐、五代到两宋约900年。其中,虽有隋、唐、宋三次统一(隋唐300多年、北宋160多年),然而,国家几乎半数时间仍处于分裂割据、战乱不休的状态下。为逃避战乱,北人南移,南方人口剧增,熟地渐感不足。原有土地大部分被权贵显族、官僚地主所霸占。农民无地可种,利税徭役繁重。老百姓为了避难,有的逃亡丘陵山区开垦荒地,发展畲田、梯田和实施塘堰灌溉;也有人来到长江中下游平原地带,开垦围田和圩田而进行农业生产,从而为长江流域的农业经济开发开辟了一个新的领域和新的途径。

一、唐宋时期的农田灌溉开发实况

(一)刀耕火种开畲田

畲田,即"刀耕火种"的山区田地。这种粗放式的播种方式是相当原始古老的(当人类开始使用火后,农耕文明的第一步即刀耕火种)。南宋诗人范成大在《劳畲耕诗序》中对畲田做过如下解释:"(畲田),峡中刀耕火种之地也。春初砍山,众木尽蹶。至当种时,伺有雨候,则前一夕火之,借其灰以粪。明日雨作,乘热下种,即苗盛倍收。"这就是说,畲田可以不用翻耕、不用施肥,只要在雨日前夕烧荒,趁雨后灰肥余热尚未退尽之时下种,就能有所收获。初垦农户,劳力少,耕具缺,更无耕牛,根据其地处小坡大而不便犁耕的客观条件,因地制宜而采用的一种粗放式耕作方式,是最简单而又最原始的一种耕种手段。

《温庭筠诗集》有首《烧歌》描述了当时畲田人的艰辛:

烧　歌

起来望南山,山火烧山田。
微红久如灭,短焰复相连。
差差向岩石,冉冉凌青壁。
低随回风尽,远照簷茅赤。
邻翁能楚言,倚锸欲潸然。
自言楚越俗,烧畲为早田。
……
谁知苍翠容,尽作官家税。
——《温庭筠诗集》卷三

(二)层层梯田上云端

梯田是沿着丘陵坡地的等高线层层开田做成像梯子一样的田块。它保水、保土、保肥,是我国聪明的古代劳动人民在开发山区务农垦田时所发明的一种改造自然条件的伟大创举(见图5-3)。

图 5-3　岭阪上家皆禾田,层层至顶,名梯田

我国的梯田历史悠久,战国时期的楚国人宋玉曾写过《高唐赋》,其中有“若丽山之孤亩”的说法,就是说当时的梯田。梯田又与汉代流行于西北黄土高原上的区田有关。据西汉末年《氾胜之书》记载,商周时期就有能够保持水、土、肥分的区田。先将坡地修成一级一级平地,再挖窝填进松土,并使窝土低于地面,窝数根据窝距而定。区田其好处有:一是(窝中填土)种子所处熟土层深厚,蓄水、保墒、保土性能好;二是具有现代农业集约化施水、施肥的意义,量少效大,节水、节肥;三是不需犁耕,有利于缺乏耕具和耕牛的贫苦农户。

东汉时四川彭水的梯田,就是小块区田的扩大。梯田的大力发展是在唐宋时期;梯田之名也是在宋代方见之于记载。范成大在其一则笔记中写道:“(乾道九年闰正月)十九日至二十二日皆泊袁州(今江西宜春)闻仰山之胜久矣,去城虽远,今特往游之。二十五里先至孚忠庙……出庙三十里至仰山,缘山腹乔松之磴甚危,岭阪上皆禾田,层层而上至顶,名梯田。”(范成大《骖鸾录》)这是迄今所见梯田最早的文字记载(见图 5-3)。

所谓梯田,是我国古代劳动人民改造自然的又一次伟大创举。继宋代范成大之后,元代的王祯在《农书》中也对梯田进行了详细的记述:“梯田,谓梯山为田也。夫山多地少之处,除磊石及峭壁例同不毛,其余所在土山,下自横麓,上至危巅,一体之间,裁着重磴,即可种艺。如土石相半,则必叠石相次,包土成田。又有山势峻极,不可展足,播殖之际,人则伛偻蚁沿而上,耨土而种,蹑坎而耘。此山田不等,自下登陟,俱若梯磴,故总曰梯田。上有水源则可种粳秫,如止陆种,亦宜粟麦。盖田尽而地,地尽而山,山乡之民必求垦佃,犹胜不稼,其人力所致,雨露所养,不无少获。然力田至此,未免艰食,又复租税随之,良可悯也。”王祯所处的时代距宋代较近,此论也可代表宋代梯田的实际情况或者作为补充,此诗能反映当时山区农民的艰难生活。

梯耕怨

百级山田带雨耕,驱牛扶耒半空行,

不如身倚市门者,饱食丰衣过一生。

——楼钥:《攻媿集》卷七《冯公岭》

此诗既是梯田耕作的生动写照,也是对封建社会的一种辛辣的讽刺。

(三)唐宋塘堰大发展

江南的农田大开发而使塘堰灌溉增多,据《新唐书》统计,长江流域以塘堰为主的各类水利工程共约 130 项。江南道居首位,依次为剑南道、淮南道、山南道和岭南道。以安史之乱为分期界线,前期工程不到40%,而后期工程则超过70%。就全国水利建设而言,唐代前期长江流域的水利工程少于黄河流域,而后期长江流域的水利工程则大大超过了黄河流域。

在唐代,剑南道塘堰灌溉有三大特点(见图5-4):

(1)塘堰灌溉分布从灌县(都江堰)起,向东南、东北两个方向呈扇形发展。其主要分布在岷江、沱江之间的成都平原上,其次,则向涪江、嘉陵江流域发展。

(2)灌区的面积逐年增大并且逐渐扩展。

(3)塘堰使用年限长久。长江流域现存古代塘堰以四川最多,这些古塘堰经过历代增修扩建,各方面都远远超过唐代,但均未能脱离唐代的基础,这说明唐代在选择堰址、渠线及灌区范围等都有相当高的技术水平。

塘堰兴建,以灌县的都江堰、新津的通济堰、眉山的暮颐堰的灌溉效益最为显著,历代兴修不断,时至今日,仍然发挥着巨大的灌溉作用。

后来,宋代比唐代更加依赖南方经济,也注意到农田水利的开发(见图5-4)。于熙宁二年颁行《农田水利法》,设三司条例司及各路农田水利官主持全国水利和地方水利。朝廷实行钱谷借贷,推动民间兴办水利;在农田水利法的推动下,仅熙宁三年至九年(1070—1076),全国兴修农田水利10 793处。其中,民田3 600余万亩,官田191 530亩(有关数据引自《长江水利史略》第106页)。

图5-4　塘堰下溉民田,荒脊之田而为沃壤

宋代,除修复或新修一批山区塘堰外,还兴修了许多用于农田防洪除涝的堤防沟洫工程、漕运兼灌溉的水道工程,以及圩田工程,水利面积也得到相应增加。

(四)围田、圩田大发展

据王祯《农书》记载:"围田,筑土作围以绕田。"此为围田也。"围田大约是指在湖边滩地上筑围堤辟田","圩田大约是指在沿河流的洼地中取土筑堤拦河水辟田,实际上两者垦殖的形式相近。圩田四周都有圩岸,和围田的围堤没有什么不同"(《长江水利史略》第109页,见图5-5)。由于围田、圩田大发展,后来围湖垦殖与蓄洪排涝的矛盾愈加显著。筑堤取土处,必然出现沟洫,为了解决积水的出路问题,把这类堤岸沟洫加以扩展,于是又渐渐变成塘浦。当发展到横塘纵浦紧密相接,设置闸门控制排灌时,就演变成为棋盘式的塘浦圩田系统了(塘浦圩田系统的成因)。

唐代自安史之乱以后,对割据北方的藩镇基本已经失去了控制,不得不转向江南开发。当时所指江南范围极广,而太湖流域又是江南地区最富庶的农业基地。为发展经济和解决朝廷军政供应问题,当时对农业和水利极为重视,组织人力广为垦拓苏嘉一带的沼泽地带,

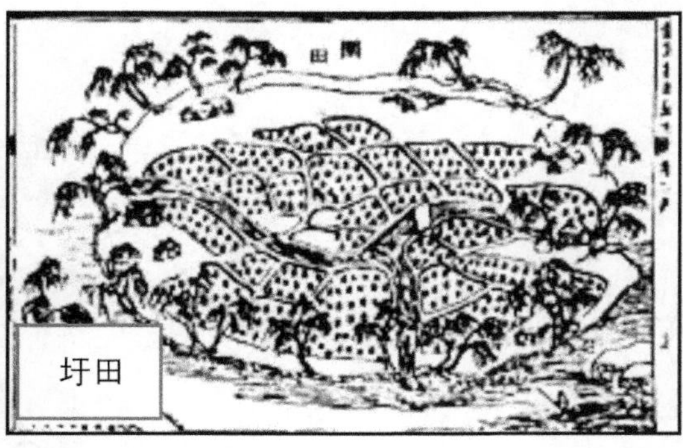

图 5-5 《农书》记载"作围以绕田"

经营屯田的规模很大。"嘉禾(今嘉兴)大田二十七屯,广轮曲折千有余里。""嘉禾一穰,江淮为之康;嘉禾一歉,江淮为之俭。"(李翰:《苏州嘉兴屯田纪绩颂》,载《唐文粹》卷二十一)。唐代先后开浚了荻塘、元和塘、盐铁塘等,并修筑了吴江塘路,下通江湖以利航运,排涝灌溉两得其便。出现"当今赋出于天下,江南居十九"的局面,全国经济重心逐渐南移,而太湖地区实属江南的首位,塘浦圩田系统当时已经初具规模。

滩地的圩田和围田,使农田水利领域大为扩展,其效益初显,其收益亦非常巨大。王祯在《农书》上对此做出评述:"……实近古之上法,将来之水利。富国富民,无越于此。"在短短的一两个世纪,江南一些地区变成了"地广野丰,民勤本业,一岁或稔,则数郡忘饥"的富足地区,有"苏湖熟,天下足"之美誉。

宋代范仲淹在庆历三年(1043)《答手诏条陈十事》中记述:"江南旧有圩田,每一圩方数十里,如大城,中有河渠,外有门闸,旱则开闸引江水之利,潦则闭闸拒江水之害,旱涝不及,为农美利……"并提出水网圩区应尽量采用"浚河、修圩、置闸"三者并重的策略。

二、唐宋时期重点水利工程成就

(一)水利专家王知县,利民千年它山堰

它山堰是唐代水利专家王元暐主持兴建的著名水利工程,位于浙江鄞奉平原古城鄞县(今宁波)西南 50 里之它山之旁(见图 5-6)。

宁波西南有条南北走向的四明山脉,它是曹娥江和甬江的分水岭。其中一条叫大溪,今称鄞江,流经它山注入奉化江。奉化江与姚江在宁波市汇合为甬江,向东北流归大海。修堰前这一带受潮汐影响很大。涨潮时,海水倒灌沟塘,卤水既不能饮用又不能灌田;退潮时,溪水(大量淡水)又随潮水白白地流失。

大和年间,新任县令王元暐决心解决这里的水利问题。他踏勘了鄞县内所有的水源与水流经之地,了解了相关地区地势地貌情况,足迹遍布四明山脉。回县衙后,王元暐对枢纽布置仔细规划:在它山堰拦断大溪抬高水位后,通过大溪山间之缺口小溪,导大溪水向北,再折向东出许家桥,进入主渠南塘河,并在主渠与外江之间围堤建闸,使渠水与外江隔开,南塘河主渠水再通过纵横水网,分布于整个鄞西平原。工程布置合理周密,除灌溉 24 万亩农田外,还引水到鄞县附近两片洼地,即日湖和月湖储存,解决城镇供水问题。

施工中王元暐总结前人经验,开创了我国水利施工史上两项先例:

(1)首创水利"围堰导流"的施工方法。在它山堰施工中,先在坝上游围堰拦断溪水,并

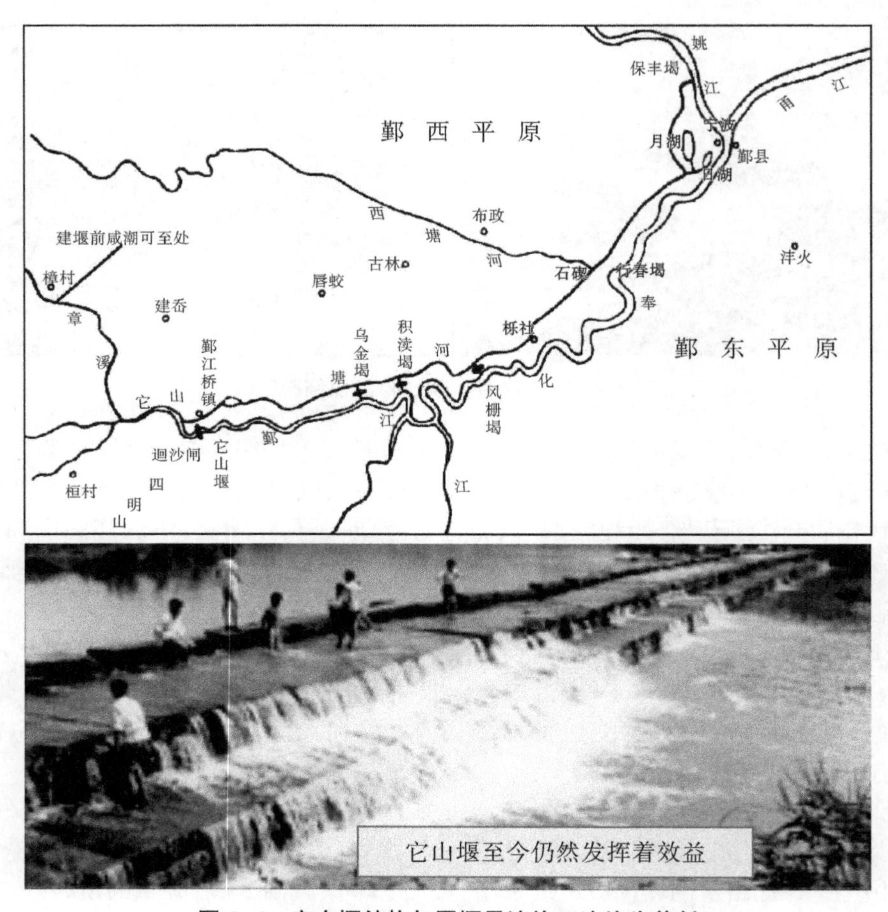

图 5-6　它山堰结构与围堰导流施工法均为首创

导引溪水沿山脚流入甬江。施工结束后拆除围堰，大溪之水才又回归故道。即使现代的三峡工程施工，也都是采用了这种围堰导流的施工方法。

(2)坝体结构上，它山堰采用了轻型结构，这在我国建坝史上是第一次采用这种近于现代平板坝的坝形结构，这在当时是一个很大的创新。

(二)唐代关中水利工程的修浚和扩展

西汉、魏、晋以来，北方战争频繁，政局动荡，关中农田水利多遭破坏，基本处于衰败状态，仅曹魏和西魏经营的成国渠还继续保持着农田灌溉。

唐代，长安人口剧增，缺粮比汉朝更为严重。唐高宗、武则天和唐玄宗三位皇帝在位期间，因为京师缺粮，都不止一次地带着大批官吏、军队就食于东都洛阳。朝廷迫切期望增加关中粮食产量，以便就近解决京师粮食供应问题。于是，在朝廷的推动下，关中与西汉一样，形成了又一次水利建设高潮。

关中水利，经两魏时期的努力，已具有一定基础的成国渠，这时仍是唐代施工的重点工程之一，并多次治理。比较重要的有：

(1)唐太宗贞观年间(627—649)，征调九州夫匠修治成国渠的渠道。

(2)武则天圣历年间(698—700)，引武安水以增水成国渠(见图 5-7)。

(3)唐代宗大历六年(771)大修六门堰。

(4)唐懿宗咸通十三年(872)再次大修六门堰,增引韦川、莫谷、香谷等水,进一步丰富了成国渠的水量。

成国渠经过一系列的改造之后,可溉武功、兴平、咸阳、高陵等县之农田 20 000 余顷,溉田面积超过郑白渠。到了唐代后期,成国渠更名为渭白渠。

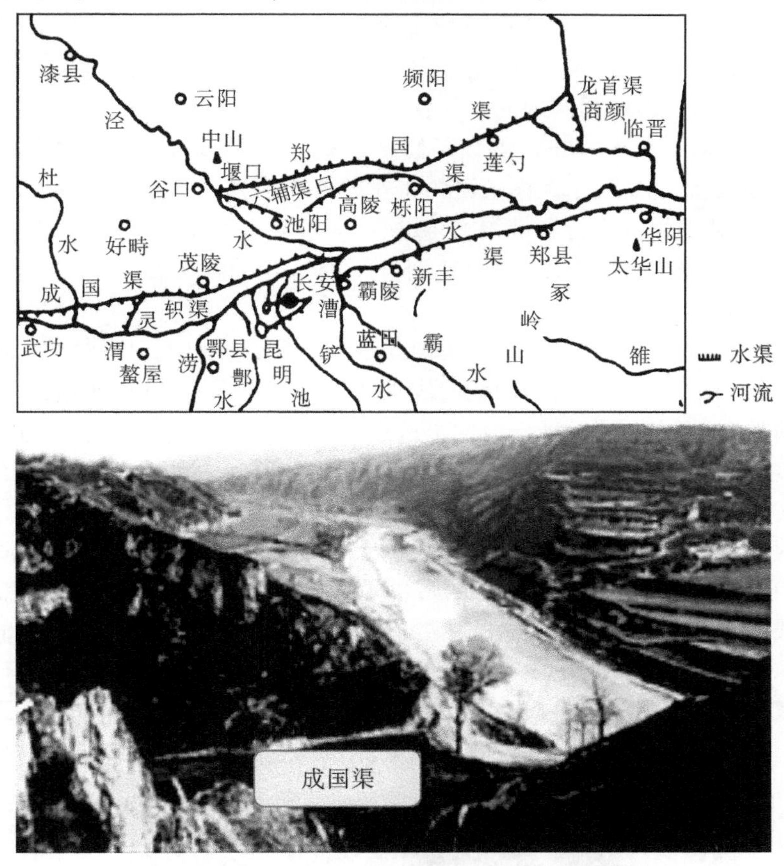

图 5-7　武则天圣历年间,引武安水以增加国渠之水源

郑国渠和白渠是秦汉时关中地区最重要的农田水利工程。而唐朝的郑白渠实际上是以白渠为主,利用郑国渠上游部分渠道而组成的渠系。因为郑国渠下游部分渠道大多报废而湮塞。郑白渠当时形成三大支流,由北而南分别叫太白渠、中白渠、南白渠。

所以,唐以后对郑白渠又称为“三白渠”。郑白渠溉云阳(今泾阳县北)、三原、下邽(今渭南县北)、高陵、栎阳、泾阳等县的农田。

唐朝关中修建的重要的农田水利,在黄河、洛水之间,先有唐高祖武德七年(624),自龙门引黄河水灌韩城一带农田 6 000 余顷。继而唐玄宗开元七年(719)同州(今陕西大荔县)知府姜师度,引洛水、黄河水灌溉朝邑县(今大荔东南)稻田 2 000 余顷。在长安西面,还建有贺兰渠,引沣水(丰水或鄠水)灌渭南农田 10 000 余顷。在这一段时期(在隋唐时期)内,在渭南还有广通渠,它兼有漕运和灌溉两利的作用。

(三)木兰筑陂钱四娘,献身水利美名扬

北宋时,我国东南沿海兴建的木兰陂,至今已有千余年历史。然而直到今天,它仍然发挥着很好效益。木兰陂位于福建省莆田县西南 5 km 的木兰溪上。木兰溪发源于德化,经永春、仙游等县,汇集了 360 多条小溪,由莆田入海。涨潮时,潮水倒灌入溪。洪水时,又受到木兰溪上游洪水的威胁。唐元和年间(806—820),人们曾开凿了六塘,储存溪水以灌溉 1 200 顷农田,但由于六塘的蓄水量有限,不能解决根本问题,一遇天旱池塘干涸;每当山洪暴发或海潮猛涨时,池塘又遭水淹,引发水灾。因此,征服山洪和海潮是莆田人民的最大心愿。首先发起修筑木兰陂的是当地的一位女英雄——钱四娘。

钱四娘在北宋治平元年(1064)筹集了修陂经费,从长乐来到莆田,察看了沿木兰溪上下游的地形水势,最后选定在木兰溪上游的将军岭作为坝址。这里溪面狭窄,工程量小,建陂较易。于是,在钱四娘的主持和带领下,陂坝不久就胜利完工,于鼓角山西南还开挖了一渠道,用所蓄之水灌溉附近的农田。谁知后来的一场大雨冲毁了陂坝工程,钱四娘因来不及避让山洪也随之英勇牺牲。

后来,总结失败原因,是因为将军岭溪面狭窄,陂塘容量有限。山洪暴发时,流量大、流速快,对陂坝的冲击破坏力极大,因而就造成了此次事故。后来,钱四娘的同乡林从世吸取了这次事故的教训,提出在木兰溪下游的上杭温泉口筑陂。这里溪面开阔,水势大减,过陂流速要小得多,可避免上游洪水的威胁。然而,这里距海边又太近,容易受到海潮的冲击。就在陂坝刚完工之时,一次凶猛的海潮又让第二次建陂功亏一篑。

人们从两次事故中认真总结经验,吸取教训。在距钱四娘主持筑陂 11 年之后,即在北宋熙宁八年(1075),在福建侯官县李宏的带领下,开始了第三次建陂。李宏和水工冯智曰等人分析了钱四娘和林从世筑陂失败的主要原因是坝址选择失当,决定将坝址选择在木兰山下。新建木兰陂经过了无数次山洪和海潮的冲击与考验,历千年迄今岿然不动。木兰陂现被列为国家重点文物保护单位,受到政府和人民群众的重点保护。当地人民至今深深怀念钱四娘,于是,陂坝旁塑有钱四娘汉白玉雕像,用来纪念这位为人民利益而献身的女英雄(见图 5-8)。

图 5-8 钱四娘美名扬,千年木兰陂至今有效益

第三节　船闸文明成型阶段著名水运工程

隋唐与北宋时期,是我国水利史上水运最为发达的历史时期。北宋时,水运工程、运河设施的修建,繁忙的水运线及繁华的沿线商业城市,既超越前代,也为北宋以后历朝历代所不及。从我国运河设计施工、运河设施兴建等诸多方面均可以看出当时的工程技术水平之高,几乎超越了前、后数代之水平。不管是用隋唐东西大运河或者后来元明以后的南北京杭大运河来比较,均可看出其差别。

据《中国水利发展史》一书(第248页)载:"由长安或洛阳可直达杭州,通畅无阻,可称为东西大运河。""自幽蓟至黄河,入通济渠至杭州,可称为南北大运河。"前者是隋唐时期,主要是为了沟通政治中心与经济中心的联系,是以当时政治、经济为目的;后者则是明清时期,主要是为了用兵辽东,同时控制北方等地区,其目的也是以政治、军事为主(见图5-9)。

唐代继隋之后,对大运河的修理、整治都勤,是江淮财赋输送入京的大动脉、大通道;同时,还是实施管辖北控辽东的主要地区。唐及北宋,南由运河经淮河、过长江,可通钱塘、岭南,西则可通巴蜀……唐代还曾自长安向西开凿了一条升原渠通天水。另外,黄河也可少量运输以及海运等。全国除西北、西南三四省外,几乎全都联结在一个全国性的水运网中。

从工程质量上讲,汴河、淮扬运河、江南运河等工程技术水平都很高超;勘测、规划、建筑物、管理维修等都达到了一个相当高的水平。建筑物如堤岸、纤道、桥梁、涵闸、埭堰等不但大量修建,而且还设计精美,如汴河之上的单跨虹桥;淮扬运河、江南运河上的复闸("二门一室"初期船闸)等,可以说既胜过前代,也超过现代以前的任何一个历史时期。

一、唐代大运河扩建维修效益显著

隋朝虽然短暂,但沟通了长江、淮河、黄河、海河和钱塘江五大水系而长达5 000多里的大运河(史称隋唐东西大运河)。以洛阳为中心,西通关中盆地有广通渠,北抵河北平原,南达钱塘、余杭。把我国华北、江南和关中以及岭南地区的大半个中国大地联系在一起,从而形成了全国性的水运交通网。四通八达的运河网,对维护国家的统一、促进南北的文化和物资交流都具有极其重要的作用。继而,唐代为了发挥大运河的效益,更加注意大运河的维修和扩建:一方面疏浚运河河道,保持航道的水深与流量;另一方面为扩大运河的受益面,使大运河交通运输网更加深入各处产粮和经济发达地区(见图5-9)。

(一)开凿黄河三门峡"开元新河"

唐朝建都长安,因京师官僚机构逐渐庞大、人口剧增,粮食、物资供不应求,均需从江南和黄河中下游运送入京。如将山东粟米漕运入京的话,还须解决黄河运道中三门砥柱对粮船运输的安全威胁问题。黄河三门砥柱这段河道水势湍急,溯河西进,一船粮食往往要数百人拉纤;而且水流紊乱、暗礁四伏,过往船只,触礁损失过半。为了避开这段险峻航段,在重开长安至渭口间广通渠(漕渠)的同时,陕郡(今三门峡市西旧陕县)太守李齐物组织力量,在三门山北侧的岩石上施工,准备凿出一条名叫"开元新河"水道。但因石质坚硬,开凿不易,待勉强完工后,河床深度达不到通航要求,只能在黄河大水时勉强通大船(但水大时则滩陡水急,水流紊乱,安全又不能保证)。《旧唐书》说:"俾负索引舰,升于安流,自齐物始。"

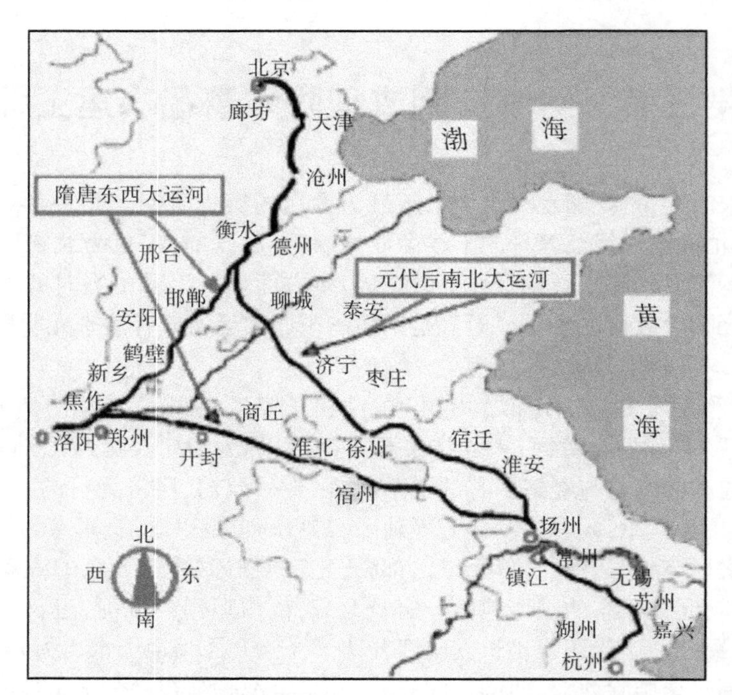

图 5-9 《中国水利发展史》提出东西、南北大运河概念

意思是说，自李齐物开凿新河后，将较大的船拖过三门就安全了。然而，新河水浅流急，稍大点的船只仅能待水涨之时勉强能通行，平时不起作用。因此，三门峡险道问题远未得到解决。

(二)重开广济渠为漕渠

唐代的运河建设，主要是维修和完善隋朝建立的大运河体系。同时，为了加强对漕运的管理，更好地发挥运河的漕运作用，对旧有的漕运制度也进行了很多重要的改革。

隋文帝开凿的广通渠，当隋炀帝将政治中心由长安东移至洛阳后，因历年失修，逐渐淤废。唐代定都长安后，初期朝廷还比较节省，东粮西运的数量不大(几十万石)，后来，随着经济发展与京师人口剧增，朝廷军政开支、奢侈用度大，京师用粮不断增加，严重到了因为供不应求，皇帝只好率百官、军队到东都洛阳就食。特别是武则天期间，几乎全在洛阳处理政务，于是才有天宝元年(742)重开广通渠的工程。新水道名叫漕渠，由韦坚主持。在咸阳附近的渭水河床上修建兴成堰，借以壅高水位引渭河之水为新渠的主要水源。同时，又将沿途源自南山的沣水、浐水均拦入渠中，作补充渠水不足之水源。漕渠东到潼关西侧的永丰仓与渭水汇合，全长 300 多里。漕渠的运力比较大，渠成当年(唐开元二年)，即“漕山东(崤山以东)粟四百万石”。

(三)设仓转运以避天险

三门峡新河开凿未能如愿。玄宗时，漕运比汉代增加了数倍而仍然入不敷出。稍有灾情或异象，即人心惶惶。三门峡之水路重载安全尚无法保障，于是，只得从洛阳之含嘉仓陆运 300 里到太原仓。当时，朝廷运输再艰难，为保漕粮，以至于耗费数千钱与大量人力、物力，也在所不惜。

唐开元二十一年(733)，唐玄宗采纳裴耀卿建议，漕运实施分段运输法。裴在各地原有仓库的基础上，又在荥阳东北，孟津县西，三门峡外之东、西分别增设河阴仓、拍崖仓、集津仓和盐仓（简称三门仓）。所谓分段运输法，就是从江淮地区运来的粮食，先卸入河阴仓，再从河阴仓起运至含嘉、太原各仓。三门一段，则开凿改为陆运18里的山路，避开最险恶的砥柱一段水路。这样，就把300里长的陆运运输缩短到只有18里了。此事实为无办法之办法，运输效益显著提高。实施三年，漕运粮食达700万石，节省运费30万。

（四）改造通济渠、永济渠

通济渠和永济渠是隋朝兴建的两条最重要的运河航道。为了发挥这两条运河的作用，唐代对其也进行了一些改造和扩充。隋朝的通济渠唐朝称汴河。唐在汴州（今开封市）东面凿了一条水道，名叫湛渠，接通了另一水道白马沟，而白马沟下通济水，这样，便将济水纳入汴河系统，使齐鲁一带大部分郡县的租调税赋均可循汴水西运。唐对永济渠的改造主要有以下工程：

（1）扩展运输量较大的南段，将渠道加宽到17丈，浚深到24尺，使其更为畅通。

（2）在永济渠两侧凿了一批新支渠，如清河郡的张甲河、沧州的无棣河等，以深入粮区，充分发挥永济渠的水上运输作用（《中国古代著名水利工程》第41页）。

（五）漕运制度的改革

唐朝，大运河主要作用是运输各地粮帛进京。为发挥此功能，唐后期对漕运制度做了一次重大改革。唐前期，南方租调由当地富户负责，沿江水、运河直送洛口。然后，朝廷再由洛口转运入京。这种漕运制度，由于富户多方设法逃避，沿途又无必要的保护，再加上每一只舟船很难适应江、汴（泛指运河）河的不同水情，因此问题很多。如运送期长，从扬州到洛口，有的历时长达9个月。事故多、损耗大，每年有大批运粮船沉没，粮食损失率高达20%左右。安史之乱后，问题更加突出。于是，从唐广德元年（763）开始，盐铁转运使刘晏对漕运制度进行了改革，用分段运输代替直运。规定：江船不入汴，江船之运积扬州；汴船不入河，汴船之运积河阴（郑州市西北）；河船不入渭，河船之运积渭口；渭船之运积太仓。承运工作也雇专人承担，并组织起来，10船为一纲，沿途派兵护送等。分段运输，效率大大提高，自扬州至长安40天即可到达，损失也大幅度降低（《中国古代著名水利工程》第41~42页）。

二、宋代运河新体系和水运工程

（一）宋代的运河新体系

北宋时期的运河有三大系统：一为江北运河系统，运送来自汴运、颍运等的粮帛；二为江南运河系统，运送来自江苏、浙江的粮帛；三为荆襄运河系统，运送来自长江、汉水的粮帛。

北宋建都开封，在地理位置上，比旧都长安更接近于江淮地区，漕运方向因而发生了很大变化。这样，与京都开封紧密通联的汴河（隋代通济渠）就被提升到重要的运输地位上来了，而与汴河密切相关的长江下游的邗沟，亦成为“汴河之首”；江浙及江南、荆南的漕粮，首先要经过邗沟入淮，再沿汴河运往开封。

为了保证邗沟畅通，不断地扩大货运量，宋朝廷征调了大批民工，在这条运河上建筑了79座（包括部分汴渠上的）斗门和水闸。

南宋迁都临安，正是当时最富饶的江浙之地，漕运路线比北宋时要短而顺畅得多，这更有利于漕运。至于湖广和四川等地的粮食，只要沿着长江干流顺水下行，一般不费转运之劳，就可以直接运往沿江的各个军事重镇而供应军队的需要。因此，南宋控制的疆土虽然不及北宋的2/3，然而，国家的岁入却与北宋相等，有时甚至高于北宋。这也就说明，南宋农民的负担要比北宋时期沉重得多。

（二）扩建疏浚"汴京四渠"确保漕运

五代时，北方政局动荡，朝代更迭频繁，短短53年，就经历了后梁、后唐、后晋、后汉、后周五个朝代。其中，后梁、后晋、后汉、后周、北宋都定都汴州（开封），称汴京。后来，北宋统一全国后，为了进一步密切京师与全国各地的政治、经济联系，修建了一批从汴京向四方辐射的运河，形成了新的运河体系。

以汴河为骨干，包括广济河、金水河、惠民河，合称"汴京四渠"，并通过汴京四渠，向南沟通了淮水、扬楚运河（邗沟）、长江、江南运河等，向北沟通了济水、黄河、卫河（其前身为永济渠，但其南端已东移至卫州境内）。

五代时，北方动乱，南方较稳定，南方农业经济持续发展。北宋朝廷对南粮的依赖程度比前代更高。汴河是北宋时南粮北运的主要水道，年入京粮食高达600万石，其中取道汴河者80%。因此，宋代特别重视这条水道的维修和治理。淳化二年（991）汴河决口，宋太宗率百官参加堵口并强调说："东京（宋以汴京为东京，洛阳为西京）养甲兵数十万，居民百万家，天下转漕，仰给在此一渠水，朕安得不顾！"（引自《中国古代著名水利工程》第44页）。

汴河以黄河水为水源，河水多沙，自隋唐到宋，经几百年的淤积，河床已经高出地面许多，极易溃堤成灾。北宋朝廷组建了一支专业维修队，负责汴河的维修养护和防汛工作。为了巩固堤防，这期间，在汴河两岸下了600里木柱排桩，将汴河束窄到可以冲走泥沙的地步。从此，开创了后来"束水冲沙"之先河。

惠民河是经北宋初年多次动工修建的一条运河，分上下两段。上段以蔡河（已湮）支流潩水（浍河）为水源，开渠将它引向京师。下段自汴京南下，改造蔡河干流而成。惠民河的重要性仅次于汴河，淮水流域的大部分税粮都可从此河调运入京。广济河因河宽五丈，又称五丈河。其前身是唐朝开的湛渠，下接白马沟和济水，可通齐鲁之运，也可为汴河分洪。经北宋多次治理，在漕运中也占有极重要的地位。金水河是北宋初年新凿的河道，它以郑州、荥阳之间几条小水，如京水、索水、须水等为水源，凿渠向东到东京。它除给广济渠补充水源外（从汴河上架渡槽过水），还能为京师提供清澈的生活用水。

（三）治理与维护"汴渠之首"

扬楚运河为"汴渠之首"（古邗沟），它南接江南运河，北连汴渠，构成了北宋朝廷南粮北运的主要水运咽喉粮道。但是，扬楚运河及与汴渠之间相连接的淮河运道，滩多水急，经常冲沉或毁损漕船。为了改变此地航道的不利状况，北宋前期曾三次施工：从楚州北面末口到盱眙东北的龟山镇，傍淮河南岸几乎平行开凿了长约150里的人工运河，避开了这段险滩较多的淮河水道。另外，扬楚运河最突出的问题是水枯河浅，这大大限制了大船、载重粮船通航。而且扬楚运河水道西部的洪水也威胁严重，经常冲断航道。为此，宋代在高邮湖之北筑起长达200里的坚固石堤保护运河航道，并在堤上设置10座石闸，有控制地排水。而且，还在真州（今江苏仪征县）、扬州等地利用当地的自然湖泊改造成为运河的水柜，接济运河用水。

（四）沟通第二条江淮运河的尝试

北宋时期，太湖流域、四川、两湖地区都是朝廷重要的粮食供给地。调运长江中、上游地区的税粮入京，也是北宋统治者需要认真考虑的问题。为不绕道扬楚运河、汴河，于太平兴国三年(978),西京转运使程能献提出一个方案:利用长江的汉水支流白河,与淮水支流澧水很近的客观条件,从南阳至方城之间,开凿一条人工运河,引汉水北上与蔡河汇合,并直达开封,从而实现沟通江淮第二条运河的设想(见图5-10)。史书有这样一段记述:“白河在唐州,南流入汉。……西京转运使程能献,议请自南阳下向口置堰,回水入石塘、沙河,合蔡河达于京师,以通湘潭之漕。诏发……丁夫及诸州兵,凡数万人,以弓箭库使王文宝、六宅使李继隆、内作坊副使李神佑、刘承珪等护其役。堑山堙谷,历博望、罗渠、少柘山,凡百余里,月余,抵方城。地势高,水不能至。能献复多役人以致水,然不可通漕运。会山水暴涨,石堰坏,河不克就,卒堙废焉。”(《宋史·河渠志·白河》)。

图5-10　从南阳、方城之间开凿运河,直达开封但未成功

从此段史书记载看出,此处的引水工程仅百余里,但却征调了八州之军民数万人参与开凿,在当时的技术条件下,工程虽艰巨,但主要的失败原因还是没注意到两处地之间的相互高程与后来通水后的水位落差。所以,渠成而不能引水通漕。但它毕竟是我国古代先民利用汉江支流沟通江、淮水系的一次大胆尝试。它对现代南水北调中线工程的建设有着重要的启发意义。我国已经建成的南水北调中线工程,即取道于此路线。

第四节　船闸文明终成型　标准模式由此生

既然“水利是孕育船闸文明的土壤”,而“运河是诞生船闸文明的温床”,那么,这个温床又到底在何处呢?要回答这个问题,可从封建社会的漕运制度说起。因为漕运是我国历代封建政权的生命线,除早期区域性运河外,后来历朝历代都是因为漕运而沟通或开凿运河的;水运中,因为克服集中水位落差障碍而孕育出埭堰;进而为改善船只过埭之繁险,而又创建出斗门;再后来,漕船增多、载量增大、运河水浅流失,于是漕运又对运河通航建筑物及其助航设施提出了更高要求。我们聪明的祖先,在长期的运河施工实践中,不断总结经验和吸取教训。后来,就又在通航实践中首创了两斗门短距离联合使用的方法,由此,世界上第一个“二门一室”的初期船闸标准模式雏形就由此而诞生了。

所谓漕运,狭义上讲,仅指利用人工运河来沟通全国各地的天然河道而转运漕粮的工作。准确地说,“漕运,就是指中国古代朝廷将各地征收之粮赋,以水路为主(水路不通陆路转运辅之)运往京师或政府指定的其他军事要塞,所形成的一整套组织形式或管理制度。其中,还应该包括开凿运河、制造船只、疏通河道、兴建改善航行条件之运河设施、征收税赋等相关的工程和制度。”

一、漕运与船闸文明的关系

我国的漕运起源于秦代,秦始皇北征匈奴时,曾命令自山东沿海一带,将所征军粮运送至北河(今内蒙古乌加河一带)。汉建都长安,每年都需从黄河中下游将所征粮食运往关中。隋代除自东向西调运粮秣外,还从江南转漕北上。于是,隋炀帝征调大批人力开凿通济渠而沟通河、淮、江三大水系,形成“南粮北运”的漕运通道,为后世奠定了漕运基础。后来,唐、宋更加重视漕运,不但疏浚河道保持“南粮北调”的水运畅通,而且还建立了漕运、仓储制度。这时期,由于人口剧增,漕粮运量也不断增加,为满足朝廷对漕粮的需求,对漕运航道的通过能力、漕运线路、航行条件及运河设施等都提出了更高的要求。

历代漕运虽然保证了京师和北方军民的粮食需求,也有利于国家统一和沟通南北经济与商品的流通,但它弊端甚多,代价过高。因此,漕运成了历代劳动人民肩上的沉重负担。尤以漕运之徭役,征发人众,服役时长,贻误农时,老百姓苦不堪言。尽管如此,它毕竟是历代统治者赖以生存的脐带。一旦作用减弱,其政权将朝不保夕而岌岌可危。所以说,漕运是历代统治者赖以生存的生命线。历代统治者为确保其生命线,无不竭尽全力确保漕运畅通,包括开凿运河,疏浚河道,设置闸坝、水柜,寻找水源等,无不是为确保其政权稳固。

其一,这是我国的运河开凿得比世界其他国家要早的政治原因。

其二,我国地势西高东低,河流均为西东走向,而且南北均无水道连接,所以南北交通全凭运河沟通。这是我国运河开凿得比其他国家早的地理原因。

其三,我国早期运河开凿,都是在相邻湖泊或河道的支流间或者不同高程之间连接。因此,流短水少,比降大而流失快。为保漕运,所以就不得不陆续地修建埭堰、斗门、闸坝等助航设施,来弥补或缓解“流短水少,比降大而流失快”的不利因素。这是我国船闸文明诞生的历史比世界其他国家早的根本原因。

实践证明,解决水枯河浅、坡陡流急水道的航行条件,唯一有效的办法就是壅高水位,以堰平水。然后,再来解决和实施帮助船舶克服集中水位落差障碍的可靠办法。当然,现在看来这个可靠办法除船闸外就只有升船机了。

二、运河上建筑物名称与作用简介

- **水柜**:于运河旁专门设置的一种蓄水池。这种蓄水池不是在运河中拦蓄运河之水,而是在运河两旁另筑陂塘蓄水或另于别处引水蓄之。通济渠曾引索水灌三十九陂即为水柜,蓄水的目的是弥补运河水量不足,克服水浅影响通航,简称“济运”。
- **斗门**:节制水流的闸门。在京西汴河上常有三至五处,泄洪入减水河,汴京四渠上也有三斗门。京东斗门,唐、宋二代曾用于引水放淤。与前述所不同的是,非指“闸座或门框”,与灵渠陡门略有区别。

● **限水闸**:修通济渠百里置一闸,有限水势之说。汴河上每二十里置一桩梢束水,以节湍急,似为节制闸一类,后者有边墙而无门,类似以后京杭运河上的裹头,灵渠上的陡门。

● **水门**:汴水穿汴京城墙处,唐最初只留一缺口,水面横铁索,“宵浮,昼沉”,夜不能行船。宋贞元十四年(798)始筑东、西两水门。水门跨河,亦即城墙跨越运河,夜间下闸,闸门为窗式铁棂。

● **渡槽**:汴京城,汴河之上有金水河渡槽(透水槽),渡漕为跨越河流之引水槽。元丰中以妨碍行船拆除。

● **桥梁**:仁宗时陈希亮在宿州始修“飞桥,无柱”,以便(舟船)往来,后来,此种虹桥在汴河上普遍推广(见图 5-11)。

● **复闸**:即“二门一室”船闸,一个斗门为单闸,单闸重复使用称复闸。

● **复线**:复线与复闸不同的是,在一条航线不能保证通航船舶畅通的情况下,采用双线或多线通航。

● **澳闸**:在闸室附近修建较大的水柜。水柜亦称水澳,有水澳的船闸称为澳闸。水澳高程必须与船闸上下游河段的高程进行巧妙的配合。泄水时,先将闸室之水大部泄入水澳中;充水时,先将水澳之水充入闸室中,这样就减少了运河之水流失,于是就减少了耗水量,省水、节水相当重要。

图 5-11 “飞桥,无柱”

图 5-12 平板门

三、运河长又长,何处是温床?

隋唐大运河,总长 5 000 多里。既然“运河是诞生船闸文明的温床”。那么,在这 5 000 多里长的运河线上,何处才是诞生船闸文明的温床呢?对此,我们还是在史籍与流传于民间的典故中,去寻找蛛丝马迹吧!大运河的关键位置在邗沟。

(一)泰伯下荆蛮,勾吴把国建

1. 吴文化的起源

江南吴文化起源于商末,在 3 200 多年前,岐山(今陕西)姬姓部落周太王(古公父),欲立幼子季历为王。长子泰伯与其弟仲雍放弃王位继承权而来到荆蛮之地(亦太湖流域)避祸,从此定居在太湖边的梅里村。

《史记·吴泰伯世家》记载：当地居民以捕鱼为生。“常在水中，故断其发，纹其身”。泰伯入乡随俗，也断发纹身，很快适应了当地的风俗习惯和生活。当时的太湖流域，地势低洼，常积涝成灾。泰伯将中原地区先进的农耕、水利与栽培技术亲自传授给当地蛮民，并带领他们开荒种地，养殖家畜，疏导积水，开挖水渠，发展农业生产，受到当地人民的爱戴。而且在这段时间，他还带领当地人民开挖了江南地区乃至中国或整个世界人类历史上除埃及以外（世界最早的通航运河是公元前1887—前1849年，古埃及塞劳斯内特三世时期建成的绕道尼罗河及其支流的古苏伊士运河，但后来因泥沙淤积和年久失修而废弃）的第一条“人工运河”，即绵延百里的伯渎河。这项巨大的水利工程，使原来的沼泽之地全部变成了旱涝保收的良田，从而使庄稼连年丰收，粮食一年两熟，让当地人民的生活得到大大改善（见图5-13）。

图5-13 我国最早的运河泰伯河及梅里古镇

2. 勾吴国的建立

后来，原来的荆蛮之地，从此开始显现人民富裕、商业繁荣的新气象。这对江南经济不断发展，以及后来吴国的逐渐强盛起着不可估量的历史作用。因此，泰伯受到当地蛮民们的热情拥戴，蛮民归附纷至沓来，以至出现“归之者千余家”，蛮民归附者络绎不绝，大家都推举泰伯为王。泰伯以古代梅里为都，筑城（“泰伯城”）建立勾吴小国。从此，泰伯成了吴国的开国始祖；“泰伯城”（梅里）成为江南吴文化的发源地（见图5-13）。

后来，蛮民在梅里建泰伯祠纪念；东汉桓帝永兴二年（154），敕令吴郡太守麋豹在泰伯故宅立庙。泰伯庙又名至德祠、让王庙，在今无锡梅村伯渎河畔。

春秋时期，孔子在《论语·泰伯》中云：“泰伯可谓至德矣，三以天下让，民无德而称焉。”汉代司马迁在《史记》里也把他列为“世家”第一篇而载入史册。2006年5月25日，泰伯庙和泰伯墓作为明清时代的古建筑群，被国务院批准列入第六批全国重点文物保护单位名单（见图5-13）。

后来，伯渎河向西与无锡的大运河贯通，构成了锡东地区水上运输的主要通道，被后世称为江南运河。吴王阖闾攻楚，夫差北上筑邗城、开凿邗沟及后来在伐齐时，都是通过伯渎河而北上攻楚的。

（二）邗沟北端末口的历史变迁

1. 邗沟入淮要津

邗沟北端从末口入淮，成为南北交通要津。东晋时，在末口兴建了一座城池，即后来的楚州旧城。国家统一兴盛时，这里是南北交通的重要枢纽和港口城市；当诸侯割据时，这里又是南北对峙的重镇和双方争夺的焦点。

2. 北辰堰

早年为防止邗沟水之下泄入淮，在邗沟入淮口处曾建有土坝，称北辰堰（夫差北上争霸，为避免水浅困船，曾以“土豚”壅水而过，假以北神相助，故名北神堰）。据传，自唐代开元始，从东南大批调运漕船，经末口入淮，再“溯流入汴”而漕运长安。大量漕船集聚堰南，等待盘驳过堰。因为大批漕船头北尾南，好似“众星朝北斗”之天象，北斗星又称北辰星，故又称为北辰堰。

3. 资治通鉴记

五代周世宗柴荣领兵征伐南唐时，为北神堰所阻。《资治通鉴・周纪五》有：“上欲引战舰自淮入江，阻北神堰，不得渡。”周世宗亲自查勘末口附近的水道和地形，后又开凿楚州西北的鹳水与淮河间的通道，“旬日而成……，巨舰数百艘皆达于江”。另据《隋书・炀帝上》记载，“大业元年，发淮南诸州郡丁夫十余万，开邗沟，自山阳淮水始，于扬子入江，三百余里，水面阔四十步”。即炀帝开大运河时，除淮北的通济渠（又称汴河）外，还沟通盱眙城到楚州的淮河以及扩展楚州到长江的邗沟。经扩建后作为大运河的组成部分。唐开元中，大量漕粮“南粮北运”，由长江经邗沟，在末口盘坝入淮，经泗州溯流入汴，再经漕渠进入京都长安。所以，自唐朝起，楚州更加繁盛，有“壮丽东南第一州”之美誉。末口处于淮河下游入海河段，距海口云梯关仅 60 余 km。位于末口的楚州，又是当年淮河流域出海的主要港口城市。唐时，日本向中国派了 19 批遣唐使，约有 11 批是经楚州而转内河船进入长安的。由此看到，唐宋时期的末口，不仅是运河线上南来北往的枢纽，同时还是我国对外交流（海运）的主要港口之一。

4. 邗沟变迁

明永乐迁都北京之前，平江伯陈瑄负责向北方运送军粮。开始，末口仅有楚州城东一座土坝，后称仁坝，不能适应大量漕船过往的需要。后来，陈瑄在城东又增建一座义坝，接着又在城北建了礼、智、信三坝，于是末口形成五坝，并规定，漕船盘仁、义二坝过埭，商船、民船盘礼、智、信三坝通行。再后来，因漕船盘坝转运时漕粮损失大，后陈瑄循北宋沙河故道开凿清江浦。据唐书《漕船志》载，在清江浦河道上，建了移风、板闸、清江、福兴、新庄等五座节制闸，递次启闭（试验性梯级化，类似多级渠化），从此，船只避免了末口盘坝之劳费。再后来，黄河夺淮入海 661 年，大量的泥沙淤积，把淮河下游河床淤高，使原来畅流的淮河水高悬于地面并连年泛滥成灾。明万历十七年（1589），黄河在今清河新区东自然改道，舍弃了“运舟多罹覆溺”的山阳湾。至此末口逐渐在地图上消失，楚州失去了港口优势的地位，从此变成了远离淮（黄）河道的城市。

5. 治黄主要为漕运

回顾历史,明清之时治理黄河、淮河和运河,主要目的是保障漕运的畅通,即保证朝廷的物资供给线。明孝宗弘治皇帝命刘大夏治理张秋运河时曾说:“朕念古人治河,只是除民之害;今日治河,乃是恐妨运道。致误国计,其所关系,盖非细故。”皇帝明确指出:治河不是为民除害,而只是为了保漕运顺畅。康熙皇帝“夙夜廑念”的“三藩、河务、漕运”,其目的,同样也是保证漕运畅通,保封建王朝赖以生存的衣食生命线。纵观历史,古今封建王朝无不如此。

(三)沧海桑田,邗沟的变迁

(1)2 500年前吴王夫差于哀公九年(前486)开邗沟,自广陵(今扬州)北出武广(今邵伯)、陆阳之间,下注樊梁(今高邮湖),东北出博支湖(今宝应)射阳湖,西北至末口而入淮。于是,江、淮之间自此相通,史称东道。日久,沧海桑田,其后,运河线路历代常有变迁(见图5-14)。

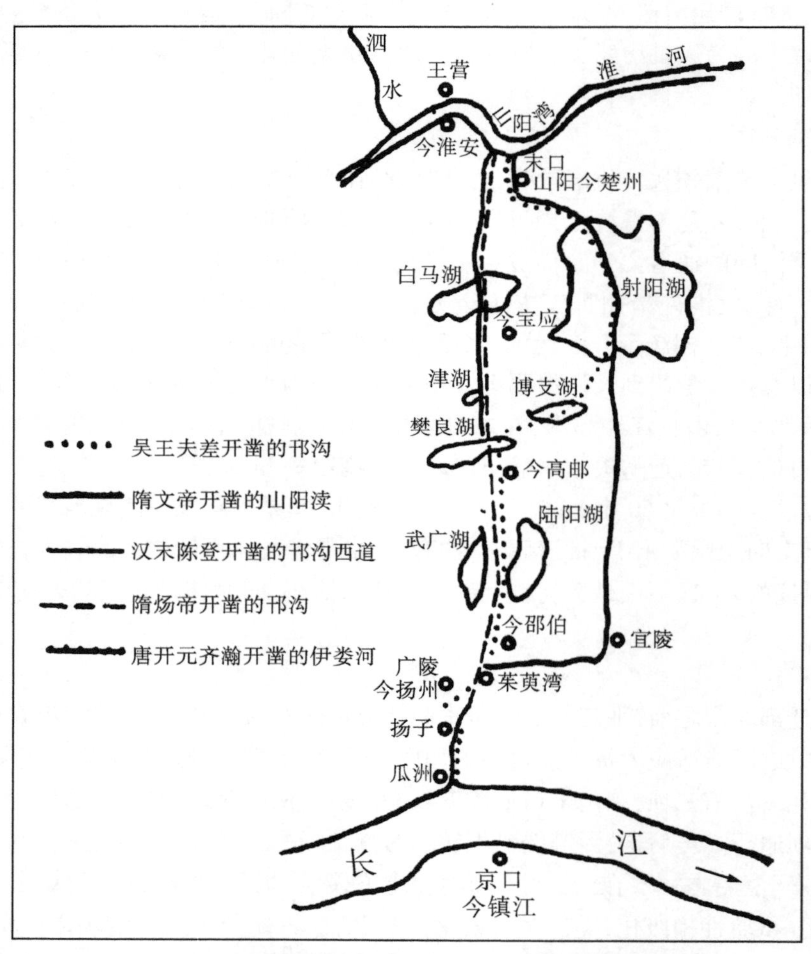

图5-14 沧海变桑田,代代有变迁,邗沟运河历代变迁示意图

(2)汉文帝元年(前179)吴王刘濞又凿邗沟(今老通扬运河),自茱萸湾(今扬州市湾头镇)至如皋潘溪。两邗沟相交于湾头,一支北流,一支东流。汉献帝建安初邗沟东道淤塞,

广陵太守陈登穿樊良湖(今高邮湖)北注津湖(今界首湖);又凿马濑(今白马湖),西北入淮,史称"西道"。自此之后,邗沟运道首次将弯道改为直道。同时,又于扬州之西筑五塘为水柜,蓄水以供灌溉和济运。

(3)晋代,邗沟河线有过三次变动:晋穆帝永和中(345—356)江都水断,其水上承欧阳埭(今仪扬运河)引江入埭,六十里至广陵城。邗沟首次西延至今仪征;永和中(345—356)湖道多风,在樊良湖北口穿渠十二里,下注津湖达末口入淮;兴宁中(363—364)以津湖多风,沿东岸凿渠二十里,自后,漕船行走不复由湖(从此"河湖分离")。太元十年(385)谢安镇广陵,做了一件流传千古的好事,即于今邵伯之北筑埭蓄水,利漕便农。

(4)隋代,河线有过两次变动:隋文帝开皇初,开三阳渎(今老三阳河),自今扬州湾头,东至江都宜陵、樊川,北至射阳湖入淮。其路线在今运河之东约 10 km,平行于运河,也称为东道。隋炀帝大业元年(605),"发淮南丁夫十余万,开邗沟,三百余里,自山阳淮至扬子入江",运河河线又回到原来的位置。

唐开元二十六年(738),润州(今镇江)刺史齐浣开伊娄河,设埭立两斗门,瓜洲上方有运河之始,邗沟从此又多了一个入江口。唐宝历时,对扬州附近官河做了调整,盐铁使王播开城南七里港河(北段今称邗沟),东注官河,名为合渎渠,漕船"不复由城内官河"。

(5)宋初,运道改由今宝应黄浦入射阳湖达末口。相传雍熙中(984—987),乔维岳在扬州亦开河一道,名为沙河(今扬州大桥下至霍桥旧河尚存)。天禧四年(1020)开扬州城南运河(《宋史·河渠志》谓古河),毁龙舟、新兴、茱萸三堰。宋仁宗天圣时开真州(今仪征)西长芦河入江,以避大江风险。

(6)南宋时,"东淮粮饷征发之令久息",对堤防"不复经意",运道废。宋、金议和后,又恢复了江都(今扬州)至淮阴间的通航。元代,兴海运,疏于漕河,淮扬运道湮废不修。

(7)明初,清江浦开通后,邗沟运道脱离射阳湖。新增入江口两个:其一是白塔河(在今江都);其二是于宣德六年(1431)开太兴新河(今泰州南官河位置),分别经今老通扬运河至湾头入运河。

(8)明万历以前,淮扬之间漕运船只一直在白马、范光、甓社、邵伯诸湖中行走,谓之湖漕。为避诸湖风浪,从弘治到万历,先后沿湖分段,开康济河、弘济河、界首、邵伯月河,至此实现了河湖分开,奠定了今日里运河的基础。万历时,扬州城区河道有过局部的调整,开挖了玉带新河。

(9)清代,运河线没有大的变化,只是康熙十七年(1678)堵塞清水潭避深就浅开月河,名永安新河,因河弯接,后称马棚湾。光绪二十七年(1901)漕粮"改征折色",漕运废除,里运河遂废。

(10)民国年间,兴建运河新式船闸——邵伯船闸和高邮小船闸,维持里运河简单航运。后因日军侵略,治运计划半途而废。

(11)新中国成立后,1958 年自今广陵区瓦窑铺到今扬州经济开发区邗江区六圩长江边,新辟了 19.6 km 新航道,固定了今日河线。原来由瓜洲、仪征入江的河道变成了区域性河道。

古邗沟经历了漫长的历史变迁,留下了无数代劳动人民的辛酸血泪和船闸文明演变进化过程的动人诗篇与千古绝唱。

(四)瓜洲古渡流传千古

古邗城依冈傍水而建，长江沿古邗城之南麓而东流。由于泥沙淤积，河道变迁，经历2 000多年的沧海桑田。随着长江南移，运河改道，古运河也随着时间的推移而无时无刻不在发生着变化。唐代，从扬子桥到瓜洲镇入江口，有一条古运河，史称伊娄河。

说到伊娄河，必然要提及瓜洲。古邗城南之长江，汉代以后江心积沙成碛；到了晋代，沙渚出水成洲。史书上说，唐代初期，“润州本与扬子桥对，瓜洲乃江中一洲耳”，且行政隶属于江南的润州(今镇江)。据笔者理解，当初沙洲既然隶属于江南润州管辖，其地理位置也应该距南岸近而离北岸远。随着长江泥沙逐年淤积，沙洲发育增大并不断向北移(其实，是长江之河道不断向南移所致)。至盛唐时期，扬州“江滨始积沙二十五里”。于是，原来在江心(距南岸近)的沙洲，却成了毗邻长江北岸运河入江口处的陆洲了。同时，陆洲经水在沙洲上无所约束地漫流，通过天长日久的冲刷以及水流的长期磨蚀、风化与雕刻，结果沙洲出现三股水流，形状好似“瓜”字，故称“瓜洲”。漕运时，南来的船只至瓜洲江边再陆运转驳至扬子；或者，沿着瓜洲江边向上绕行至上游的沙尾，再入仪扬运河。在未开伊娄河前，绕行瓜洲外沿60里的长江水路，风大浪急，泡多漩巨，事故频繁，“舟多败溺”。为改变这一状况，开元二十六年润州刺史齐浣上奏朝廷获准，才亲自主持开挖了瓜洲至扬子镇之间长达25里的伊娄运河。据资料记载：船只“乃于京口埭下直趋渡江二十里，开伊娄河二十五里，渡江扬子，立埭，岁利百亿，舟不漂溺”(《新唐书·地趣志》卷四一)。

瓜洲，旧称瓜步洲或瓜埠洲。自唐开元二十五年(737)润州刺史齐浣在瓜洲上开凿伊娄运河后，伊娄运河北接古邗沟运河，南通长江河道。从此，由长江经瓜洲伊娄河，可以直达扬子与古邗沟运河相通。后来，在此江边设立瓜洲渡，商贾随之云集。古瓜洲冠盖络绎，居民殷阜，第宅蝉联，甲于扬郡。诗曰：“汴水流，泗水流，流到瓜洲古渡头”，“楼船夜雪瓜洲渡，铁马秋风大散关”；伊娄运河开通后，瓜洲从此成为长江边上南北交通的重要渡口和军事要塞(见图5-15)。

图5-15　瓜洲古渡，不知留下中华文明多少千古绝唱！

四、“二门一室”船闸雏形在温床诞生

(一)从润州刺史齐浣说起

1. 人夸齐浣王佐才，执政利民史书载

说起运河是诞生“二门一室”初期船闸的温床，有个历史人物必须得首先让读者们知晓。他就是唐代当时的润州刺史齐浣。据《齐氏族谱》记载，齐浣(约678—750)，字洗心，齐氏先祖为晋武侯齐琰之后，为定州义丰(今河北安国)人。

齐浣年少时以诗词之学著称，唐代诗人李峤甚是赏识，称其“有王佐之才”。然而，翻遍《全唐诗》也只找到他的一首诗，即《相和歌辞·长门怨》。齐浣二十岁中进士，初任蒲州(今山西境内)司法参军。景云二年(711)中书令姚崇举荐齐浣为御史。开元年间，齐浣升任给事中，中书舍人，为玄宗撰写诏书。开元十二年(724)出任汴州(今开封县)刺史。上任后励精图治，社会秩序井然有序，广受百姓称颂。曾上奏“请开汴河下流，自虹县至淮阴北合于淮”。因政绩卓著，入拜尚书右丞，迁吏部侍郎。

后来，开封府尹毛仲奸诡弄权，齐浣直言劾奏，玄宗对其忠直给以褒奖。不久，大理丞麻察贬兴州别驾，齐浣为之饯行时谈及了对圣上的谏言，麻察将其所言俱实禀奏皇上，龙颜大怒，贬齐浣为高州良德(今广东高州东北)丞；经历数年后，齐浣迁任常州刺史；开元二十二年(734)，转任润州刺史，兼江东道采访处置使。当时，长江北岸淤积泥沙成洲(瓜洲)距运河故道渐远达20余里。运道被阻，漕运舟船需绕行洲尾60余里，并常遭风浪袭击，齐浣奏请开凿新河获批。于是，组织人力开挖伊娄运河25里。为此，每年为朝廷节余数十万两白银。开元二十七年，复徙汴州刺史，充河南采访使。《旧唐书·齐浣传》记载，开元二十七年(739)齐浣任汴州刺史，自虹县下开河道三十里，入清河，又开河道至淮阴县北岸入淮，免除淮流湍险之害(见图5-16)。

图5-16　大运河被淹没的古代船闸的遗址

齐浣为官期间，开漕、兴运、利民，颇有建树。但是，他也沾染上了一些官场通弊。开元末年，因行贿被李林甫劾奏罢官。天宝元年(742)，被重新起用，召为太子少詹事，留守东都(今洛阳)。此期间，与绛州刺史严挺之(严挺之与张九龄交好)交往甚密。当时，唐玄宗有意任命严挺之为宰相，但遭李林甫嫉恨，李林甫曾想方设法使严挺之永无翻身之日。后来，李林甫为防齐浣，于天宝五年(746)将他调任平阳郡太守，齐浣最终卒于平阳郡，享年72岁。

肃宗继位后，褒赐追赠齐浣为礼部尚书(生平见新、旧《唐书》本传，《郎官石柱题名考》

卷八、一六)。作为官吏,齐浣政绩卓著;作为诗人,齐浣诗作颇有情韵。《相和歌辞·长门怨》流传于世唯“将心托明月,流影入君怀”让人心怀戚戚。

长门怨

茕茕孤思逼,寂寂长门夕。
妾妒亦非深,君恩那不惜。
携琴就玉阶,调悲声未谐。
将心托明月,流影入君怀。
——齐浣《相和歌辞》

2. 诗人遇诗人,建门再创新

唐代是我国封建社会发展的鼎盛时期。其政治中心在北方,经济中心则仍然在江南。为了保障朝廷赖以生存的漕运生命线,唐代朝廷历来对运河的治理和管理都十分重视。

在唐代诗人张若虚途经瓜洲时,曾经吟诵过一首“春江潮水连海平,海上明月共潮生”;在数十年后,又一诗人齐浣(时任润州刺史),在开元二十二年,于开凿伊娄运河的开工仪式上掘起了第一锹瓜洲沙土;又过四年后,另一位唐代诗人李白,在此处挥毫而就小诗一首,成为见证船闸文明演变进化的划时代之难得诗篇——初期“二门一室”船闸雏形模式由此诞生。

开挖伊娄河是为了解决过江漕船绕行瓜洲外沿长江边的航行风险,确保漕粮运输安全。在扬子镇至瓜洲的长江边开凿运河 25 里,名伊娄河。开河时,江、河之间水位悬殊,为避免运河之水大量流失,在伊娄河上设埭,船只过埭后再入运而北行;过埭时收税。扬州运河通江处,前代已在扬子津口建有斗门,新建伊娄埭应在斗门以南二十余里处。修建伊娄埭过程中,齐浣这时豁然想起张若虚的诗句“春江潮水连海平,海上明月共潮生”,根据诗句意境而别出心裁地在建埭时旁留过船水门。并且为了船舶进出方便,更重要的是避免船舶进出埭时运河之水大量流失;利用长江涨潮时拦蓄江潮而济运(也就是利用潮涨潮落,巧妙地对船闸闸室进行充泄水)。于是,涨潮时可以拦蓄江潮而济运,齐浣创造性地将两个斗门联合使用,使具有划时代意义的两斗门式初期船闸雏形模式由此而诞生。

将两门联合使用的优点是明显的:

其一,两斗门之间形成了可批量容纳过闸船舶的闸室,使其能安全进出闸。

其二,当打开下斗门时,上斗门仍然关闭着,这就可以避免运河之水在下斗门开启时,有可能跟随出闸的船只顺势一古脑儿随船冲出而大量流失。

其三,在长江涨潮时,可以拦蓄江潮之水而济运,并起到自然向闸室内输水的作用。于是,世界上第一座两斗门式船闸雏形就此诞生了。

《水利史话》记载:“伊娄河与大江相接处建了一座伊娄埭,埭旁亦建立了船闸。”(《水利史话》第 156 页);另有《船闸结构》一书是这样说的:“唐代在前代斗门的基础上又有发展,开元二十六年(公元 738 年),润州刺史齐浣主持开挖瓜洲、扬子镇之间的伊娄河,同时建二斗门船闸。”(《船闸结构》第 67 页)文献虽然是这样记载的,然而,这是人们后来记录的。当时,社会上根本就没有船闸这个称谓,初期船闸到底是个什么样?具体情况又如何?可能就连记载此文献者,也都说不出个一二三来。即所谓的“船闸”,到底是怎么回事?

历史上,往往也有许多偶然而碰巧的事情,亦前面提到的诗人李白一首不起眼的小诗,给船闸文明演变的历史留下了难得的第一手资料。于是,这首诗便成为我国船闸演变进化史难得的划时代的铁证。

唐代是封建社会物质文明成就发展到鼎盛的时期。同时,其精神文明成就也达到了我国有史以来之高峰。一种由人类劳动号子而起源的诗歌,在我国唐代的古典文学艺术舞台上崭露头角,而且最终成为中华古典文学艺术史上一枝流传千古、影响深远的精神文明奇葩!因为诗人喜欢游山玩水,周游名山大川,贴近生活、贴近人民、体察民情、见多识广,敢于抒发自我情感、敢于议论时政,因此常被人们称之为“跨越时空的历史记忆”“是人类心灵的呼唤与呐喊”……于是,李白此诗当之无愧的最大成就是填补了我国史籍留下的史学空白。

(二)李白过闸诗解读

1. 李白乘舟过船闸,诗仙青史赞奇葩

李白斗酒诗百篇,长安市上酒家眠。
天子呼来不上船,自称臣是酒中仙。
——杜甫

杜甫这首诗,寥寥四句,把一个“狂放不羁、豪爽浪漫、不阿权贵、敏睿潇洒”性格的李白形容得惟妙惟肖。自唐代以来,李白脍炙人口的诗歌及其人生经历广为流传。时至今日,其豪爽浪漫的诗句仍然在我国乃至世界范围内盛传不衰。

李白,字太白,号青莲居士。祖籍陇西成纪(今甘肃泰安)人,祖辈世代为官。隋初,因其曾祖父无意中触犯了隋炀帝杨广的旨意,怕遭陷害。于是,全家逃避西域。李白生于西域碎叶城。五岁时随父迁居内地四川江油青莲乡。他少年时即显露才华,吟诗作赋,博学广识,性格豪爽,并好行侠仗义。他二十五岁离川,长期漫游于祖国各地,对当时社会生活多有体验,其间曾因吴筠(道长)等人推荐,于天宝年之初供奉翰林。但是,他的一生一直在政治上不受重视,又受权贵谗毁,遭人排挤,仅一年有余即离开长安。他一生虽然壮志凌云,自喻大鹏(如他的诗中曰:“大鹏一日同风起,扶摇直上九万里”“大鹏飞兮振八裔,中天摧兮力不济”),李白的一生中,历尽坎坷,屡遭失败。当他在其政治抱负未能实现的情况下,对当时统治集团内部的腐朽、昏庸、勾心斗角以及贪赃枉法等社会现象,有极其深刻的认识与反感。

李白晚年漂泊困苦,卒于当涂。他的诗表现出蔑视封建权贵的傲岸精神,以及对当朝政治腐败的尖锐批判;他对人民群众的疾苦表示了深切的同情,对安史叛乱势力予以了有力的斥责;他讴歌维护国家统一的正义战争。同时,他又善于描绘祖国壮丽的自然风景和优美的地理环境,表达了诗人对祖国山山水水的无限热爱。他的诗风严谨,雄奇豪放,想象丰富,语言流转自然,韵律和谐多变。而且李白善于从民歌与神话中汲取营养和素材,构成其独特而瑰丽的色彩,是我国诗坛继屈原之后,历史上出现的积极浪漫主义的又一新的高峰。

李白一生,总是在希望与失望中来回奔波,为使自己的政治主张有朝一日得以实施,他不得不频繁地往返于当时的政治中心长安与江南之间,以寻求发展机遇。因此,他对当时的水运交通深有感受。特别是对当时船只通过大运河时的水运交通之繁、船只过埭堰之琐,以及船只翻越埭坝与过斗门之险等,均亲身经历而颇有感触,从而让我国这位伟大的诗人与世界上最早的“二门一室”初期船闸的出现结下了不解之缘。

唐开元二十二年(734)润州刺史齐浣主持开挖瓜洲渡至扬子镇之间的伊娄河,创建了世界上第一座“二斗门式”船闸的基本模式雏形。在这一新生事物诞生刚四年之后，即开元二十六年(738)，我国唐代伟大诗人李白，因送族叔北上而坐船经过瓜洲。李白对新生事物特别敏感，而且还敢于发表自己的意见和见解。船过初期船闸时(当时还并无“船闸”这一词语的概念或称谓)，他一边同他的族叔、舍人等开怀畅饮，一边对着这条才开凿的新运河与“二门一室”初期船闸大加赞扬，并即席赋诗一首：

题瓜洲新河饯族叔舍人贲

齐公凿新河，万古流不绝。
丰功利生人，天地同朽灭。
两桥对双阁，芳树有行列。
爱此如甘棠，谁云敢攀折！
吴关倚此固，天险自兹设。
海水落斗门，潮平见沙汭。
我行送季父，弭棹徒流悦。
杨花满江来，疑是龙山雪。
惜此林下兴，怆为山阳别。
瞻望清路尘，归来空寂蔑。

——《李太白全集》

从诗句中，我们可以看到诗仙李白对“二门一室”船闸这一新生事物的热情颂扬，以及诗人满腔报国热情落空后而感到的愤懑与伤感之情(“归来空寂蔑”)。

2. 李白过闸诗的历史意义

对于李白这首《题瓜洲新河饯族叔舍人贲》的诗，尽管现代人的理解各有不同，但是它反映了唐代当时船只通过初期船闸时之实况的史实是确凿的。当然，有人认为瓜洲当时是南北水上交通枢纽，南来北往的船只、旅客很多，其中“两桥对双阁”，是供旅客游览的观赏性建筑；也有人认为，把齐浣开运河、修两斗门比喻为“天地同朽灭”是否有点过？其实，开凿伊娄河主要解决南北漕运过江安全的大问题，李白写诗赞颂齐浣，称其功德与天地同朽灭，纯属正常而不为过。

伊娄河于开元二十二年开挖，李白于开元二十六年乘船过闸。工程经历仅四年时间，当时开挖伊娄河的主要任务是确保漕运。即使是现代工程，也是首先要完成主体建筑，然后才会考虑到旅游或其他需要的“面子工程”。因为当时都是人力施工，决不会施工才四年就搞“花架子”而在河边建起专供人游玩观赏的“两桥对双阁”来。退一万步说，即使是供游玩，建一桥一阁不就行了，何必非要建“两桥对双阁”呢？其实，此诗蕴含着船闸的专业知识，局外人确实一时很难清楚。

前面说过，诗歌是人类生命力的律动，是智慧与心灵的呼喊，是一个时代人们的心声与情感的升华，是跨越时空的记忆和生动而鲜活的历史再现。

由前可知，现代所说的“船闸”，史籍上是没有这个称谓记载的。因为过去还没有“船闸”这一词语概念。历代都是叫斗门或闸门。到后来，将两斗门联合使用也只称之为“复闸”，即闸门的重复使用，即是后来史籍中经常出现的单闸和复闸。当时，人们谁也没有意识到两斗门联合使用，日后能组成船闸的基本模式。对斗门的使用当时人们已经司空见惯。

两斗门联合使用也不过是偶然间为避免运河之水大量流失而采取的一种尝试性措施。历史有时候往往就是这样凑巧，一个偶然或顺便的措施，却成就了一项工程划时代的创新。例如：夫差用草土筑埭，为壅水过船，由此开创了原始的埭堰文明出现；灵渠的军卒们为完成秦始皇下达的军运"死命令"，慌忙中就地取材，无意中成就了"以箔阻水而去箔放舟"之办法，开始了向使用"斗门"阶段的尝试性过渡，让人们终于看到了走向斗门文明过渡阶段的曙光；齐浣开凿伊娄河，为怕运河水流失才两斗门尝试性串联使用，终于成就了船闸文明基本模式"二门一室"的诞生。

由于人们的认识能力有限，有很多事情往往都是先有现象发生，然后才逐渐被人们了解或者认识，而后来才渐渐形成共识和名称。由于"船闸"一词出现于民国初期，在清代以前的文献中均未见有"船闸"二字记载。至于"帮助船舶克服集中水位落差障碍的通航建筑物"的称谓，是随着现代科学技术的引进与发展，以及新式船闸在中国的出现才开始逐渐使用。后来，它也是伴随着船闸文明的现代辉煌过程而逐渐被人们所认识的。

当然，我们如果用现代人的眼光去探索船闸文明演变进化史的话，就不能不考虑当时人们认识的局限性。因为谁也没料到两个斗门联合使用，会有船闸文明如此的现代辉煌。因此，如果不是诗仙李白对新生事物有特别敏感的视觉的话，像如此平常而大家都司空见惯的过埭琐事，就不会留下这样难得的见证初期船闸诞生的具有史料价值的珍贵诗篇。如其不然，我国初期船闸诞生的史实，有可能就要推迟二三百年。大概还要等到在《宋史》卷三〇七《乔惟狱传》或者沈括的《梦溪笔谈》发表后，才有可能知晓西河复闸的历史记载。

3. 从"过闸诗"分析还原当初的信息

齐公凿新河，万古流不绝。
丰功利生人，天地同朽灭。

从这四句诗中，我们看到李白歌颂齐浣凿新河的功绩确实不假。我们从前面文字已经了解到当时漕运的背景资料。不难想象，伊娄河的开凿不仅减轻了江南至江北过往漕船绕行瓜洲的风险。而且新建的复闸还避免了船只过埭时，运河之水白白地流失、误工、费时和不安全等缺点。显然这要比过去船只过埭或过斗门都要好得多。诗中表明，两斗门式船闸建成后，潮平（涨潮时，闸室内外水位平齐）过闸，无繁险之虞。比起"直坠而下，船重水汹"，令人"望而生畏，不寒而栗"的过斗门来说，当然要安全、惬意得多。因此，诗仙李白赞颂刺史齐浣开凿伊娄河和创建两斗门式初期船闸的功德与"天地共存，日月同辉"，是完全可以理解的。这是诗人的心声，是诗人代表了当时当地人民心灵的呼唤，这正是伟大诗人的伟大之处！

两桥对双阁，芳树有行列。
爱此如甘棠，谁云敢攀折！

诗中"两桥、双阁"，并非有人所说的是供人游览的观赏建筑。"两桥"即方便工作人员检修、通行的上下闸首（现代称闸室两端为闸首）的人行桥；"双阁"即作为闸首的机房，亦是可以升降斗门的工作阁楼（见图 5-17 上图）。闸门材质，一般为木质叠梁门或木质平板式闸门（见图 5-17 下）。

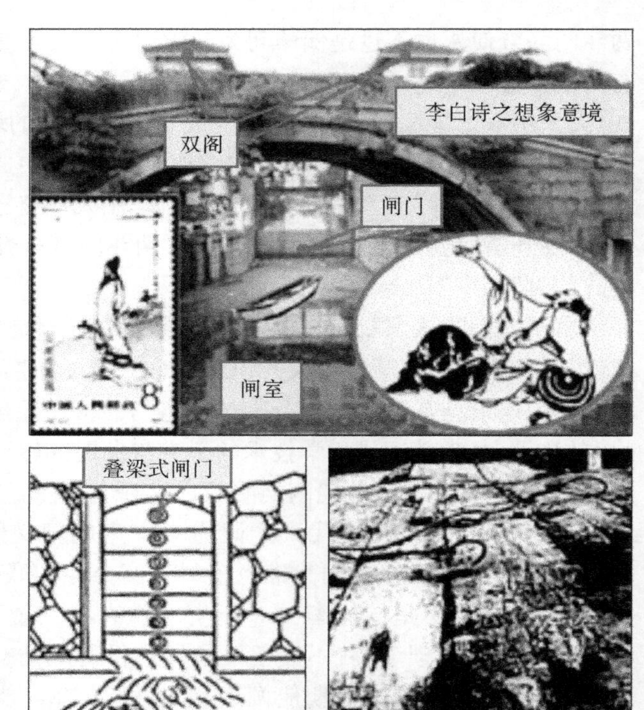

图 5-17 按李白诗意境想象出的闸门及过闸

后面三句诗“芳树有行列。爱此如甘棠,谁云敢攀折!”反映了我国在1 000多年前就已经很重视船闸的环境美化和绿化建设了,并且还制定了环境保护的规章制度(或法规)。不然的话,闸室两旁整齐地种植着的花树成行成列,如果当时没有(环境保护的意识或)规章制度的话,这么好看的芳树和甘棠花,怎么能说“谁云敢攀折”,即游人哪个敢说去攀折一枝呢?

诗中提到的“爱此如甘棠”,所谓的“甘棠”,即棠梨树,木本植物。《诗·召南》有《甘棠》篇。朱熹集传:“召伯循行南国,以布文王之政,或舍甘棠之下,其后人思其德,故爱其树不忍伤也。”召伯,亦同邵伯,即召康公。周代燕国始祖,名奭。因采邑在召(今陕西岐山西南),称为召公或召伯。曾佐武王灭商,被封于燕。成王时任太保,与周公旦分陕而治。因其“循行南国”“布政”时,曾睡在甘棠树下,所以位于扬州江都的邵伯湖又名为甘棠湖。

吴关倚此固,天险自兹设。
海水落斗门,潮平见沙汭。

诗中前两句笔者的理解是:古(吴国)之邗沟(江淮运河)在此设闸建坝后,“闸坝”控制着南北水运交通要道。像这样的话,伊娄河之瓜洲也就成为南北水运不可逾越的交通枢纽和军事要塞了。为什么会成为枢纽和要塞?是因为“天险自兹设”,才“吴关倚此固”。

后两句说的是潮涨潮落与船只进出船闸的关系。涨潮时,船只随潮水壅进闸室,待潮水与上游水平齐后,再落下斗门,即把船只关在闸室内,也等于把部分潮水也关在闸室内了。这样上游船只进出闸就基本是平水了。这时运河之水与闸室内的水面基本平齐。接着,先出船而后进船,再落下上游斗门。所谓“潮平”,即涨潮平息之后(或者退潮平息之后)。上平齐,上游进出船;下平齐,下游进出船。在下游进出船时,还能见到江水波浪推动泥沙留下的凹凸不平的沙波(沙汭)。

由此,我们可以想象得出,当时的初期船闸,为什么会选择这种特殊的进出闸形式:其一,齐浣首次将两斗门联合使用后,偶然地在两座闸门之间形成了闸室。因为初期船闸的闸室不可能像现代船闸一样有输水系统,其闸室内的水全凭潮涨潮落而流进或流出,并且用斗门的起落来进行水的进出节制。其二,因当时社会的科学技术能力有限,船闸输水不可能实现机械化或者电气化,伊娄船闸只能巧妙地利用海水涨落而对闸室进行充、泄水,使闸室内外的水位达到基本平齐时,再让船只随着潮水的起落而出闸或进闸。

(三)齐浣创新的主要原因

1. 运河水量不足是主要原因

齐浣别开生面地将两斗门联合使用的主要原因是运河水量不足,防止运河之水大量流失。那么,为什么运河的水量会不足,而又为什么运河之水会大量流失呢?要回答这个问题,从历史上扬州地区水位变化情况了解便可明白一切。

长江流经扬州,最早记载是沿北岸之蜀岗南侧东流。镇江群山以北,是一片由长江泥沙淤积而成的沙漫滩地。由于长江在南京到镇江一段的江道曲折蜿蜒,这段江岸和水道一直不稳定。镇江一带海水涨落潮之差在 1 m 左右。由于海潮顶托着江水,江水流速变缓。于是,江水中的泥沙落淤速度比其他河段要快。随着长江入海口逐渐东移。扬州境内的江岸也逐年南移。而在隋唐时期江岸南移速度尤为急剧。《读史方舆纪要》记载:唐初扬子镇距京口江面最宽处有四十余里。到了唐代开元时期,"江阔尤二十余里;宋时瓜洲渡口,尤十八里;今瓜洲渡至京口,不过七八里"。可见隋唐时期,江水南移,江岸北进而南退,使长江江岸与水流的变迁尤其加快。唐代 300 年间,长江北岸就向南延伸了约 30 里。

在江岸南移的同时,是运河的水量欠丰。《芜城赋》记载:"沵迤平原,南驰苍梧涨海,北走紫塞雁门。柂以漕渠,轴以昆岗。"这里说的是邗沟开挖以后,直到鲍照时没有多少改变。但到了东晋穆帝永和中(345—356)发生了"江都断水"事件,因此运河不得不另外寻找水源。于是,作埭坝蓄水,"其水上承欧阳埭,引江入埭,六十里至广陵"。这里所说江都断水,是当时扬州北高南低,水易下泄。同时长江江岸南移,江水不能直抵蜀岗之下,所以断水。于是,在晋永和年间开挖仪征运河,利用长江废弃的故道沟通真洲至扬州之间水路。这条运河在唐开挖伊娄河之前一直是当时漕运绕道瓜洲进出运河的主要干渠。

由此想到,当初齐浣设置两道斗门的主要原因,主要还是防止运河之水下泄入江。当下首斗门打开时,有上首斗门挡着,运河之水就不至于倾巢而出、下泄入江。没想到这样一个偶然的创新,终于发现了两斗门联合使用的妙用。

2. 为什么会出现江水南移,江岸北进南退呢?

提到这个问题,就要从中国的总体地理环境说起了。中国总体的地势是西高东低,因此中部三条横向河流——黄河、淮河、长江,也都是从西向东流向。然而,长江与黄河都发源于青藏高原,流长域广,水量丰沛,挟带泥沙多(特别在黄土高原,人类活动早,植被破坏早,于是黄河挟带着大量泥沙);中部淮河流短水少,流域面积小,泥沙挟带量次之。因此,从我国东部河流淤积平原的面积和高度看,长江和黄河流域的淤积面积大而且淤积厚度也较大。我们从中国地图东部的海岸线就可以看出:上下突出,中部内凹,即长江三角洲与黄河三角洲向外(右)突出,而淮河三角洲较小、向内(左)凹。早年间,淮河中下游总比两旁的长江和黄河的中下游淤积慢,其地势和水面也要低很多。于是,邗沟初期沟通时是江水入淮。因此,夫差怕江水流失太快而水浅,才用草土筑埭,壅水过船。然而,从秦汉以来,黄河水患不断,汉武帝时多次缺口。特别是瓠子口决口"东南注巨野,通于淮泗",即黄河南溃,夺淮入海,泛滥横流二三十年。后来,好不容易才把缺口堵上。但是,后来黄河依然几乎年年泛滥。汉代以后,隋唐之前的魏晋南北朝的 400 余年间,国家分裂战乱,黄河连年泛滥成灾。黄河泥沙已经把整个江淮平原逐渐淤高,使淮河入海不畅,也经常泛滥,淮水增高。此后,长江之水再也不能北流入淮了。而反过来淮水(含黄水)则倒灌运河南流入江。于是,使运河挟带着黄淮之泥沙在运河与长江交汇口门处，逐年向南淤积而凸起并成为漫滩；由于漫滩的作用可使长江流速变缓，于是大量长江泥沙也趁机在此处落淤，使漫滩逐年长大南移并与江中沙洲汇合成瓜洲而倒逼江水主流南移，使江岸北进南退。等后来黄河北返时，此处已成定局。直到南水北调东线工程建成时，实施多级抽水站用抽水机逐级提升，才能让江水北去。

3. 李白过闸诗与当时当地史实相符

了解到上述情况后，我们再根据有关史料记载和考古发现获得的旁证。

(1)唐代运河要保证大型漕船、官船往来，对横跨大运河所建桥梁的跨度和净空的要求规定甚严。据考证，从古至今，横跨大运河的桥梁不多。在唐代当时的具体情况下，通往瓜洲的伊娄河，刚开挖不久，它主要是解决漕粮运输的安全问题，不是过桥的问题。而且在伊娄运河还没开凿前，瓜洲不过只是江中的一个沙洲，可想而知，居住的人口不多，也用不着大型桥梁往来。后来，瓜洲渡、瓜洲镇兴起后，瓜洲往来之人口才逐年增多起来。根据史料和考古得知：①从《瓜洲志》和《瓜洲续志》上，均未发现有在伊娄运河上曾经建造过大型桥梁和楼阁的历史记载；②现在这段运河已经改道，在原运河故道上考古发掘，没有发现任何有建过桥梁的遗迹。因此，根据这一史实反证，“两桥对双阁”不是所谓观赏建筑，实为两斗门上辅助设施——人行桥和斗门启闭工作阁楼无疑(阁楼可装辘轳或绞盘)。此种设施亦见于后来宋代乔惟狱所建的西河船闸上。

(2)李白诗句对两斗门式船闸的记述，给我国初期船闸的建造和使用留下了难得的历史记载(见图5-18)。迄今为止，这是世界上唯一有据可考的最早使用的初期成型船闸。它比世界上其他国家初期船闸的出现起码要早500多年时间。据资料记载：“世界其他国家较早修建船闸的年份依次为：荷兰，1203年；德国，1325年；意大利，1420年；美国，1790年。”(引自宋维邦等编著的《船闸与升船机设计》)现代船闸虽然有单级、多级之分，无论水头多高，级数有多少，其结构如何先进，操控系统如何灵活，智能化程度如何超前，其船闸模式都不外乎基本模式(二门一室)之叠加。诗仙李白对我国初期船闸的歌颂和记载，对后代探索、研究船闸文明演变进化史有着极其重要的史学价值和历史意义。

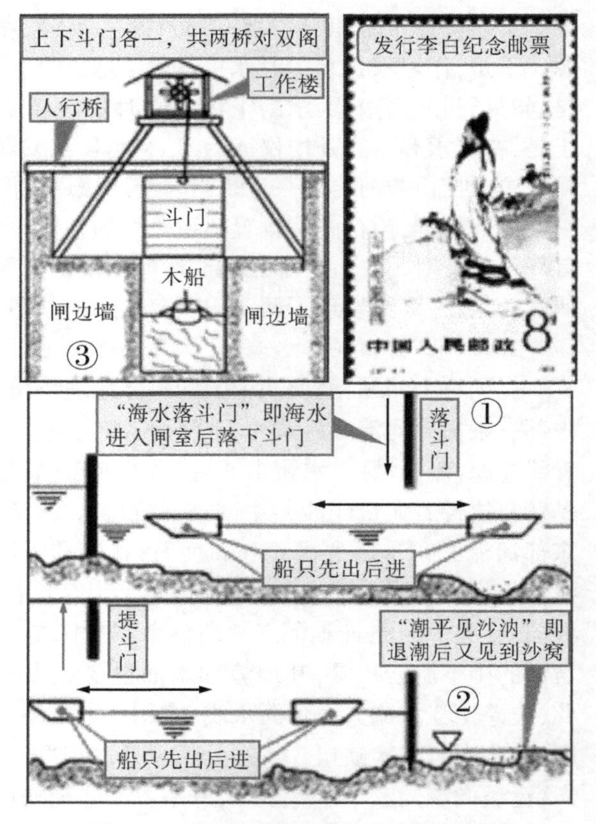

图5-18 两桥，双阁，斗门，潮平，见沙汭

(四)初期船闸诞生的历史意义

1. 唐代初期船闸诞生是历史的必然

船闸的产生与发展有其自身的成长规律。在经历了孕育、埭堰和斗门阶段之后，终于在唐代开挖伊娄运河时，初期船闸在人们并不经意间诞生了。这件事看似是偶然现象，其实这是历史发展的必然结果。世界上

任何事物的发生与发展，都是有其主、客观原因的；有时候，表面看来好像是一个偶然性事件，但其实偶然之中又往往包含着客观规律的必然性。换句话说，任何新生事物的出现，都必须要满足或者具备内、外因素的条件：必须具有强烈的社会需求，这是外因；必须具备事物本身产生与发展所应该具备的各种条件，这就是内因。

盛唐时期，前朝隋代已经基本完成了全国性的大运河的开凿与沟通。然而，朝廷对漕运的需求量还在逐年增加并且年年供不应求。供需矛盾迫切需要进一步改善航运条件、提高航运效率、扩大漕粮运输、增建助航设施，这是社会的迫切需求，是外因。同时，唐代又是我国封建社会发展的鼎盛时期，社会生产力提高、商品经济活跃、市场繁荣，精神文明与物质文明都达到了历史的巅峰。随着生产力的提高、科技进步，商品流通与文化交流的频繁，这些都为船闸文明的诞生准备好了人力、物力、技术、交通等以及多方面的精神与物质条件，这是内因。在这种内、外因都具备的情况下，换句话说，也就是说“万事皆备，只欠东风”了。因此，“二门一室”初期船闸在唐代的出现，是历史发展的必然结果。

2. 初期船闸的诞生是社会发展的需要

我国的水运，始于原始社会的渔猎。考古发现 8 000 多年前的独木舟，当时，人类主要是为了生存而捕获鱼类作为食品充饥。农耕文明出现后，有了区域性的水上交往或物品交换。奴隶社会时，出现了禹贡水道和后来的商业水上交通。直到春秋战国时期的诸侯割据，各国因政治、经济和军事斗争的需要，水运、造船、人工运河等都相继出现并得到较大的发展。从秦代就开始的漕运补给线，既是历代封建统治者赖以生存和维持政权稳固的生命线，同时又是我国内河航运发展的“催生婆”。到唐开元盛世，一方面它将封建社会的政治经济发展到一个时代的顶峰；另一方面封建社会都市的繁华和统治者的奢侈享受，对当时漕运提出了更新更高的要求。都市人口剧增，漕粮供不应求。如前所说，唐代几代皇帝都曾多次带领百官不得不到东都洛阳就食。朝廷对漕运的巨大需求，需要漕粮运输的稳定性和安全性，以确保政权的稳固。除要在漕运制度、仓储管理等制度方面加强外，更重要的还是要确保漕运的畅通与可靠。因此，整治运道，创新设施，扩大运力，是当时统治者政权稳固的需要，也是社会发展的需要。

3. 大运河的贯通奠定了初期船闸诞生的物质基础

我国最早开凿运河是商末，即周太王的长子泰伯带领吴地百姓开凿的一条运河——泰伯渎。此运河后来在江南运河中发挥着极其重要的作用。春秋战国时期的“沟通陈蔡之间”“淄济之间”“杨夏运河”等都很早。但它们跟泰伯渎一样，只有大概而无准确的开凿年代记载。我国历史上第一条有确切开凿年代记载的运河就是吴国的邗沟、魏国的鸿沟。后来汉代的漕渠、汴渠以及曹魏时的北方五渠、晋代的江南运河等都有确切的开凿、扩建的年代记载。隋时，在前几代的区域性运河基础上，扩建、疏浚并连接成沟通全国各主要地区的水上交通大动脉——隋唐大运河。大运河的贯通、江南经济的发展、南粮北运的需求量增大，为改进运河通航设施奠定了必要的物质条件。因此，大运河的贯通也奠定了唐代初期船闸诞生的物质基础。

4. 初期船闸的诞生是吸取历史经验教训的成果

从商末到唐代，约 1 700 年历史。即使从邗沟到唐代，也有 1 200 年历史。在这段时期内，社会发展、技术进步，先人们经历了从铜器到铁器的时代；从陂塘沟洫兴建到灌溉渠系的施工，从区域间河湖沟通，到建成全国性的运河网。在这一千多年的社会进步与水利建设、运河开凿的施工实践中,先人们经过不断探索与创新,积累经验、总结教训,获得了不少有关水工、水利、航运、助航设施等多方面的专业科技知识与实际施工技术能力。特别是在克服集中水位落差障碍的助航设施的建造和改进创新过程中,积累了不少的宝贵经验与深刻教训。所以,船闸诞生是总结和吸取了历代水利、水运建设经验教训的成果。

5. 初期船闸的诞生是先人们改造自然的杰作

数千年来,我们的祖先为改造客观世界、征服自然,消除水害、发展水利,谋求民族的生存与进步,在中华大地上,曾经与各种自然灾害和恶劣环境进行过长期的艰苦卓绝的斗争。各种水利建设成果和大运河的开通,就是人类改造自然、改造客观世界的成果。这是先人们敢于克服困难、艰苦奋斗精神的体现。从共工氏的"壅防百川"形成集中水位落差开始,直到落差构成通航障碍后的"以堰平水""以船为车"翻坝,以及"以箔阻水……去箔放舟"和"陡其门以级其直注之"等,特别是秦代的斗门应用,使通航建筑物发展到一个关键阶段。这就好比现代人们的足球比赛一样,万事皆备只差"临门一脚"了。唐代伊娄运河"二门一室"初期船闸的诞生,是我国历代水利建设一系列成就发展进步的结果,是无数先人们在克服种种困难并经历了一千多年的"足球传递"后,最后把球传到唐代,而由齐浣踢出了这最后的"临门一脚"。是我们祖先在长期社会生产实践中,在改造自然、改造客观世界的同时,使自身认识能力大大提高的杰作,是人类社会的发展和科学技术进步的必然结果。

五、宋代船闸在唐代基础上得到进一步完善

(一)完善船闸技术是北宋朝廷的迫切任务

进入五代后,北方政局动荡,朝代更迭频繁,因此百姓往往避难南逃。这时,南方政局比较稳定,农业生产持续发展。然而,北宋虽结束了五代十国的混乱局面,但是当时的经济中心已经由北方转移到了南方,而政治中心却仍然还留在北方。同时,北方政局动荡,百姓南逃,从而使北方游牧民族逐渐崛起而进入中原。因此,宋既要抗击辽、金,又要防御西夏,朝廷对南粮依赖程度必然增大。宋太宗曾强调说:"东京(宋称汴京为东京,洛阳为西京)养甲兵十万,居民百万家,天下转漕,仰给在此一渠水,朕安得不顾全大局。"(《中国古代著名水利工程》第44页)北宋每年从各路水运入京的粮食络绎不绝,仅汴河上的载粮官船,常有2 000多只以上;年平均漕运量都在600万石左右,可见其水上运输之繁忙。若要保证漕运安全畅通,就必须改革运河设施,提高通航效率。于是,进一步完善船闸技术设施和确保漕粮运输安全,成为北宋朝廷的一项特别重要的任务。于是,在朝廷与社会的迫切需求下,在当时物质条件允许、技术条件均已具备的情况下,初期船闸在宋代逐渐得到发展与完善,使宋代的船闸不仅在数量上,而且在质量上比起唐代来都有了很大的提高。

(二)船闸在宋代的发展与完善

据史载,宋雍熙元年(984),朝廷为提高漕运能力,从淮南转运使乔惟狱主持建造的西河船闸开始,使由唐代诞生的"二门一室"初期船闸在宋代的兴建和使用中,逐步得到了完善、发展以及进一步的提高:

(1)筑土垒石,以牢其址。《宋史》卷三〇七《乔惟狱传》是这样记载的:"创二斗门于西河第三堰。二门相距逾五十步(一步相当于1.47 m)覆以厦屋(与李白诗中"阁"相似),设悬门,积水候潮平乃泄之,建横桥岸上(与李白诗中"桥"相似),筑土垒石,以牢其址。自

是……运舟往来无滞矣。"

(2)闸室规模上的扩大。当时的淮南运河自淮阴至磨盘口40里的航道上,建有五座埭堰。乔惟狱在第三座堰处将其堰改为"二门一室"的标准模式初期船闸。二闸门相距约250尺,说明闸室长度约为250尺,其闸室宽度没见记载,无从考证。闸墩(现代船闸的闸首)用巨石砌成,使其更加牢固。闸面上建有横跨闸室两边的横桥,还盖了厦屋(如前伊娄船闸之双阁,类似现代船闸的闸门启闭机房),以便于看守船闸的闸夫在上面工作和留宿。

(3)船只载量增多。又过40年后,在宋仁宗天圣四年(1026)真州堰(今江苏仪征县)、北神堰皆改为船闸。据记载,天圣中,监真州排岸司右侍禁陶鉴,始议为复闸(史籍记载的"复闸",即两个闸门重复使用的"二门一室"模式的单级船闸)节水,以省舟船过埭之劳。……(若按原来)运舟旧法,舟载米不过三百石。闸成,始为四百石船;其后,所载浸(应为"更")多,官船至七百石,私船米八百余囊,囊二石(沈括《梦溪笔谈》卷十二)。

3年后,邵伯堰又为"二门一室"船闸所代替。元祐四年(1089)京口(今江苏镇江)、奔牛(今江苏丹徒县)、瓜洲等皆建船闸。至此,长江与运河交汇口门附近,原来的埭堰全部被当时新建的船闸所代替(这里所提及的船闸或复闸,均为"二门一室"模式的单级船闸,还不是真正意义上的多级复式船闸)。

(4)船闸数量增多。由前所述,宋代以船闸代替埭堰已达高潮,不仅在数量上比唐代大大增多了,而且在结构上也不断完善。唐代和宋代初期,所建船闸一般均为土木结构,木质结构年久易腐,漏水严重。嘉太元年(1201)改建真州闸时,乃易石闸:"移它山之坚,患其旧门之广(广即宽)二丈,高丈有六尺,其闸底两旁各用油灰麻丝捻缝,牢不可坏。"(《船闸结构》第68页)

宋代当时的船闸,其闸门形式有两种:其一,为整体式平板闸门。配以启闭架或辘轳,用人力或畜力作为闸门升降的动力。闸门的材质均为木质。宋初西河船闸的悬门,就是属于此种类型。其二,为叠梁式,均用人力拉动两端绳索提升或逐块下放方木入闸首凹槽内,这种闸门(见图5-18下左),即使在新中国成立之初的个别边远地区仍可见到。

(三)北宋初期船闸面临的问题和特点

宋代船闸虽然比唐代船闸有所改善和发展,然而由于受到时代的局限与科学技术条件的限制,船闸仍然存在着不少的问题。其中,主要问题还是泄漏(水的流失问题)。两门联用的船闸,虽然比单门使用时大大地减少了闸门启闭时运河水的流失,但是那时的船闸还不可能专门设置单独的输水系统。每次开闸放船,虽有第二扇闸门挡住上游之水,但运河之水还是会随着船只的进出而泄走部分。这对运河水源短缺、往来船舶增多、闸门开启频繁、水量原本不足的运河船闸来说,仍然是一个很大的问题。当时,为了解决闸室之水流失严重的问题,总共实施了以下两种办法:

其一,从过闸时间上进行控制和调节。

掌握江水受海潮上涌的潮汐规律,让过闸船舶集中等待和批量过闸。即在海水涨潮而闸室内、外的水位比较接近时,开启下闸首门让船只进、出闸。具体情况就如李白的诗中所说:"海水落斗门,潮平见沙汭。"其大意为:当海水进入闸室而内外水位平齐时,落下斗门;而当海潮退(平)后出船,还可见到江底沙丘、沙汭。有关利用涨潮时机过闸的情况,当时来中国游学的日本成寻和尚的游记中有记载,后面我们还将专门讲述。

建在长江和淮河口附近的船闸,是借助海水潮涨潮落时江面涌水的时机,把控船舶进出闸室时间来减少或消除闸室内、外的水位落差障碍，即“引方舰而往来，随潮平而上下”。宋代诗人杨万里在《至洪泽》一诗中做了如下记载：

至洪泽

今宵合过山阳驿，泊船问来是洪泽。
都梁到此只一程，却费一霄兼两日。
政缘夜来到渎头，打头风起浪不休。
舟人相贺已入港，不怕淮河更风浪。
老夫摇手且低声，惊心犹恐淮神听。
急呼津吏催开闸，津吏叉手不敢答。
早潮已落水入淮，晚潮未来闸不开。
细问晚潮何时来，更待玉虫缀金钗。

诗中倒数第二句：“早潮已落水入淮，晚潮未来闸不开”，即船舶过闸时间要按照潮汐涨落规律控制，从而批量过闸，减少闸门开启次数，控制运河水的流失。

其二，兴建澳闸蓄水。

所谓澳闸（见图5-19），就是在船闸的闸室两侧附近兴建一个或数个很大的储水池，称水澳。水澳的高程必须与船闸上、下游河段水面高程进行巧妙的配合，使水澳能在船闸的下首闸门开启前，将闸室内的大部分水泄入水澳中储蓄起来，然后，打开下首闸门进、出船。当把下首闸门关闭之后，应先把水澳的水充放到闸室内，再开启上首闸门给闸室补水。这样，每个通航闸次，便可省下接近于水澳容积的水量。据《嘉定镇江志》记载，公元1100年，在江南运河京口中闸北面建造的水澳，其规模相当可观，如果折合现代尺寸的话，长约600 m，深4 m多，最宽处150 m，最深处则不下30 m。

澳闸的使用，据《宋会要稿》引《四朝国史志》记载，“先是两浙转运判官曾孝蕴献澳闸利害，因命孝蕴提举兴修”。曾孝蕴首先主持修建了京口、奔牛两处的澳闸，于元符二年（1099）建成。随后，在江淮、杭州等地都分别设立了澳闸。后来，在崇宁元年（1102），朝廷还专门设立了一个“淮浙澳闸司”，主管所辖地区澳闸的兴建和管理维修等有关事宜。

澳闸兴建后，运河的航运条件进一步得到改善。宋人胡宿在《真州水闸记》中描述道：“凿河开澳，制水立防……木门呀开，羽楫飞渡”“岁省工费甚多”。

（四）具有现实意义的多级复式船闸出现

《海塘录·古迹》卷十，对长安三闸记载：“自杭而东，水势走下，稍旱则涸，故置闸以节宣焉。宋绍圣间，提刑鲍累椖椤木筑之，重设陡门二，后毁于兵。运使吴清易以石。绍熙二年，提举张重修，自下闸九十步至中闸，又八十步至上闸。旧有两澳，环筑以堤，上澳九十三亩，下澳一百三十二亩，水多则蓄于两澳，旱则泻注于闸。”长安闸位于杭州至嘉兴之间，文中记载的是典型的“三门两室两澳”两级复式船闸，即“二门一室”船闸基本模式的一次叠加，这才是真正的复闸（复式多级船闸）（见图5-19）。

从前面的《海塘录》记载中，我们可以清楚地看到：“故置闸以节宣焉”，其实此处说得很明白，即置澳主要目的是节约用水。开始鲍累以木质设二斗门（“二门一室”船闸），毁于战争；后吴清改为石质闸墩（闸首），再就是提举张重修此闸时，创建了“三门二室”的二级复式船闸：“自下闸九十步至中闸，又八十步至上闸”。而且重复设置了上、中、下三个闸门；并在

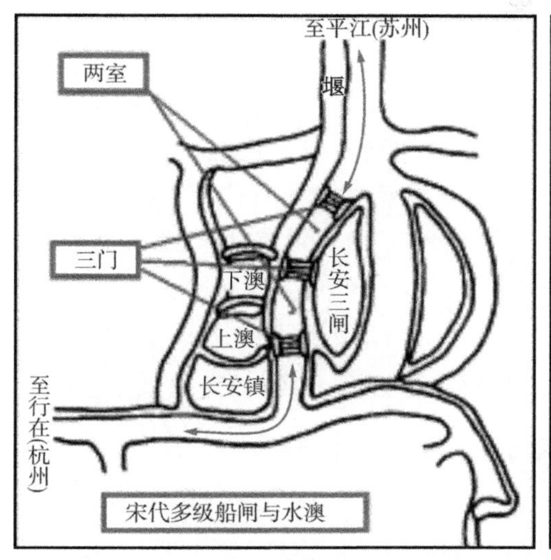

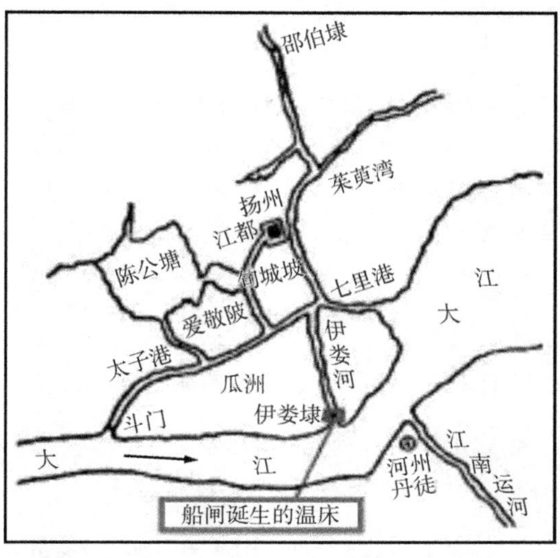

图 5-19　左为“三门二室”长安船闸，右为瓜洲伊娄“二门一室”初期船闸

三个闸门之间形成了有利于船舶过渡的两级闸室。在“三门二室”船闸中，下闸室稍大点，长九十步；上闸室略小点，长八十步。闸宽无记载，无从考证。这样，船舶通过船闸时，要经历两次闸室系泊过程和一次闸室间过渡以及一次进、出闸过程（见图 5-19）。

另外，从日本成寻和尚《参天台五台山记》中，还可看到记载的江南运河与淮扬运河沿途埭堰和船闸的情况：据悉，从浙江曹娥江的曹娥堰起，至江苏省石梁镇闸（洪泽闸）止，共有船闸 15 座、埭堰 6 座；在大运河的江南运河与淮扬运河上，有船闸 10 座、埭堰 3 座。同时，记载中还有长安、邵伯的“三门二室”船闸（长安位于杭州至嘉兴之间，邵伯位于扬州之北）。宋重和元年（1118），扬州至淮阴、淮阴至泗水的运河线上共有闸 79 座，其中包括一些节制闸。从中可以看出，宋代以闸代替埭堰已经达到高潮（《船闸结构》第 68 页）。

（五）当时船舶过闸的实际情况

关于宋代复式船闸的过闸情况，前面提到的日本僧人成寻和尚所撰《参天台五台山记》中（载《日本佛教全书》第 115～116 期），已有极其生动的记载。成寻和尚是在熙宁五年九月路过楚州（今江苏淮安）附近的船闸，他记录了所经历的船闸启闭和船只过闸的全过程，摘录如下：

> 巳时，过十里至闸头，依潮干不开闸，……戌时，依潮生开水闸，先入船百余只，其间住一时，亥时出船，依不开第二水门，船在门内宿。十八日天晴颇翳，终日在闸头市前，戌时开水闸出船。
>
> ——《水利史话》第 159 页

江南船过江北上的经过：

> 自京口闸（在镇江江岸）过江，江行三十五里，至河口入扬州界，过瓜洲，有闸一（即龙舟闸），待潮至开闸。过二里到瓜洲堰，以牛二十二头牵船过堰，过扬子镇，河宽二丈余。润州至扬州四十五里。
>
> ——《中国水利发展史》第 269 页

另外还记有：

至邵伯闸，闸有三门，六十里至高邮县，县（悬）有水门。五十五里至宝应县，十里至黄莆镇，八十里至楚州。扬州至楚州三百一十里。绕州城十里至闸头，候潮，开闸门进船，一个时辰内进船百余只。候一昼夜，开闸门放船。六十里至淮阴县新开河（即洪泽运河），又六十里至石渠镇（即洪泽镇）闸头（即洪泽闸，控制运河通淮之口）。潮涨开闸，出船至淮河口，行淮水（这时龟山运河尚未开凿——作者注）。

——《中国水利发展史》第 269 页

还有一次是同年八月，成寻和尚坐船路过盐官县（今浙江海宁县）长安堰，记载道：

申时开水门二处出船，船出了，关木曳塞，又开第三水门关木出船。

——《水利史话》第 159 页

二十余年后，绍圣时（1094—1097），瓜洲堰和江南运河上的京口、奔牛两堰，也均改为复闸。瓜洲闸与邵伯闸相似，也是三门，相当于二级船闸。门内岸旁有积水澳，如水源缺乏时，就车水自澳入灌闸室，这种闸当时称为澳闸，并规定启闭日限，每三日开放一次，以节省水。数年后，崇宁元年（1102）设提举淮浙澳闸司，专管杭州至瓜洲澳闸，后又增建归水澳回收闸室泄水。

从成寻和尚记载中，我们得到如下信息或启示：

（1）成寻和尚的记录，证实了当时船只过澳闸时，闸门的开启是根据海潮的涨落而启闭的，也就是说，初期船闸尚无独立的输水系统，全靠海水涨、退潮规律进行闸门的启闭来控制潮水涌入或退出。就这样依靠潮涨、潮落直接对闸室进行充海水或者泄水的过程。

（2）由于诸多条件限制，那时的船只过闸不是随到随过，其主要原因是等涨潮或退潮。因此，有时船舶在闸室内要等候一天多时间（即要留宿），这很正常。

（3）过楚州船闸时，等涨潮才开水闸，因先已有船百余只在内，其间住一时，等这百余船亥时出来后才进闸；但仍不开第二水门，船在闸室内住了一宿，等第二天“戊时开水闸出船”。这是“二门一室”的标准模式，只有两门不是多级复闸。

（4）过长安船闸时，过了三次水门，是标准“三门二室”的二级船闸，应该是复式多级船闸。

（5）文中多次提到关木曳塞和关木出船，有可能是指叠梁门用一条条方木叠塞挡水，或者理解为用人工或绞盘拉动的平板门。曳即拉，塞即落门堵塞孔口。

（6）北宋熙宁年间，“二门一室”船闸的运用虽然比较普遍，但还没有完全取代埭堰。像这样几种不同文明时期的通航建筑物共存的现象，在历史发展过程中是比较多见的。

（7）还有个需要交待清楚的问题是：前面说过，齐浣在“伊娄河与大江相接处建了一座伊娄埭，埭旁亦建立了船闸（《水利史话》第 156 页），此即李白诗中早有记载的“两桥双阁”的初期船闸。怎么到了宋代又记载“瓜洲堰和江南运河上的京口、奔牛两堰，也均改为复闸”了呢？这里的“也”字怎么解释？

这里所说瓜洲堰和伊娄埭，应该均是指“伊娄河与大江口门交汇处”，所指应为一处。这个问题要解释的话，根据有关记载，本书作者理解是这样的：

其一，伊娄船闸（后人称谓）是世界首次出现的“二门一室”初期船闸雏形，其根据是确凿的(但当时不叫船闸,或叫两斗门,或叫复闸)。

其二,宋绍圣时,瓜洲堰再度建复闸也应是事实。据推测可能有两种情况:

一种情况是,唐代伊娄船闸为首创,可能并不完善。而且从唐开元元年(734)到宋绍圣元年(1094)相距300余年,其间还要经历南北分裂的五代十国近百年战乱,初期船闸有可能年久失修或被战乱毁损,此时再建或改建均有可能。

另一种情况是,齐澣当时主要是为防运河水大量流失,偶尔试验性地使用两门联用。当时谁也没意识到其创新的重要意义。史料没有记载(我们也只能从李白的诗句中得到文字根据)。一旦人们在船闸的推广、发展与完善中认识到船闸的诸多好处后,以闸代堰就出现高潮。据悉,"伊娄河与大江相接处建了一座伊娄埭,埭旁亦建立了船闸"(《水利史话》第156页)。这就是说,瓜洲地方本来就有瓜洲埭,再度改建时可能是将当初尚未改建的伊娄埭再次改建为船闸,并与其他船闸一起记入史料,也是有这个可能的。

(8)宋代熙宁五年以前,我国当时不但建造了比较完善的"二门一室"标准模式船闸,而且还在多处建有"三门两室"多级复式船闸与较先进的澳闸。

(六)有关"船闸"概念的认识与讨论

在许多现代史书中,对"船闸"的概念与提法或者看法都不尽相同。这些都是过去时代的局限,纯属正常现象。在古代运河刚出现时,人们也不叫它运河而叫"沟""渎",例如"邗沟""泰伯渎"等。后来,人们才开始叫人工运河或简称"运河"。虽然运河有时也有灌溉、输水等作用,但其主要目的还是为水上运输服务的,所以,再后来也就统称为"运河"了。初期船闸出现时,也不叫船闸,船闸是我们后来才叫的。开始叫水门,秦代叫陡门,唐代叫斗门、闸门。两斗门重复使用时开始叫"复闸",即两个闸门重复使用。但是,复闸与复线是有着本质区别的。

航线的重复称复线,即单航线拥挤必须进行多条航线通航才行。

闸门的重复称复闸,即多闸门前后重复使用形成(N-1)级船闸。

同一样东西,时代不同,其称谓也就不同。例如"闸门""水门",古代都不是指现代意义的"闸门",而是指的门座或门框。如《中国水利史稿》上册第210页与第155页分别记载:"水门是调节引水的渠首建筑物","所指石质闸门当指闸座而言……"用现在的话说,当时所指的"闸门""水门""陡门",其实就是现代人所指的"闸首""门槛"或"闸首边墙"之类的水工通航建筑物。而今天所指的"闸门",才是真正意义的起挡水作用的"闸门"。

时代在前进,社会在进步,人们的社会意识与认知能力也在不断扩展。有谁能够料到,当初人们只想用来挡挡水、放一放水的简单设施——竹编竹箪或后来的木质闸门。如今,尽管它的材质、结构、形态或者启闭形式与启闭动力等都发生了天翻地覆的变化,然而,人们一旦把它们应用到现代化大型水利枢纽或大型水力发电站以及大型船闸的水流流量控制的大型设施上时,原来被人们瞧不起的"丑小鸭"竟然摇身一变,成了巍峨雄伟的"金凤凰",即现代金属结构大家族中拥有众多成员的最重要的水工大型设备之一的水工钢结构闸门系列。在这个雄伟的闸门大家族中,有大名鼎鼎的人字门、平板门、弧形门、反弧门、折叠门、翻转门、三角门、组合门,以及泄洪与溢洪闸门、冲砂与平板检修门和浮式检修门等。五花八门、多姿多彩的闸门系列,真是让人眼花缭乱、应接不暇,使现代的金属结构大家族焕发出古老文明鲜艳夺目的现代文明光辉(见图5-20)。

据《扬州府志·河渠志》引顾炎武著作《天下郡国利病书》之说,对我国古代水工建筑物(塘、坝、澳、堰、涵、闸)的定义。其实,古人早有界定,即"以塘潴水,以坝止水,以澳归水,以

图 5-20　古老文明焕发出现代文明的光辉

堰平水,以涵泄水,以闸时其纵闭,使水深广可容舟”。顾炎武所分析的指向,都是非常准确的,即一物是一物,一物有一用,决不含糊其词、似是而非,其表达顺序也与船闸文明演变进化历史的阶段性相当吻合。

上述所有水工建筑物,尽管在船闸演变历史进程中,各有其发展阶段的定位,但是,它所表达的含义和时代背景又各有不同,当然更不能笼统地混淆其称谓。

比如,船闸文明孕育阶段的塘与坝、原始翻坝时期的埭与堰、船闸文明过渡阶段的门与闸,它们都只是船闸文明演变进化过程中一定历史阶段的过渡产物。虽然船闸文明都曾经历过那个阶段,但毕竟只是当时一个过渡阶段的称谓,不能把它们都笼统地称为“船闸”,或过去的“船闸”。打个比方说,蝴蝶从幼虫到能飞,不能都叫“蝴蝶”。假如其从幼虫变成“蛹”,也只能叫“蛹”,不能叫蝶,只有当“蛹”“羽化后”展开翅膀能飞时,方能叫“蝶”。所以,不管是“斗门”或“埭堰”,在它们还没确立“二门一室”基本模式之前,不能叫船闸。而一旦“二门一室”基本模式确立,再叫船闸不迟(即此时已经不是幼虫和蛹,已经“羽化”而“蝶变”了)。作者在查阅史料过程中,看到有的史籍把原始埭堰也叫船闸,把斗门过渡也叫船闸,这就有点使读者糊涂了。因此,只有具备了“二门一室”雏形的基本模式规模之后方能叫船闸。“三门二室”以上则叫多级船闸。N 门连用,则叫 N-1 级船闸。

史书中如此称呼我们可以理解,如果用历史唯物主义观点来看,这是时代的局限。当初,谁能知道这个小小“竹编”也能发展成现代船闸?谁能料到简单的通航设施能成为现代大型水利枢纽中协调发电、通航、防洪等综合效益发挥的关键性工程呢?

严格地说,用现代观点来看,光有两扇门也不一定叫船闸(或者只能叫初期船闸),而应该在配备有相应的充泄水系统的“闸室”时,才能叫船闸。

因为,但凡船闸,必须有一定规模的“闸室”。而且这个“闸室”要能容纳一定数量的船只。因为闸室的主要功能就是容纳诸多船舶克服集中水位落差障碍而安全过渡的通航建筑物。这个通航建筑物,只有当闸室形成之后,人们才会去考虑提高,即考虑怎样去改进闸室的输水条件、优化船闸的闸室结构、使用先进的启闭设施和安全的系泊方式、改善闸门及其启闭机构的传动受力条件、研究船闸输泄水系统的水力学特征和良好的水力学参数,考虑实施智能化的管理方法或采用现代化的信息传递与导航技术,去保障闸室的系泊安全和进出闸与引航道安全等。所以,从船闸演变进化历史的角度来看,“闸室”的存在是一个相当重要的因素。“二门一室”只是一个表象标志,“闸室”才是现代船闸的另一个硬性指标或标志,是确认一个时期船闸的规模大小、通航效率高低、通过能力大小、现代化程度高低的关键性指标。

第五节　我国精神文明成就的第二次高峰

唐代是我国封建社会发展的鼎盛时期,著名的“盛唐气象”的形成,不仅在于它继承了汉魏以来中原传统文化的精华,而且在于它大量吸收了魏晋南北朝时期,以及后来民族大融合之后的一切物质文明与精神文明成就。

唐宋时期,长江流域的开发得到长足的发展,江南相对稳定的社会环境,吸引着大批中原百姓南下,既增加了南方的劳动力,又带来了北方先进的生产技术。从此,更加速了南方经济的发达和全国经济中心的南移。然而,一个国家的文化中心,总是与本国的经济发展中心有着密切的关联性的。因此,在当经济中心向南转移的同时,也带动了当时国家文化中心向南方转移。由此看到,由于我国当时南北经济的巨大区域性失衡,其结果又造成了国内文化发展的区域性不平衡。因此,自唐宋以来,我国又出现了南方文化发达、技术进步、人才辈出、文明崛起的社会现象。所以,在当时科举考试中,南方人往往比北方人成绩优秀。因此,大批南方士子通过科举而进入朝廷或派到各省做官,于是造成当时文人名士多生于南方而同时又都聚集于北方的社会现象。这是当时社会的一种文化现象。唐宋时期,既是我国古代取得物质文明成就的高峰时期,同时又是中华文明继春秋战国的“百花齐放,百家争鸣”之后的精神文明成就的第二个高峰期。

一、唐宋时期水利、水运科学发展与技术进步

(一)造船业与造船技术的空前发展

航运发达需要三要素:①必须有能满足本国政治经济客观需求的水上运输业务(有货运);②必须具有安全畅通的水运航线和码头、港口等配套设施(有航线);③必须具备适应客观需求并能满足已有航运的造船业和技术(有船)。

归纳起来讲就是,若要航运发达,一要有社会需求(商贸运输、物品交流、漕运);二要有航道、港口等配套设施;三要有适航线路及其相匹配的配套设施能力与技术。所以,船舶的制造技术也是相当重要的。

唐代是我国封建社会发展的一个鼎盛时期,造船业与造船技术已经相当发达。在我国历史上,随着人工运河的大量开凿和航运发达,隋唐时期重视并加强了造船业的发展与管理。史载:隋代造船业就已经相当发达,隋文帝灭陈前,曾命大将杨素到长江上游的永安(今重庆市奉节县)制造战船。杨素督造的战船,名叫五牙大楼船。船上起楼五层,高百余尺,船身前后左右设置拍竿六支,均长五十尺,用以抵御敌船靠近;船上可容兵士800人。较小的战船叫黄龙,可容兵百余人(见图5-21)。

唐代也相当重视发展造船业,同时也加强了造船技术的管理。唐代在朝廷内设置了都水监。下设有舟楫署令,专职掌管舟楫事务,并大规模地制造船只。例如,贞观十八年(644),唐太宗命“将作大匠阎立德等,诣洪、饶、江三州,造船400艘”(《资治通鉴》卷197);又“发江南十二州人工,造大船数百艘”,并在四川“伐木造船舰,大者或长百尺,其广半之”(《资治通鉴》卷198、199)(见图5-21)。

唐中期,特别是安史之乱以后,北方失去控制,京师及朝廷的供给全靠江南。因此,漕运

图 5-21 造船技术与航运业相互促进

江淮财物尤其重要。当时,扬州、常州、杭州、越州、洪州等地都是造船业相当发达的地方。盐铁转运使刘晏在扬州设置十个造船工场,据记载,"'十场于扬子县,专知官十人,竞自营办。'每船制造用费百万钱,每船可载一千石"(《长江水利史略》第 96 页)。这是当时官府所经营的大规模手工作坊式的造船厂的规模情况,由此可见唐代当时造船业的盛况。

在造船工艺方面,唐代已开始出现了人力机械的脚踏式"轮船"。《旧唐书·李皋传》说:"(李皋)常运心巧思,为战舰,挟二轮蹈之,翔风鼓浪,疾若挂帆席,所造省易而久固。"(《长江水利史略》第 97 页)这种一两千年前的人力机械,为我国古代的航运造船史增添了光辉的一页。

造船技术的发展与造船业的兴旺,更有力地支持和促进了国内的水上交通运输。因此,水运交通的发达,又进一步对国内水运交通系统的航行条件以及其通航设施等提出了更高的要求。于是,两斗门联合使用的船闸,便在社会和市场的急切需求下应运而生。船闸文明终于走完了它艰难而漫长的探索(孕育)过程。从此,进入船闸文明的成型阶段——"二门一室"初期船闸时期。

(二)冶炼技术和水工技术空前发展

1. 造船业及冶炼技术空前发展

水利事业的发展虽然有其自身规律,但它与社会发展的许多方面都有着密切的关系。水利的发展,首先要同生产力的发展密切相关,与社会经济的发展和变革密切相关。然而,生产力的发展又与生产工具的进步密切相关。

我国自原始氏族社会开始,经历了漫长的石器、蚌器和木器时代。与其生产工具相适应的水利事业,也经历了漫长的原始沟洫阶段。后来出现了铜制工具,标志着社会向前又发展了一大步,从而使原始分散的小陂塘、小沟洫发展成为初期的灌溉系统。但是在青铜时代还看不到大型成套的水利工程。

正如恩格斯所说:"铁使更大面积的农田耕作,开垦广阔的森林地区,成为可能;它给手工业工人提供了一种其坚固和锐利非石头或当时所知道的其他金属所能抵挡的工具。"(《家庭、私有制和国家的起源》)随着铁器和牛耕技术的普遍使用,农业技术与田间管理的不断革新,社会生产力不断得到提高,从而既为水利事业发展创造了必要的先决条件,同时又对水利技术提出了更新、更高的要求,因而促使着水利事业向新的高度和深度继续发展。如三国以后南方地区不断发展,使社会财富不断增加,整个社会生产力也大大提高。由此,又大大促进了南北地区经济发展的差距和技术文化的交流。这种交流对南北交通设施又提出了新的社会需求。于是,它又反过来进一步促进着航运事业及其配套设施的向前发展。手工业的普遍发展则要求提供更多的动力资源,从而促进了水力的运用,开拓了水利事业的新领域,使水利事业在社会生产力中占据着更为重要的位置。到了隋唐、两宋时期,大型水利工程不断涌现,经济、文化不断发展,科学技术不断创新,铁器以及其他金属的使用和需求量也在不断增加。特别是唐代的金属冶炼技术得到了极大的发展与提高。人们常说,工具是人造出来的。然而,反过来说,只有人类在拥有了一定自制工具的能力之后,才能生产出社会所需求的,与工具相匹配或相适应的产品。换句话说,冶炼技术也是人发明的,然而只有当你掌握了一定的冶炼技术后,你也才能炼出现实所需要的各种金属来,从而满足现实发展的社会需求。

李白是盛唐时期的伟大诗人,他历尽坎坷,见多识广,饱览祖国山山水水。他热爱人民,贴近生活。诗中总是反映着当时人民群众的艰辛与社会底层人的实际生活情况。下面这首《秋浦歌(其十四)》诗,是李白唯一一首反映当时冶炼工场热火朝天的生产场面的难得的五言诗:

秋浦歌

李 白

炉火照天地,红星乱紫烟。

赧郎明月夜,歌曲动寒川。

——《唐诗鉴赏辞典》

秋浦是唐代著名的矿产与冶炼之地,在今安徽省贵池县西。该诗是李白于天宝十二年行游到此时所写。他描写和赞扬了当时的冶炼工人,真实地反映了"炉火映天,火星四射,劳动歌声震寒川"的动人劳动场面。由此又一次表明了,诗歌是人民群众心灵与智慧的呐喊,是鲜活的历史再现。在古诗中,像这样题材的诗歌是极为少见的、十分难得的。同时,它还从一个侧面反映了当时我国社会的冶炼技术已经达到较高的水平。

2. 农田灌溉与提水机械的发展

俗话说:"庄稼一枝花,水肥来当家"。这是人类在进入农耕文明之后,所获得的第一个最重要、最普遍、最基本的常识。是农民,就必须懂得农田灌溉和施肥管理对植物生长的重要性。前文提到了一些大型水利工程,它们基本上都是属于从上游引水而自流灌溉。然而,对那些尚不能满足自流灌溉条件,或者说无条件进行自流灌溉的个体农田来说,先人们是如何进行农田灌溉的呢?

我国古代,记载人力灌溉的有抱瓮、桔槔、辘轳、翻车,以及唐代的水力筒车和后来元、明时期的水力翻车等,经历了极其漫长年代的技术探索与发展的过程。所谓抱瓮、桔槔都是古老的提水工具,在先秦著作中已有记载。《庄子·天地》篇说:春秋末年,子贡在南游楚地的归途中,发现一位圃农,"抱瓮而出灌,……用力甚多而见功寡",便对这个圃农说,有一种"凿木为机,后重前轻,挈水若抽,数如泆汤,其名为槔"的机械,可以"一日浸百畦,用力甚寡而见功多"。《庄子·天运》篇又说:"子不见桔槔者乎,引之则俯,舍之则仰。"抱瓮全靠人力,瓮就是水桶、陶罐或其他盛水器具。桔槔则是借助于丁字架上的活动横木并借助杠杆力提水,与抱瓮相比无疑是一个很大的进步。

辘轳出现比桔槔晚,装置也较复杂,它安放在井口支架上,上装手柄轴,轴上绕着一端系有水桶的绳索,摇动手柄即可提水。

水车大约是到了东汉时期才产生的。东汉的水车,当时叫翻车,《后汉书·张让传》曾提到它。三国时,指南车发明者马钧也造过翻车:"城内有地可以为园,患无水以灌之,乃作翻车,令儿童转之,而灌水自复,更入更出,其巧百倍于常。"(《三国志·魏书·杜夔传》,转引自《长江水利史略》第125页)东汉的翻车,据王祯《农书》的说法,大致就是今日龙骨水车的前身。三国时的翻车,虽然较东汉翻车灵巧,但仍是水车发展的早期阶段。由东汉到魏晋时期,水力冶铁鼓风炉——水排,以及谷物加工的水碓、水磨都广泛地在各地使用,机械轮轴制作不断进步,给改造水车提供了有利条件。隋代已有"水车以木桶相连,汲于井中"(《太平广记》卷二五〇,引隋·侯白《启颜录》)。类似现在的立井式水车,是翻车的改进。唐代筒车的出现,则是水车的第一次技术革命。我国在古代农田灌溉的人力灌溉机械方面,筒车虽然比较先进,但还不能完全取代人力翻车。因为在没有条件架设筒车的地方,翻车在灌溉和排除田间积水中则具有特殊的功能和作用。特别是水车,后来在元、明二代又有新的发展,出现了牛转翻车、水力翻车,以及适用于高地引水的人力、畜力、水力高转筒车。到了这个时候,才可以说是水车发展到了第三个阶段。

二、唐宋时期水文化发展

(一)《梦溪笔谈》谈科学,科学史上载沈括

我国的船闸成型于唐代,完善于宋代。宋代的船闸不仅在数量上大大超过了唐代,而且在结构与技术质量上也大大超过了唐代。宋代以船闸代替埭堰已经达到高潮,这就大大节省了漕船过埭、过斗门的劳动强度和过闸时间,使漕运能力和安全性大大提高。过去漕船最大载重不超过300石,改成初期船闸后,漕船装载少则400石,多则700石,个别最大的漕船竟然装载能达1 600石之多。在宋代,运河沿线的城市,如京师以及其他一些商业中心,都呈现出一派繁荣的景象。画家张择端《清明上河图》中画的繁华场面,就是当时京都开封的实情写真。

在唐宋时期取得巨大物质文明成就的同时,精神文明成果也极其显著。其中沈括所写的包罗万象的科学巨著《梦溪笔谈》,内容十分丰富。具有很高的史学研究价值和学术研究价值。当代著名的英国科学家李·约瑟博士就曾将其称为"中国科学史上的坐标"(李·约瑟《中国科学技术史》)。

在《梦溪笔谈》卷十二中,沈括记载了宋代真州(今江苏仪征)等地兴建船闸的经过:宋雍熙年间,淮南转运使乔惟狱建西河船闸,"创建二斗门于西河第三堰,二门相距逾五十步(一步相当于1.47 m,《船闸结构》注),覆以厦屋,设悬门积水,使潮平乃泄之,建横桥,岸上筑土垒石,以牢其址"(见图5-22)。这里所说的创建二斗门式船闸,要晚于李白诗中的伊娄船闸。淮南转运使乔惟狱所建西河船闸中的厦屋对应李白诗中的"两桥对双阁";悬门应该是木质"平板门",可用绞车提吊起来为"悬"。利用潮水涨跌启闭闸门而让船只进出。它比唐代更加完善的地方是"岸上筑土垒石,以牢其址"。即闸首和闸室边墙都是用泥土夯实并用巨石垒叠而成,其目的是"以牢其址"而采取的措施。

宋天圣四年(1026),管理真州河渠水利的官员陶鉴提出改真州堰为二斗门船闸(当时称复闸),得到主管漕运的官员方仲荀、张纶的支持,并奏请仁宗批准后兴建。据记载,真州船闸建成使用时,每年能省去过埭堰的拖船民工500余人,能节省过埭费用125万两银子。

图 5-22　古运河船闸遗址“筑土垒石，以牢其址”

还大大提高了漕运能力，减少了过埭的时间。后来，淮南漕渠的一些埭堰都相继改建成船闸。到了宋重和元年(1118)，扬州至淮阴、淮阴至泗州的运河线上，已经建有船闸 79 座。

继唐代伟大诗人李白的诗中留下我国第一座“二门一室”初期船闸的记载后，在二百多年后的宋代，我国古代著名的政治家、科学家、《梦溪笔谈》的作者沈括，又在其著作中留下了我国船闸文明演变与发展历史的真实记载。这是在 1 000 多年前见证我国船闸文明演变进化与发展变迁过程的珍贵历史资料。因此，《梦溪笔谈》既是我国古代一部包罗万象的科技著作，同时又是我国船闸文明演变进化史中一本难得而可靠的史料书籍，是中华文明精神文明宝库中珍贵的科学遗产和难得的文史资料。

(二)见证船闸文明发展的唐宋船闸诗考

前面从李白《题瓜洲新河饯族叔舍人贲》诗中，获得有关我国“二门一室”初期船闸诞生的确凿年代。诗歌弥补了因史籍疏漏而遗留下的史学空白，也见证了一个时期经济发展的水运实况。唐宋时期是我国古典诗词的鼎盛时期，特别是在宋代，因篇幅所限，本书仅挑选了几首具有代表性的见证船闸文明发展的诗。

1. 苏辙诗见证宋代“三门二室”邵伯船闸

邵伯镇，今属扬州市的江都区。邵伯镇因邵伯埭而得名。邵伯埭是大运河上最古老的埭堰文明诞生地之一(仅次于北神堰)。宋代在此废埭建复闸，名为邵伯复闸(船闸)。邵伯镇是我国历史上相当闻名的历史文化古镇。北宋熙宁二年(1069)在甘棠湖畔建斗野亭，因扬州天文上属斗宿之分野，故取名“斗野亭”。孙觉(字莘老)在此写过一首叫《邵伯斗野亭》之诗，引得后来许多文人名士纷纷唱和，被当时乃至现代均传为佳话。2001 年，邵伯镇整修历史遗址并重建斗野亭。依照古代文风重兴文学大赛召开“斗野亭诗会”。古往今来，历史上唱和《邵伯斗野亭》的诗文不胜枚举，本书此处独选苏辙《和子瞻次孙觉谏议韵题邵伯闸上斗野亭见寄》一诗。为什么选这首诗？是因为苏辙在诗中唯一开门见山地给我们提示了，我国“三门二室”初期的二级船闸在建造后的使用情景及过闸过程，留下了难得的历史记载和见证。

和子瞻次孙觉谏议韵题邵伯闸上斗野亭见寄

宋·苏辙

扁舟未遽解，坐待两闸平。
浊水污人思，野寺为我清。

昔游有遗迹，枯墨存高甍。
故人独未来，一樽谁与倾。
北风吹微云，莫寒依月生。
前望邗沟路，却指铁瓮城。
茅檐卜兹地，江水供晨烹。
试问东坡翁，毕老几此行。
奔驰力不足，隐约性自明。
早为归耕计，免惭老曾荣。

苏辙(1039—1112)，字子由，汉族，眉州眉山(今属四川)人。宋嘉祐二年(1057)与其兄苏轼同登进士科。神宗朝，为制置三司条例司属官。因反对王安石变法，出为河南推官。哲宗时，召为秘书省校书郎。元祐元年为右司谏议官御史中丞、尚书。在苏辙这首诗中，其他诗句我们暂不深究，只是开头前两诗句值得深思。"扁舟未遽解，坐待两闸平"，也就是说，当船只进闸后尚未解缆，为什么没解缆呢？像现代的高水头船闸，闸室水位落差有几十米高，闸室内有可以随着水位上下垂直浮动的浮式系船柱可以拴系过闸船舶。浮式系船柱是现代产品，它是靠滚轮沿闸边墙轨道上下；水的浮力推动浮筒向上，自重力又让浮筒随水退向下的自动装置。应该说当时是不可能有这种设施的。因为那时闸室水位落差最多不过1～2 m，没条件。也没有必要采用浮式系船柱。那时，船只进闸室后两侧边墙上应有系缆桩或系缆环拴系缆绳。当然，也有的或用爪钩拉住环或桩就可行了。诗中"扁舟未遽解，坐待两闸平"，其实就是说的小船进闸室后，缆绳拴系闸边墙桩或环之上尚未解开，客人们在船上坐着等待前后闸室的水面平齐。因为两闸室水位平后，小船方可进入二级闸室。正是这个"坐待两闸平"表明了这个船闸是有"三门二室"的船闸。苏辙的诗，虽然主要是探讨人生问题的，但开头两句一针见血的诗句，却见证并点明了此时过的就是二级船闸，给我国宋代的"三门二室"多级船闸在演变进化历史中留下了难得的又一铁证。

2. 宋代范成大《长安闸》诗一首

范成大的诗形象地描述了长安闸热火朝天的船舶过闸场面，也是头两句就开宗明义地见证了斗门、悬板的工作状态。

长安闸

宋·范成大

斗门贮净练，悬板淙惊雷。
黄沙古岸转，白屋飞檐开。
是间袤丈许，舳舻蔽川来。
千车拥孤隧，万马盘一坏。
篙尾乱若雨，樯竿束如堆。
摧摧势排轧，汹汹声喧豗。
逼仄复逼仄，谁肯少徘徊。
传呼津吏至，弊盖凌高埃。
嗫嚅议讥征，叫怒不可裁。
吾观舟中子，一一皆可哀。

大为声利驱，小者饥寒催。
古今共来往，所得随飞灰。
我乃畸于人，胡为乎来哉。

范成大(1126—1193)，字至能，一字幼元，早年自号此山居士，晚号石湖居士。汉族，平江府吴县(今江苏苏州)人。南宋名臣、文学家、诗人。宋高宗绍兴二十四年(1154)进士，官至礼部员外郎兼崇政殿说书，孝宗初，知处洲。乾道六年(1170)出使金国，不畏强暴，不辱使命。淳熙五年(1178)，拜参知政事，仅两月，被劾罢。晚年退居石湖，加资政殿大学士。绍熙四年(1193)卒，享年68岁，赠少师，追封崇国公，谥号文穆，后世遂称其为"范文穆"。范成大素有文名，尤工于诗。他从江西派入手，后学习中、晚唐诗，继承白居易、王建、张籍等诗人新乐府的现实主义精神，终于自成一家，以反映农村社会生活内容的作品成就最高。他与杨万里、陆游、尤袤合称南宋"中兴四大诗人"。本诗生动形象地描绘了当年长安闸船只众多、交通繁忙的景象。明嘉靖《海宁县志》云："长安坝在县西北二十五里。元至正间开设。国朝因之。旧有厅屋一间，官舍二间。碑亭一间，立碑于内，每往来商船收篾缆钱二十文。"清嘉庆《大清一统志》云："长安堰，在海宁州西北长安镇，宋建。元至正七(1347年)复置新堰于旧堰之西。"见图5-23。

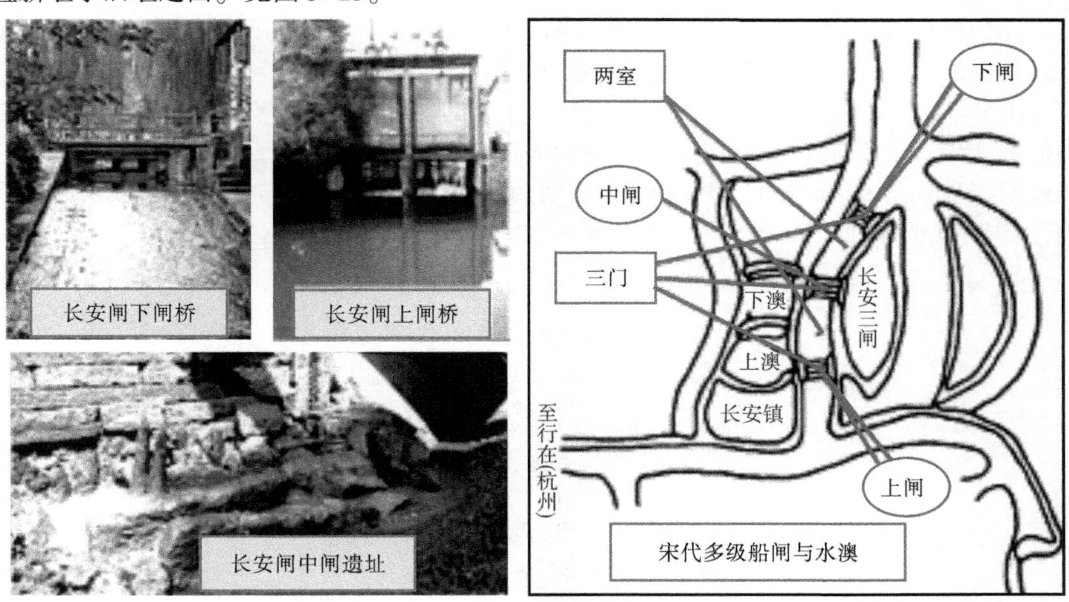

图5-23 唐宋时期把我国船闸文明发展推向了世界最高峰

3. 宋代杨万里过船闸诗三首

杨万里(1127—1206)，字廷秀，号诚斋。江西吉安人。南宋大诗人。绍兴二十四年(1154)进士，历任国子博士、太常博士。

过奔牛闸

宋·杨万里

春雨未多河未涨，闸官惜水如金样。
聚船久住下河湾，等待船齐不教放。

忽然三板两板开，惊雷一声飞雪堆。
众船遏水水不去，船底怒涛跳出来。
下河半篙水欲满，上河两平势差缓。
一行二十四楼船，相随过闸如鱼贯。

这首诗记载了古代船闸惜水如金和等待过闸、船多拥挤的实际情况，也描述和见证了开闸进水的惊心动魄的场面："惊雷一声飞雪堆，船底怒涛跳出来。"这是古代船闸典型的一门两用、无消力装置的直冲式输水方法。

这首诗是描写宋代船舶过"三门二室"船闸的情况。从此诗可获得如下信息：

(1)当时运河水少，因此惜水如金，过闸船只能等待，船齐后才开闸。

(2)当时船过的是"三门二室"船闸，闸门为平板门，所以"忽然三板两板开"。

(3)所过乃初期船闸，闸室的输水系统尚无消力缓冲设施。所以，开闸后响声如惊雷，激流涌出如一堆雪飞，涌浪如怒涛从船底涌出。

(4)诗中称下闸室为下河，下闸室水深半篙将满时；称上闸室为上河，即上闸室与运河上游水位几乎齐平时，便可以出闸。

(5)闸室与上河水势稍缓，即水面平缓后，水的势能就会平息或缓和些。

(6)从诗中可以看出，当时虽然过闸的船只很多，但是，船只过闸管理与船只进出闸秩序还是有条不紊的，二十四条楼船紧挨着鱼贯而出。

由上可知，自"二门一室"船闸在唐代开元年间诞生后，初期船闸经唐宋两代人的经营与使用，后来不断发展、创新和完善。以闸代堰在当时已经出现高潮。接着，"三门二室"多级船闸与澳闸也相当普遍了，把我国船闸文明的演变进化史向前推向了一个历史新高。然而，由于时代的限制，当时的船闸与现代船闸比较，当然还是相差甚远。

练湖放闸二首

宋·杨万里

满耳雷声动地来，窥窗银浪打船开。
练湖才放一寸水，跳作冰河万雪堆。

※

水箪南舒去转虚，天檐北卸望来无。
相傅一万四千顷，老眼初惊见练湖。

本处主要描写船闸的是第一首，耳听雷声振动，从窗缝一看，只见银浪打船开。练湖才放一寸水，怎么看起来好似冰河的万堆雪(水花)跳了出来？

船闸诗和后面介绍的大运河时的运河诗，都是船闸文明在历史演变进化过程中留下的有关船闸文明演变进化历史轨迹的见证，是我国古代极其珍贵的精神文明财富。然而，由于篇幅所限，在这里只能介绍这几首能做历史见证的代表作品。有关运河诗将在后面几章中介绍。

第六章 运河渠化多级阶段
——徘徊衰退时期

(从南宋末年到民国末年)
(公元1279年—1949年)

南宋,北有金、辽、蒙古,西有西夏、吐蕃。南宋与金以淮水为界。北边蒙古族在成吉思汗时期崛起后,先灭西夏,后联宋灭金。公元1279年,元世祖忽必烈一举灭掉南宋,结束了中国300余年分裂割据的局面以及辽、金、西夏、南宋等多个政权长期并立并相互厮杀骚扰的四分五裂局面。

运河渠化多级阶段——徘徊衰退时期,自南宋灭亡起到民国末年结束,经历元(90年)、明(276年)、清(267年)、民国(37年)共四代,历时670年。

中国封建社会自唐代达到鼎盛之后,从“安史之乱”开始逐渐衰退。从此,封建社会由极盛时期急转直下而逐渐走向没落。特别是自北宋以后的各代,均难以达到盛唐时期之盛况。后来,虽然元代疆域辽阔,但是游牧部落所固有的奴隶制度所遗留的残余势力与思想仍然存在。元初表现在重游牧而轻农业,到后期才有所好转;明代中、后期的施政及水利均多为空谈。元、明(永乐以后)、清均以北京为都,粟米百物无不仰仗江南。元代虽重新开凿沟通了南北京杭大运河,但漕运仍以海运为主,河运只为辅。这个时期,运河之漕运与国家政治、经济的关系更是显得尤其重要。随着京杭大运河南北贯通,而北宋之前的以汴河为骨干的隋唐东西大运河也就随着北宋的灭亡而终结了它的历史使命。

由于运河渠化多级阶段——徘徊衰退时期约700年,历朝四代。同时,各朝各代的政权重心与施政措施各异,而且社会经济发展状况各有特点并各不相同,因此本章不再采取前面那种按“阶段立章、行业分节”的叙述方式,而是采用按“阶段立章、朝代分节”的统一叙述方式,即每个朝代自成一节而全面叙述。

船闸文明在经历了唐代“二门一室”的初创和宋代的完善后,本应随着时代的步伐和科技的发展而继续向前迈进,然而由于封建社会的没落与衰败所带来的负面影响,此阶段既有开通南北京杭大运河,渠化河道的积极一面,同时又由于时代限制,以及各朝各代的社会、经济状况发展不一等负面因素影响,从而影响到船闸文明在此阶段也出现了反反复复、徘徊不前并逐渐走向衰退的现象。

第一节　运河渠化多级阶段的元代水利发展

（公元1279—1368年）

元、明、清时期，是我国封建社会由盛而衰并逐渐向后期过渡并开始走向崩溃的下坡时期。这个时期，虽然中国南方经济远远超过北方，但是，元代建都还在北方，所以政治中心依然在北方。由此，北方对南方经济的依赖程度日甚。在船闸文明演变历史进程中，运河渠化多级阶段中最重要的一件事情就是南北京杭大运河开凿成功并实现全线贯通。但是南北京杭大运河虽然始建于元代，然而最终完善而畅通于明代。直到清代，它仍然是我国南北交通最重要的水上运输干线。京杭大运河北起当时的政治中心元大都（今北京），南到太湖流域的杭州。太湖流域是元、明、清三代全国经济、文化最为发达的地区。南北京杭大运河的贯通，将我国当时的北方政治中心与南方的经济文化最为发达的区域沟通并连结起来，从而把我国海河、黄河、淮河、长江、钱塘江五大水系联成了一个整体的全国内河水运交通网。这对于促进我国南北政治、经济发展，强化国家统一，促进全国经济与文化繁荣，融合或巩固各民族的团结都起到了巨大的历史作用。

一、漕运以海运为主、运河为辅

元朝统治初期，大都（北京）人口众多，京城粮食物资供应主要依赖南方。原有的隋唐东西大运河，多被此前国内分裂战乱时期所毁损，或者年久失修，有的渠道淤塞而难于行船；有的千疮百孔，一遇大雨或洪水暴发，往往泛滥成灾，同时，原有运道路线迂回、绕行道远。为解决这一系列难题，元世祖忽必烈下令在鲁西河脊地带开凿会通河以及京郊的通惠河。通过新开的运河连接隋唐大运河的淮北与河北的原有之运道，从而让过去大运河的中段截弯取直并略向东移。后来就形成了举世闻名而迄今仍然发挥着重大作用的我国南北京杭大运河。

南北京杭大运河沟通后，漕运粮船可以从杭州北上通过鲁西山地而直达大都。“马可·波罗在游记中描述当时瓜洲的漕运情况时说：‘此城屯聚有谷稻甚多，预备运往汗八里城（即大都）以作大汗朝廷之用。……由是满载之大船，可以从此瓜州行至汗八里大城。’”（转引《京杭运河巡礼》第256页）

南北京杭大运河虽然在元代贯通，但是因水源短缺等实际问题一时难于解决而长期“通而不畅”，所以元代漕运仍以海运为主，运河运输只是为辅。

二、南北京杭大运河开通

南北京杭大运河自元大都（北京）起，由北而南贯穿海河、黄河、淮河、长江、钱塘江五大水系，经过天津、德州、济宁、淮阴、扬州、镇江、无锡、苏州、嘉兴等重要商业城市而直达杭州，总长约3 560华里，是世界上最著名的运河。当中国京杭大运河已经兴建了相当长的一段历史时期后，世界上才出现巴拿马运河和苏伊士运河（两运河出现于19世纪，第八章另有详细的单独介绍）。需要说明的是，它们都是世界上人类改造大自然的杰作，是相当著名的运河工程。

但是,如果将它们与中国南北京杭大运河相比较的话,巴拿马运河总长只有 80 多 km,而苏伊士运河全长也不过 160 km,前者还不及中国京杭大运河总长度的 1/20,而后者也不过为其 1/10。由此可见,中国南北京杭大运河在世界运河史上都是极其伟大而首屈一指的水运与水利工程。

(一)解决鲁西河脊地带的关键问题

元代建都于大都,当时我国政治中心仍然留在北方,但是江浙、湖广等地之经济发达地区也仍然处于南方。

《元史·食货志》称"元都于燕,去江南极远,而百司庶府之繁,卫士编民之众,无不仰给于江南"(转引自《长江水利史略》第 127 页),为解决朝廷所需的南粮北运,元代也曾经系统地整治过运河并开凿了鲁西之山地的运道,使之连接成新的京杭大运河。但是,运河通而不畅。后来,漕运又不得不主要依靠海运来完成,而运河的漕粮运输仅为辅之(见图 6-1)。

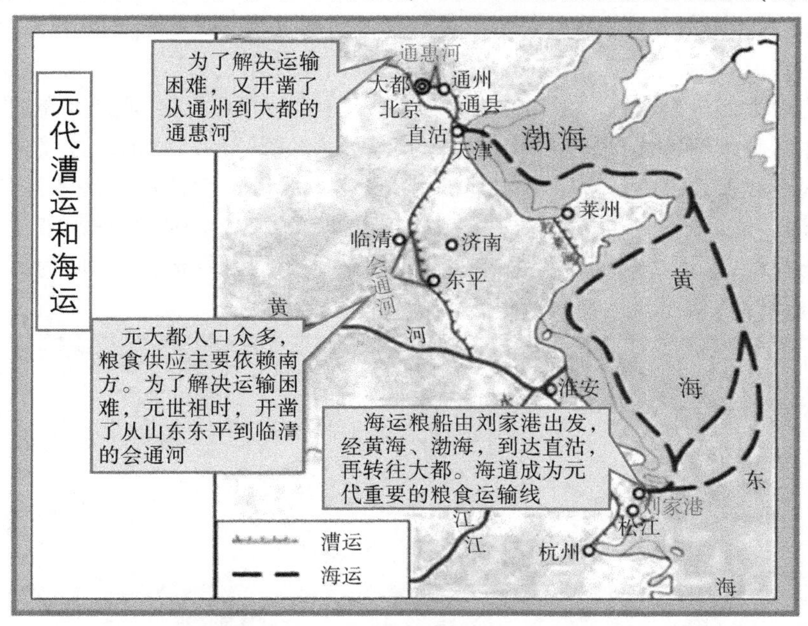

图 6-1　元代开通京杭大运河,但问题多,仍以海运为主、运河为辅

(1)漕粮海运为主。海运,系从江苏太仓刘家港起锚,出长江口,沿海岸线北上,绕过山东半岛,驶入渤海湾,傍岸直沽(今天津市),然后再循白河(今北运河)而达通州(今北京通县)。海运的优点是运量大,节财省力;缺点是,海上风大浪急,漕运风险也极大,粮船经常发生海损事故,因此海运漕粮安全得不到保障。

(2)运河为辅。刚开始的运河线路为:在江南粮食装船后,沿江南运河、淮扬运河(扬楚运河)、黄河、御河(卫河,相当于永济渠中段)、白河抵通州。这条运河问题较多。黄河为东西走向,北上粮船还须向西绕道河南封丘,其绕行路程太远,航程增加很多;并且从封丘到御河,还有 200 多里的旱路无水道可利用,必须改为陆路车载转运。同时,陆运道路泥泞,"天晴满路包,落雨乱糟糟",不仅转运事务复杂、烦琐,浪费颇多,不管落雨天晴,车行亦相当艰难。

综上所述,元朝统治者迫切需要一条既安全而又便捷的、可由江南直达大都的漕运水道。若能实现这一愿望，运河就没有必要再绕道中原了。那么，运河就应该从淮阴起一直北上，经苏北、鲁西、河北而直达北京。然而，这其中的关键问题就是鲁西山地能否开凿运河，只要能在此区域开凿成渠道，南北漕运直通问题便会迎刃而解了。忽必烈派出杰出的水利专家郭守敬深入实地调查并得到肯定的答案。于至元十九年(1282)，派兵部尚书奥鲁赤组织人力，在济州(今济宁市)境内施工，第二年完成，这便是南起济州鲁桥，北到须城(今东平县)安山的济州河，长约150里。这里地处鲁西山地边缘，相对高程比南、北均高。开凿这条运河，其中有两大重点和难题需要解决：其一是解决运河水源短缺的问题，其二是如何降低水流比降的问题。这是南北京杭大运河建设中必须首先解决的重点难题。

1. 开凿济州河工程施工概述

(1)勘测鲁西山地河流地形概况。

通过水利专家郭守敬实际调查得知，发源于鲁中山地有两条较大的河流，即汶水和泗水。汶水和泗水流经既定的运河线路附近。前者向西北流，是大清河的上源；后者向西南流，是淮水的支流。在汶、泗二水之间，还有一条小河叫洸水，其流域地势比汶、泗二水略高。于是，在施工中人们分别在汶、泗二水上游各建一座拦河大坝，将汶、泗二水的部分水量集中到洸水中，并沿洸水河道流到任城(在今济宁市境)进入新开的济州河。使济州河一部分水南流，回到泗水故道入淮河。一部分水北流，回到汶水故道入大清河。济州河的开凿，沟通了淮水和大清河之间的运河水道(见图6-2)。但是，汶、泗二水的雨、旱季节水量差异特别大，为了以丰补歉，保证济州河常年都有一定的水量补充足以行运，先人们为此在河旁还修筑了一些水柜济运，从而对运河水量进行调剂。

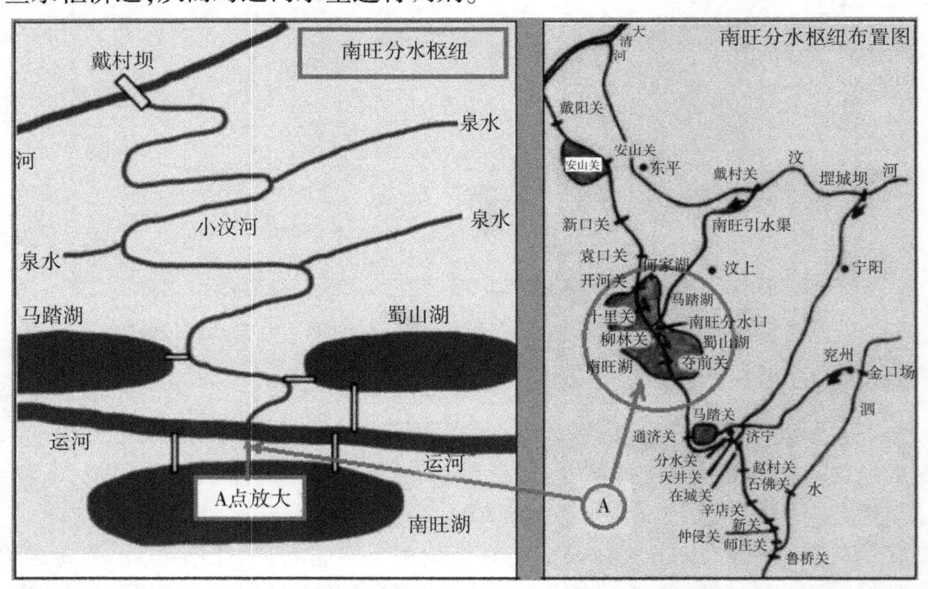

图6-2 中国南北京杭大运河关键节点——穿越鲁西山地时的南旺分水枢纽原理与布置示意草图

(2)解决鲁西山地河脊的办法。

然而，济州河位于鲁中之山地西缘，它比南边的泗水和北边的汶水之河道都要高。因此，南北河床比降偏大。前面我们说过，比降大不仅航行困难，而且河水也容易流失。济州河本来水源就不充足，运河水过多地流失后，会导致河道水浅，船只常常搁浅而经常断航。

为了解决这个难题,先人们在比降大的河道上修建了一批闸门,“无船时闭闸保水,来船后开闸通航”。但因为运河水源严重不足和渠道坡度实在太大,水的流失现象还是比较严重。尽管如此,南北京杭大运河虽然船行不畅,但还是可以勉强通航,不过这就大大影响了漕运的通过能力。

大清河原来是古济水的下游,下注渤海。这样一来,南来漕船便可循泗水→济州河→大清河→渤海→白河直达通州了。但大清河也不是理想的水道,除本身水量不足外,又有潮水顶托和河口多沙等问题,漕船往来也常常受阻。因此,南北之间的内河航运还需进一步的改进,于是后来就有了兴修会通河的需要。

2. 解决大都至通州间的航运问题

(1)大都至通洲水运概况及永定河之由来。元代以前,元大都一带对外的水上交通运输,古已有之。隋朝有永济渠。不过永济渠的北段主要由桑干水改造而成。桑干水的河道摆动不定,变化频繁,历史上称为无定河,就是此意。后来,清康熙帝期望它不再改道,才命名为永定河。唐代,由于桑干水改道,永济渠已经无法沟通涿郡了;金朝的中都(今北京)有一条名叫“闸河”的人工渠道,由都城东流到潞河,可以通漕粮。然而,金之后期,迫于蒙古汗国的威胁,迁都洛阳,闸河也逐渐淤塞。

(2)元初疏浚坝河、金口河工程概述。元代初期,朝廷为了解决大都与通州间的粮运问题,在至元十六年(1279),忽必烈采纳了水利专家郭守敬的建议,在旧有水道的基础上,拓建成一条重要的运粮渠道,叫阜通河。阜通河以玉泉水为主要水源,向东引入大都,注于积水潭。再从潭的北侧导出,向东从光熙门南面出城,接通州境内的温榆河。温榆河下通白河(北运河)。但玉泉水的水量太少,必须严防泄水。加上运河河道比降太大,沿河必须设闸调整。为了上述两个目的,郭守敬于 40 多里长的运河沿线,修建了七座水坝,人称“阜通七坝”。阜通七坝闻名大都,民间则称这条运河为坝河(见图 6-3 中之坝河)。坝河的年运输能力约为 100 万石。在元代,坝河与稍后修建的通惠河一道,共同承担了由通州运粮进京的漕运任务。

除在大都开凿坝河外,还开凿了一条叫金口河的运道。金口河初开于金,后来淤塞。元代在郭守敬主持下,于至元三年(1266)重开。它以桑干水为水源,从麻姑村(今石景山区内)附近引水东流,经大都城南面,到通州东南的张家湾李二村与潞河汇合。这是一条从营建大都的需要出发而以输送西山木石等建筑材料为主的水道。由于金口河的比降更大,水流湍急,河岸常被冲塌;还由于桑干水泛滥时可循金口河东下,危及大都的安全,后来郭守敬又将它堵塞。

起初,元代南粮运输入都,虽然实行海运与河运并举,由于海运属于初创,船小路途远,运量不算太大;如果走河运又有黄河、御河间一段陆运运输限制,运量也很少。两路运送到通州的粮食总计才 100 多万石,由通州转运入京的任务,全靠坝河承担。但是后来,因为漕粮海运不断改进,采用可装万石的巨型船舶运粮,后来又探索出比较径直的海道。再加上济州、会通两运河的开凿,漕粮数量又逐步增加(据《中国航海史》统计,当时,从公元 1283 年至 1290 年,海路北运入京的南粮,从开始的 4 万石、43 万石,一直到 153 万石,不到 10 年工夫其运量呈数十倍增长。河运也从十几万石增加到几十万石)。这样一来,大都至通州之间,仅靠坝河转运还是比较困难的。于是,就又有了入京第二条水运粮道通惠河开凿的必要。

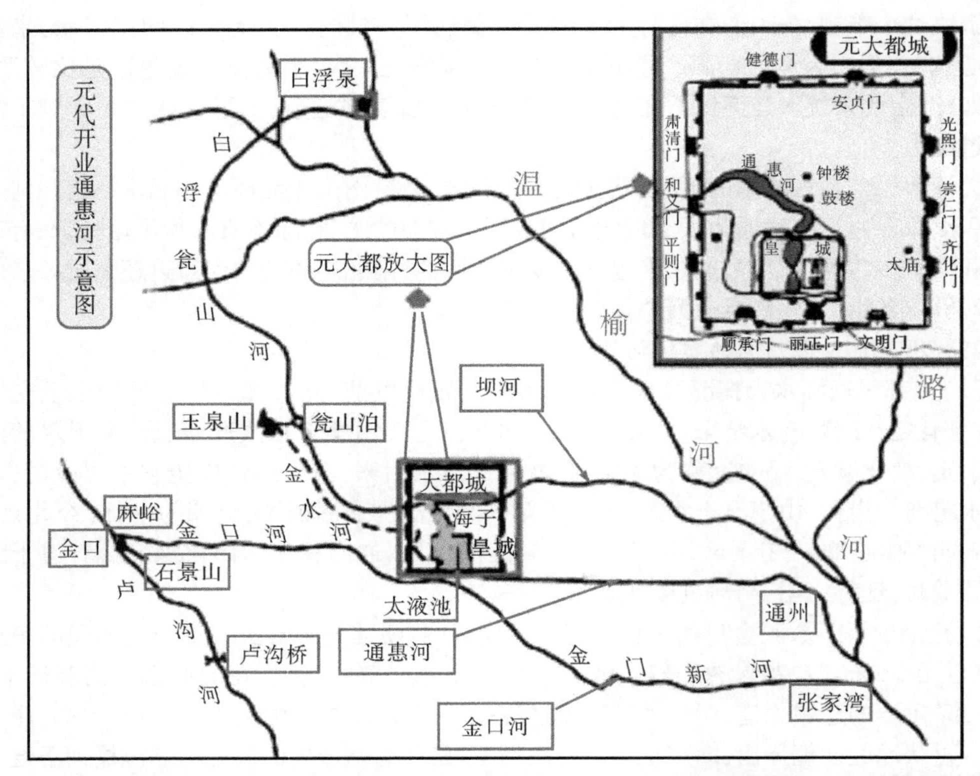

图 6-3 解决元大都至通州的漕运问题——忽必烈采纳了水利专家郭守敬的建议开凿通惠河示意图

3. 开凿会通河的工程概述

连接济州河的建议与“会通河”名字的由来：开凿连接济州河与会通河的建议，最先是由寿张（今山东梁山县西北）县尹韩仲晖和太史院史边源提出来的。经朝廷派人深入现场勘查，最后确认切实可行。于是，命江淮行省断事官忙速儿、礼部尚书张礼孙、兵部郎中李处选负责施工，征夫三万余人服役。至正二十六年（1289）开工，南起须城安山，接济州河；北到临清与卫河汇合，长约 250 里。运河行船的渠道工程在当年开凿完成。至于解决比降与保水等问题的坝闸工程，则是在后期陆续施工完成的。这段新开凿的运道，初名叫安山渠。后来，因为它是条“古所未有”的“通江淮之运”的水道，有了它南粮可以直达京郊，不必再去绕道黄河及唐宋遗留下来的断断续续的东西大运河旧道，忽必烈十分高兴，于是正式钦赐其名为“会通河”。

然而，鲁西一带系山区边缘地带，地势高于南边的江苏和北边的河北，是南北京杭大运河的河脊地带。河流流短水少，水源相当短缺；开凿时，工程十分复杂而艰巨。但是，我们聪明的祖先，还是千方百计地想方设法建成了济州河与会通河这两条运河，使南北水上运输能够截弯取直并连成一线。这在我国运河史上具有划时代意义。然而，两条运河因为水源等技术方面的一些问题，最后还是不能通航较大的粮船。因而也没能完全取代海运而成为元代南北漕运的主要渠道。但是，它却为后来的明代出色完成“南粮北运”这一任务奠定了基础。

4. 解决通惠河工程水源与闸坝概述

元至元二十九年(1292),通惠新河开凿工程正式开工,以都水监郭守敬主持施工。兴建这条运河的关键是开拓水源。郭守敬通过实地勘查,了解到大都西北山麓的山溪泉水很多,只要将它们汇集起来,新河的水源问题便可以基本得到解决。于是,他从昌平县的白浮村起,沿山麓、按地势向南开渠。其渠道线大致与今天的京密水渠并行,沿途拦截了神山泉(白浮泉)、双塔河、榆河、一亩泉、玉泉等,汇集于瓮山泊(昆明湖)。瓮山泊以下,利用玉河(南长河)河道,从和义门(今西直门)入城,注于积水潭(见图6-3中通惠河)。以上这两段水道是新河的集水和引水渠道。瓮山泊和积水潭是新河的水柜。集水渠道和水柜为新河提供了比较稳定的水量。

积水潭以下为航道,它的航行路线为:从潭东曲折斜行到皇城东北角,再折转向南,沿皇城根径直出南城,沿金代的闸河故道向东,到高丽庄(通县张家湾西北)附近,与白河汇合。从大都到通县一段的水道,为了克服河床的比降太大和防止河水流失,在此河段连续修建了24座坝闸(据考证,24座坝闸可能不是我们所说的"二门一室"初期船闸的单个模式,而是"陡其门以级其直注"),均属于"斗门"范畴。并且派遣闸夫、军户管理。这些坝闸,起初为非永久性工程,用木料制作,后来改成永久性的砖石结构。

通惠河由引水段和航运段两段组成,这条新河共长160多里。经过一年半施工后,用了285万人工,主体工程终于建成。它被忽必烈命名为通惠河。它的建成,使元大都的漕粮运输问题基本得到解决。后来,积水潭成为大运河北边最重要的港口。京杭大运河全线通航时,南方漕运船只纷纷驶入元大都积水潭内。一时间,"舳舻蔽水,风帆盖天",初次通运时引来无数京城百姓观看,真是"人山人海,盛况空前",当时的京师人们都争相观看这一难得的历史奇迹。

(二)京杭大运河之船闸建造与通航概况

南北京杭大运河全线贯通后,南来北往的船只还是不太顺畅。运河路线长,达3 560多里,困难多:既要穿越黄河、淮河、长江等大江大河,又要走过那些高低不平的鲁西山地边缘复杂地段;有的地段缺少水源,就得找水补运;有的地段运河容易受到洪水威胁,还得设法防洪护运以及防洪排涝;有的地段运河比降大,运河之水流失快,既需要想办法去降低比降,又需要保持运河之水不让其大量地流失。总之,当时开凿这么一条京杭大运河,不知要克服多少人们无法预料的困难。而且旧的问题刚刚处理完,又会出现许多新的问题或新的矛盾需要解决。要解决这些问题与矛盾,当然都得依靠当时大运河沿线两岸的古代劳动人民,以及历代有作为的水利专家们,他们都为保证大运河的畅通而付出过极其辛勤的劳动和做出了卓越的贡献。他们把我国的运河工程技术不断向前推进,使我国的航运技术和航运设施在相当长的一段历史时期内,遥遥领先于世界上其他国家(见图6-4)。

1. 南北京杭大运河船闸建造规模

这一时期,黄河南流入淮,大运河向北而进入沛县之后,假使我们有幸去乘坐当时的漕运粮船北上,便可以看到北面的运河上远远出现一座座的石闸。其中,凡是地形变化较大或者是主要城镇所在之地的附近,都是两座或者三座闸门联合运用的复闸("二门一室"或"三门二室"的复闸)。例如,临清、济宁两处都是"三门二室"复闸(二级船闸)。荆门、阿城、七级、沽头等闸则都是"二门一室"的初期船闸。这些石闸,其闸室的规格一般为100尺×80尺(长×宽),闸孔净长为40尺,净宽20尺,高10尺,有"燕翼"各30尺("燕翼”史料尚未说明为何物？作者认为，燕翼极有可能是船闸上下闸首口门连接引航道之导航段）。规模宏大，建筑讲究，反映出我国古代的船闸建造工程技术已经有了相当高的设计和建造水平。

图6-4 新中国成立后为京杭大运河发行的纪念邮票一套七枚

2. 当时漕运与通航管理概况

(1)漕船过闸状况。

当时船舶过闸并不像我们现在这样管理有方、调之有度，其一是漕船多，拥挤、混乱，船只繁杂。其二是运道航行秩序混乱，经常发生安全事故。例如：漕运船只多时，往往堵塞闸室，延误闸次。史籍曾记载：“金国付使耶律翼，曾经强行令洪泽闸编闸官郝定，让其官船提前过闸，郝以潮水未到不能开闸，耶律翼一怒之下，捆绑鞭打编闸官。”(《船闸结构》第68页)另外，有权势之人往往不服从过闸管理，毒打守闸丁夫，强令开闸放船，丁夫没法，有时只得开闸，于是，漕船蜂拥而入。这种(船只拥挤的)混乱局面往往只会造成运道堵塞。例如：当时“一只装500斛(一石粮食为一斛)的大船在拥挤中搁浅而堵塞通道，其余船只均无法通过。”(《水利史话》第185页)诸如南来北往船只的水上交通矛盾与纠纷，在古代的运河线上如家常便饭一样是经常发生的。

(2)加强管理后过闸秩序得到改善。

朝廷为了加强过闸管理，延祐二年(1315)，在沛县的金沟、沽头二闸附近建起宽仅一丈的“隘闸”，把运河干道上的大闸锁住，只准隘闸通舟，并明文规定，把通航船只限制在宽不得超过9尺，载重不得超过150斛。后来，贪利的富商大贾们看到宽度上受到限制，又在长度上做文章：有的船长80~90尺甚至过百尺，船加长后回转不灵，不是卡着，就是搁浅，运道还是被堵塞。再后来，又在隘闸上下两端各设立两对石则，石则每对相距65尺，并增派士兵把守，若船长超过石则，强令退回；强行进闸者，捉拿问罪。只有采取严厉的管理措施，才能保证运河漕运不至于人为地增加阻滞。

(3)不断维修改善。

会通河开凿成功之后,先后经过50多年,不断地发现问题并不断地修理和解决问题。同时,还改建和增建了各类石闸,直到具备通航条件。像这样的石基船闸(见图6-5),从沛县到临清一段运道就有31座。所以,当时人们就把会通河叫成"闸河",即多闸之河。

图6-5　左图为京杭大运河沿线经过城市,右图为古代垒石为闸以牢其址遗址

(4)通惠河漕运概况。

会通河在临清进入御河(原卫河)后,风帆畅顺,过不了几日便可到达通州。从通州向西北的渠道就是通惠河,它的尽头就是元大都。这段运河也是水量少、比降大,全长160里,建了24座坝闸。这24座坝闸就像梯级一样"陡其门以级其直注"。人们也许会问,通惠河西有芦沟水,东有潞河,两条河的水源均较丰富,郭守敬为什么不用而要去引泉水呢?原来潞水与通惠河高程相差大,而芦沟水浑浊湍急,最易淤塞。50年后,元朝丞相脱脱不相信引芦沟水济运有什么了不起的大问题,他令人开凿引水沟,把芦沟水引入通惠河,果不其然,运道不久就被泥沙淤塞了,船只无法通航。实践证明,郭守敬的处置的确是具有远见卓识的,不得不令后人佩服。

3. 历史的经验教训与意义

元代京杭大运河的竣工,开创了我国南北内河航运的新局面,对当时乃至后代的意义都是十分重大的。然而,因当时生产力水平局限,这3 000多里长的运河,还是会经常遇到水源不足和洪水泛滥冲决的威胁,特别是新开凿的会通河和通惠河两段。会通河本来就开得比较狭窄,加上地势高低不平,用闸门调节平水,河脊处常显航深不足,舟船不能重载,岁运很难超过100万石。所以,海运仍然没有中断。至于通惠河,到了元末则荒废不能使用了。资料记载:"运河上自宋代有复闸,至元而尽单闸(由此得知,前面提到是24座坝闸应该都是单闸——作者),至清又有不少单闸退化为原始的裹头,即只有闸座(做成弧形)无闸板的壅水设施(陡门)。这种技术退化是由于权贵豪强不按规定时间,不等积水,强行开闸过船,致使管理困难的结果。”(引自《中国水利发展史》第443页)

从以上看到,元代虽然开通了京杭大运河,并且意义重大,同时在通过鲁西山地的河脊地带时,还采用了梯级渠化运河的措施,然而因历史条件局限,解决不了鲁西段水源不足和徐州至淮安段常受黄河洪水影响的问题。每年漕运300万石,当时还是以海运为主,运河仅为辅助性运道。我国的船闸文明与船闸技术此时则又出现了徘徊与退化的曲折反复现象。

三、元代各地区农田水利建设概况

(一)宁夏地区农田水利建设

公元1227年,蒙古汗国灭西夏。原来西夏在宁夏平原上兴修的农田水利,在前期战争中就遭到严重破坏。同时,在蒙古汗国拥有黄河流域的初期,蒙古统治者及许多蒙古贵族与上层人物对农业生产的重要意义认识不足(或者他们根本就无法认识到),有些人甚至向铁木真建议,要求将黄河流域变成牧场、牧地(见《元史·耶律楚材传》)。这一建议,由于耶律楚材的反对,铁木真才算没有采纳。

在蒙古军已经占领黄河流域的广大地区后,蒙古贵族与上层人物的建议虽然仅只变汉人的农田为牧地,但是反映出许多蒙古贵族普遍存在的“轻农业、重游牧”的态度。因此,在蒙古汗国初期,不会重视修复宁夏平原的水利。后来,在忽必烈即位后,情况就发生了重大变化,他将发展农业提高到增加朝廷财政收入的地位。特别是在至元元年(1264),即正式改国号为元朝的七年前,便派出擅长水利的中书左丞张文谦主持西北工作,杰出的水利专家郭守敬随行。郭守敬担任宁夏“河渠提举”,张、郭二人在西北历时三年,大力修复西夏各地被战争破坏的农田水利工程。据《元史·郭守敬传》载,他组织民工,更立牐堰,对淤塞毁坏的汉延渠、唐徕渠等灌渠都曾大力修复和改善。“被他们修复的水利工程,在中兴府路(今银川市)境内的有唐徕、汉延等渠,分别长400里和250里;在西北其他各地的还有10条长度都在200里的正渠和68条大小支渠。这些修复的渠道,总共可溉农田‘九万余顷’。”(引自《中国古代著名水利工程》第153页)除唐徕、汉延两渠外,元朝在宁夏平原上修建的灌溉工程还有秦家渠、蜘蛛渠等。秦家渠就是秦渠,在宁夏平原黄河之东。蜘蛛渠在卫宁平原上。

(二)西南明珠——滇池水利

云南滇池地区,气候温和,土地肥沃,雨量充沛,水源丰富,可灌溉良田万顷,这里是云贵高原的重要经济区域。早在西汉时期,滇池水利就已经开始兴建。后来,在唐宋时期水利建设有了新的发展。《后汉书·西南夷传》和《南诏野史》等都有文献记载。前代水利,虽不很完善,但毕竟为后来滇池水利的兴建打下了良好的基础。到了元代,滇池水利事业比起前朝来,有了更进一步的发展。

滇池水利的发展还有一个特殊原因,即当蒙古汗国的统治者灭掉西夏,吞并金国后,正准备南下一举灭掉南宋时,却受到北方各地人民的顽强抵抗。蒙古统治者不能达到他一举征服南宋的目的。忽必烈率领部队,由六盘山沿横断山脉南下,渡过金沙江。在征服云南的基础上,又出兵东南亚,形成了对偏安江南的南宋王朝的包围圈。然而,当时的元代统治者也开始醒悟这个道理，即为了进一步征服南宋王朝，就必须利用好云南这块根据地。欲达此目的，就必须发展滇池地区农业生产，以提供战争所必要的军事用粮。当时，朝廷派往云南的管理官员是平章政事（云南省最高行政官员）赛典赤。他在总结滇池地区劳动人民治水经验的基础上，又经过实地考察，决定兴建松花坝和海口工程（见图6-6）。

松花坝工程位于盘龙江昆明地区的出口处。由于盘龙江流经山间峡谷中，江水挟带着大量沙石，到达下游后，因流速减缓，沙石便沉积下来，使河道宣泄不畅。公元1276年，在盘龙江上的凤岭、莲峰两山之间，开始修建松花坝，坝上设有闸门，既可以控制部分洪水，又可以分盘龙江之水注入金汁河（见图6-6）。

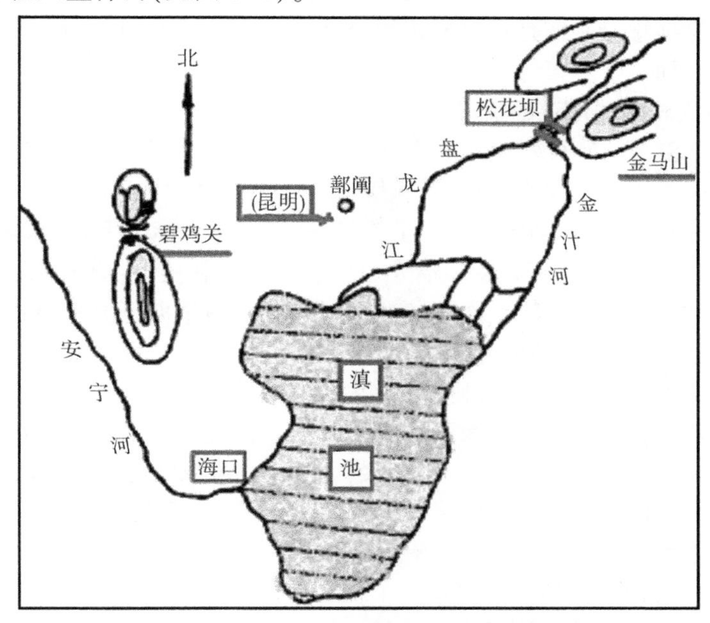

图6-6　松花坝，位于盘龙江昆明地区的出口处

海口河是滇池水利工程中另一项重要的工程。海口河位于昆明西南，是滇池唯一的泄出口。每遇山洪雨季，滇池水急剧增高，再加上洪水中挟带泥沙多，沿途淤积严重，从而使得洪水难以排泄。同时，海口河床极为狭窄，两岸又多是陡峭石壁，因而每到汛期，洪水常常泛滥成灾，周围大片良田被洪水淹没。所以，历史上称其为"滇池之唯一宣泄咽喉"，"筹水利莫急于滇，而筹滇之水利莫急于滇之海口"。可想而知，通往海口的水利工程，是解决滇池泛滥成灾的根本问题。为了加大排水量，在松花坝完工之后，又对海口等河段淤积和安宁境内的几处险滩进行了清淤、疏浚和排除险阻的施工。尽管当时的技术条件还不可能做到彻底解决海口的淤塞问题，但对于滇池地区的排涝防洪仍然起到了相当大的作用。通过对滇池上下游河道的治理，不仅减缓了汛期的水势，而且补充了枯季河道的水源。在滇池金汁河堤上，人们今天还能看见的"相公堤"三个大字，这就是为了纪念赛典赤写的。赛典赤在发展滇池水利事业方面，应该说是有所贡献的。

（三）元代对都江堰工程的修理与改进

自秦代李冰创建都江堰水利工程起，经两汉到唐宋，主要的建筑材料一直沿用"破竹为笼，以石实中"的竹石笼。竹石可以就地取材，施工简便，质地较软，适于多变的岷江河床。

但它的缺点也是显而易见的,主要是质地不坚固、易遭洪水冲毁、不耐腐、常被冲毁或者坍塌,必须经常修理和更换。为了弥补这些缺陷,从元代开始,人们提出了用铸铁和条石等材料来代替竹笼卵石的设想。四川肃政廉访使吉当普(蒙古族)和灌州判官张宏即用此法修堰,他们经过小范围的试验后,证明此法切实可行。至元元年到二年(1335—1336),在都江堰整个大修工程中试行和推广。当时,主要的水工建筑多用石灰砌条石结构,条石之间用铸铁锭联结,并且用桐油拌石灰和麻丝填塞缝隙。在都江堰的关键工程内、外江的分水鱼嘴,甚至采用全铁结构。他们用16 000斤生铁,铸成一个铁龟,作为分水鱼嘴。这是在都江堰水利工程中建筑材料的一次重大的改革创新,是首次采用永久性建筑材料来取代临时性建筑材料的尝试。这项举措确实是很有成效的,它使都江堰水利工程出现了以前不曾有过的几十年无大修的局面。

(四)元代对太湖流域河道的疏浚

太湖流域的下游,地势平缓,湖水向东注入东海,向东北流入长江,向东南流入杭州湾的水道。但都因比降很小加上潮水顶托,行洪缓慢。又因为当时圩田的经济效益很好,一些达官贵人往往倚仗权势,强行在湖区和河道上修圩,使湖泊蓄水能力下降,水道行洪更为困难,结果使洪涝灾害急剧上升。"近人缪启愉先生根据历史资料统计:唐宋元明清各代,太湖流域发生水灾的频率是:唐朝20年一次;北宋六七年一次;南宋四至九年一次;元朝三至五年一次;明朝三至七年一次;清朝四年一次"(缪启愉《太湖塘浦圩田史研究》,农业出版社1985年版,转引自《中国古代著名水利工程》第111页)。因此,元、明、清三代都把疏浚太湖流域的下游水道作为这个地区农田水利的工作重点。据史料记载,在元代的90多年中,疏浚太湖下游的河道不下百次,平均约一年一次。在古代,吴淞江是太湖流域最重要的排洪通道。对太湖水利颇有研究的宋人郏侨说,吴淞江"故道深广,可敌千浦"。因此,元朝疏浚的主要对象便是这条水道。其中有两次的治理效果较好。一次是在元大德元年(1297),由浙江行省平章彻里(蒙古族)主持。从事这一工程的有数万军工,他们清除了沉积在吴淞江口的大量由潮汐搬来的泥沙,从而恢复了吴淞江的排洪。另一次是元大德八年(1305),由当时著名的水利行家、都水监丞任仁发主持,治水的规模也很大,用工(工日)共165万,疏浚了吴淞江中堵塞比较严重的38里江道。

(五)元代关中水利

元、明两代,由于泾水继续刷深河床和泥沙继续淤高渠底,引水渠口只好继续一再上移。宋朝的丰利渠(见图6-7),在元、明两代分别称为王御史渠和广惠渠。"据元、明时有关资料记载,唐之郑白渠口南距秦汉郑白渠口2 700余步(五尺为一步);宋之丰利渠口南距唐郑白渠口和元之王御史渠口南距宋丰利渠口,都是56步;广惠渠口南距王御史渠口384步。元末时,这些渠口都已高出泾水水面很多,当时实测,……高于水面的数字是,秦汉时期的渠口高于渠水面七尺,元之王御史渠口高于渠水面三尺。"(《中国古代著名水利工程》第133页)

王御史渠和广惠渠的引水口都是岩石结构的山洞,凿洞工程十分艰巨,前者断断续续地凿了26年,后者也长达17年。渠道工程除凿洞外,又都筑有拦水堰。不过宋、元、明三代堰的结构均无唐代将军荄坚固,它们是一种石困堰,用装满石块的竹容器(竹笼)垒积而成,属于临时性工程,需要经常维修。无论是王御史渠还是广惠渠,灌溉农田面积都不大,即使在灌溉面积最多时,也只有八九千顷。

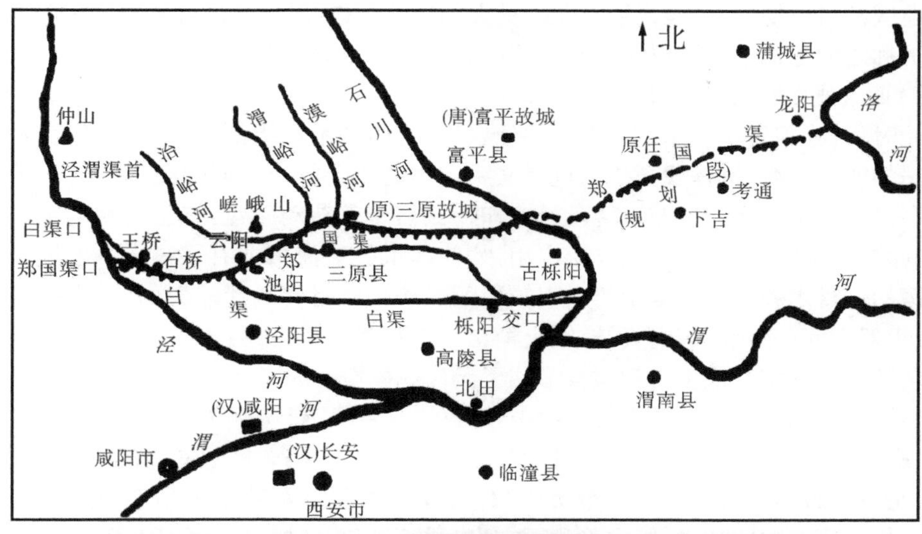

图 6-7　关中水利工程的引水渠口历代变化示意图和宋丰利渠碑

四、元代精神文明成就

(一) 商贸兴旺、文化繁荣

1. 外贸通商达中亚西欧

元代,无论是丝织品或瓷器,其工艺都相当先进。成都的丝织业、景德镇的青花瓷流传中亚、西欧等地,都被视为珍品,十分抢手。

2. 都市商业文化繁荣

闻名世界的商业大都市——元大都(今北京)。当时,亚、非、欧的商人和使节络绎不绝。元大都的商贸兴旺、文化繁荣,是元代当时的文化戏剧中心,聚集了许多著名的戏剧家、诗人和画家。元曲也是中华文明古代珍贵的民族文化遗产。中国的建筑艺术和其他技术,经马可·波罗的《马可·波罗游记》传遍欧洲,称中国建筑艺术"无与伦比"。

(二) 内河与航海技术居世界之首

当时中国的内河航运技术和航海技术,以及造船技术等,都是相当发达的。元代同许多国家和地区都有贸易关系,泉州港是元代最大的出海港口,经常停泊着数百艘海船。当时的泉州港被称之为与地中海沿岸的埃及亚历山大港并列为世界第一的国际大港口。

(三)四大发明与其他科技

宋元时代,我国科学技术高度发展并硕果累累:印刷术和指南针、火药和造纸术是我国古代人民的四大发明,也是我国成为世界文明古国的重要标志。元代的王祯发明了木活字转轮排字盘。活字按音韵排布于转盘,排版时,只需坐着转动轮盘,拣出要用的字。指南针在后来的航海实践中被世界各国广泛应用,才使得世界航海事业有了很大的发展。火药是随着中医的炼丹术和中国的医学传入阿拉伯的。冷兵器时代的武器方面,宋代已经制造有抛石机;火器方面,元代也有铜火铳、突火枪出现。科学家郭守敬,不但是著名的水利专家,也是著名的天文学家。他主持和亲自参加了元代规模空前的天文测量。这一时期,医学、农学等都有了很大的发展。王祯在《农书》中记载的有秧马、针灸铜人的铸造,以及在开凿通惠河时,解决了人工运河施工中诸多难题等。例如,"运河梯级化",在世界开凿运河的通航过程中,是我国最早在鲁西河脊地带实施"梯级化"的,从此解决了人力船只通过河脊地带的方法与技术等。这些技术,标志着我国在当时的运河开凿技术和水工建筑技术,以及船舶建造技术和航海技术等诸多方面均已经走在世界的最前列。

五、元代重点水利人物简介

中华文明的历史,就是中华各族人民在谋求民族生存与发展过程中,在不断取得物质文明成就的同时,也不断地取得丰硕的精神文明成就的历史。代代如此,元代亦然。当时,各行各业的人才精英层出不穷,各种成果不断涌现。

(一)水利科学家郭守敬

郭守敬(1231—1316)是元代著名的天文学家、天文仪器制造家、数学家和水利专家。他是元顺德邢台(今河北邢台)人。早先,他跟随刘秉忠学习数学和水利,同学的有数学家王恂及张文谦等人。元世祖忽必烈统一北方后,为了发展农业,开始广泛征召和寻找水利人才。中统三年(1262),张文谦向元世祖忽必烈推荐郭守敬,说他"习知水利,且巧思绝人"。后来,郭守敬向元世祖建议修治燕京附近运道,开发邢台、磁州一带的农田水利和豫北沁河、丹河水利等六项措施,深得忽必烈赞许,被任命为"提举诸路河渠"。两年后,郭守敬随张文谦去到西夏(今宁夏),修复黄河灌区唐徕渠、汉延渠及其他十多条干渠和68条支渠,灌田9万余顷。次年任都水少监,勘查黄河航道及河套乌梁海等地的古渠。回燕京后,他主持重开金口河引永定河水运西山木石至京。至元八年(1271)任都水监。后四年查勘(见图6-8)泗水、汶水、卫河等水道,将可以沟通的形势绘图上报,为南北京杭大运河的开凿提出了规划性的方案和意见。至元十三年都水监并入工部,他任工部郎中,与王恂主持修改历法,修补成《授时历》。而且先后设计制造了二十余种天文仪器,并坚持亲自观测。他还自黄河龙门以下,循黄河故道在纵横数百里地之间测量地平,规划防洪、灌溉等水利工程,并绘图说明。他前后共进行了南北长一万一千里、东西宽六千余里的大地测量,在世界上,他是最早提出了有关"海拔"这一衡量海平面至陆地或高山绝对高程概念的人。

至元十七年(1280)《授时历》修成后,任太史令。至元二十八年查勘滦河及卢沟河(永定河)水道,提出11项兴修水利的建议,都水监恢复后复任都水监。勘测、规划、设计通惠河工程,次年主持施工,一年后完成。打通了京杭运河全线的关键河段,使江南漕船可以直接驶入大都积水潭。他又计划利用环城城壕连接通惠河行运，但未成功。至元三十一年任昭文馆大学士知太史院事。大德二年（1298）规划开凿上都（元朝的夏都，在今内蒙古多伦西北）的铁幡竿渠。他一生共提出过20多条水利建议，治理河渠沟堰几百所。他在水利、历数、仪象制度三门学问上的成就，在元代可算独树一帜，为当时其他人所不及。

图6-8 元代水利专家郭守敬勘测京杭大运河鲁西段纪念

（二）赛典赤·赡思丁

赛典赤·赡思丁（1211—1279），原为不花剌人（色目人）。生于西域之布哈拉（Bohara）城。赛典赤的意思是“圣裔贤者”；因为他是伊斯兰教创始人穆罕默德的后代，阿拉伯语即贵族之意。赡思丁是他的号，意思是“宗教的太阳”；他名乌马儿，意思是“长寿”。在成吉思汗西征时，他率数千骑迎降，充任宿卫，后来随军东来。窝阔台（元太宗）时，他升任燕京断事官等职。蒙哥（元宪宗）攻四川时，他负责军需。元世祖忽必烈时，官至中书平章政事。曾任燕京宣抚使，中书平章政事，陕西、四川行省的平章政事。到至元十一年（1274）云南建行省时，他首任云南行省平章政事。在任期间，他团结云南各族人民，大胆进行政治改革和经济、文教等方面的建设。他任用张立道修建盘龙江上的松花坝灌区及昆明供水系统，开发滇池海口水利。至元十六年死于云南。死后追封为咸阳王，云南人民立庙树碑祭祀他（见图6-9）。在滇池金汁河堤上，至今人们仍然还能看到立有“相公堤”三个大字的纪念碑，那就是为了纪念赛典赤写的。可见，赛典赤在发展滇池水利事业方面，应该说是有所贡献的，所以他才会受到云南人民的广泛爱戴。

图6-9 元代赛典赤主政云南，开发滇池，死后人民建祠修墓长期纪念

第二节 运河渠化多级阶段的明代水利发展

（公元 1368—1644 年）

船闸文明的运河渠化多级阶段，是我国封建社会从唐代安史之乱开始衰退起，整个封建社会逐渐走向崩溃的一个过渡时期或阶段。元末，农民起义之大火燃遍全国，朱元璋带领的农民起义军终于推翻了元朝统治，建立了大明王朝。

明代从朱元璋 1368 年金陵称帝开始，到 1644 年清军入关占领北京实施统治时结束，明王朝历时 276 年。

明王朝开国之初，江南水利有较大的发展。据《明会要》引《明政统宗》记载："洪武二十七年（1394 年）谕工部：'陂塘湖堰可蓄泄以备旱涝者，皆因地势修治之'。乃分遣国子生及有关人才遍旨天下督修水利。凡开塘堰四万九百八十七处。"兴建这类水利工程，其中以江南地区为最多。

明代，随着海运的发展，国际交往、商品贸易和文化交流频繁。后来，从明万历年间开始，国内出现了资本主义的萌芽。这个时期，南方经济远远超过北方，朝廷对南方经济的依赖程度与日俱增。明代的航运，初期建立了以金陵（今南京）为中心的水运网，永乐皇帝朱棣为迁都北京，开始大规模整治京杭大运河，经治理后普遍应用坝闸，使运河梯级渠化，江南漕粮又改由运河北上，海运基本停止。这个时期，最突出的有四大特征：

（1）明初，政治中心南移，仰仗南方经济并使南方水运网得到迅速发展。

（2）永乐帝为迁都北京，南北京杭大运河得到彻底的治理和渠化，坝闸应用普遍。

（3）郑和船队七下西洋，标志着我国造船技术和航海技术走在世界前列。

（4）科学技术发展，水利著述颇丰，极大丰富了中华文明之精神文明宝库。

一、明朝时期的主要政治经济特征

元末，群雄四起。濠州放牛娃出身的朱元璋，17 岁那年，其家中所有亲人全死于灾害和瘟疫。无依无靠的他，只好出家做了和尚。那年头，兵荒马乱，做和尚也得不到安宁。后来，他投奔濠州郭子兴率领的农民起义军，因其作战勇敢、足智多谋，受到郭子兴的特别器重并被招为女婿。郭子兴死后，朱元璋顺理成章地掌握了这支农民起义军队。他掌握这支农民起义军后，便开始招兵买马，广纳人才，将李善长、刘伯温、朱升等谋士纳于自己帐下。当起义军攻占金陵（应天）后，他听从谋士朱升之言："高筑墙，广积粮，缓称王"。经过一段时间的韬光养晦和养精蓄锐，他的势力逐渐强大起来，从而战胜各路起义军对手。1368 年初，朱元璋在金陵称帝，以应天为南京，年号洪武，建立大明王朝。接着，他用了约 20 年时间统一全国。明朝建立后，实施了以下几项重大施政措施：

（1）明初实施休养生息政策。

（2）废除行省制，加强君主权力。

（3）剪除功臣，实行藩王分封制。

（4）设立锦衣卫和东、西厂等特务组织。

二、明初南方水运网的修建

明初，朱元璋建都金陵（今南京），国家的政治中心南移，于是，金陵一跃而成为全国政治、经济和文化的三大中心；“四方贡赋，由江以达京师”（《明史·食货志》）。于是，形成了以金陵为中心的发达的漕运网，这是我国历史上的一次较大的漕运方向的大改变（见图6-10）。

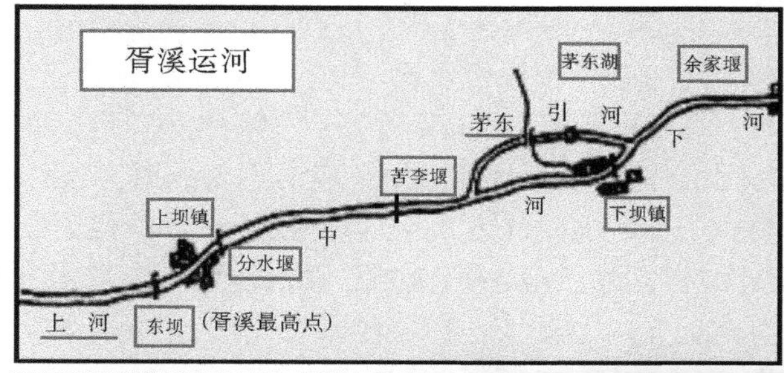

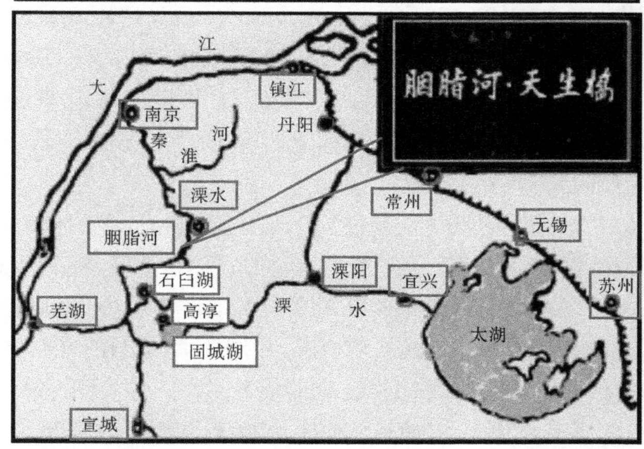

图6-10　明朝初年政治中心南移，疏浚胥溪运河和开凿天生桥运河

当时，在靠近金陵的太湖流域，自隋、唐以来，一直是全国最重要的经济、文化发达区，人称“富甲天下”，水运发达。同时，这里也是明王朝最重要的经济区之一。洪武元年（1368），朱元璋为扫除元朝残余势力，完成国家的统一，曾仰仗太湖地区的经济实力，依靠长江水运之便，兴师北伐，“命浙江、江西及苏州等九府运粮三百万石于汴梁”（《明史·食货志》）。此后，朱元璋为了将各地田赋、物资顺利运送入京，加强江浙至金陵的漕运能力，曾征调大批民工，疏浚胥溪运河，开凿天生桥运河等。

（一）疏浚古老的胥溪运河

胥溪，相传是春秋时期伍子胥主持开凿的人工运河，东通太湖，联络浙西，西入长江，舟行无阻。后来，年久失修，不知在何时渐渐淤浅，史载不详。据说明代韩邦宪《广通镇坝考》（又称《东坝考》）称：唐末“景福二年（公元893年）杨行密据守宣州，孙儒围之，五月不解。密将台濛作鲁阳五堰，拖轻舸馈粮，故军得不困，卒破孙儒。鲁阳者，银林分水等五堰坝左右是也”（转引自《长江水利史略》第157页）。另据清光绪《高淳县志》山川水利篇载：“五堰，一曰银林堰，长二十里；少东曰分水堰，长十五里；又东五里曰苦李堰，长八里；又五里曰何家堰，长九里；又五里曰余家堰，长十里，所谓鲁阳五堰也。”其后，皖南地方商人贩运牌木，东入两浙，因有五堰的阻隔，不便放筏，就贿赂当地官吏，废去五堰，五堰即废，宣、歙、金陵、九阳江之水，或遇五六月山洪暴涨，都沿着胥溪河直注太湖，东灌苏、常、湖三州，致使这个地区水患尤甚。北宋中期，单锷建议开河复堰，认为修复堰坝，可使宣、歙、金陵、九阳江之水，不入荆溪太湖，可杀苏、常水势十之七八。但是，单锷的建议当时未被采纳。

明初，朱元璋建都金陵，“以苏浙粮运自东坝入，可避江险。洪武二十五年（公元1392年）复浚胥溪河，建石闸启闭；永乐初（公元1403年）始改闸为坝，命曰广通镇；正统六年（公元1441年),复自坝东十里许,更筑一坝(名下坝),两坝相隔,湖水绝不复东"(《东坝考》,转引《长江水利史略》第158页)。从此,胥溪河不再全线通航了。以西的诸水皆自芜湖西出大江(见图6-10上)。

(二)开凿天生桥运河

天生桥运河,是在洪武二十六年(1393)开凿的。它沟通石臼湖和秦淮河,进而与胥溪河联结,构成一条从江浙至金陵的重要航道,其目的同样是"以济漕运"。《明太祖实录》记载:"明太祖洪武二十六年八月丙戌,命崇山侯李新,往溧水县督视有司开胭脂河。"开凿的原因是"两浙赋税,漕运京师,岁费浩繁。一自浙河至丹阳,舍舟登陆,转输甚难;一自大江溯流而上,风涛之险,覆弱者多"。其目的是"今欲自畿甸近地凿河流以通于浙,俾输者不劳,商旅获便"(《明通鉴》卷十)。

这条运河全长15里,起自溧水沙河口,向南穿秦淮河与石臼湖流域的分水岭至洪蓝埠,由毛家河经仓口入石臼湖。在洪蓝埠北七里原分水岭处凿岩留桥,因势而成,名曰天生桥。其南称毛家河。其北因系风化砂岩,色若胭脂,故名为胭脂桥,总称天生桥河(见图6-10下)。

这条运河开通后,使得长江与秦淮河、石臼湖、太湖相互通联,这就大大地缩短了江浙至金陵的水运里程。从此,江浙物资可由胥溪,经天生桥河而直达金陵,无须远绕长江,免除了风涛之险。安徽的茶、江苏的丝织品,均可由此航道互运,有力地促进了江南地区的商品流通和物资交流。然而,在当时开挖工具简陋的条件下开凿此运河,古代劳动人民付出了巨大的代价。据地方志记载,当时施工中"三役而死者万人"。现在离天生桥东北约100 m的地方,还有个万人坑遗迹,这是封建统治者压迫奴役劳动人民、无偿劳役的历史见证。

天生桥在正统五年(1440)曾疏浚过,到万历十五年(1587)因山崩断流,又疏浚过一次;此后由于年久失修,才逐渐湮塞。

三、明代对京杭大运河的维修治理

南北京杭大运河开凿建成于元代,而完善于明代。当初元代虽然凿通了济州河与会通河。但是,会通河由于济宁一带北高南低,所以往北行船困难,加之岸狭水浅,航行条件很差,难行漕运大船。因此,元代多以海运为主,河运为辅。后来,漕粮干脆停河运而全海运。因此,元代并未充分发挥京杭大运河的作用。后来永乐皇帝朱棣为了迁都北京,于永乐九年(1411),命工部尚书宋礼偕刑部侍郎金纯、都督周长主持修浚会通河,从而拉开了明、清两代治理、完善和利用京杭大运河的序幕。明代的大运河主要解决三大问题:其一,有因黄河泛滥经常冲决运道的干扰;其二,有受会通河、通惠河水源严重不足的影响;其三,有走黄、穿淮、过江之交汇口门问题的严重影响。

对于这些问题所采取的措施,除治黄、治淮以及经常进行维修外,对大运河的治理主要采取三项对策:一是运河改道;二是开辟新的水源,兴修水柜;三是兴修相应的坝闸控制。从而使得船闸文明这个"帮助船舶克服集中水位落差障碍"的助航建筑物——初期船闸,在京杭大运河上得到普遍应用的机会。

(一)明代对会通河的治理

会通河,起初所指范围较小,仅指临清至须城(东平)间一段运道。后来,所指范围逐渐扩大,明朝将临清会通镇以南到徐州茶城(或夏镇)以北的一段运河统称为会通河。会通河是南北大运河的关键河段。明洪武二十四年(1391),黄河在原武(今河南原阳西北)决口。洪水裹挟着泥沙滚滚北上,会通河 1/3 的河段被冲毁,从而使大运河的漕运中断,南北水运交通被阻。

永乐元年(1403),朱棣定都北平,改称为北京,准备北迁都城。永乐帝鉴于海运安全无法保障,为解决迁都后北京的用粮问题,决定重开会通河。永乐九年,他命工部尚书宋礼负责施工,征发山东、徐州、应天(南京)、镇江等地 30 万民夫服役。主要工程就是:改进分水枢纽、疏浚运道、整顿坝闸、增建水柜等一系列改建扩建工程。其中有一些工程在当年就完成了。

改进分水枢纽。元代的济州河,以汶、泗为水源,先将两水引到任城(在今济宁市境),然后进行南北分流。由于任城不是济州河的最高点,真正的最高点在北面的南旺。因此,任城分水,南流偏多,北流偏少。其结果,导致济州河北段河道浅涩,只通小舟,不通大船。然而南粮北运主要是要通行北上的载重粮船。分水枢纽选址失当,是元朝南北京杭大运河没有充分发挥作用的主要原因。宋礼这次整治运河,对它做了初步改进。他除维持原来的分水工程外,又采纳了熟悉当地地形的汶上老人白英的建议,在戴村附近的汶水河床上再筑了一座新坝,将汶水的余水拦入引水渠并流到南旺(见图 6-11),注入济州河。济州河北段随着水量的增多,通航能力也就有了大幅度的提高。

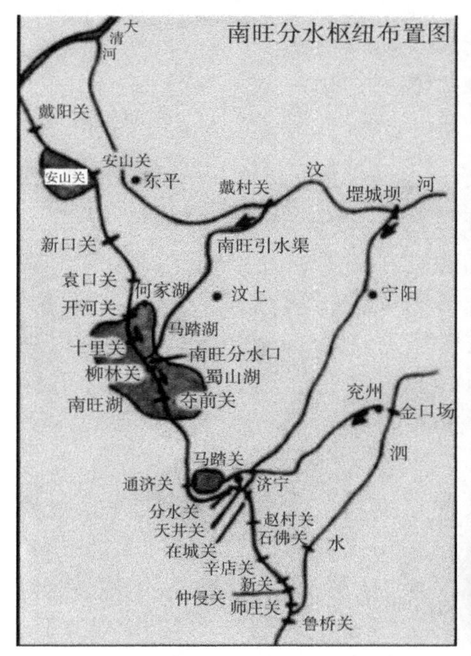

图 6-11　在戴村筑坝,引汶水入南旺湖为水柜,然后形成南北分流的分水枢纽,并大量使用船闸通航

几十年后,先人们对这一分水工程又做了一次比较彻底的改进,即完全放弃元朝的分水设施,将较为丰富的汶水,全部引到南旺分流,并在这里的河床上建南北两坝闸,以便更有效地控制其运河水量。大体上来说,为三七开,即“南流三分会泗水;北流七分注御河”。后来,人们称为:“七分朝天子,三分下江南。”(见图 6-12)(将元代任城分水的“三分朝天子,七分下江南”的“三七开”颠倒过来,成为明代南旺分水的“七分朝天子,三分下江南”的“七三开”)。

(二)改造和疏浚被黄河洪水冲毁的运道

明代,改造和疏浚被黄河洪水冲毁的运河河道,可分为两部分工程:

第一部分工程是将被黄河洪水冲毁的一段运道换个地方重新开凿出来。旧运道原由安山湖西面北注卫河(又称御河),新运道改由安山湖东面北注卫河。改道后,运道在湖的东边,黄河泛滥时,有西边的湖泊容纳黄河洪水,可以提高这段运河水道的安全程度。又因为这里的地势是西高东低,运道建于湖东,便于少水季节引湖水补充运河而济运。

第二部分工程是展宽浚深会通河的其他河道。一般来说,运河的所有运道都将疏浚挖深到 13 尺,拓展宽度到 32 尺。这样的话,即便是有载重量稍大的粮船,也可以顺利地通过此段运河。

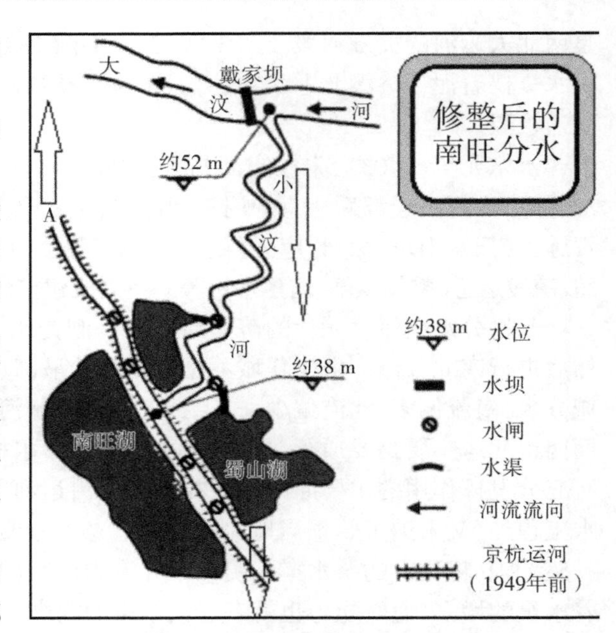

图 6-12 “七分朝天子,三分下江南”

1. 整顿修复旧闸、增建新闸

(1)增建新闸“以坝止水”。

“南旺湖北至临清 300 里,地降 90 尺。南旺南至镇口(徐州对岸)290 里,地降 116 尺”(《明史·河渠志》,转引自《中国古代著名水利工程》第 60 页)。会通河南北比降都较大,但是,南运道的比降大于北运道比降。为了克服河道比降过大给行船造成的困难,元朝曾在河道上建成 31 座坝闸。所谓“坝闸”,其实就是在坡降比较大的运河水道上,逐级以坝蓄水,以堰平水而梯级之;亦“陡其门以级其直注”,“以闸时其纵闭,使水深可容舟”(引自《长江水利史略》第 123 页)。即坝上设闸门,船来后“开闸过船”,船走后则“闭闸蓄水”。

(2)“以堰平水”渠化运河。

在京杭大运河河脊地区,水源有限而比降又较大,既要尽量避免运河之水大量流失,又要保持使人力木船能正常通航的水流比降。于是,采用先人们“以坝止水、以堰平水”的经验是唯一的选择。这样的话,航道内所筑坝越多,运道渠化的级数也越多,于是,就形成了由若干“坝闸”组成的渠化运河河道。这种渠化运河(见图 6-13),符合“帮助船舶克服集中水位落差障碍的水工通航建筑物”之定义,因此它也应属于初期多级船闸探索实践之范畴。然而,在查阅史料时,不同的史料对坝闸的记载与描述也有不尽相同之处的。

为规范起见,笔者认为:有必要重申“船闸”定义和不同提法的区别:凡属两个闸门在一定距离内重复使用,而在史籍上称之为复闸者,理应属于“二门一室”模式初期船闸的范畴。首先必须具备“两个闸门、一个闸室”的起码条件;多门重复使用的复闸称为多级船闸。像史籍中提到的“元朝曾在河道上建成 31 座坝闸”,虽然文中并未说明“坝闸”的性质和船只过闸的具体方法,但是它应该属于“帮助船舶克服集中水位落差障碍的水工通航建筑物”定义范畴。然而,它却没有一定的闸室规格,虽然也叫船闸,但是它却只是在探索渠道梯级化

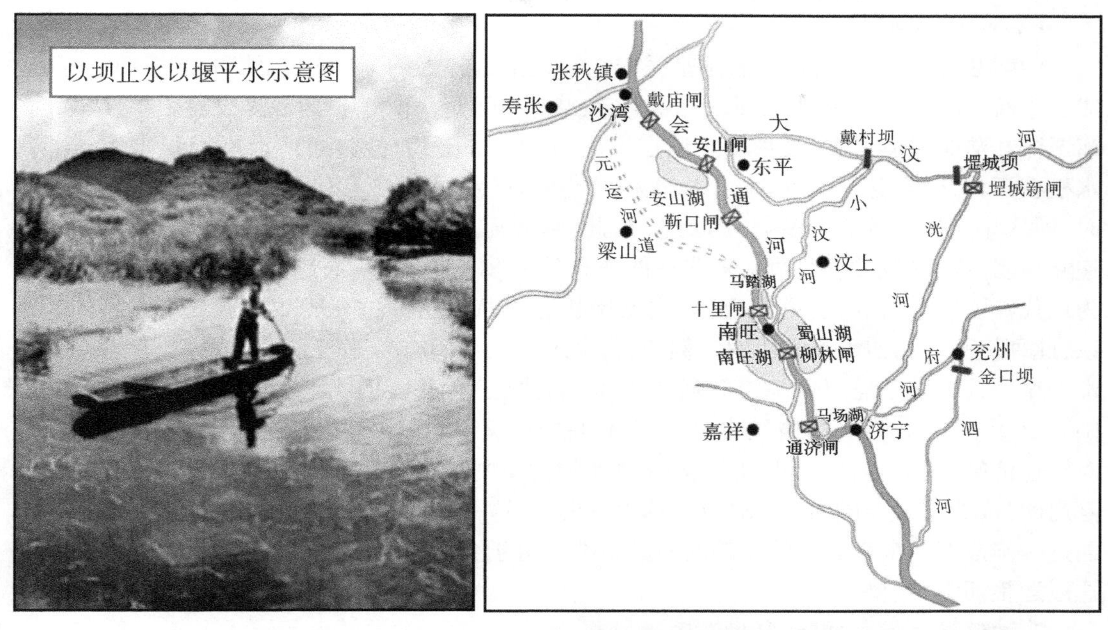

图 6-13　变形多级船闸是利用两坝间本来之运河河道而顺其自然地形成闸室，递相启闭，逐级而上

过程中，一次尝试性实践。所以，我们把它叫作"变了形的多级船闸"（或者属于不规则的多级船闸）。其理由为，两门重复使用的复闸称为船闸，是因为在两门之间形成了闸室，方便船只过渡，所以才叫"二门一室"模式船闸雏形。其中，闸室的存在是相当重要的（其重要性前面已有论述，不予赘述），因为有了闸室的规格，才会有船闸的规模和通过船舶多少、大小的标准区别。像坝闸这种形式的"闸室"是没有一定规格的，它主要是随着运河水道的地形与河势变化，以及航道中的实际需要而筑坝并设置闸门，即两坝之间的水道就为所谓"闸室"。但是，这种所谓的"闸室"是利用本来的运河河道而形成的，无一定标准、规格和尺度，是顺其自然而形成的各种形状的所谓"闸室"。所以，我们另外给其取名为"闸室变了形的多级船闸"（以表示区别）。然而，这种变形多级船闸也还是应该属于初期船闸的范畴。因为它没有设置专门的输水系统或充泄水设备，闸室的充泄水全靠闸门开启时水的涌入或流出（一门两用），即启门时上游之水随着闸门缝隙的增大而灌进闸室，泄水时闸室内之水亦从门缝涌入下游航道。据资料记载，真正的有独立输水系统的船闸，是在民国时期，并开始称为新式船闸。虽然这是后话，我们暂时在此摘录部分记载，这才是近代出现的新式船闸，以示区别。

大运河线上兴建了邵伯、淮阴和刘老涧三座新式船闸。船闸闸室宽十公尺，净长一百公尺，闸门槛深为二公尺半，闸门为钢质，启闭机以四人之力即可关闭自如；闸室两侧为斜坡式，底部及两坡上均同块石嵌砌、上下闸门两处之间的闸墙与底部连成一片，全用钢筋混凝土浇灌，输水管道置于闸室两侧，另设有开关井，内置输水管启闭机，闸之上下游最大水位差，邵伯为七点七公尺；淮阴、刘老涧为九点二公尺。邵伯、淮阴两船闸于民国二十五年（公元 1936 年）八月通航。……刘老涧因其他原因未能及时通航……

——引自《船闸结构》第 70 页

(3)修复旧闸。

明朝在修复旧闸时,增建新闸是派宋礼等人主持施工的,除修复元代的旧坝闸外,又建成七座新坝闸。新旧相加,在此河段共建有38级坝闸,从南旺北至临清段建了17级坝闸;南至沛县沽头段建了21级坝闸。还在汶上、东平、济宁、沛县会通河沿岸设置水柜、斗门。水柜在运河之西,运河水少时,则以水柜之蓄水补运;斗门在运河之东,运河水盛时或涨水时,即从斗门排泄运道内多余的洪水。从此,会通河成了节节蓄水的"闸河"。依靠各闸的递互启闭,逐级平水过渡,使南来北往的各种船只步步上升,从而越过运河的河脊高坡(此为现代航道所要求的"航道梯级化"之初始状态),从而达到过往船舶畅通无阻之目的。所以,此种坝闸应属初始多级船闸。例如,明永乐十三年(1415)平江伯陈渲总督漕运之时,自淮安城西管家湖至淮河鸭陈口开河二十里,名清江浦,并置四闸"自城而西,曰移风(即扳闸),又十五里曰清江(即清江浦),又五里曰福兴,又二十里曰新庄(又名天妃闸),与清河口对岸通济闸。此四闸均为斗门式船闸(其实均为单闸),加以统一管理,(相互配合使用)'递互启闭'亦为多级船闸"(《船闸结构》第69页)。这一时期,会通河段坝闸配置更为完善,从而进一步改善了南来北往的船舶的通航条件。由于会通河之上坝闸林立,因此明代人又称这段运粮河为"闸漕"。

2. 漕运能力提高,河运取代海运

经过明朝初期的大力治理,会通河的通航能力大大提高,漕船载粮的限额,每船由元朝的150斛(每石粮食为一斛,引自《中国古代著名水利工程》第61页),提高到明朝的400斛;年平均运粮至京的数量,由以前的几十万石猛增到几百万石。明初成功地重开会通河,增加了永乐皇帝迁都北京的决心。由此,他宣布了停止取道海上"南粮北运"的漕运圣旨。

3. "河运分离"另凿新河

(1)由河运合槽到河运分离。

自南宋初年,杜充决黄河而阻金兵南下起,黄河下游改道南迁,循泗、淮水道入海。元、明两代从徐州茶城到淮安一段,都是利用河、淮水道作为运道,人称"河运合槽"或"河淮运合槽"。它长约500里。黄、淮水量丰富,在初期的一般情况下,运道无缺水之忧。但黄河水多泥沙,汛期又多洪灾,严重威胁着运河本身和沿线人民的生命财产安全。后来人们普遍认为,黄河对于运河,既有大利,也有大害,即"利运道者莫大于黄河,害运道者亦莫大于黄河"。但自元、明以来,黄河下游由于南迁日久,河床泥沙淤积与日俱增,决口频频发生,这时的"河淮运合槽"已经发展到害大于利的地步。于是,从明朝中、后期到清初,人们都是竭力设法变"河运合槽"为"河运分离",在淮北地区,陆续开凿了一批运河新道,甚至将会通河南段的部分运道完全予以放弃。

(2)夏镇新河的开凿。

最早在淮北开凿的一条新河叫夏镇新河。嘉靖五年(1526),黄河在鲁西曹县、单县等地决口,冲毁了昭阳湖以西的一段运河,南北漕运被阻,明朝遂决定开凿新河。嘉靖七年(1528),以盛应期为总河都御史,征集近10万夫役开凿新河。工程过半,由于盛氏督工太急,怨声四起,又值大旱成灾,为防止爆发变乱,中途停工,只好草率修复旧道,勉强通航。嘉靖四十四年(1565),黄河又在江苏丰县、沛县决口,昭阳湖以西一段运道堵塞更为严重。第二年,遂再度兴工开凿新河,由工部尚书朱衡主持,嘉靖四十六年(1567)完工。这段新河,北起南阳湖南面南阳镇,经夏镇(今微山县治所)到留城(已陷入微山湖中),长140里,史称夏镇新河或南阳新河。旧河在昭阳湖之西，属原会通河之南段，易受黄河洪水冲击。新河在昭阳湖之东，若发洪水时，洪水可以进入湖泊，湖泊可容纳黄河来水，比较安全。

（3）继开泇河运河。

继夏镇新河之后开凿的另一条新河叫泇河运河（或称泇运河，见图 6-14）。隆庆三年（1569），黄河决沛县，徐州北运道被堵，粮船 2 000 多艘阻于邳州（今睢宁西北）。有人提出开泇河的建议，未被朝廷采纳。几十年后，黄河在山东西南和江苏西北一带再度决口，泛滥加剧，徐州洪、吕梁洪等河段屡屡断水，情况非常严重。于是，在主管工程的官员杨一魁、刘东星、李化龙等人相继主持下，除治理黄河外，又于微山湖的东面和东南面开凿新河，经多年断断续续施工，到万历三十二年（1604）完工。它北接夏镇新河，沿途纳彭河、东西泇河等水，南到直河口（今江苏宿迁西北）入黄河，长 260 里。它比旧河顺直，又无徐州洪、吕梁洪二处之险，再加上位于微山湖东南，黄河洪水的威胁也较小，所以这条新运河的开凿，进一步改善了南北京杭大运河的水运条件。由于它以东西两泇河为主要补充水源，故又名泇河运河（见图 6-14）。

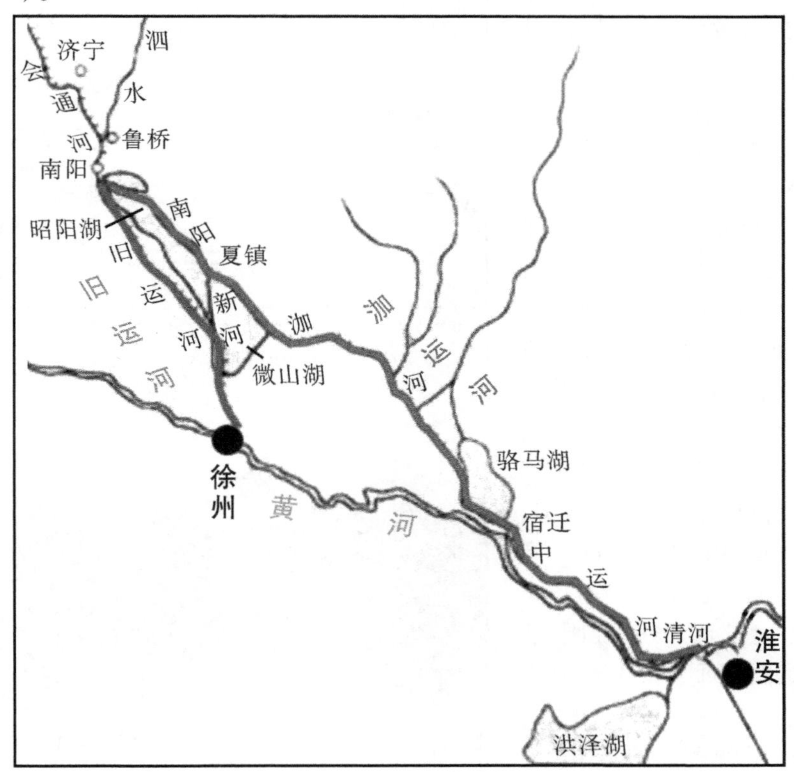

图 6-14　新开“泇河运河”

（4）再开通济新河和中河。

明末清初，又开凿通济新河和中河。泇河运河峻工后，从直河口到清江浦（今清江市）一段运道长约 180 里，仍然河运合槽，运河并未彻底摆脱黄河洪水威胁。因而河运分离继续进行，又相继开凿通济新河和中河。前者开凿于明天启三年（1623），西北起直河口附近接泇河运河，东南至宿迁长 57 里。后者是清初著名治河专家靳辅、陈璜擘画下修建的。康熙二十五年(1686)动工,两年后基本完成。后来又做了补充增修工程。它上接通济新河,下到杨庄(今清江市境)。杨庄与南河北口隔河相望,舟船穿过黄河,便可进入南河。至此,河运分离工程全部完成。

河运分离工程是明朝后期到清朝前期治理运河的主要工程之一,它的完工,使进入淮北地区的运河基本上摆脱了黄河泥沙淤积的干扰。

(三)对南河进出口运道改造及湖运分离

从春秋晚期开始,江、淮之间一直有运河沟通。这条运河南起今日之扬州市,北到今日之清江市。它就是我们前面所说的在历史上曾相继被称为邗沟、中渎水、山阳渎、扬楚运河、淮扬运河、淮南河等的江淮运河,明朝称之为南河。由于它是南粮北运必经的咽喉之道,而且又存在着许多具体问题,所以也是明清时期运河治理的主要对象之一。

1. 改造南河北端与河淮接口

自元朝到明初,这段运河都在淮安城北与河淮合槽连接。在平时,运河水位高,黄河水位低,运河之水容易流失。然而,在黄河汛期,黄河水位高而运河水位低。黄河的洪水和泥沙又容易冲击和淤积运河河道。明朝初年,当陈渲继宋礼负责治理河运时,在河运交接处,并排修建有以仁、义、礼、智、信命名的五坝,以防止运河水流失和黄河泥沙大量涌入运河。当时,之所以建五座坝,主要是为了便于舟船分散盘坝,以减少等候过坝的时间。以后,又因为盘坝费工、费时,陈渲又在当地老乡指点下,重开宋朝沙河故道,并在故道上每隔 10 里左右修一闸门,共修五闸(见图 6-15 上图)。舟楫进出运河改走此道,舟来开闸,船去关闭。既便捷,而又减少运河水大量流失(这也是“航道梯级化”初期状态的变形了的多级船闸)。五闸建成后,容纳过闸船只多,过闸效率提高、耗水量减少,而且船只过闸的安全度比翻坝也大幅度提高了。

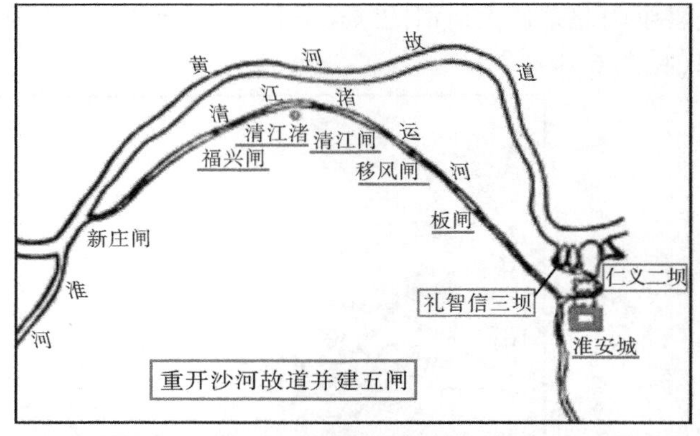

图 6-15 陈渲重开沙河故道并十里一闸共五闸,递互启闭

2. 南河、长江交口改造

在较好地解决了河、运连接问题的同时,陈渲也比较妥善地处理了江、运之间的通航问题。本来运河只有一口入江,后来,由于长江北岸泥沙的淤积,旧口渐塞,于是只好又开新口。到明朝,实际上形成了多个通江运口,如仪真(今仪征)运口、瓜洲运口、白塔河口、北新河口等。运河与长江之间多口相通,虽然有维修工作繁重、容易泄水等缺陷,但是,其优点也

不少：其一是当时运河已颇繁忙，南来北往的船舶增多，过往舟船出口多，可以避免船只拥挤运道和减少船只等待通过的时间（见图 6-16）。其二是各地来船可以就近入运，既缩短了航程，又减少了遭遇江上风浪之险。如从长江中上游来的船，可进最西边的仪真运口；从太湖流域取道镇江北上的漕船，可直入瓜洲运口；来自太湖流域取道孟渎或德胜新河的粮船，渡江后便可直接进入白塔河运口和北新河运口。

陈渲对于这些运口，基本上都加以很好的治理，例如，疏浚航道、增建水坝和闸门等。在运口修建闸门，虽然工程比较复杂，但是它便于舟船进出运口。同时，在长江水位下降时，闸门可以关闸防止运河水大量流失；然而，在长江涨潮涌水提高之时，则又可以趁机开闸引灌长江之水或闭闸蓄水，这样也等于补充了运河之水。

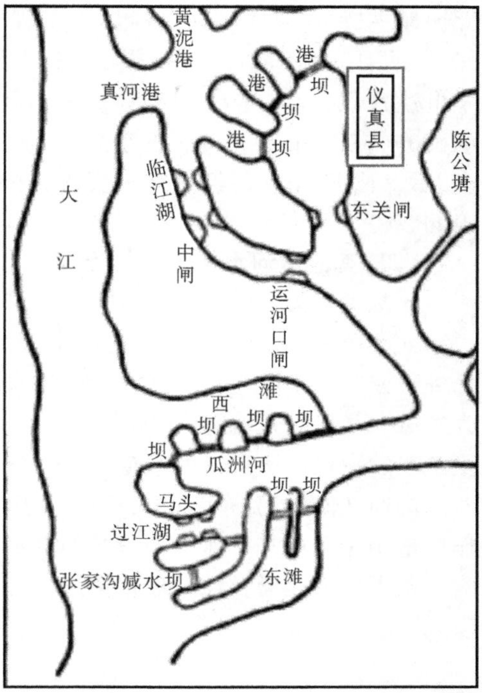

图 6-16　淮扬运河与大（长）江交汇口门改造

3. *南河河道整治与湖运分离的实施*

除南北两端外，明朝对南河的河道（明朝将淮扬运河，即原邗沟称为南河），也进行了大规模的整治，主要的工程是建湖堤、穿月河等，逐步使河湖分离。既减少湖泊泛滥、风浪等对运河船只的影响，从而又保障了湖泊对运河的蓄水水柜作用。

当初，吴王夫差开凿邗沟时，也正是借助于星罗棋布的大小湖泊相连接而成。虽然后来各代都曾多次进行截弯取直的施工。但是，南河仍然有很长的运道属于河湖不分，即以自然湖泊为行船航道，漕运穿湖而行。因湖大、风急、浪高，常有舟船倾覆沉没。为防止湖浪翻船，起初，明朝在宝应老人柏丛桂的建议下，决定修建护船湖堤，另开航道。较早的一次工程实施于洪武九年（1376），当时，发淮、扬丁夫五万，“筑高邮湖堤坝二十余里，开宝应倚湖直渠四十里，筑堤护之”（《明史 · 河渠志三》）。既在高邮湖中筑堤防浪，保护漕运粮船从堤旁通航；又在宝应湖旁开渠，并在湖渠之间筑堤护渠。宣德年间（1426—1435），陈渲主持河运工程时，又把这项工程扩展到白马、氾光等湖（见图 6-17）。

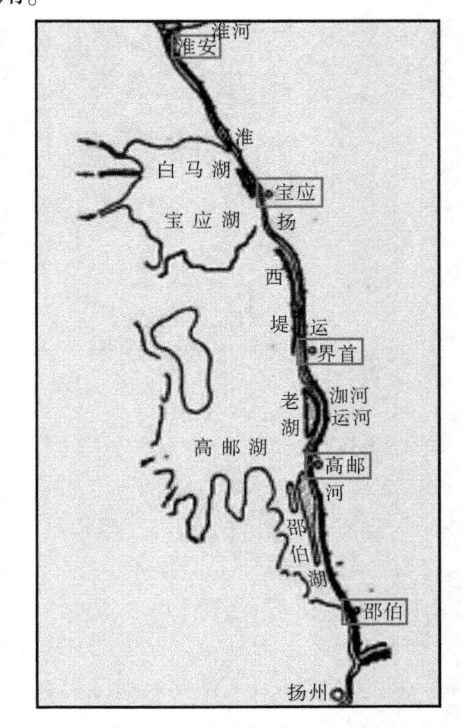

图 6-17　明代“湖运分离”新修之越（月）河

早先护运湖堤为砖土结构，抗御风浪性能较差，虽然在当时也能起到保护漕运的作用，但是其材质本身极容易被风浪损毁，维修任务十分繁重。为了改变这种状况，弘治年间（1488—1505），在户部侍郎白昂主持下，复河（月河或越河）工程开始修建。白昂主持开凿的这条复河叫康济河，长40里，西距高邮湖数里，在旧渠之东，引湖水为水源。万历十三年（1585），采纳总漕都御史李世达建议，又在宝应湖东穿弘济月河，长1 700余丈。接着刘东星也在万历二十八年（1600），在邵伯、界首两湖的东面，分别开凿成邵伯月河和界首月河。前者长18里，宽18丈多，后者长12里多。经过这一系列工程的整治、新建和维修，南河航道基本上摆脱了湖区风浪的威胁。

（四）其他运河水道疏浚与治理

1. 疏浚孟渎，开凿德胜新河

太湖流域是明代主要产粮区，本区"税赋"约占全国的1/6以上，向外运输粮食物资的任务最繁重。由于无鲁西河脊地带的水源不足之忧，这里运河航道的情况基本良好。但是，为了进一步提高运输能力，明朝也一再动工建设这里的航运工程。除治理地势略高的镇江至常州的一段江南运河的水道外，还进行了对孟渎的改造工程。孟渎，在江苏常州市西北，西南沟通江南运河，东北进入长江，为唐人孟简改造旧水道而成，所以称孟渎。当时的主要作用是用于溉田和排泄太湖流域的洪水。明永乐时，征集民夫10万人加以扩建，使之也成为一条重要的北通长江的运粮渠道。此外，宣德六年（1431），又在孟渎之东开凿了德胜新河，从此又给江南运河多开辟了一条入江支线（见图6-18）。

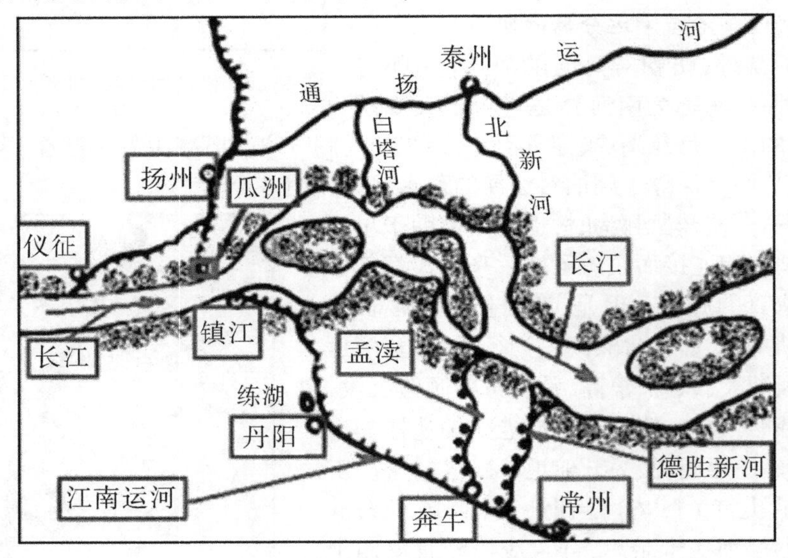

图6-18　江南运河与长江交汇

2. 明代在漳水开凿减河

京杭大运河中，自临清至天津的一段航道，是由卫河改造而成的。卫河本身就水量不足，主要由漳水补充。但是，漳水的年径流量季节变化很大，河道也因此常有变迁。为了不致因漳水改道而使卫河缺水，也为了不致因漳水发水而使卫河之堤溃决，明代在卫河上修建了不少水运工程。除引漳工程外，还开凿了一批减河。如山东恩县（现并入平原县）四女寺减河、河北沧州捷地减河、青县兴济减河等。这些减河可使卫河中过多的水有控制地东排入海，借以保证运河不至于被洪水冲毁。后来的清朝也很重视对这些减河的维修。

3. 大通河治理效果不理想

京杭大运河,由于明、清两代人的不懈努力,与元代初建之时相比,有了很大发展。其中,只有通惠河(明、清叫大通河)是另外一种情况,它萎缩了。在元朝,通惠河主要是以西山诸泉为水源,虽然不充裕,但是总还能维持大都到通州的航运。明朝以后,由于白孚泉等泉水日益干涸,以及皇家园苑耗水剧增等,运河水量严重不足。其间,虽然经过人们一再整治,如明朝多次修理沿河坝闸,尽量减少水量流失;清乾隆时期开辟昆明湖,以增加蓄水量,但都没有明显的好转。后来,运河粮船只能到达通州,只有小船经过原始的盘坝方式后,勉强可以通到京都的大通桥。

四、明代各地农田水利概况

明初,朱元璋建都金陵(今南京),对江南水利有较大的发展。农田水利建设在明中叶以前实施兴建与修筑的工程也较多;明中叶以后,朝廷议事中多空谈,即多精彩议论,实际实施得很少。这期间,全国农田水利、江河防洪、航运维修等水利工程从全面开展到逐渐衰落,经营虽勤而成效不大,以致逐步衰落不振。晚明70余年间(1567—1644)国势日趋衰落,内忧外患日趋严重。仅仅万历之初的十来年中,在张居正为相当政期间,有所振作和作为。

(一)都江堰工程的维修改进

自元代起,都江堰水利工程在维修中开始采用永久性建筑材料,即用全铁浇铸鱼嘴。明代比元代有所发展,元代的铁龟鱼嘴虽然很坚固,但是岷江河床的沙砾层非常深厚。当年在安装铁龟鱼嘴时,虽然对基础也做了一些处理,但因挖的深度还是不够,几十年后,当基础泥沙再次被洪水淘空后,铁龟也就不起作用了。因此,在明代后期维修中再用铸铁鱼嘴时,除增加鱼嘴的用铁量外,也很重视基础的处理。工程实施在嘉靖二十九年(1550),由按察使佥事施千洋、崇宁知县刘守德等主持。先淘基坑,基坑内密植300余根柏木桩,用沙砾填实后,再在上面砌筑厚石板和浇铸厚铁板。在这个基础上,再铸成两个"首合尾分"的大铁牛。这一工程共用铁725 000斤。当时在牛身上铸有如下铸文:"问堰口,准牛首;问堰底,寻牛趾;堰堤广狭顺牛尾。水没角端诸堰丰,须称高低修减水。"此铸文意思是说,为了防止洪沙涌入宝瓶口,酿成成都平原淤积和洪灾,明朝时,在鱼嘴以下的大堰上建有三处减水工程。虎头岩对岸为上减水,鲤鱼沱为中减水,人字堤为下减水。这一渠首工程,仍然由于基础不够深厚,于几十年后再次被洪水毁损[明代时都江堰的维修状态现今无法复原,只附现代鱼嘴修理图(见图6-19),仅供参考]。

图6-19　2008年汶川大地震后,正对都江堰受损鱼嘴进行修复施工

除渠首工程外,明代中后期也比较重视渠系工程的建设。据统计,正德年间(1506—1521),全灌区有堰471座。100多年后,即到了天启年间(1621—1627),堰数增加到了608座。都江堰水利工程的特点之一是以堰分水,每增一堰,其实就是增加了一道灌渠。堰的增加,表明了渠系的发展和溉田面积的扩大。

后来,明末清初,国内灾荒不断,政局动荡,内忧外患,战争连绵,人民则又处于水深火热的灾难之中,都江堰水利工程也又一次遭受到严重的破坏。

(二)明代太湖流域的疏浚治理

明代太湖流域的经济相对发展较快,它每年上交国家的夏秋两季之税赋,仅北部苏州、松江、常州、镇江四府,便高达500万石,已经相当于当时山东、湖广(湖北、湖南)两个纳税大省的总和,占全国两税总额2 900万石的1/6强。因此,太湖流域是明朝的经济命脉。然而,这一地区又是当时水旱灾害十分严重的地区,特别是水灾。所以,明朝政府不得不用更大的力量治理这里的水道。明朝历时276年,以浚河排水为主,在太湖流域施工有1 000多次。

在明朝频繁地疏浚太湖河道的工程中,最重要的是永乐元年(1403)户部尚书夏原吉主持疏浚工程的一次。夏原吉主张,太湖流域治水的关键是使洪水畅流入海。他认为吴淞江的下游淤塞严重,重新疏浚施工费用太大。于是,他率领10多万河工,让太湖排泄取道刘家河入长江;又重点开凿范家浜,使之与黄浦江相接,将太湖东部的河湖之水,特别是浙西来水,循黄浦江排入长江。这次治水,不仅改善了太湖下游的泄水状况,而且改变了泄水格局,由从前以吴淞江为主泄道,逐步变成以黄浦江为主泄道,这种情况一直延续到今天。

继夏原吉之后,周忱、徐贯、李充嗣、林应训、吕光洵、海瑞等都曾对太湖水道做过较大规模的治理,对排洪都起到过一定作用,而以林应训的成就更为显著。林应训是万历五年到八年(1577—1580),在大学士张居正的大力支持下,主持治理太湖水道的。他认为太湖下游虽有黄浦江、刘家河等可以泄水,而仍多水灾,与历史上的主要泄水道吴淞江淤塞有关。因此,他的治水以疏浚吴淞江为施工重点,兼疏黄浦江、白茆港等其他一批水道。先后疏浚吴淞江140里,黄浦江90里,白茆港45里,以及其他港浦数十处。这是一次对太湖水道较为全面的治理,工程质量也较好,太湖流域排洪状况得到了改进。

(三)明代滇池地区水利工程修建

元代兴建的滇池水利工程,许多是土堰,常被冲毁,岁修工程量很大,工程数量也不能满足明代所增农田的灌溉用水。因此,明代多用石材改建、增修滇池工程,大大提高了工程质量。

景泰五年(1454)改建南坝闸,将土堰改成石闸,参加施工的有8万多人,规模空前。据明代《新建南坝闸记》(《新纂云南通志》卷一三九)记载,南坝闸可以灌溉农田几十万亩。这个数字可能偏大。但是,在当时即便是几万亩也是相当可观的。

弘治十五年(1502)治理滇池海口,在原出水口螺壳滩至青鱼滩之间,新修长达20余里的渠道一条,挡沙坝15座,参加施工的军工、民工2万余人。竣工后,又规定了海口工程的岁修、大修条例,加强了工程管理。到了万历年间,海口新旧河道又多淤塞。于是,再度大修海口。这次施工比较注意调查研究,"谋及群吏士庶父老而广询之,知滇水从出之口,牛舌滩横于前,龙王庙洲塞于中"(《新纂云南通志》卷一三九),清除了这两处暗礁,使海口水道保持了较长时期的畅通。

隆庆四年(1570)修建横山水洞。横山水洞在昆明西郊龙院村附近,洞长约190 m,洞中"仅仅容一人,反身屈膝以镌,用二人递畚所镌,而出入之弥坚难"(《新纂云南通志》卷一三九),同时修筑了一条长140 m的盘山渠道。渠道汇集山泉,经横山水洞灌溉龙院村一带农田四万五千多亩。

万历四十六年至四十八年(1618—1620)改建松花坝及昆明地区其他土坝。据明代《新建松华坝石闸记》(《新纂云南通志》卷一三九)记载,松花坝施工时用“匠作田夫五万七千余”,“闸口高一丈余,长三丈余,广一丈七尺”。所用石材和施工技术都很考究,“皆选石之坚厚者,长短相制,高下相纽,如犬牙,如鱼贯,而铃以铁,灌以铅”(见图 6-20 左图)。

明代滇池水利工程除大量采用石板外,技术水平也不断提高。例如,为了防止洪水暴涨时泥沙淤积,在盘龙江等河道上建滤水坝 9 座,每坝都开有“水窗”。这种滤水坝效果虽然并不显著,却不失为防淤措施的一种尝试。其次,嘉靖三十四年(1555)在治理海口时,开始引进都江堰竹笼块石筑堤的坝工法。

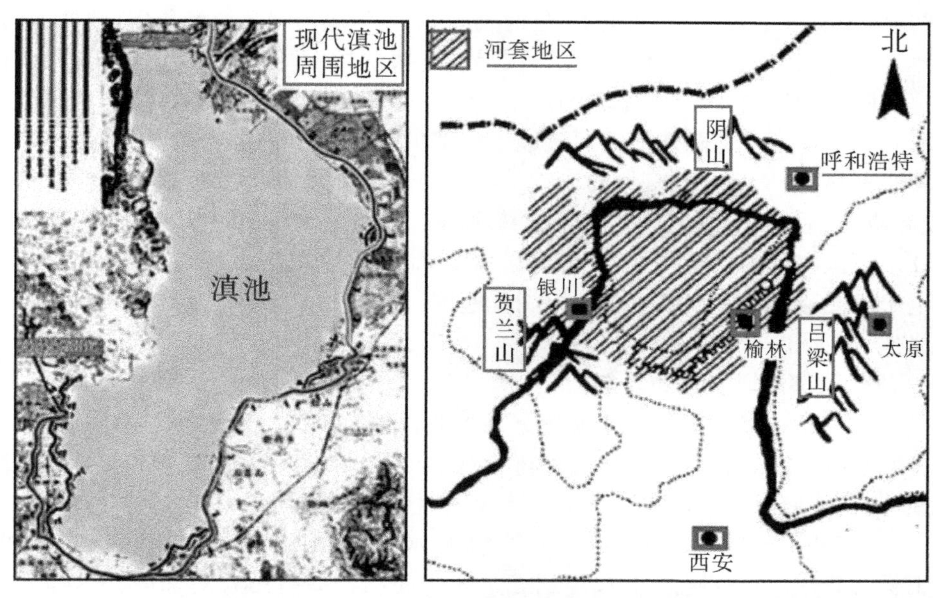

图 6-20　左图为云南滇池地区现代鸟瞰图;右图为黄河河套与宁夏地区现代鸟瞰之示意图

(四)宁夏地区水利工程的修建

明、清两代,宁夏平原的农田水利又有新的发展。明代,宁夏也是边防要地。当时,东起辽东,西到陇西,在明长城沿线驻守大军,设立 9 个军事重镇。宁夏一地占了两镇,即宁夏镇和固原镇。前者的治所在今银川市,后者的治所在今固原县。明朝又推行军屯制度,边镇驻兵,四成戍卫,六成屯田。为了屯田需要,他们在宁夏平原大兴水利。

银川平原面积大,农田多,所以这里仍是明朝农田水利建设的重点。屯军曾多次组织力量,既维修旧渠,又开凿新渠。有时工程的规模较大,如弘治七年(1494)的一次凿唐徕渠道西的渠道 300 多里。因此,银川平原的灌溉田亩较多,据统计,嘉靖年间(1522—1567),仅河西灌区的汉延和唐徕以及河东灌区的秦渠和汉渠,灌田即达 13 000 多顷(见图 6-20 右图)。

开辟新灌区,这是明朝建设宁夏水利的特点。明以前,各代对宁夏平原的水利建设,主要集中在面积较大、耕地较多的银川平原,在这里建起了两个灌区,那就是以秦渠和汉渠为主要的河西灌区。在卫宁平原虽然也有兴建,但规模较小。明朝除注意河东、河西两灌区的建设外,又在较小的卫宁平原上建起了一批有一定规模的灌区系统。这样,便开辟了一个新的灌区,即卫宁灌区。在明朝,见于记载的这个灌区的灌溉渠道有蜘蛛、柳青、胜水、石空、七星等 12 条。其中除元朝已有蜘蛛等渠外,其他多是明朝新建。大的渠道,每条可溉田三四百顷,小的百顷左右,总溉田面积为 2 000 多顷。

第三节 运河渠化多级阶段的清代水利发展

（公元1644—1911年）

一、清代各地农田水利工程概况

清初，由于明末宦官专权，朝政荒废，河政废弛，黄河决溢自流泛滥不堪，致使运河淤塞，漕运艰难。虽有朱之锡等人补修，但无益大局。自康熙中，才大力治河。用靳辅为河督，靳辅又用幕友陈潢的计划，根据潘季驯的理论，用了三四年时间修堤、堵口、开浚、筑闸堰，其成果维持了几十年。下至乾隆初期黄河形成了短期的小康局面。至乾隆十年后又多决溢，乾隆后期朝政渐坏，治河也受到直接的影响。乾隆四十年后，则河患又呈大灾不断之势。这一时期，废弃或缩小了不少古灌区，如芍陂、练湖、陈公塘、蛮河、长渠、唐白河灌区，引漳灌区等。都江堰灌区在清前期曾一度缩小到70万亩，后来才恢复到二三百万亩。此外，清初因边事或屯田需要，在新疆、河套、畿辅、太湖等地区，也出现一些有一定规模的农田水利灌溉渠道的修建。

（一）清代对都江堰水利的修复

明末清初，战争连绵，都江堰工程遭受到严重破坏。灌区一度缩小到70万亩。自康熙后期起，四川政局才比较稳定，都江堰水利工程才又得到恢复和发展。较为突出的有阿尔泰和丁宝桢二人，他们对都江堰的水利工程建设做出了很大的贡献。

阿尔泰，满洲正黄旗人。巡抚山东七年，兴修水利，颇有政绩。擢四川总督后，重视都江堰水利工程的修建。从乾隆二十八年到三十一年间（1763—1766）对加固大鱼嘴和在岷江上游蓄水，都做了重要尝试。他鉴于以往鱼嘴被毁与基础工程不牢固有着密切关系，于是，修建鱼嘴要求改进基础工程，下令掏挖沙石必须比过去加深三尺。他为保成都平原春耕用水，下令在岷江上游山区筑堰蓄水。这一措施不仅可以保证春耕用水，而且在夏秋雨季之时，还能起到拦洪和拦沙的作用。

在治理都江堰的工程中，修筑质量最突出的是光绪三年底到四年初（1878年1—4月），四川总督丁宝桢主持这次大修，应该说是非常出色的。丁氏的工程大而且彻底，一些重要建筑他都加以改造，用浆砌条石、固以“铁锭”来代替卵石竹笼。其中，都江鱼嘴砌筑成底深1丈、高2丈、长16丈的庞然大物，十分坚固。同时，又深挖河床、砌高堤岸。河床挖深到1.2~1.4丈，掏挖土石达40多万市方（长×宽×厚（市尺）=1市方）。堤岸增高1.6丈以上，内、外江共砌堤岸超过12 000丈。由于工程质量较好，虽然当年遇到一次特大洪水，除略有损失外，尚未酿成大的灾害。其实，根据都江堰宝瓶口的水尺（水则），后来有个不成文的规定：宋代为10划，使用日久，随溉田面积增多而划数也在增加。到清代，这不成文的规定即“凡洪水超过16划，即使酿成灾害，也不追究工程负责人的责任”。认为这是人力无法抗拒的天灾。丁氏大修后水灾超过16划，损失不大，但清政府腐败，偏信诬告，对治水有功的丁宝桢竟作降级、赔款之处分（《中国古代著名水利工程》第91页）。

都江堰水利工程自战国末期兴建，到清代已历时2 000余年。历史上，虽然后来各朝各代都有毁损或增修，然而到清道光年间（1821—1850），灌区发展到了成都、华阳（治所在今成都市)、汉州(今广汉)、金堂、双流、新津、眉州(今眉山县)、新都、新繁、温江、郫县、崇宁(郫县西北)、彭县、灌县、崇庆等 15 州县,溉田面积近 300 万亩,从而达到历史最好水平。新中国成立后,都江堰水利工程被联合国世界遗产委员会列入世界文化遗产名录而受到保护(见图 6-21 右图)。

图 6-21　左为都江堰纪念邮票,右为世界文化遗产纪念币

(二)清代新疆地区水利灌溉工程

新疆古称西域,自汉唐时期起,历史上各朝各代都有屯田或水利灌溉工程的兴建。《史记》和《汉书》都有记载。汉武帝时,在天山南麓的轮台,"有溉田五千顷以上"。至今还有古代"汉人渠"等干支渠的遗迹发现。到了清代,在天山南北所修建的灌溉渠堰更多。清代官员图伯特、松筠、林则徐、左宗棠等人均在历史上对新疆的水利建设做出了重要的贡献。

乾隆二十年到二十四年(1755—1759),清军相继平定阿睦尔撒纳和布拉尼敦·霍集占(大、小和卓)的叛乱。为了加强回疆(清当时对新疆的称呼)的军事力量,乾隆二十九年(1764),清政府从东北地区,即盛京(沈阳)将军的管辖区,调来一支军队到伊犁。这支军队由锡伯人组成,包括家属,共 3 000 余人。他们在伊犁一带,一边驻防,一边屯垦。从屯垦的需要出发,他们以伊犁河为水源,修建了一条长约 180 里的干渠,称为"察布查尔"。所谓"察布查尔",锡伯语意为"粮仓"。嘉庆七年(1820),锡伯营总管图伯特,又率领本族军民,用 8 年的时间,在旧渠北面又开凿了一条新渠。新渠长 200 多里,宽 10 尺。两渠共可溉田 10 多万亩。这些工程至今仍在发挥着作用。

在与图伯特开凿察布查尔新渠的同时,回疆最高军政首领、伊犁将军松筠(蒙古族正蓝旗人),也在伊犁河北面,进行规模很大的水利建设,既修理旧渠,又穿凿新渠。在一系列的渠系建设中,最重要的是引伊犁河支流哈什河(现喀什河)为水源的渠道的拓展,修了 170 多里新支渠。后来,这个新支渠被皇帝命名为"通惠渠"。《新疆图志》记载:"哈什有一条皇渠,溉田 43.7 万亩。"现在有人认为,这条皇渠可能就是当初的通惠渠。

清道光二十二年(1842),清政府将禁烟有功的林则徐谪戍伊犁,"效力赎罪"。林则徐在伊犁深得伊犁将军布彦泰的器重,1844 年授命他与全庆共同兴办南疆水利。两人组织新疆各族人民,在南疆的和尔罕(今若羌北)、叶尔羌(今莎车)、喀喇沙尔(今焉耆)、伊拉里克(今托克逊西)、库车、乌什、和阗、喀什噶尔等地,经过一年的努力,修建了数量很多的水利工程。同一时期,垦地近 70 万亩,成绩斐然。

同治三年(1864),中亚浩罕国在英国支持下,派阿古柏率兵侵入我国南疆。接着,俄国也以护侨为借口,强占我国伊犁地区。南北疆许多水利设施湮废。后来,左宗棠统兵入疆,曾纪泽赴俄交涉，在军事和外交双重努力下，收复大部分失地。光绪十二年（1884），新疆建省，建省前后，左宗棠和刘锦棠先后在新疆担任军政要职，都把恢复和发展南北疆的农田水利作为善后工作的重要内容之一，他们组织士兵和各族人民，在各地修建成许多渠道，开垦出大量的农田。据后来编写的《新疆图志·沟洫志》统计，全区已有干渠900多条，灌田面积1 100多万亩。

（三）新疆坎儿井的沿革与发展

坎儿井又称井渠，我国的井渠工程施工技术，是在西汉时的关中龙首渠中就已经开始使用。自汉武帝经营西域并派驻军屯田车师开始，井渠技术逐渐传入西域。到清代，无论是普通灌渠或坎儿井，特别是晚清时，由于林则徐、左宗棠等人的努力，井渠的发展速度都相当快。

林则徐远谪回疆时，曾受伊犁将军布彦泰之命，与喀喇沙尔办事大臣全庆共同建设南疆水利。他们除在那里修建许多明渠外，又大力扩展坎儿井工程，由吐鲁番扩大到托克逊、伊拉里克等地。后来，林则徐虽然被清政府调回内地，但是由他开始的这一地区扩展坎儿井的工作，仍然得到了新任的伊犁将军萨迎阿的重视和支持。后来，终于使吐鲁番盆地的官坎，由原来的30多条，增加到100多条，并使托克逊与吐鲁番一样，成为坎儿井比较密集的地区。在修建官坎的推动下，新疆民间也自发地纷纷自建这种引水工程。到后来19世纪60年代的前期（由林则徐等人倡导的新疆坎儿井第一次建设高潮时期），吐鲁番、托克逊的官坎、民坎多至800余条，鄯善也有300多条（见图6-22）。

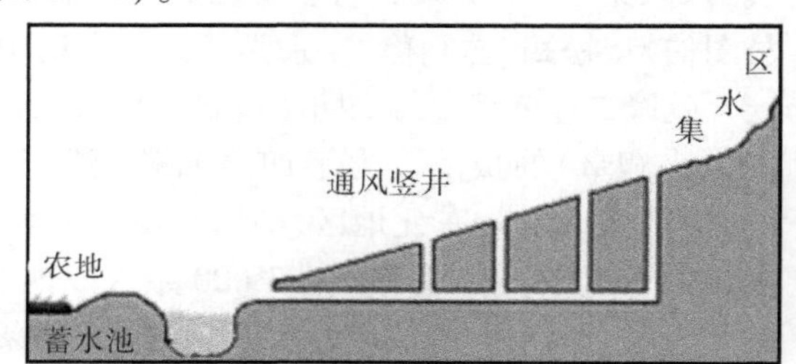

图6-22 我国新疆独特的引水渠道，即坎儿井的发展与施工

新疆坎儿井第二次发展是在1878年，左宗棠粉碎阿古柏入侵之后。由于左氏把恢复、发展新疆水利作为善后的重要工作之一，所以，在短短的三年中，当1881年，他调离新疆时，便已经取得了显著成绩。除修复了吐鲁番的官坎外，又在其他一些地方，如连木沁（吐鲁番盆地东部）、鄯善等地，新建官坎185条。于是，当地的百姓再次兴建民坎的积极性也随之高涨。十年以后，在连木沁以西的吐鲁番盆地上，建成的“坎儿井以千百计”（《中国古代著名水利工程》第173页）。

清代新疆坎儿井的发展，虽然与林则徐、左宗棠等一批官吏的推动有关，但是更主要的还是当地维吾尔族、汉族、回族等人民群众辛勤劳动的成果。其中，维吾尔族人的贡献最大，可以说大部分的坎儿井都是他们穿凿的（见图6-22）。

有关学者认为，清代坎儿井工程最重要的发展之一是结构创新，即在兴建坎儿井工程中增建了“涝坝”。这是当地维吾尔族人民的创造。古代的井渠，主要由暗渠、竖井、明渠三个部分组成。维吾尔族人民根据当地气候条件，如气温、季节等特点，因地制宜地发展了坎儿井的结构，又增加了“涝坝”这一形式。涝坝是维吾尔语，其含义与汉语的蓄水池相当。涝坝所具有的重要作用如下：

其一，是蓄水。它位于暗渠的出口处，可将冬季从暗渠中流出的水储存于池中。新疆冬季气温很低，农业生产停顿。而坎儿井的水却源源不断地外流，涝坝即可把冬季流出的渠水储存起来，以备来春播种使用。

其二，是晒水。坎儿井中流出的地下水，主要是天山上的融雪之水，水温极低。如果渠水从暗渠流出就马上用于灌溉农田，低温会伤害庄稼，影响庄稼的发育、成长和收成。于是，把暗渠流出的低温水，在涝坝水池中蓄存一段时间，低温水通过一段时间晾晒后，水温便有所提高，然后再灌溉农田，对农作物生长十分有利。

其三，是便于统筹兼顾、集约管理用水，在农田灌溉中，不同农作物、不同地质、地势与日照条件，灌溉用水的多少是不同的。涝坝蓄水后，便于统一调配农田用水。涝坝的创建，使坎儿井这一独特的灌溉工程设施更臻完善。

目前，据有关专家统计，吐鲁番和哈密两地的坎儿井共 1 000 多条，暗渠的总长度约 5 000 km，我国这一古老的水利灌溉技术，可与历史上著名的万里长城和京杭大运河媲美。

（四）畿辅与宁夏河套等地的农田水利

1. 畿辅等地的农田水利

清康熙时即有人在天津开水田，规模最大的是雍正时的营田。雍正三年（1725）因雨涝，河北七十余州县遭水灾，清廷任命怡贤亲王允祥（雍正之十三弟）及朱轼兴修畿辅水利。实际计划出自陈仪。陈仪等普遍勘查了各河流，提出规划性意见，主张各河淀修浚并举，治河与经营农田水利并重。陈仪说："水害去而营田随之则沟渠洫浍，浚畎距川无往非所以行水，即无往非所以分水也。水聚则害，水分则利。……南人争水如金，北人畏水如仇，用不用之异也。吾使之用田以分水，田成而水已散，利兴而害乃去矣！"

雍正四年（1726）开始先于京东各地开田种稻。京南天津至保定间农民亦于沼泽积水处种稻 700 余顷。次年设京东、京西、京南、天津四水利营田局，总摄于水利营田府。各局分管区的营田水利，开引河、疏泉源、筑圩岸、开沟渠、建闸涵；多泥沙河流的上游筑堰留淤造田；沿海引潮蓄淡，潮来渠满，闭闸蓄水，四面筑围，中为沟塍等措施。

雍正五年至七年总计营造水田 6 000 余顷，农民自营的还有几千顷。雍正八年允祥病死，水利营田逐渐废弃。至乾隆前半期（18 世纪 30—60 年代）大兴水利，重在治河淀、排涝水等。下至清末大致类似。天津滨海地区的营田也有人试行，如淮军周盛传部队从同治十二年（1873）起，于海河以南开河 200 里，营田 13 万亩，建新农镇种稻，维持了 30 多年至光绪末荒废。鉴于农业科技与时代条件限制，畿辅水利后来均淤废。

2. 宁夏、河套地区的农田水利

宁夏、河套是用兵新疆的基地或粮秣中继站，当时的战略地位十分重要。对于宁夏古灌区，历代都有增修，而以康熙、雍正、乾隆三朝修治最多。所开新渠如下（见图 6-23）：

（1）大清渠。水利同知王全臣于康熙四十七年（1708）开，渠口在宁朔县大坝堡，上距唐徕渠口 25 里，下距汉延渠口 5 里，至宋澄堡入唐徕，长 75 里余，有斗口 167 座。在汉延、唐徕二渠之间，灌二渠间高地 1 200 余顷，后屡次大修改口。清末有支渠十六，斗口一百二十八，灌田 160 余顷，至民国二十五年可灌田 600 余顷。

（2）惠农渠。雍正四年（1726）侍郎通智、宁夏道单畴书开，原在宁夏县叶升堡，长 200 里，后乾隆、嘉庆、道光、光绪、宣统时都曾重修，屡次改口、改道。灌宁夏、宁朔、平罗三县田 2 800 余顷。

（3）昌润渠。雍正四年（1726）开，灌惠农渠东南滩地，渠道长 110 里。乾隆中两次改修，后长达 136 里，大小斗口 130 道，灌平罗田 1 700 余顷。后又屡次改修，乾隆重修时在渠上开旁渠，后又另开渠口，别为一渠，灌田数百顷等。

(4)后套八大干渠。清黄河南北为伊克昭盟及乌兰察布盟,东有绥远之萨拉齐、托克托等城。道光以后陆续开后套八大干渠,均首起黄河,北流入乌加河,且多民间自办,自西而东有永济渠、刚目渠、丰济渠、沙河渠等(见图6-23)。

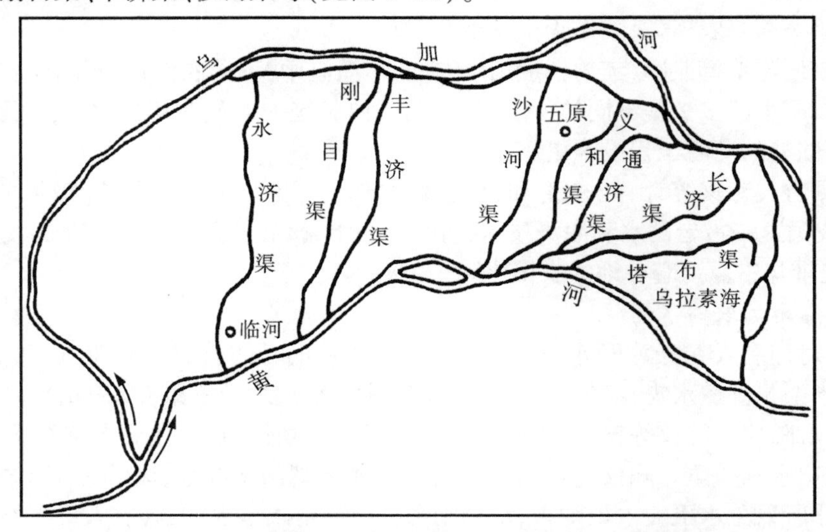

图6-23 清王朝时期,黄河河套地区的后套八大干渠示意图

还有太湖、关中等地区的一些农田水利,以此举例代表,其余不予赘述。

二、清代京杭大运河及坝闸工程概况

京杭大运河自明隆庆元年(1567)开南阳新河后,徐州以上航道受黄河冲淤次数减少。徐州以下至清口段仍走黄河,运河由晚明至清初两次改道,才基本脱离黄河,一次为开泇运河,自夏镇(今微山)至宿迁境汇黄河,酝酿多年,到万历三十二年(1604)才全部完工,设节制闸多处;另一次,是自宿迁境至清口180里航道,在康熙二十七年(1688)开凿成中运河。采用"河运分离"措施后大运河仅清口过江有几里为黄、运、淮共用河道,其余基本已经实现"河运分离"(见图6-24)。

然而,清代的京杭大运河,仍然存在着两大主要难题需要解决:

其一,在清口黄、淮、运交汇处,由于黄河水挟带泥沙多,从而使河道不断淤高,堵塞淮水,妨碍航道。清代治黄保运,清口是其中的重点。因此,修建大量工程,企图保持畅通。然而,到清后期终于又堵塞。

其二,会通河水源仍很缺乏,再加上泇运河的水源也不充足,虽然尽量采取引用沿途泉水的工程措施,还得全靠水柜调节。清代在济宁以北的南旺、蜀山二湖仍然起着重要作用,其余水柜多淤塞失效;在济宁以南形成较大的微山湖,为泇河最主要的水柜。当然,有时在湖水不足时,仍不免要引黄河之水济运。

晚清时期,朝廷政治腐败,加上黄河在河南铜瓦厢决口,改道由山东利津入海,黄水泛滥冲击运河堤岸达20余年未能治理。京杭大运河从此百孔千疮,很难畅通。后来,虽经几度努力,企图设法恢复通航。但是,最终还是未能如愿以偿而以失败告终。再后来,虽也有人主张修复运河,但都无济于事。

到了同治十二年(1873),清王朝为了维持其将要崩溃的漕运制度,不得不采用李鸿章的建议,改由外商轮船海运漕粮入京。直至光绪二十七年(1901)清政府改漕粮为折色(折合银两),至此,我国历史上自秦代以来推行2 000余年的漕运制度终于完成了它的历史使命,正式宣告了历时600余年的京杭大运河漕运任务的结束。

图6-24　清康熙二十七年(1688)大运河宿迁至清江,开成中运河

(一)泇运河改建和中运河的开通

清顺治末到康熙初年,董口淤堵,漕船由骆马湖自泇至黄,运道行船十分艰难。康熙十八年(1679),总河督靳辅用陈潢计,开董口西20里之皂河口,开河,筑堤,通运。又增改泇河诸坝闸。过后两年,因皂河口易为黄河倒灌,又于皂河向东开支河3 000丈至张庄,在张庄开新口通黄,堵闭皂河旧口。又过三年后靳辅复用陈潢计,以张庄道口至清口180里,不走黄河水道,就在黄河北岸创筑遥堤,并在黄河的遥、缕二堤之间挑挖中河行运。中河自张庄运口并骆马湖水而东,至清口对岸,清河县西之仲家庄建闸泄水通运。这条河是利用筑黄河堤坝时的运料小河扩展而成,原拟在此河之北再挑新河一道,出土筑重堤并建闸泄洪,所以这条河叫中河。中河于康熙二十七年(1688)完工,其北边之河后来并未开挖(见图6-25)。

这个时候,中河自清河县以东至安东平旺河叫下中河,后常叫盐河。张庄运口筑草坝隔断黄河,可视水势启闭。骆马湖口临黄河处建竹络坝,可过水泄洪,也可通水入运济漕。后来,这个中河上的堤、坝、闸等设施逐渐完备,维修甚勤,成为后来行漕的主要航道。

康熙三十八年(1699)总河督张鹏翮以桃源、清河县境之中河南岸逼近黄河,地低而积水,乃改凿新河60里,以原北堤为南堤,叫作新中河。次年以新河头湾浅狭,上段32里仍用旧道,下段25里改用新河,合为一河。然后,挑浚疏深而通运。于是,中河自宿迁张庄运口至清河县西三里多黄河口门共长157里余。次年中河北岸建刘老涧减水石坝，中河头尾均建石闸。过后三年又改在仲庄下游十里的杨庄建杨庄闸，至康熙五十五年于闸南再开月河，后船行月河，其闸废弃。盐河(下中河)口改在杨庄北，与中河分流。骆马湖通黄的竹络坝，原可排湖入黄，亦可引黄入湖。中河在湖黄之间，叫十字河，二水的出入都可济运。雍正中期因为经常淤堵湖口，于是堵塞通湖水口，另建闸引湖入运。后来，竹络坝十字河，至乾隆中期全废(见图6-25)。

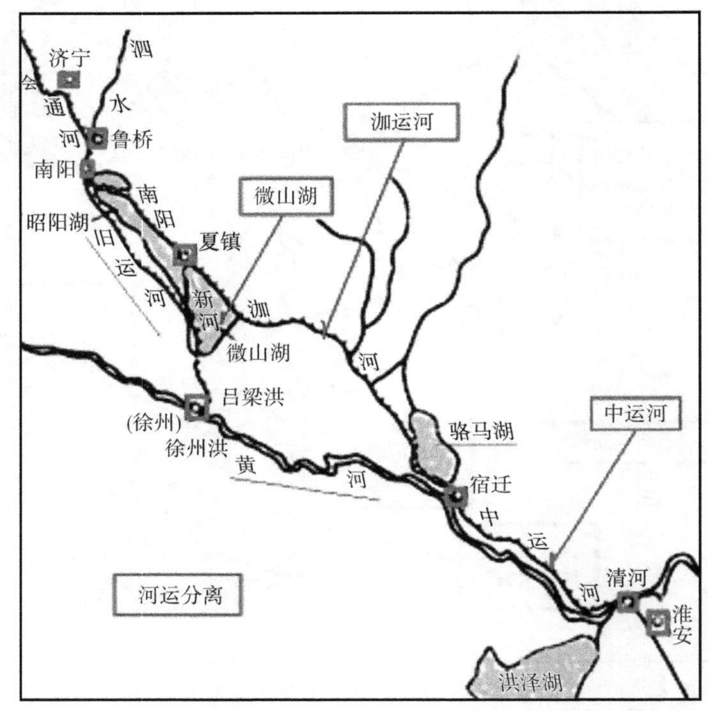

图6-25　明末清初京杭大运河泇运河改建与中运河的开通示意

泇运河上台儿庄以南，雍正二年(1724)建河清、河定、河成三闸，乾隆五十年(1785)又于宿迁县境建利运、亨济二闸，过后二年又增建汇泽、潆流二闸，乾隆中期四闸多废弃，嘉庆中期复修。咸丰、同治时七闸尽废，光绪中又修。由于各闸经常废毁，泇河常苦水浅，也常筑临时草坝壅水，有时多达数十处。于是，船闸文明在个别地方又徘徊、辗转地退回到2 000多年前的吴王夫差首创北神堰"拦河为堰，壅水过船"的埭堰文明时期了。

(二)以湖济运中微山湖的水柜作用

明代时，济宁以南的运河水柜以独山、昭阳二湖最为重要。昭阳以南的郗山、微山、吕孟、张庄诸湖都无关紧要。后来，泇河开通后，微山等湖蓄水济泇，湖面渐宽阔，并日益显现其重要性，后来统称为微山湖。在清代，微山湖的重要性远在南北诸湖之上(见图6-26)。该湖地处鲁南、苏北各县境内，周围180余里，西受鲁西各县坡水，北通昭阳诸湖，东临运河而仅隔土堤坝一道。所蓄坡水多时，则可向东排泄，不足时，则可引黄河水入湖。

引黄入微山湖济运，自靳辅起，徐州以上引黄河涨水归湖。由湖口闸或由茶城张谷口经荆山桥至直河口北60里的猫儿窝济运。乾隆二十三年(1758)筑成黄河北岸堤，遂隔绝不通；三十九年以湖水少又开河引黄水，河头建滚水坝控制；四十九年、五十年又引黄济运。嘉庆十二年(1807)和十四、十五年连年引黄水入湖,于是,微山湖底淤高已达三尺;十八年又议引黄,未批准。咸丰初黄河连年决入微山等湖,淤地不少,西岸农民垦殖颇多(见图6-26)。

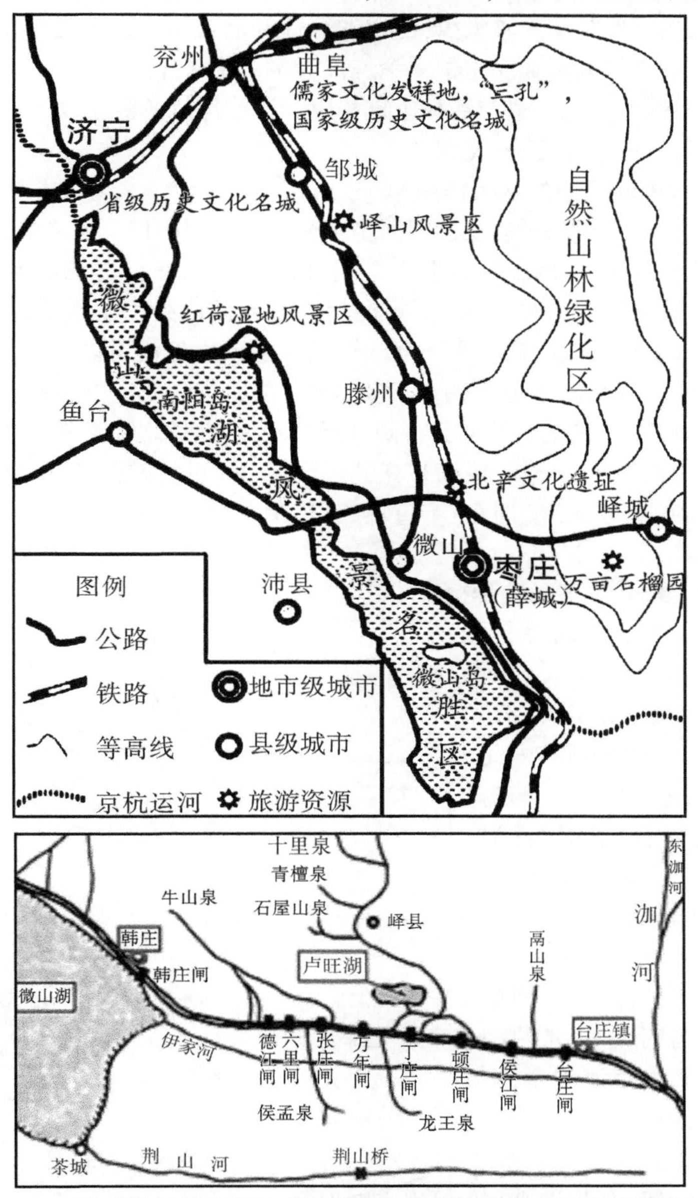

图6-26　微山等湖蓄水济泇,在清代,微山湖的重要性远在南北诸湖之上

微山湖收西坡水,由万福、柳林等水系入南阳湖至微山湖,赵王河南支及牛头河等亦可引南旺湖水及坡水入湖。东岸沂、泗等河及彭口河亦可收入。干旱时可引汶水入南旺湖,自牛头河引入湖。嘉庆十八、十九年曾直引南旺分水下济泇河。湖水收蓄以湖口闸控制。大抵冬月蓄水,春间放水济泇、中两河。蓄水以闸口深一丈为准。乾隆二十九年(1764)湖口增建新闸,宣泄大水。后骆马湖等渐淤涸,微山湖需下灌400里运道,常苦水量少而不足,遂有引黄之举。乾隆五十二年增收水至一丈二尺为准。嘉庆十九年(1814)定微山湖及山东

各湖水，收水尺寸，每月需上报；二十一年收水一丈三尺以上，后曾收至一丈八尺。然而，湖滨民田受灾。咸丰六年(1856)以湖底淤高，定收水以湖口志桩一丈五尺为准。湖水济运时，江苏省管理泇河下段常谓放水太少，山东省管理湖水常指责江苏浚河太浅，乾隆五十四年定议，以维持两省交界的黄林庄志桩水深五尺为准。嘉庆十六年复会勘校定台庄闸东墙及河清闸墙各嵌凿红油标记一道与黄林志桩相应。江苏每年冬挑亦以油记为准。道光二十年重凿红油记横长一尺二寸五分，宽四寸。

(三)以湖济运中骆马湖的水柜作用

骆马湖北与隅头湖连为一体，上接运河水及微山湖由荆山口下泄之水，沂河水亦注入该湖，为中运河之调蓄水柜，周围二万五千余丈，南北长70里，东西宽三四十里。西与运河一堤之隔，南邻黄河有十字河泄水，雍正后隔断黄河，建石闸多处引湖水济运。西岸亦有多数石闸放水入运。东岸雍正五年建五座三合土坝泄大水入六塘河，排入海。另有刘老涧减水坝亦放水入六塘河。六塘河下分为南北两支，有系统堤防。乾隆以后曾修堤坝浚河多次。又盐河(场河)为盐场运道，除有清河县盐闸分运河水外，西岸之堤亦常分泄六塘河水。

骆马湖至清道光中期，已渐淤废而被开垦。原宽140里的湖面，后来仅存三四十里。坝闸亦渐被毁弃。清末，湖面冬春时，宽不过三四里，湖底淤高，不能存水，且被继续垦种。六塘河也淤垫狭窄。

(四)清口黄、淮、运交汇处治理概况

清口以泗水入淮之口而得名。黄河至泗入淮，又借黄行运。中河开后，运河形势已改，由于黄、淮、运三河汇于清口上下数里间，因此清口为清代“治黄淮、通运道”的重点。治黄淮自靳辅后，采用“蓄清刷浑”办法，即以洪泽湖蓄淮水，并引淮水自清口而出以冲刷黄河淤沙。淮水自清口畅流则淮水可治，畅流冲刷黄河而淤沙可减，黄河顺则运道通，这是当时治黄淮的战术。运河过清口既怕黄河湍急，更怕南北运口淤积，南运口因水势南流更为重要。具体办法是避黄水，引淮之清水入里运河，既为淮水出路，又不致淤堵断航。其关键是保证淮河清水流畅并能刷黄济运(见图6-27)。

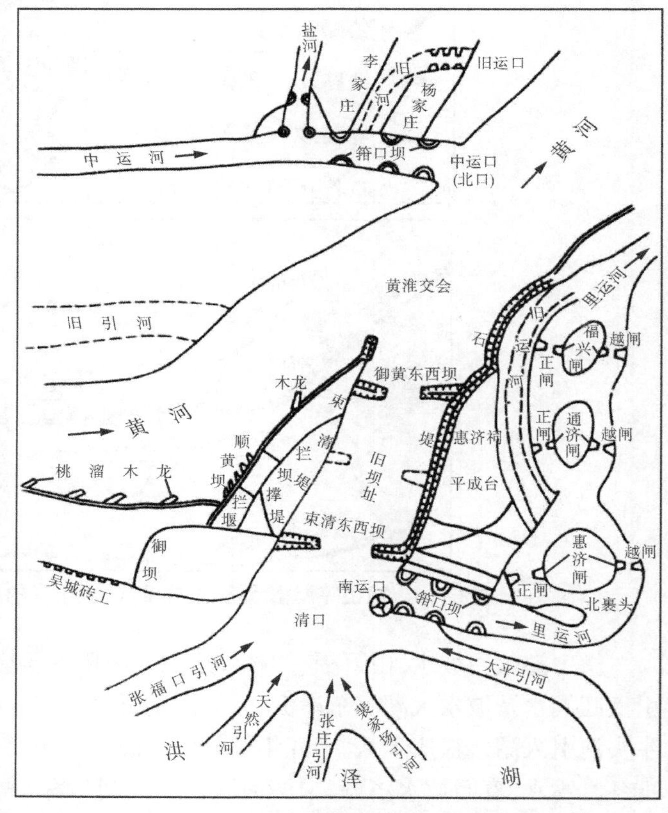

图6-27 乾隆五十年(1785)清口处黄、淮、运交汇运河形势图

清代策略是让南北运口尽量接近，少走黄河；在运口建控制闸坝，抵御黄水侵入；开河建堤引淮水入里运河，这样可以保运又可刷

浑。另一种措施是防止黄水侵入洪泽湖,淤堵淮水,做了许多挑黄、御黄、逼黄远离湖口的建筑物;还做了许多引清外出的引河(见图6-27),逼清束流并加大流速的堤坝;这些措施虽可减缓灾难来临,但不能使黄水不淤,乾、嘉以后清口终于淤高。黄河抬高,南可以倒灌南运口,西可以倒灌湖口,使淮水不能出,运口不能开,与治理愿望相反。最后至道光时,西有御黄坝拦断黄河、洪泽湖,南用"灌塘济运"法行运。

北运口虽然稍好点,亦曾一度用灌塘济运。具体施工及过程后面介绍。

(五)南运口改建与灌塘济运措施

清江五闸至清初仅剩天妃(新庄)闸、福兴闸两座,而且均失去船闸作用。结果,遂常开启。黄河倒灌淤塞,水盛时,闸外水高内河四五尺至七八尺。船出口门如登天之难。水急浪高,每船用千人牵拉,且昼夜仅出船七八只。为了避黄水倒灌,清代采用了许多办法。如移运口、建新闸、挑月河、筑草坝等,但终不能解决"黄水倒灌、河床淤高"的根本性问题。

嘉庆末至道光中,通济闸上的水位差常在三尺以上;惠济闸开始也相同,后来降至一尺余。载粮重船若想拉出口门,每船每闸需要绞关20~60部,牵引缆绳上百条,人夫数百名。

道光四年(1824)高家堰决口,洪泽湖水泄空,五年春引黄济运,二月开御黄坝,黄河发水,入运南流,里运河各段及出江各河口均淤塞。五月堵闭御黄坝,开引湖水,而湖水太少。运河淤高至一丈余,自清江浦至高邮,粮船陷于淤泥之中。于是,在河道中筑临时坝六道,企图积蓄湖水后行船。然而,湖水始终出不来,乃车水入坝中(注意:这里是人们第一次用人力主动向不规则的、变了形的闸室中输水、供水的尝试),后来,改由高邮驳运(见图6-28)。

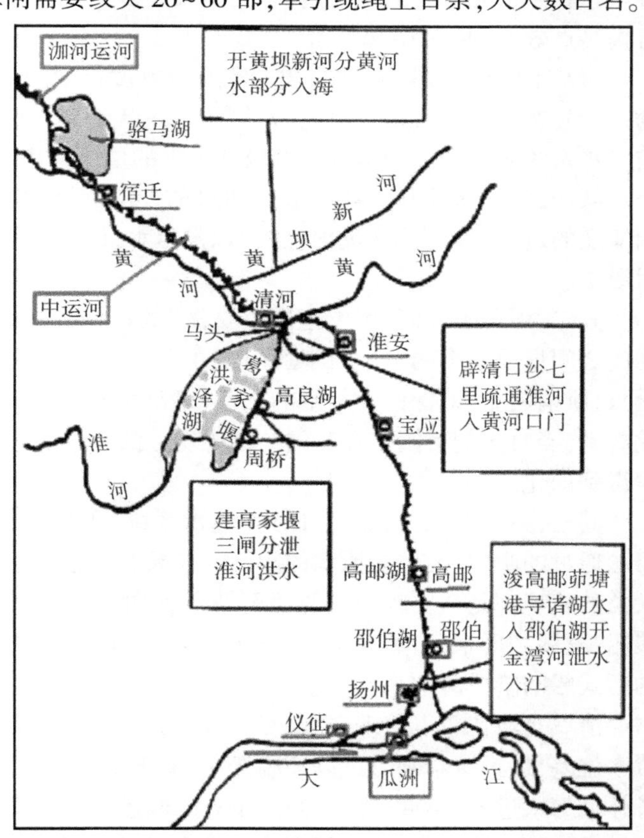

图6-28 清口为清代"治黄淮,通运道"的重点改建治理工程

当时的朝廷议论纷纷,普遍认为,漕运只有海运、借黄济运及盘驳三法(注意:这时船闸文明又退化回到2 000年前埭堰文明的盘驳翻坝时期了)。借黄行不通,次年江南漕粮150万石只有改由海运,其余250万石仍由盘坝转运。船闸文明又徘徊辗转地回到原始盘坝状态。后来,盘坝费用太大、时间太久,尚且不安全,遂改用"倒塘灌运"的办法。

所谓"倒塘灌运"的操作,类似会通河上临清接卫水之砖闸、板闸的运用。其规模较大,原理与船闸有相似之处,它以内塘为(不规则的)天然闸室,以临时土草坝为"斗门"(可封堵、可开口,即可开可合)。虽然没有现代船闸的重要设备——闸门,但是它符合"帮助船舶克服集中水位落差障碍的(临时)水工通航建筑物"的定义(即便是临时性的其功能基本相符)。道光六年(1826)七月,试戽水通重载运粮船(注意:戽水就是用人力向内塘输水,到此时,人们终于明白了:在没有潮水或其他水源注入时,用戽车向塘内输水,开启了船闸修建输水系统的尝试或可能,其方法即先笨后巧、先人力而后机械。后于运口头坝以东再筑拦水大坝(拦清堰),又将临黄之钳口坝(五年修)改建为"草闸"。形成可容纳粮船千只的内塘(塘河)。用水车戽水入塘,塘水高于黄水一尺即可开启"草闸"放船入黄(注意:所谓的"草闸",有可能类似灵渠"陡门"上采用的"以箔阻水……去箔放舟"的办法。即以草泥成坝而起着闸门堵水的作用,所以叫草闸)。次年不再戽水,改为开启拦黄堰之闸,引黄水入塘(注意:这里就又进了一大步了,由戽车向塘内输水而开始自流向塘内输水了)。操作程序是:黄(水)高于清(水)时,则堵临黄草闸及闸外拦黄土堰;开运口内的拦清堰挽重载船进塘(就如进闸),再堵拦清堰(就如关闸);再开拦黄堰及草闸放黄水入塘(也如输水)。水平齐后(或塘水高于黄水一尺即启"草闸")放船出闸渡黄(如开闸出船)。一次灌塘、放船约需八日至十日。道光十年因塘河内,容纳船只太多又另外增开一河,名为替河,与正河轮流灌放可提高点效率(见图 6-28)。

"倒塘灌运",是船闸文明演变发展历史过程中的一次"回流",是徘徊倒退与认识深化的一个复杂的认知过程。由此,人们才真正认识到在"二门一室"基本模式的船闸中,闸室与输水系统对整个船闸运行起着极其关键的重要作用:

其一,当时这种开"草闸"放船通过的办法,已经基本退回到原始的埭堰文明向斗门文明演变的过渡阶段去了(灵渠上的"以箔阻水,俟水稍厚,则去箔放舟")。从这点看,确实是后退了。

其二,深化了人们对"闸室的重要性"的认识。初期船闸之所以叫"二门一室",即两扇闸门之间形成一个闸室。"倒塘灌运"的闸门没有了,变成了"草闸"。但是,其内塘可容船千只,所谓内塘,即保留了船闸的闸室功能(它可以停泊和过渡无数南来北往的船只)。由此看到,当时人们对闸室在船闸结构中所起的容纳和过渡船舶的重大作用的认识也已经开始得到深化。

其三,另一个深化就是认识到"输水系统"的重大作用。初期船闸一门两用,既为控制船舶通过的闸门,又作充泄水的阀门。如果有单独的输水系统,就进入到新式船闸范畴了。人类的认识都是从实践中来的,"倒塘灌运"的开始,从用水车戽水(人力输水),通过重载运粮船,发展到后来,引黄水入塘(自流输水)。这种认识的深化,将启示闸、阀功能作用分开的新式船闸阶段的到来。

清口是清代重点治理区域(见图 6-28),后于塘河东岸建泄水涵洞,降低塘水,形成清、黄水位差,启拦黄草闸时可以冲刷淤泥;又于草闸东侧建平水涵洞,可以引黄抬高内塘水,防备外塘河水过高,不敢开启草闸。十五年两涵洞又各添一座,用以加快平泄。是年又于替河外另挑新河一道,亦可轮换行船。自道光五年起,每塘只灌船四五百只,十年便可灌船一千二三百只。这种办法用了近 30 年,至咸丰五年黄河北徙,中运河水可直通里运河,塘河遂废。

(六)清代京杭大运河全貌及船闸概况

1. 京杭大运河全貌

南北京杭大运河全长 3 580 多里,它是继隋唐东西大运河之后(隋唐大运河全长 5 000

多里，历时600余年）古今中外最长的运河。运河沿线条件复杂，地势高低不一，水源丰枯不等，洪、沙灾害频频。先人们用开拓水源、设置水柜、建立坝闸、分离河运、开凿减河等工程措施予以克服，使这条世界最长而又最古老的大运河经久不衰，历时长达6个多世纪。这是我国历代的千千万万劳动人民的聪明睿智和顽强拼搏精神的结晶，是我们国家和民族的骄傲，是伟大中华文明为丰富人类文明的精神财富与物质成就而对世界文明体系与现代全球人类命运共同体的构建所进行艰苦奋斗而做出的巨大贡献。

清初的康熙帝，应该说是我国历史上的一位较有作为的皇帝，曾以三藩、河务、漕运为三件要务（大事）而书于宫柱之上，以示重视。在他的治理下，不仅使当时的国内政治经济得以稳定，而且在水利建设上也得到很大发展。康熙帝六巡江南，也都曾经视察黄河下游和江苏境内的运河，并提出了一些具体治理的要求和有关方案。

2. 清代船闸概况

（1）清康熙二十七年（1688）开浚中河，避黄河180里风涛之险。这是运河史上的一件大事。它与明代陈德凿清口、李化龙开通泇河有着同等重要的意义。清朝修闸建闸以康熙年代为多，自康熙十年至十八年（1671—1679）修复富兴闸，修朱姬庄西岸闸、张庄南岸各闸，修嘉祥利永闸，建胜县修永闸，于新运口建惠济闸，修广济闸，建永济闸、康济闸等。另外，在中河首尾处各建石闸一座，建天妃闸、龙王闸，修补丁庙、顿张庄、台庄、得胜等闸；雍正十三年（1735）修龙王闸；乾隆三年至四十六年（1738—1781）修邢庄闸，建彭口闸，建湖口新闸，修建上下四里湾单闸；嘉庆二十五年（1820）增建傅家祠单闸；道光十四年（1834）移建黄泥闸于上游200丈，改为正、越二闸。中建矶心，并改张庄渡向下游60里吕城闸“兴、越”二闸以利漕运（见图6-29）。

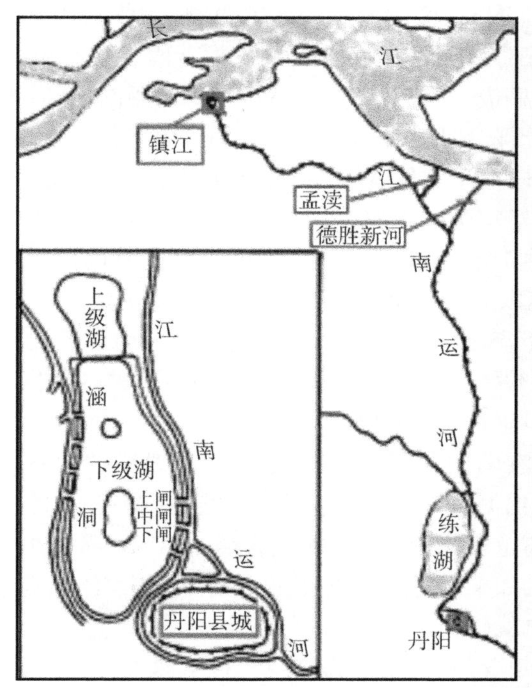

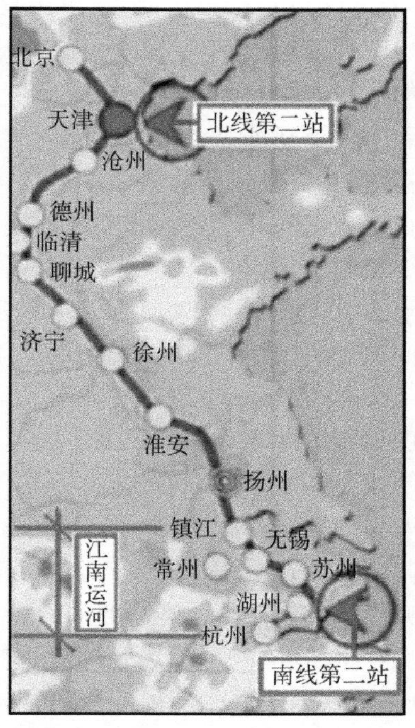

图6-29　京杭大运河的江南段，清代以练湖为水柜实施“练湖济运”调节方案

(2)清代京杭大运河的江南段(江南运河),采用以丹阳练湖为水柜,实施“练湖济运”的方案,以保证和调节江南运河用水(见图6-29左)。

(3)咸丰五年(1855)黄河在河南铜瓦厢决口,改道由山东利津入海,黄水泛滥冲击运河堤岸多达20余年未能治理。从此,运河百孔千疮,而此时,恰逢国家内忧外患之际,虽经几度设法企图恢复通航,但是最后还是以失败而告终。清王朝为维持即将崩溃的漕运制度,最后又不得不改漕运为海运。

3. 变形多级船闸既是进步又是倒退?

世界上有许多事物的发展都是不平衡的、曲折的,而且有时还是徘徊的。船闸文明从远古到清代,经历了约四千年的孕育与发展演变过程。在唐代,“二门一室”基本模式初期船闸诞生后,则又在宋代得到完善和发展。然而,南宋以后,先有金兵,后有元兵,金戈铁马,战乱不休;两淮基本是历代兵家必争之地,原江淮之间所建“二门一室”船闸被悉数破坏。从南宋绍熙五年(1194)黄河夺淮入海,至清咸丰五年(1855)黄河又转而北徙。在此661年间,淮河下游受黄水长期泛滥淤垫,河床淤高,水流受阻,出路不畅。明清两代先是“引黄济运”,后是“蓄清刷浑”。筑高家堰,抬高洪泽湖水位,致使原长江水入淮反为淮水入长江。加之江苏境内,原唐宋两代所建船闸都基本建在长江和淮河河口附近,需要利用潮水顶托才能缩小闸门内外的水位落差。后来由于淮、黄二水出海口淤积,海岸线逐年东移,海潮再难达两淮。于是,夏秋淮水盛涨之际,水位落差更大。在当时技术条件限制下,原来的“二门一室”模式的初期船闸逐渐失去了应有的作用。所以,据资料记载:“明、清两代,未见二斗门式船闸史料”(《船闸结构》第70页);“运河上自宋代有复闸,至元代而尽为单闸,至清又有不少单闸退化为最原始的裹头,即只有闸座(做成弧形)无闸板的壅水设施”(《中国水利发展史》第443页);这里所说的“裹头”即图6-28中所示的陡门两侧(为收紧孔口)的半圆头坝。然而,京杭大运河始建于元,完善于明,至清末之前,仍然发挥着南北水上交通运输极其重要的干线作用。为什么在唐宋时期盛极一时的“二门一室”的初期船闸,到后来“尽为单闸”后,却仍然还能继续发挥着如此重要的船舶过闸作用呢?原来,先人们在开凿京杭大运河之初,为解决地势高低不平、水源丰枯不等的具体问题,在河脊南旺设水柜分流南北水之际,就根据地势和航道特征,准确把握建坝闸的距离,将“二门一室”扩展为变形的、不规则的多级船闸。如图6-26所示,即“以闸时其纵闭,使水深可容舟”,“陡其门以级其直注”(引自《长江水利史略》第123页)。台庄以上的八座坝闸均为变形多级船闸。

前面说过船闸是“帮助船舶克服上下游集中水位落差障碍的水工通航建筑物”。确认“二门一室”船闸的基本要素是:第一,必须要有两斗门,而且两斗门必须联合使用;第二,必须有船舶过渡的闸室存在。多级船闸即基本模式的叠加。

两闸门与闸室的关系:事实上,只有在两门联用时,才会形成船舶过渡的闸室(前文内溏过渡船只,姑且也称“变形闸室”,因为内溏也是相应完成船只过渡的“闸室”功能)。而且两门与闸室还存在着如下关系:两门距离越近,闸室越小,所能容纳的船舶数量也少,每闸次耗水量亦少;同时,每闸次运行时间就短;如果两门距离越大,闸室亦大,容纳船舶数量亦多,每个闸次耗水量亦多,每闸次运行时间也就越长。

因此,现代人对船闸规模的认定,都是以其闸室的“长×宽×门槛水深×水头”为标准。清代所修建的这些连续性坝闸,之所以叫它变形多级船闸,是因为它没有闸室规格,而是顺其自然,即顺着当时、当地的河势、地形和实际需要,利用自然航道而成的所谓的“闸室”,因此才称之为变形(相似)多级船闸。

船舶航行有吃水的要求,水浅不能行船。在大运河上,为保持水深,维持通航,有的地方(如运口附近)又改闸为坝,船舶过坝的形式又回到2 000年前的盘坝方式。《中国水利发展史》记载:“只有变闸为裹头可以随时通过,或改闸为坝,可以随时盘坝,又能保证航运水深。”(《中国水利发展史》第443页)所以,运河渠化多级阶段又叫作徘徊衰退时期,就是这个原因。

第四节　运河渠化多级阶段的民国时期水利发展

(公元1911年—1949年)

一、民国时期的农田水利与水运概况

进入近代(19世纪)以来,中国人民饱受三座大山压迫之苦:山河破碎,国无宁日,内忧外患,灾害连年。这时的外患,来自帝国主义的侵略:西方列强得寸进尺,加快了瓜分中国的步伐,使中国身陷半封建半殖民地泥潭而不能自拔;内忧随外患而起,帝国主义的侵略加重了中国人民的负担,辛亥革命虽然推翻了帝制,然而,新旧军阀连年混战;而后来又是日寇入侵,半壁山河沦陷十余年;有人统计,“蒋介石上台至西安事变前的十年间,发生战争的时间为3 650天,就是说战争几乎一天也没有停止过”(引自《影响二十世纪中国的十件大事》第64页)。长期战乱,农田荒废。在民国统治的38年间,黄河决溢107次。统治者、军阀及其各利益集团争权夺利、勾心斗角,哪里还顾得上去管人民的死活?1938年,蒋介石为阻止日军西进,人为地炸开黄河花园口堤岸,造成黄河泛滥,灾区达7万km^2,内黄泛区5.4万km^2,灾民1 250万人,死者89万余人。在中国遭受着内忧外患的同时,西方资本主义国家的科学技术与生产力发展很快,此时,国内虽也有西方科学技术传入,然而水利并无起色。海关、港口等一切权力完全丧失,帝国主义的势力已开始把手伸向了中国的内河以及国土的各个角落。

(一)民国时期河政管理调整与水文测绘

1.河政管理机构与资金来源

(1)成立黄委会及财务开支。

辛亥革命后的38年间,前十几年黄河水灾较少,后十几年天灾人祸连年,大灾不断。当时黄河下游修防管理分为河南、河北、山东三省,各自为政。省内机构有河防局、河务局委员会等名称。民国二十三年(1934)以前多用河务局名称,1933年成立黄河水利委员会,1936年三省河务局开始统一由黄委会接收,改组为修防处。河务局以下,山东省分设上、中、下游分局,河北省设南、北二岸分局,河南省设11个分局,后有所减少。1947年改黄委会为黄河水利工程总局。三省经费比清末为少,河南省由50余万两(合70余万元)减为50余万元,后又稍有增减。山东在清末增加至110万两,民国最低减至53万元。河北省最低为38万元。三省每年总共在150万元左右。但军阀混战时,经费往往不能及时拨下,因此具体工作做得也不多。民国二十五年(1936)由黄委会统一修防时,规定河南省分担40万元,河北省25万元,山东省55万元,不够时再统一拨100万元。

(2)长江水利工程总局的由来。

清光绪二十六年(1900),帝国主义的“八国联军”,血腥镇压了我国的义和团反帝爱国运动,并迫使清政府签订了不平等的《辛丑条约》。根据条约,在上海成立修治黄浦河道局。该局每年经费为海关银46万两,中国与列强各半,而实权在洋员手里。1905年清政府曾收回自办,改组为善后养工局,但实权并未收回。辛亥革命后又改组为浚浦局。然而,帝国主义并不满足于控制黄浦江,而是妄图控制长江。1919年冬,英商会以长江航道阻滞为由,集会通过设立“整治长江委员会”的议案,并转呈北洋政府。1920年再次集会并声称我国如不照办,该会将联合其他国家商会擅自设立治江机关。当时,张謇等人已经意识到此事涉及国家主权与经济利益的丧失,认为我国应抢先设立一个流域机构。北洋政府为情势所迫,于1922年初,在内务部下设立了扬子江水道讨论委员会;1928年改组为扬子江水道整治委员会;1947年国民党政权行将崩溃前夕,再度改组为长江水利工程总局。20多年,四次改组,其水政实施之混乱不言而喻。

2. 引进西方测绘与水文监测技术

西方近代的科学技术,主要是在19世纪后期传入我国的。侵略者靠“坚船利炮”打开了中国的门户,又靠采用新技术的企业对我国进行经济掠夺,因而又不得不在中国训练一批外企所需的技术和科技人员。当时的洋务派为了巩固封建统治,也极力鼓吹“中学为体,西学为用”,派人出国学习科学技术知识。觉悟起来的中国青年便纷纷到欧美和日本学习科学技术,并由留学归国后的知识分子积极推广。在这方面,客观上也是有利于我国近代科学技术的发展。

我国采用近代科学技术较早的是军事工业,其次是包括外企在内的造船、航运、铁路、采矿等民用工业。这些工业分别采用了水文、测量、勘探、港口建设和土木建筑等方面的新技术。水利建设采用新技术,是在20世纪初才开始的,但是,在当时的半封建半殖民地社会情况下,我国的近代水利技术与水利工程的发展也是十分缓慢的。

民国七年(1918)顺直水利委员会在泺口始设水文站,次年在陕县又设一站,但工作忽断忽续。1933年黄委会成立,开始接收和续办并于黄河干支流各地陆续增设站点,至1937年有水文站35处、水位站36处、雨量站300处。这些站点,在日本帝国主义入侵后工作多停顿。到1949年只有水文站16处、水位站4处。当时,设备少,观测项目也不全,观测质量也不高。

测绘工作,民国八年豫、鲁两省进行沿岸地形测量,数年后完成。1933年黄委会组织测量队至1937年完成孟津至黄河出海口地形图,约2.3万km^2,并曾进行精密水准测量,设置水准基点。孟津以上至包头曾进行过干支流航空测量。到1949年测量队不过100余人,积累地形图不过3万多km^2,测量质量不高。在地质方面曾做过一些工作,1946年侯德封编成《黄河流域地质志略》,初步综合叙述了黄河流域的各种地质情况。

试验研究方面,除德国人恩格斯于1923年、1932年、1934年曾进行过黄河下游河道治理模型试验外,其余关于流域的气候、土壤、水土保持特征等也有研究(引自《中国水利发展史》第489页)。

长江流域的水文观测开始于民国初年,1913年浚浦局创办长江水文测量,确定“吴淞零点”为流域高程统一水准。1918年江南水利局设测量所观测太湖重要支流水位,不久将测量所改为12个专门测站,包括水位、流量、含沙量等项目在内的水文观测工作。

3. 引进西方水利工程新观点

在黄河上、中、下游综合治理上，出现了除害兴利并举等新观点。例如，在上游进行水土保持，修筑水库拦蓄洪水；在下游开挖沟洫灌溉渠系，引水及泥沙淤田等。比较有名的，如我国水利前辈专家李仪祉，根据国外水利技术和中国治河经验发表了《黄河治本计划概要叙目》《导治黄河宜重上游请早派人测量研究案》等论文，文中论述防洪应于中、上游，干、支流修建水库，下游和海口附近应进行整治和开凿减河；在航运上应考察黄、淮联运以及黄卫联运、黄河与小清河联运以及干支流通航等；农田水利应扩大支流灌溉以及下游低地放淤，河口三角洲应进行开发等；水土保持应植树造林、改造植被、修建谷防、开沟洫等；其他水电等利用也应开发等（见图 6-30）。

图 6-30　我国近代水利科学家和教育家，现代水利建设的先驱李仪祉主持兴建的泾惠渠

对长江流域也有新观点，例如，伟大的革命先行者孙中山先生在 1919 年发表的《实业计划》中提出了改造长江的计划。计划主要包括长江中下游的航道整治和港口建设两部分，以及长江三峡航运与水力发电等。张謇的治江活动和主张在民国初年也有一定的影响。

（二）民国时期关中及陕南的农田灌溉

关中与陕南地区，曾是我国古代水利灌溉较早兴建的农业发达区，清代以后，除一些小规模灌溉工程外，一些著名工程多已萎缩废弃。如引泾灌溉，清代因泾水浑浊，泥沙淤积，引水困难，于乾隆二年（1737）封闭渠口，不再引泾，只引渠首段左侧的各洞泉水，改名龙洞渠。灌溉面积只剩 7 万亩左右，清末减至 2 万多亩。陕南山河堰明清时仅存第二、三两堰，第二堰稍大，灌田亦仅三四万亩。其余唯五门堰、杨填堰亦可灌田数万亩。

1. 关中诸渠的修复

从民国十七年(1928)起，陕西三年大旱，当地很多人被活活饿死。当时，水利专家李仪祉(1882—1938)主持陕西水政，倡议修复兴建陕西水利。在他的影响和主张下，十余年间，先后兴建关中泾、洛、渭、梅、沣、黑及陕南汉、褒、湑等各水渠。渠道及建筑物等的勘测、规划、设计、施工等都引用西方技术，开始采取新手段并使用混凝土结构等新材料。这是我国较早的一批实施近代化的灌溉工程(见图6-31上)。

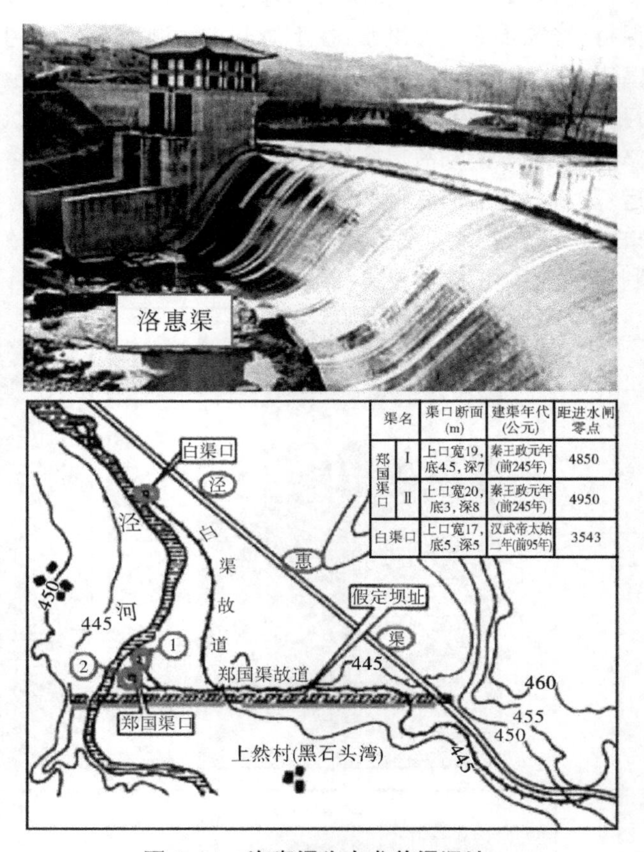

渠名		渠口断面(m)	建渠年代(公元)	距进水闸零点
郑国渠口	Ⅰ	上口宽19，底4.5，深7	秦王政元年(前245年)	4850
	Ⅱ	上口宽20，底3，深8	秦王政元年(前245年)	4950
白渠口		上口宽17，底5，深5	汉武帝太始二年(前95年)	3543

图6-31　洛惠渠为古龙首渠旧址，渠首在澄城县拦河滚水坝为弧形

最早兴建的是泾惠渠，引泾水灌溉古郑白渠灌区的醴泉、泾阳、三原、高陵、临潼五县地。民国十九年(1930)冬动工，二十一年大部完成，二十三年继续修治，次年5月完成。渠道有用块石混凝土的拦河滚水坝，长68 m、高10 m，在旧广惠渠口之上。同时，在左岸凿洞359 m引水，后来，又于进水口以下2 km处建节制闸及退水闸，再下多利用旧渠道拓宽为总干渠，再下分为南北两干渠，以下复分为支渠数十条，干支总长达370余km。原设计引水流量15 m^3/s，后屡次增加。民国二十三年灌溉面积达42万亩，至民国二十九年超过60万亩，1950年达68万亩。1949年后渠首坝加高半米，引水至25 m^3/s以上，到20世纪60年代灌田已至120万亩以上。

其次为引洛水的洛惠渠，为古龙首渠旧址，灌蒲城、大荔、朝邑三县农田，渠首在澄城县老立状村，拦河滚水坝为弧形(见图6-31)。民国二十二年动工。施工中遇到的问题与古龙首渠相似。古龙首渠曾碰到商颜山坍岸，商颜即今之铁镰山。洛惠渠穿过铁镰山时，仍然遇到崩塌问题，于是只好打隧洞，加衬砌。洞长3 037 m。因而工期拖延，到1950年7月才最后完工过水，灌溉面积50万亩左右。

还有引渭水灌溉工程的渭惠渠，灌溉眉县、扶风、武功、兴平、咸阳诸县。民国二十四年春动工，二十六年冬季完成一、二期工程，当年即灌溉田17余万亩。渠首在眉县魏家堡左岸，拦河坝长414 m、高3.2 m，枢纽布置与泾惠渠、洛惠渠相似。

关中，南有梅惠渠、沣惠渠、黑惠渠。梅惠渠始创于清康熙三年(1664)，引眉县石头河水灌溉，附近尚有金代创修之孔公渠等六七处渠道，均年久失修。民国二十五年动工修复，三年后竣工，灌溉眉县、岐山等地农田十余万亩。

沣惠渠引沣、潏两河之水灌西安市西郊农田约3万亩。民国三十年秋动工,至三十六年夏完工。黑惠渠在周至县,引渭河南岸支流黑水灌田8万亩,民国二十九年动工,两年完工。

2. 陕南各渠修复

陕南之褒水,民国二十八年(1939)冬改山河堰为褒惠渠。在原山河堰第一堰位置建浆砌石坝,长135.3 m、高4.3 m,引水渠口设闸五孔,冲沙闸两孔,于民国三十四年完工,灌溉农田44万亩。

湑水上,古有五门堰和杨填堰,在固城县境。五门堰创始于元代以前,元、明都曾大修,灌田4万亩。杨填堰在五门堰下游,相传创自西汉,南宋大修,灌田2万亩。至民国三十六年改建为湑惠渠,可灌田16万亩。引汉水的尚有汉惠渠,民国二十八年兴建,民国三十三年竣工,灌勉县、褒城41万亩。在今汉中、安康两地区,1937年统计,汉水33支流及较大溪涧,共有渠堰145处,可灌田37.8万余亩。

陕西灌渠叫惠渠的除上列各渠外,还有民国三十三年完成的醴泉县的泔惠渠,引泔河水灌田3 000亩;民国三十五年完成的陕北横山县的定惠渠,引无定河水,灌田4万亩;民国三十六年完成的户县涝惠渠,引涝河水灌田10万亩。

(三)台湾地区农田水利建设

我国台湾省,在明末清初(郑氏政权灭亡之前)就有陂(或作埤)圳(渠道)灌区,现在尚可查出20余处。台湾省地处亚热带地区,又属海洋性气候,温暖潮湿,雨量充沛,物产丰富,特别是夏秋之季多台风和暴雨,防洪兴利,蓄水排灌,极其重要。

自康熙二十二年至光绪二十一年(1683—1895)日本侵占台湾以前的陂(或作埤)圳(渠道),灌溉面积在千甲(一甲合14.6市亩)以上的至少有16处,其中扩展到10万亩以上的至少也有4处。下至1948年,台湾水利有防洪堤坝约420 km,防护田亩180万亩;灌溉面积约800百万亩,水力发电装机容量28万kW。其余尚有海港等工程。

较大的圳有清康熙五十八年(1719)创建的八堡圳,引彰化县浊水溪水灌溉农田。风山县(今高雄)人施世榜等创建第一圳,灌溉东螺等八堡之田,又名浊水圳或施厝圳。两年后,又陆续并入十五庄圳等灌区。由施氏后人世代为圳主管理。光绪二十四年(1898),其圳被洪水冲毁,经地方政府修复,收为公有。拦河堰用藤木扎成下宽上窄的石笼垒砌(有点像都江堰上的竹笼卵石结构,只不过此处是用藤木材料扎成)。共有干渠两条:其一,为原八堡圳干渠,长约33 km;其二,为原十五庄圳干渠,长约29 km。光绪三十年灌溉农田10万亩。1923年又并了几个圳,可灌溉农田30多万亩,1948年统计约灌田37万亩。

清代在台湾多为私人修圳,官修较大者,只有曹公圳一处。道光十七年(1837)由凤山县令曹谨创筑,两年后完工。圳长4.036万丈,灌凤山县南部之田4.6万余亩。5年后又增灌凤山县北部的新圳。1919年因常被洪水冲毁,改设抽水机多台,提水灌田。1948年总灌溉面积约15.6万亩。

近代台湾所修的大型灌溉渠道系统最著名的是台南嘉义一带的嘉南大圳。1920年创建,1930年完工。它包括两大灌区:乌山头水库(珊瑚潭)灌区和浊水溪灌区。乌山头水库自曾文溪取水,经3.1 km的乌山岭隧道,入官田溪,溪上筑坝拦河成水库。坝高5.6 m,长1 273 m,蓄水16 700万m^3,可灌田150万亩。浊水溪灌区自溪上三个引水口引水,可灌田70万亩。1944年又合并台南其他各陂塘灌区为一个管理区,其中包括清康熙至嘉庆时所修的9处以及近代所修的一二十个埤圳。各陂塘共灌田60万亩。最后嘉南大圳共有干渠

112 km,支渠 1 200 km 以及排水渠 500 余 km 等,是台湾最大的灌溉渠系。

台湾近代所修较大工程除嘉南大圳外,尚有 1928 年修成的新竹县桃园大圳,可灌田 33 万亩;1933 年扩修的卑南大圳,灌台东田 3. 5 万亩等。

另外,我国的宁夏地区、内蒙古河套地区、新疆地区以及云南滇池等地区的灌溉工程,古而有之。民国时期并没有大量兴建,仅有一些新建和修复的。

二、运河的衰落与近代水利技术的引进

曾经辉煌两千余年的京杭大运河,这时期,随着封建制度的衰亡也逐渐走向衰落。正如毛泽东所说:“中华民族从来就是一个伟大的勇敢的勤劳的民族,只是在近代落伍了。这种落伍,完全是被外国帝国主义和本国反动政府所压迫和剥削的结果。”(引自《毛泽东选集》第五卷《中国人民站起来了》)这一时期,虽然有西方技术的传入,但是,大运河的衰落使船闸文明面临着迷茫、衰退和走投无路的绝境。或者说,是船闸文明为了寻求新的突破而蓄势待发的后退阶段。

(一)引起大运河衰落的种种原因

我国运河开凿,始于商初吴地,发展于春秋战国。起初只是沟通区域间的相邻水道。当时,主要是为了方便两地之间的水上联系与交通,扩大船舶航行范围。后来,由于诸侯争霸,以及各诸侯国之间的军事竞争与战争需要,不同流域间的人工运河才开始逐渐开凿或沟通。以至后来到了隋代,隋炀帝将各流域间的运河连接起来,因而就创建了全国性的扇形隋唐(东西)京杭大运河;元代又在原来东西大运河的基础上,截弯取直,从而又创建了南北走向的京杭大运河。

京杭大运河是世界文明史上的一大奇迹,它南北全长 3 580 余里(1 790 余 km),是继我国隋唐(东西)京杭大运河之后,古今中外历史最悠久、运道最为绵长的大运河。并且在长达 6 个世纪的历史进程中,长期发挥着南北水运交通主干线的作用而且经久不衰。对加强国家的统一,密切我国南北政治、经济、文化的联系,沟通我国各地区的经济、文化交流和各民族的团结与友好往来,以及促进中华文明的发展与社会进步等,都起到了不可低估的历史作用。然而,后来它终于衰落了。其走向衰落的原因如下。

1. 泥沙淤积是主要的客观原因

京杭大运河沿线的自然条件复杂,地势高低不一,因其均在河流的支流间凿通,流短水少,运道浅涩。为解决这一矛盾,历代先人们均曾增置水柜,建立坝闸。然而,自南宋建炎二年(1128)黄河决口泛滥而夺淮入海后的 600 多年来,先是“以黄济运”,黄河丰富的水量使运河少水的矛盾虽然得到暂时缓解,然而黄河之水多泥沙,并且时常泛滥。于是,由于黄河泥沙淤积而给运河带来的负面影响日益严重。明清时,黄河泛滥频繁,每每使运河断航。为解决运河这一突出的问题,后来又分别采用了“黄运分离”“疏浚改道”等措施。这些措施虽尚能解燃眉之急,勉强维持通航。但经过五六百年的淤积后,淮河下游已经逐渐淤高,支流水系紊乱,淮水入海不能畅达,以至于洪涝灾害频发。到晚清咸丰年间,黄河再次改道北迁,丢下这 500 多年来淤高而干涸的河床,于是,大运河遭到灭顶之灾的破坏。许多地方已经不能行运,只有个别地方可以断断续续通航。

2. 封建制度没落是其重要的主观原因

在我国数千年的封建社会中,漕运是维护封建统治政权的生命线。从某种意义上讲,漕

运一直是促使运河创建与发展的主要因素之一。随着封建社会由初期而鼎盛,又由鼎盛逐渐走向没落。在这一历史时期,我国的运河也由区域性而发展为流域性,进而形成全国性的运河网。先有隋唐东西大运河,后是元明(南北)京杭大运河。它巩固和维护了我国封建社会的国家统一,支持和促进了封建鼎盛时期封建文明的辉煌,以及封建经济的发展与文化繁荣。

随着社会发展与科学进步,人类社会的封建制度开始在全球范围内没落。中国的封建社会,虽经历过秦时的兴起和盛唐时期的辉煌,然而,从晚唐开始逐渐走向衰落。其中,虽然也有北宋早期、元明清三代之初期,出现过几朵耀眼的浪花,但总的来说,这些都是封建制度在总的下坡趋势中的几波短暂的回流。特别是清初所谓的"康乾盛世",虽然它把封建君主专制强化到了顶峰,然而历史证明,这只不过是封建制度没落途中的一次"回光返照"而矣。尽管封建统治者为维持其摇摇欲坠的没落统治而采取了各种措施,实施血腥镇压、文字狱,只管通漕,不管沿岸人民的死活。腐败无能的清政府,漕运衙门、河政部门是最贪赃枉法的部门。如"保水济运"而不准灌溉,重漕运而不重河防;对黄河为害熟视无睹,人为造成灾害连年。正如《中国水利发展史》(第550页)所说:"人为的恶果如沿途征夫、征银、征实物来挑浚、维修、行运,官吏借以贪污敲诈,军丁沿途骚扰,更是史不胜书,劳动人民为了运河和漕运付出了沉重代价。"结果,水利成水害。其实,运河无害,水利无害,而是贪官污吏所害,封建统治者为大害。光绪二十七年(1901)漕粮改为折色(折现银),漕运废止,至光绪三十年始裁漕督,全废河运。历时两千余年的封建漕运制度,终于结束了它的历史使命。运河、船闸从统治者眼中的宠儿,转瞬间变成了不被统治者重视的弃子。

3. 帝国主义的侵略和连年内战也是主要原因

船闸文明是历史的"一面镜子"或"晴雨表"。一个时期船闸文明的繁荣状况或兴衰面貌,其实就是这个时期国家政治、经济、科技和文化的具体反映。换句话说,如果在一个历史时期内,政治开明、经济发展、科技进步、文化繁荣,那么,这个时期就会农业丰收、水运兴旺、运河畅通、商业繁荣,船闸技术发展和建设速度加快;反之,则政治动乱、经济萧条、科技衰退、文化没落、社会倒退,这时,已有船闸会被毁损,水运交通会瘫痪或停滞。

19世纪以来,帝国主义列强加紧了对中国的侵略、掠夺和瓜分的阴谋。兵祸、苛政、水旱灾害,以及一系列不平等条约的权利与赔款,像无数条要命的绞索,除加重苦难的中国人民负担外,还把深受帝国主义、封建主义和官僚资本主义三重压迫的中国人民推向了更加苦不堪言的深渊。"哪里有压迫,哪里就有反抗。"鸦片战争以来,中国人民反帝反封建的斗争,从来没有停止过。太平天国、义和团、捻军、辛亥革命等无数次起义,接着,又是军阀混战,日寇入侵……这几十年,外患内忧不断,人民从来没有过上安身日子。战争,对已有建设成果是破坏性的。人民朝不保夕,军阀汉奸卖国求荣,官员贪赃枉法,列强魔爪日深,这时的统治者,哪里顾得上人民死活?因此,水利水运设施失修毁损必然更甚。

4. 现代交通工具兴起是次要原因

随着帝国主义侵略加剧,民族矛盾日益尖锐。在民众"救亡图存"的呼声下,我国各地掀起了向西方学习的热潮。一时间,留学欧美和日本的青年增多。国人好奇地望着窗外世界,学习国外的新学,即数学、力学、电学、地学等自然科学知识。相关翻译、论述等书籍在国内流传,大大开阔了国人的眼界。

这时,帝国主义的侵略魔爪已经伸向中国内地,他们根据不平等条约所赋予的特权,修铁路、开矿山,控制海关、垄断航运。而国内的有识之士,也学西方开办实业。在西方资本主义的刺激下,我国的城乡物资交流和商品经济出现了畸形发展的局面。这种剧烈变化波及到社会经济各个领域。如水上运输由单一的木帆船运输进入到与机动船运输并举的时期。后来现代交通工具如火车、轮船的开通,逐渐取代了原来单一的南北京杭大运河的水运枢纽作用。曾经辉煌几个世纪的中国京杭大运河,也顺其自然地逐渐(或暂时地)退出了历史舞台。

(二)近代水工建筑的兴起

随着现代科技传入国内,我国近代水工建筑始于清末。其中,采用新技术的主要是电站、闸坝、航道整治等几个方面。自清末的漕运改海运而又改折色后,河运今非昔比。但漕运废而部分河道未废。虽然利用不多,除江南、淮扬及鲁南等多处运段以及直隶南北运河外,其余亦渐淤废。到民国期间,黄河北岸至临清段淤积严重,后均淤为平陆。民国二十二年(1933)华北、扬子、导淮、黄河四水利委员会及沿运四省曾举行过整理运河讨论会;民国二十四年完成重开运河的计划,唯纸上谈兵而矣。有导淮工程,也有江北运河修治项目,但均未能实施。

自19世纪以来,我国的大运河在随着封建制度的衰落而瘫痪或停滞之时,西方列强的科学技术发展加快。他们通过侵略殖民地和掠夺别国的财富,经济实力迅速膨胀。我国虽然是世界上最先孕育和使用船闸的国家,然而当船闸文明经历了漫长的探索和孕育之路后,从盛唐"二门一室"船闸雏形的诞生,到宋代发展与完善。此后沿袭前代再无突破,甚至有时还有倒退现象。当我们还在使用土草、泥沙、竹编等材料筑坝灌塘时,国外已经开始使用一定规模的新式船闸了。

直到民国二十五年(1936),我国在大运河沿线的江淮段运河上,才开始兴建邵伯、淮阴、刘老涧三座新式船闸。虽说是新式,其实,在现在看来也只不过算"土洋结合"而矣。然而,对于半殖民地半封建的旧中国来说,它毕竟是在船闸文明演变进化过程中,出现了一些划时代的变化。具体有如下三点变化:一是在使用的建筑材料上的变化,二是在船闸结构和机械使用上的变化,三是在水力学应用上的变化。

1. 对船闸标准的变化

《船闸结构》一书在介绍邵伯、淮阴、刘老涧三座新式船闸时是这样说的:"船闸闸室宽十公尺,净长一百公尺,闸门槛深为二公尺半。"(《船闸结构》第70页计量单位照原)用现在的话来说,这段记载,所说的三座船闸的标准是用闸室规模来表示的。第一次明确表示船闸规模是为过闸船舶服务的,是用闸室能通过船舶的标准尺度来表示的。即闸室"长×宽×门槛水深"(10 m×100 m×2.5 m)。像这样的话,不管是船闸的运行管理人员还是船舶的驾驶人员,能够通过或不能通过,让人看后一目了然。因为大家都清楚船闸的过闸标准,这样有利于发挥船闸的闸室有效面积的最大通过能力。

2. 闸门材料与启闭方式的变化

《船闸结构》介绍:"闸门为钢质,启闭机以四人之力即可关闭自如。"(《船闸结构》第70页)这是我国第一次记载船闸的闸门是采用钢质(永久)材料建造,不同于过去的木质叠梁门、木质平板门或竹质编箪之类等易损材料建造。闸门类型文中未见说明,估计可能是平板钢质闸门,因为在当时来说,这种形式的闸门建造最为简单。启闭机为人力机械,文中记载"四人之力可关闭自如",估计可能是如绞关或减速器之类的简单人力机械。

3. 闸室结构与建筑材料的变化

《船闸结构》中还有如下介绍:“闸室两侧为斜坡式,底部及两边坡上均同块石嵌砌、上下闸门两处之间的闸墙与底部连成一片,全用钢筋混凝土浇筑。”(《船闸结构》第 70 页)

这段记载用现在的话来说,上下两闸门所处位置应该分别叫“上、下闸首”。上、下闸首因其要安装闸门和启闭设备,一般均应承载闸门的重力、水压力以及启闭力。所以,采用整体结构为多;上、下闸首之间的位置叫闸室。闸室由底板和两边墙组成。这句话可能笼统或没有表达清楚:如果按其说法理解确实有点矛盾,“上下闸门两处之间”其实就是闸室,既然全是用钢筋混凝土浇筑的,那“闸室两侧为斜坡式,底部及两坡上均同块石嵌砌”又作何解释呢?笔者认为,应该如此表达方能让人看懂:

(1)(闸门处为闸首)上下闸首的两侧闸墙与底板,全用钢筋混凝土浇筑成整体结构(上下两闸首均为整体式钢筋混凝土结构)。

(2)(两闸首之间为闸室)闸室两边墙为斜坡,边墙与底板均用相同块石嵌砌并砂浆沟缝(闸室两边墙和底板均为圬工结构)。

4. 输水形式与水头的变化

《船闸结构》介绍说:“输水管道置于闸室两侧,另设有开关井,内置输水管启闭机,闸之上下游最大水位差,邵伯为七点七公尺(7.7 m);淮阴、刘老涧为九点二公尺(9.2 m)。”(《船闸结构》第 70 页)初期船闸一般以“二门一室”为基本模式,闸室的输水形式也较简单,一般均为门下输水。既是闸门又是阀门(一门两用)。闸门一开水流就直接冲入闸室。这样闸室系泊条件的安全性较差。现代船闸的输水系统有许多形式,各种输水形式的优缺点与适应条件将在下一章介绍。另外,还有“水头”问题,现代水利枢纽工程一般把船闸水头(水位落差)的标准分为三档,即 $H_{水头}<5$ m 为低水头;$H_{水头}=5\sim15$ m 为中水头;$H_{水头}>15$ m 为高水头。上述三座船闸水头最高 $H_{水头}=9.2$ m,最低 $H_{水头}=7.7$ m,应属于中水头船闸范畴。这里介绍的新式船闸没有图片,实际情况现在不清楚。从现代刘老涧船闸的修理资料及共享图片(见图 6-32)中看,图中所示的该船闸已经不属于简单的门下输水形式,而应属于闸室边墙双边多孔侧向输水形式(符合文中所说“输水管置于闸室两侧”)。在图中闸室底板与闸墙的转角处,未见有支廊道出水孔和消力盖板等消力结构建筑,但隐约可见闸室两底角斜面有出水孔。具体输水标准与闸室充泄水时间及平均水面上升速率等基本数据,作者均未附图纸或图片,所以不知详细布置情况。

刘老涧船闸闸室大修

刘老涧1号船闸大修

图 6-32　刘老涧船闸现代检修现场实况(可见两侧输水孔)

邵伯、淮阴两座船闸于民国二十五年(1936)八月通航。其中,刘老涧船闸因其他原因未能同时通航。

《船闸结构》中还这样介绍:“上述三船闸的建成与使用,表明我国建造船闸的技术已进入新的时代。”(引自《船闸结构》第70页)当然,这是相对于当时或者我国以前一段历史时间说的,即从这三座船闸建成起,我国从此已经进入新式船闸的建造时期。

然而,近代世界水利科学技术,以及其他各种科学技术都发展得相当快。处于半殖民地半封建社会的旧中国时代,即使引进再好的科学技术,也不可能得到快速发展。果不其然,即自邵伯、淮阴、刘老涧改造后,再没见船闸技术有所改进或提高。接着,日本帝国主义对我国发动了大规模的侵略战争,为抵抗日寇侵略,全国人民都投入到全民抗战之中。抗日战争胜利后,蒋介石又发动内战,全国人民又投入到解放战争中。

船闸文明的辉煌,只有在推翻了帝国主义、封建主义和官僚资本主义三座大山的压迫之后,只有在人民群众当家做了主人之后,只有在“自力更生、艰苦奋斗、奋发图强”精神鼓舞下的中国特色社会主义建设中,才会出现跨越式的发展和历史性的飞跃。

(三)水电开发及我国第一座水力发电站建成

我国最早兴建的水电站是云南石龙坝水电站(见图6-33),它是引螳螂川水发电的发电厂。于1908年酝酿筹建。当时滇越铁路自越南修至云南,法国以铁路沿途用电为理由,要求在滇池出口处的螳螂川上设立水电站。云南当局恐权利外溢,决定集官商股份自办。预算纹银三十万两,商股占三分之二强,定名为商办耀龙电灯股份有限公司。电站即由耀龙公司主持兴建。电站由德国人设计,电机也是从德国进口。《中国水利发展史》(第529页)记载“于民国元年(1912年)建成”。而《长江水利史略》(第197页)则记载为“一九一三年建成发电”,装机2部共1 440 kW。后来,1923年在原来电站下游新建第二厂,发电量1 000 kW。石龙坝电站在以后的十几年中,曾经数次改建,但是发电量的增加非常有限。

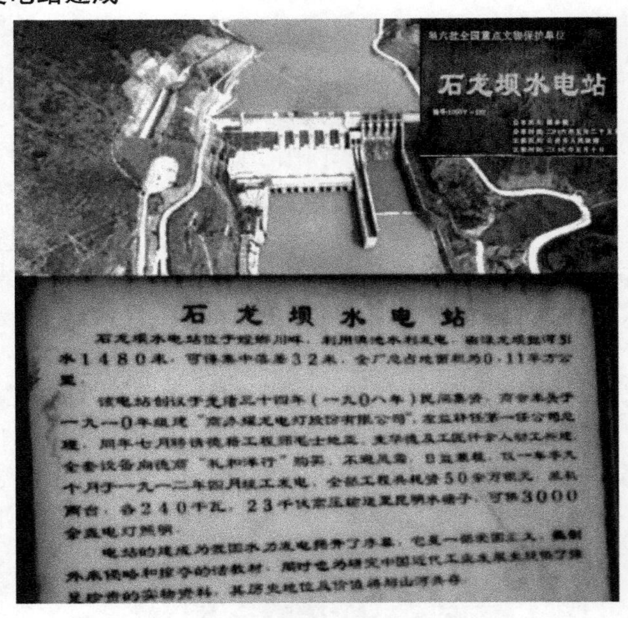

图6-33　我国第一座水电站——石龙坝水电站被列为全国重点文物保护单位

中华人民共和国成立后,对石龙坝水电站进行了彻底改造:另建新厂房,由原来的两级开发改为一级开发,并将原来的7台小机组拆除,改为两台单机容量最大为3 000 kW的机组,全厂总装机容量达到6 000 kW。1954年新厂房建成,安装第一台瑞士产的机组投产;1958年7月1日第二台中国自产的机组发电。改建后的电站利用落差31 m,引用水流量24 m^3/s,该电站至今运行良好。

我国抗日战争以前建成的水电站,在四川有五六座,仅泸县小龙溪河电站容量超过

100 kW,其余均在 100 kW 以下。1937—1947 年兴建稍多,西南各省如四川有 15 座以上,其中最大的是长寿龙溪河电厂,容量为 3 000 kW;其次为南充青居街电厂,引嘉陵江水,容量为 1 500 kW;再次为长寿桃花溪电厂,容量为 930 kW,其余多则三五百千瓦,少则数十千瓦。西康、云南、贵州、桂林共有七八座,以云南开远引临安河水的电站为最大,容量为 2 000 kW;余则几百千瓦或数十千瓦。东南则福建有 4 座,西北则甘、青、陕亦有之,也都很小。

东北数省在日本帝国主义侵占时期,曾建过一些水电站。如吉林丰满水电站,位于松花江上,拦河坝为混凝土重力式坝,坝高 91 m,长 1 100 m,容量为 56.3 万 kW,兼有防洪、航运之利,于 1937 年动工,1943 年开始发电(1953 年基本完成,1959 年竣工,装机 55.4 万 kW)。镜泊湖水电站,于 1939 年开工,建有 1 600 m 的拦河坝,装机容量 3.6 万 kW,于 1942 年修成。鸭绿江水丰发电站,拦河坝 900 m,高 108 m,蓄水 116 亿 m^3,装机容量 30 万 kW,1947 年完成。

台湾水能蕴藏量达 330 万多 kW。截至 1947 年,建成电厂 26 处,总容量约 27 万 kW,已兴工未完成者 9 处,容量也约为 27 万 kW。已完成中最大的是日月潭第一电厂,位于浊水河上,容量为 10 万 kW,其次为同一河上的第二电厂,容量为 4.35 万 kW。其余 1 万 kW 以上者有:圆山电厂,发电 1.63 万 kW,位于宜兰浊水溪山;万大电厂,引万大溪水,发电 1.52 万 kW;新龟山电厂,引南势溪水,发电 1.3 万 kW;铜门电厂,引木瓜溪水,发电 2.4 万 kW;立雾第一电厂,引立雾溪水,发电 1.51 万 kW。其余,多则数千千瓦,少至数十千瓦。

到了清代,随着封建制度的由盛而衰,维持封建统治的漕运制度的动能作用也逐渐转弱。特别是到了晚清时候,封建统治者腐败无能、朝不保夕,在列强侵略、人民起义、灾害连年、黄河泛滥、运河淤塞、漕运不保的情况下,当时的统治者也只能“无可奈何花落去”了,因为已经没有能力驱使大规模的人力、物力和财力来进行整治运河或确保畅通了。后来,不得不冒海运风险,直到最终废除漕运制度。

船闸因运河而兴,运河因漕运而忙,漕运随封建制度而衰;随着封建制度的衰落与漕运的废除,因漕运而兴而忙的运河与船闸,突然被朝不保夕的封建统治者抛弃而失去了往日漕船穿梭的繁忙景象,走向衰落也是社会发展的必然。

历史上有些事情,好像往往是在人们的意料之中,而有时也可能出乎人们的意料之外。中国船闸文明从孕育到诞生,4 000 多年的发展演变,走到如今这一步,人们看似已经“山重水复疑无路”了,然而,意料之外的奇迹又发生了。

人类文明发展到 19—20 世纪之交,电的使用在世界各国已经相当普遍了。由于水电的清洁性和可持续性,水电开发已经受到世界各国的重视。我国在“民国后期也已经开始注重水电开发了,也做了些勘查研究工作,如长江三峡的拟议等,但实施者并不多”(《中国水利发展史》第 530 页)。说来也巧,水力发电必须壅高水位,壅高水位就必须拦河筑坝。在通航河流上拦河建坝,必然会人为地出现船舶航行的“集中水位落差障碍”。看来好端端一条通航河流,而拦河筑坝后又不能通航了。于是,发电与通航二者选其一、必废其一,好像真是“车到山前迷无路了”。然而,我们只要仔细想想,这个“集中水位落差障碍”,不正是中华文明孕育并遗传给船闸文明的早熟基因吗?谁也没有料到,水运与水电这对同母所生并几千年后反目成仇的亲兄弟,居然也能在现代“三水”(“水利、水运、水电”)事业发展和老祖宗遗传下来的早熟基因的基础上“和睦相处”了。因而,世界上许多过去不能建坝的地方,现在正是因为有了这个船闸文明克服“集中水位落差障碍”的早熟基因,于是,各得其所,建坝后,既可以自由通航,又可以大力发电。

徘徊、迷茫的船闸文明,终于又在现代水电事业的水利枢纽中,重新找到了自身的定位,而且扮演着现代水利枢纽中极为重要的角色:她已经由过去单纯地为满足船舶航行条件或渠化航道功能的通航建筑物,开始成长为现代水利枢纽中,为协调水利、水电、航运、防洪、灌溉等综合效益发挥的关键性工程,即利用大坝上游形成的水库拦蓄洪水而防洪;利用巨大的集中水位落差而发电;利用淹没上游原始河道中的险峻航段以及调节或补充下游航道枯水期水流流量不足等措施,来扩大河流的运输能力、提高船舶营运效率和航行的安全可靠性;同时,水库蓄水灌溉农田和供应城市与工业用水等综合效益。总的来说,水电促进了船闸文明的现代辉煌,船闸文明又反过来促进了水电建设的迅速发展,强大的电力则又支援着全国的经济快速腾飞。随着社会发展和科技进步,船闸文明正在进入一个前所未有的、更加重要而又更加辉煌的新的历史时期——三水方明“同舟共济、携手合作、取长补短、共创辉煌”时期!

第七章　流域综合开发阶段
——现代辉煌时期

（自新中国成立起到目前为止）
（1949 年 10 月 1 日至 2022 年底）

第一节　新中国成立后的水利建设概况

中国地域辽阔，南北纬度差异大，东西经度跨程远，不同的地区距海洋远近的悬殊很大；加之国土地形复杂，降水量由东南向西北递减，区域性分布差别极大。同时受季风影响，年际间降水量也差异很大，而且年内分配也很不均匀。然而，降水又恰恰是中国河川径流最主要的补给水来源。所以，中国河川径流量的时空分布和降水量的时空分布有着基本一致的规律性或特点。这种降水量年际间变化悬殊大和年内降水高度集中的特点，是造成我国水旱灾害频频发生的最根本原因。据史料记载，从公元前 206 年（西汉初）到 1949 年的 2 155 年间，历史上中国共发生较大的水灾 1 029 次，较大的旱灾 1 056 次。从总体角度看，几乎年年有灾。清光绪三年至光绪五年（1877—1879）晋、冀、鲁、豫连续 3 年大旱灾，仅饥饿而死亡者即达 1 300 万人。1928 年特大旱灾，影响到华北、西北和西南地区的 13 个省 535 个县，灾民 1. 2 亿人之多。

特殊的自然地理条件，决定了“除水害、兴水利”之举历来都是中国治国安邦的大事。“水利兴则天下定，仓廪实则百业兴”。历代善国者均以治水为重。然而，从 1840 年鸦片战争开始，随着各帝国主义列强的入侵，国内连年战乱，中国逐步地沦为半殖民地半封建社会。直到 1949 年新中国成立之前，整个中华大地已经是山河破碎，江水横流，水系紊乱，满目疮痍，本来极其薄弱的水利基础设施还遭受长期国内战乱的破坏而使水旱灾害频频发生。新中国成立之初，党和政府对水利建设和江河湖泊的治理高度重视，领导全国各族人民进行了世界罕见的大规模水利建设，并且取得了举世瞩目的成就。

一、新中国成立初期水利建设概况

新中国成立初期，水旱灾害以黄淮海地区最为严重。1949—1952 年，水灾不断，灾民从整个苏北到淮北达几千万人。此时，国家首要的任务就是恢复生产、安定社会、救援灾民。因此，控制水旱灾害，兴修农田水利、整治河道水运交通，成为新中国成立初期极为重要的工作。

(一)国民经济恢复与发展时期的水利

我国国民经济恢复时期和第一个五年计划时期(1952—1957年),水利工程得到全面恢复和发展,对农业和国民经济的发展起到了良好的推动作用。其中主要的重点水利工程包括以下几项。

1. 修建荆江分洪工程

长江自湖北枝城到洞庭湖口城陵矶一段长约400 km的河道,通称为“荆江”。荆江河道弯曲而狭窄,河道安全泄量与川江上游的洪水来量极不匹配:北岸大堤坝顶高出地面10多m。上游洪水来量常年在60 000 m^3/s以上,最大时可达110 000 m^3/s以上;然而,荆江河段河道的最大行洪能力仅仅只能通过60 000 m^3/s的流量,即大约相当于10年一遇的洪水。每当汛期水位高涨时,堤坝险情迭出,一旦溃决,不仅江汉平原受灾,而且还会直接影响到长江中下游的堤防以及以武汉为中心的中下游城市的经济开发区域。

1949年长江的汛期来临,那些被炮火摧毁的国民党时期的江防工事与堤防,已是百孔千疮。而来不及修补的堤防之处,往往成为洪水泛滥的隐患。这一年,“长江中下游发生了一场洪水,造成相当大的损失。在郝穴险工附近的祁家坑突然崩岸,大堤坍掉一半,险些出(大)事”(引自三峡工程小丛书《论证始末》第9页)。因此,长江中下游特别是荆江的防洪问题,从新中国成立伊始,就引起了当时国家主要领导人们的极大重视。1950年初,长江水利委员会成立(简称长江委),作为紧急措施,开始研究荆江防洪问题。1951年编制了荆江分洪工程计划,1952年初经过国家批准,紧接着4月动工,30万军民奋战75天,以惊人的速度建成荆江分洪第一期主体工程(见图7-1)。该工程位于湖北省公安县境内,与荆江大堤隔江相望,主要工程包括荆州右岸上游15 km处的虎渡河太平口进洪闸、黄山头东麓节制闸和分洪区南线大堤等主体工程。分洪区总面积920 km^2,总蓄洪容积62亿m^3,有效蓄洪量54亿m^3。工程完工后,荆江河道安全泄洪能力由此得到显著提高,从而缓解了与上游巨大而频繁的洪水来量不相适应的矛盾,提高了下游堤坝和城市的防洪标准,并在后来1954年的长江大洪水中发挥了重大的作用。

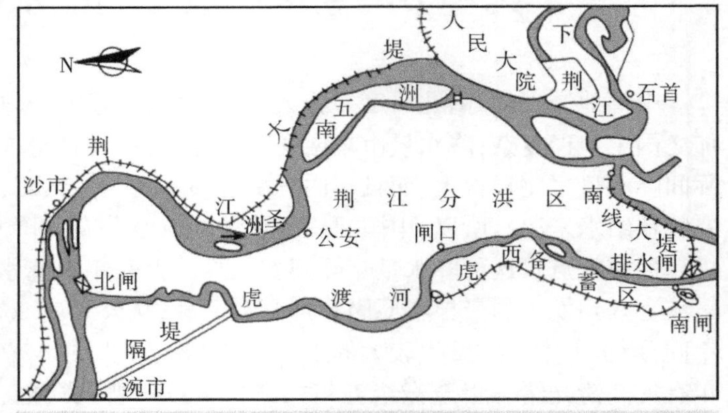

图7-1 解放初以惊人速度建成荆江分洪一期工程

2. 大规模治理淮河

自明清以来,由于黄河夺淮入海带来的大量泥沙壅塞河道和陂塘,抬高了淮河下游入海地区的河床高程,以致淮水尾闾不畅而连年遭灾。1951年,国家编制了以防洪为主要内容的《关于治淮方略的初步报告》;1954年淮河发生大洪水后,根据国民经济发展和淮河治理的需要，于 1956 年编制了《淮河流域规划报告（初稿）》，这是新中国第一个治淮规划。接着又在 1957 年完成了《沂沭泗流域规划报告（初稿）》，这是两个以防治水旱灾害为主，兼顾航运、水产、水电和水土保持的综合规划；后来，从 1964 年起国家开始重新研究编制淮河流域治理规划；确定了沂沭泗河水系治理的总体布局和新汴河等排水骨干工程；1971 年提出的《关于贯彻执行毛主席"一定要把淮河修好"指示的情况报告》即"71 年淮河规划"提出要修建一批"蓄山水""给出路""引外水"的战略性骨干工程（见图 7-2）。20 世纪 80 年代初，中国政府又组织开展第五次淮河流域规划工作，完成了《淮河流域综合规划纲要（1991 年修订）》。该规划成为 1991 年后大规模治淮的依据。其主要内容如下：在山丘地区开展水土保持工作，重新治理水土流失面积 2 万 km^2。对 34 座大型水库中的 19 座大型水库进行除险加固处理；复建因"75·8"洪水垮坝事故的板桥、石漫滩水库；兴建出山店（或红石潭）、白莲崖、燕山等水库，从而增加了上、中游拦蓄洪水的能力。

部队成建制参加黄河、海河等大江大河的治理。图为官兵参加治理淮河工程。

图 7-2　治理淮河采用"蓄山水""给出路""引外水"

扩大淮河上、中游行洪通道，加固淮北大堤等堤防，使王家坝、正阳关、蚌埠和浮山水位为 29.3 m、26.5 m、22.6 m 和 18.5 m 时，泄洪量达到 7 000 m^3/s、9 000 m^3/s、10 000 m^3/s 和 13 000 m^3/s；修建临淮岗洪水控制工程，对大洪水拦洪削峰；处理设计标准下 20 多亿 m^3 的超额洪水；开挖怀洪新河，使其与已建成的茨淮新河衔接，分泄淮河洪水 2 000 m^3/s，同时接纳豫东、皖北地区来水。加固洪泽湖大堤，保证蓄洪；巩固入江水道，续建分淮入沭，使淮河下游入江入海达到 13 000 m^3/s（相机可达 16 000 m^3/s）的排洪泄涝能力。在实现以上规划后，近期淮河上游可防御 10 年一遇，中游可防御 100 年一遇，下游可防御略超过 100 年一遇的洪水；沂沭泗水系中、下游可防御 50 年一遇的洪水；主要支流可防御 10~20 年一遇洪水，排涝标准可达到 3~5 年一遇。

3. 其他水利工程

修建官厅水库以减轻永定河对北京的威胁；修建大伙房水库减轻浑河、太子河对沈阳的压力；整修独流减河等解决海河的出路问题；修建汉江下游的杜家台分洪工程；黄河下游堤防进行了全面整修加固；洞庭湖、鄱阳湖、太湖、珠江三角洲等圩区加强圩堤建设，提高防洪排涝能力等。全国灌溉面积发展到 4 亿亩。从 1953 年起，全面开展了江河流域规划制定，从而为今后的水利建设发展打下了坚实的基础。

（二）1957—1977 年的水利

"大跃进"时期在全国范围内兴起大炼钢铁、大办水利的群众运动。水利工程提出了以小型工程为主、以蓄水为主、以社队自办为主的"三主方针"，掀起了大规模兴修水利的群众运动，取得了相当好的成绩，在全国建设了大量水利工程。

1957—1960 年建设了治理黄河的三门峡水利枢纽，同期建设了我国第一座自行设计、自制设备、自主建设的大型水力发电站——新安江水电站。按照 1961 年的统计，“大跃进”期间修建的 900 多座大中型水库，主要集中在淮河、海河和辽河流域，使灌溉面积从 4 亿亩增加到 5 亿亩。

这期间也出现了一些问题，如盲目地建设蓄水灌溉工程而忽视了排水工程，一度在黄、淮、海平原造成严重的涝碱灾害和排水纠纷等。后来经过 1961—1966 年三年多调整，解决了“大跃进”遗留的问题，使水利建设走上健康发展的道路。

1966—1976 年，为解决我国人口增长对粮食需求增加的压力，全国开展了“农业学大寨”热潮，耕地田园化、坡地改梯田、农田防护林建设等都取得了很大成绩。对海河进行了治理，加大了排洪入海能力；在淮河和辽河上继续修建控制性水库，长江上修建了丹江口水库，对黄河三门峡水库的泥沙问题进行了处理，葛洲坝水利枢纽也已经开工建设。与此同时也大规模整治和疏浚了黄、淮、海平原的排水河道。这一时期全国灌溉面积增加到 7 亿多亩。

然而，在此期间，水利工作也遭到一些破坏，例如，水利教育中断，基础工作停顿，科技力量受到严重摧残，水利机构撤销，人员下放，规章制度废弛，管理工作混乱。统计表明，水库垮坝最多、最严重的是 1973 年，全国中、小水库垮坝 500 余座。1975 年河南遭受特大洪水，板桥、石漫滩两座大型水库溃坝，使下游地区遭受毁灭性的灾难。1976 年唐山地震，陡河、密云等水库出险，水利管理遭到空前浩劫。在农田基本建设中，也有不少形式主义和瞎指挥造成的浪费；有些地方的水利建设，再次违反基本建设程序，造成新的遗留问题（书中基本资料和数据来自《中国水利概论》2009 年版）。

（三）改革开放时期的水利建设

20 世纪 80 年代后，是我国改革开放、经济转型的变革时期。这个时期可分为三个阶段：改革开放初期阶段（1977—1989 年）、1998 年大洪水之前阶段（1990—1997 年）和 1998 年大洪水之后阶段（1998 年至今）。

1. 改革开放初期（1977—1989 年）

这个阶段在党的拨乱反正思想指导下，水利工作进行了相应的反思与探索。随着农村人民公社的解散和中央与地方财政的分开，改革了原来“农民义务、中央投入”的财政模式，使上下都认识到水利工作的任务主要包括：合理开发利用和保护水资源；防治水害，充分发挥水资源的综合实效；适应国民经济发展和人民生活的需要。

新的水利工作方针是：加强经营管理，讲究经济效益。其改革的方向是向“转轨变型，全面服务”逐步转变的方法：水利从以服务农业为主，逐步转变到为社会经济建设全面服务方面来；水利从不讲投入产出，逐步转变为以提高经济效益为中心的轨道上来；水利从单一的水利生产，逐步转变到综合利用水资源的经营型方面来。

在水利工程管理中，推行“两个支柱，一把钥匙”，即以水费收入和综合经营为两个支柱，以加强经济责任制为一把钥匙。通过改革逐步建立起水利工作的良性运行机制。1988 年是水利法制建设具有里程碑意义的一年。这一年以《中华人民共和国水法》颁布为标志，中国水利法制化建设进入快速发展阶段。

这一阶段，水利工作的重点从只重视工程建设逐渐转移到加强对现有水利工程的管理上来。水利投入下降,灌溉面积徘徊不前,重点水利工程建设主要是黄河大堤建设和引滦入津工程。同时,我国还着重开展了病险水库除险加固等工作。

2. 1998 年大洪水之前(1990—1997 年)

从 20 世纪 90 年代开始,全国水旱灾害呈上升趋势。1991 年、1994 年、1995 年、1996 年连续发生严重洪涝灾害,水利工作的重要地位及其在社会主义经济建设中所起的重大作用,逐渐被全社会所认识并形成共识。接着,我国水利工程投入逐年增加,大江大河的治理明显加快。此时,论证了半个多世纪的长江三峡水利枢纽工程得到七届全国人大批准并开工上马。同时小浪底、万家寨、凉水垭、飞来峡等一批重点工程相继开工建设;观音阁、桃林口、引黄(河)入卫(河)、引碧(碧流河)入连(大连)、引大(大通河)入秦(秦王川)等一批工程建成;治淮(河)、治太(湖)、洞庭湖治理工程等都取得重大进展。农业灌溉面积结束了 10 年徘徊不前的局面,新增灌溉面积 8 000 多万亩。城乡供水、农村饮水、水电、水土保持等工作都得到了较快的发展;同时,在水利建设中的有关投入、管理体制等方面,也都进行了大胆的探索和改革工作。

3. 1998 年大洪水之后(1998 年至今)

1998 年亚州金融危机对中国经济冲击很大。为拉动内需,中国政府大规模地增加了包括水利在内的基础设施建设,水利投入大幅度增加。1998 年大洪水引起了党和政府以及全国人民对水利的高度重视。当年 10 月召开的党的十五届三中全会,把兴修水利摆在全党工作的突出位置,提出了水利建设的方针和任务,指出:“水利建设要坚持全面规划,统筹兼顾,标本兼治,综合治理的原则,实行兴利除害结合,开源节流并重,防汛抗旱并举。”洪水过后,党中央、国务院下发了关于灾后重建、整治江湖、兴修水利的若干意见,对水利工作提出了明确的任务。后来,水利部门对中国防洪建设进行了全面总结,认为:迄今中国抗御洪水灾害的能力还很低,防洪建设是长期而紧迫的任务;防洪建设必须坚持综合治理,水利建设必须高度重视质量和管理问题;治水必须正确认识和处理人与自然的辩证关系等。接着,在全国范围内迅速掀起了以防洪工程为重点的水利建设高潮,堤防建设进入历史新阶段。接着,在水利工程建设中,推行了三项新的制度:项目法人制、建设监理制、招标投标制。同时,突出抓好工程建设,制定了堤防建设标准和规范。全国重点工程涉及 19 个省(区、市)的 64 项大江大河堤防建设工程、18 座重点病险加固工程、28 座重点城市的防洪工程、49 个重点行蓄洪区安全建设等。通过建设,全国主要江河重点堤坝段得到加高培厚,汛期出现的险情得到处理,水毁工程得到修复,崩岸隐患与河道得到加固和治理,病险水库、蓄滞洪区安全建设、城市防洪等都取得了重大进展,主要江河防洪能力也有了明显的提高。

二、新中国水利建设的特点

船闸文明演变进化的历史,从封建社会“运河因漕运而兴,船闸因运河而建”开始,到“封建制度没落,漕运废除,运河衰败,船闸废弃”为止。船闸文明似乎已经走进了绝境。恰好此时,我国出现了水资源综合利用思想的萌芽,它好像给“经历了‘元、明、清、民国’四代的数百年徘徊衰退”的船闸文明注入了新鲜血液,从而使其已经衰弱的机体,从此开始,再次焕发出“古老文明,现代辉煌的朝气蓬勃”的生机。因此,我们就有必要对我国历史上从古至今有关“综合开发利用水资源”问题的认识过程,进行一些简单的分析了解。

(一)我国对水资源认识的三个阶段

中华文明因水利而兴。我们的祖先为谋求生存与发展,在与各种自然灾害,特别是与洪水灾害进行了长期殊死斗争的过程中,在改造客观世界的同时,也改造和完善着自身的主观世界,不断地提高自身的主观认识能力,走过了长期而曲折的中华文明对水资源建设与认识的三步曲:

(1)古人知道水对人的生存作用极大,所以“濒水而居”,离不开水,此时水的使用量不多。然而,却领略到洪水灾害的恐惧,主要是防灾避难。

(2)在防范水害的同时也发现水的其他用途,如开沟渠,引水灌溉,发展农业;疏陂泽,可通水道而舟行千里,于是在除水害的同时也开始逐渐兴利。

(3)正如水利前辈张含英所说:“而后水的利用范围又日渐扩大,且一项工程措施常可使水源得到多种利用,所以水利便成为一个综合名词。”这是后来人们终于认识到水资源综合利用的重要性以及水利对人类生存环境的影响。

同时,水资源是有限的而不是取之不尽或可以任意挥霍的物资。根据水资源利用的供求关系又可分为三个相对应阶段(《中国水利概论》第6页):

初期阶段,水资源可利用量大于社会发展的需求量;

第二阶段,水资源可利用量基本可以满足社会发展的需求量;

第三阶段,水资源可利用量小于社会发展的需求量。

1. 初期阶段

初期阶段水资源可利用量远远大于社会经济发展的需求量,给人的印象是:水是“取之不尽,用之不竭”的。这一阶段可从有文字记载开始,到新中国成立前为止。这时,水资源利用程度低,大江大河,水患为害,江水横流,白白流失。

虽然在中国历史上,水资源开发利用取得不少成就,但是直到1949年,旧中国遗留下来的水利工程已是寥寥无几,即便有也已是残缺不全。据统计,当时全国江河堤防和沿海海塘总长只有4.2万km,且残破不堪,防洪标准极低;全国超过1亿m^3容积的大型水库只有6座(包括中朝界河上的水丰电站);容积0.1亿~1.0亿m^3的中型水库也只有17座(其中有两座是20世纪50年代续建完成的);灌溉面积1 600万km^2(2.4亿亩)而且保障程度不高。用于防洪的工程设施及水电设施很少,水土流失严重,不少土地已严重盐碱化或沙化等。

2. 第二阶段

第二阶段水资源的开发利用由单一目标发展为多目标的综合利用。开始强调水资源统一规划、兴利除害、综合利用。这个阶段可从新中国成立开始,到20世纪70年代末,中国北方一些地区已经开始出现缺水现象时为止。

这一阶段,中国进行了大规模的水资源开发与治理,水资源开发利用程度提高,供水能力增强,农田灌溉面积扩大,为中国经济和社会快速发展提供了保障。

据统计,1949年全国总供水量1 031亿m^3,其中农业供水量1 001亿m^3,工业和城市供水量仅30亿m^3,年人均用水量187 m^3;1959年全国实际总供水量达1 938亿m^3,其中农业供水占94.6 %,工业和城市供水占5.4 %,年人均用水量316 m^3;1980年全国总供水量3 912亿m^3,其中农业供水占88 %,工业和城市供水占12 %,年人均用水量450 m^3。在此期间,全国灌溉面积由1949年的2.4亿亩增加到6.7亿亩,基本解决了4 000万人和2 100万头牲畜饮水困难的问题;全国水电装机容量由1949年的16万kW发展到2 100万kW,其中小水电装机容量为757万kW；同时，内河通航里程由7.36万km，至1978年时，已发展到13.6万km。

在此期间，中国的水污染防治工作也已经开始着手治理，1973年，全国开展了以工业点源为重点的水污染治理工作，先后在全国建成了4万多套工业废水处理装置（基本资料和数据来源自《中国水利概论》2009年版）。

3. 第三阶段

第三阶段是从20世纪70年代末或80年代初开始，直至现在。

在此阶段，由于我国人口增长和经济快速发展，对水资源的需求量越来越大，或者因水污染的影响，许多地区表现出较为普遍的缺水现象。尤其在华北地区和部分沿海城市，随着人口的增加和经济的发展，水资源紧缺现象日趋严重，并出现愈来愈严重的水环境问题，如水质污染、地下水超采、海水入侵等。这一阶段中，水的问题日益引起人们的广泛关注。人们对水的资源性和有限性认识，也已较广泛地被公众普遍接受。为解决以城市为重点的严重缺水问题，重点兴建了一批供水骨干工程，并开展全民节水工作，使一些城市水资源供需矛盾有所缓解。

在此期间，中国的水污染防治工作也得到相应发展。特别是通过淮河、太湖等严重污染的教训，人们在水污染治理工作中认识到，水污染的防治工作必须兼顾上下游、左右岸、干支流，要以流域为单元进行综合治理。贯彻"减污染，保水源，谁造成，谁承担"的原则。重点保护饮用水水源，改善水质，计划用水，节约用水，制定流域水资源保护规划并组织实施。积极发展生态农业，以防治水土流失等，控制污染，改善生态环境，保障可持续发展。

（二）水资源开发利用的新起点

"人的认识，主要地依赖于物质的生产活动，逐渐地了解自然现象、自然性质、人和自然的关系。"（毛泽东：《实践论》《毛泽东选集》1～4卷合订本的第231页）人类对水资源的认识也不例外，也同样对实践的认识与了解有一个认知过程。

远古时，水除了人畜饮用外好像别无他用，而且一旦泛滥还会带来毁灭性的灾难。因此，人们只知其害而不知其利，那时叫治水；后来，人们逐渐认识到水除了饮用，还可以灌溉、行船、防旱等，于是，开始兴其利而避其害，这时才叫水利；随着现代人类社会的发展与科学技术的进步，水的价值及其对人类社会发展的重大作用逐渐显现出来，于是，水资源综合利用才最终成为现代人们的共识。这时，人们才真正认识到地球上的水资源不是"取之不尽、用之不竭"的，而且也是相当紧缺、不可再生的有限资源。

新中国成立后，党和政府非常重视水资源的综合开发与利用，以及对水害的科学治理。特别是"1971年淮河规划"中所提出的要修建一批"蓄山水""给出路""引外水"的战略性骨干工程。这里所说的要修建的这三批战略性骨干工程，其实就是我国现在综合治理与合理开发利用水资源的开始。所谓"蓄山水"其实就是修建水库拦蓄洪水并且发电灌溉；"给出路"就是要有相应配套的排洪渠道，实施排渍、泄洪、减涝与灌溉的综合利用；而"引外水"也就是需要跨流域进行调水、补水，统筹地合理分配国内现有的水资源。

1988年颁布的《中华人民共和国水法》（简称《水法》）是有关我国水资源综合开发、利用、管理、保护的法律法规，是中国几千年来治水的历史经验和近40余年来水利工作经验教训的总结，是专为加强水资源综合开发、利用、保护、管理而制定的一部水的基本大法，是今后水资源综合开发、利用、管理和保护的基本准则，是使水资源科学管理方案得以实施的保证。

《水法》的颁布与实施是中国水利建设法制化的一个里程碑,它标志着中国水资源管理已经划时代地跨入"水资源法制化管理的轨道和综合治理、开发、利用、保护水资源"的快车道。

随着我国新的水行政管理机构和体系的建立,水资源评价与分配方案和供水计划的实施、取水许可制和有偿使用制的实行、用水统计与公报制度的建立,我国的水资源综合开发与利用将走向合理、科学、实用、兴利、除害、有效的良性循环轨道。目前,尽管水资源综合治理、开发与利用的工作千头万绪,然而摆在我们面前最重要的任务仍然是如下三件大事:

(1)洪涝灾害依然是中华民族的心腹大患。中国的自然地理条件和气候特征决定了中国是一个洪涝灾害频繁而且严重的国家。有文献记载的2 200多年历史中,共发生大水灾1 600多次。20世纪就发生过多次严重水灾。20世纪90年代以来,中国的大江大河已发生了5次比较大的洪水,给人民生命财产安全与国家经济建设造成巨大灾害和影响。尽管中国防洪建设已经取得了巨大成就,但是中国目前的大江大河只能防御一般性常遇洪水,遇到较大洪水时,仍将造成严重损失,防洪建设仍是一项长期而紧迫的任务。

(2)干旱缺水严重制约着国民经济的发展。中国也是一个旱灾频繁的国家,在2 200多年有文献记载的历史中,发生大的旱灾1 300多次。随着人口增长和经济发展,各地区需水量会急剧增加。而水的有效利用率并不高。目前,中国农业、工业以及城市普遍存在缺水问题。20世纪70年代全国农田年均受旱面积1.7亿亩,到90年代增加到3.65亿亩。由于缺水,北方河流干涸断流情况愈来愈严重;黄河进入90年代后年年断流,平均达107天。干旱缺水已成为制约中国经济稳定发展的重要因素之一。

(3)水的生态环境恶化,影响着可持续发展。随着人口增长,经济发展,污水排放逐年增加。全国污水排放量1980年为310多亿t,受污染的河段也不断增长,水体水质总体上呈恶化趋势。另外,尽管我国加大了水土流失治理力度,但全国水土流失状况依然严重。边治理、边破坏的现象在不少地方仍然存在。全国七大流域均存在水土流失问题,其中黄河中游和长江中上游的水土流失最为严重。截至2008年底,水土流失面积356.92万km^2,占国土面积的37.2%。水土流失严重,使土地资源遭受破坏,耕地退化,河床淤积抬高,加剧了洪涝灾害的发生。此外,河湖萎缩、森林草原退化、土地沙化等问题也严重影响了生态环境。由此看到,我国水资源开发利用管理仍然任重而道远,必须把开发、利用、治理、配置、节约、保护六个方面的工作紧密联系起来。因此,建立完整、科学的全国水利规划体系是必不可少的。同时,按规划要求和轻重缓急,逐步地实现规划目标。坚持"用水治水"法制化、规范化,依靠科技进步解决水的问题,走水资源可持续发展的道路。

(三)新中国防洪建设新成就

新中国成立后,按照"蓄泄兼筹"和"兴利与除害相结合"的方针,对大江大河进行了大规模的治理。到2007年底,全国累计修建加固大江大河大湖等各类堤防28.38万km,建成大中小水库85 412多座,全国主要江河初步形成了以堤防、河道整治、水库、蓄滞洪区等为主的工程防洪体系,以及预测预报、防汛、洪泛区管理、抢险救灾等非工程防护体系,使中国主要江河的防洪能力有了明显的提高。我国七大流域概况如下(据《中国水利概论》2009年前统计)。

1. 黄河流域

新中国成立以来,黄河流域共兴建水库3 100多座,库容574亿m^3。干流上游进行了梯级开发,配合堤防工程,兰州和宁蒙河段已经分别能够防御100年一遇和50年一遇洪水;下游通过4次临黄大堤的加高加固，可保证黄河花园口通过22 000 m^3/s、艾山通过11 000 m^3/s流量的行洪能力；修建了三门峡、陆浑、故县等干支流水库，开辟了东平湖和北金堤滞洪区。在工程措施和非工程措施的配合下，黄河下游的防洪工程的防洪标准达到60年一遇。

2. 长江流域

长江中下游的3 600 km干流江堤和3万多km支流堤防得到了全面整修和加高加固；兴建了荆江分洪区等分洪工程，修建水库48 000多座，总库容1 222亿m^3；长江中下游干流及湖区堤防的防洪标准可达到10~20年一遇，若同时运用蓄滞洪区后，可在遭遇1954年型洪水时，能保证干堤和重要城市的安全。

3. 淮河流域

淮河流域修建了各类水库5 300多座，总库容250多亿m^3，大中型防洪控制闸600多座；修建行蓄洪区20多处，滞洪容量280亿m^3，全面整修加固堤防15 000 km；开辟了淮沭新河、淮河入江水道等排洪河道（见图7-3）。淮河中游干流防洪标准达到40年一遇。

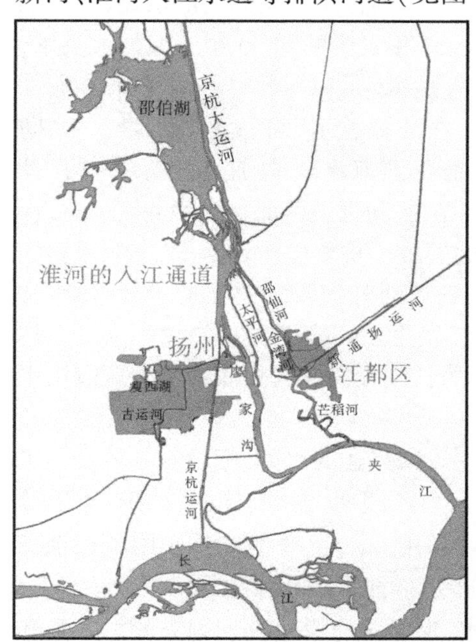

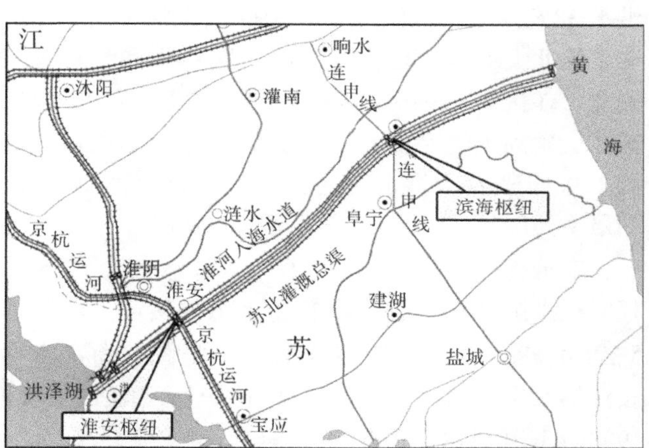

图7-3　左图为淮河（运河）入江新水道；右图为淮河入海新水道（1为灌溉总渠，2为淮沭新河）

4. 海河流域

海河流域共修建水库达1 900座，总库容294亿m^3，蓄滞洪容量170亿m^3；开挖疏浚行洪河道50多条；北系可防御1939年型洪水，南系可防御1963年型洪水，防洪标准相当50年一遇。

5. 松花江流域

全面整修了松花江干流、嫩江和第二松花江平原河段的堤防，形成了比较完整的防洪体系；全流域修建堤防11 600 km；建成大中型水库125座，总库容290亿m^3。松花江干流、第二松花江、嫩江的整体防洪标准约为20年一遇。

6. 辽河流域

已建成各类水库715座，总库容150亿m^3；整修加固堤防长度11 000多km，修建各类水闸370多座,辽河干流与浑河、太子河等主要河道堤防现有防洪标准可达到20年一遇。

7. 珠江流域

已建成江海堤防20 500多km,水闸8 500多座,修建各种类型的水库13 000多座,总库容706亿m^3。北江大堤的防洪标准达到了100年一遇,珠江三角洲万亩以上围堤一般可防御20年一遇的洪水。

总的来说,在全国639座有防洪任务的城市中,有207座城市达到规定的防洪标准,北京、哈尔滨、沈阳等重点防洪城市的防洪标准达到100年一遇以上。

(四)防洪体系经受了特大洪水的考验

新中国成立以来,水利建设在抵御历年发生的洪水中发挥了重要作用,大大减轻了灾害的损失。从1949年以来,黄河花园口曾发生流量超过>10 000 m^3/s的洪水12次,但没有一次决口成灾,创造了黄河连续70年安澜的历史纪录,其中抵御了1958年发生的自1919年有实测水位资料以来的最大洪水。战胜了长江1954年发生的百年罕见的大洪水,战胜了淮河1954年发生的近40年一遇的大洪水,战胜了海河1963年发生的约50年一遇的大洪水,战胜了松花江1957年发生的自1898年以来的第二位大洪水。

进入20世纪90年代后,我国连续发生洪涝灾害。在抵御最近几年发生的大洪水中,防洪体系发挥了巨大的作用。1991年淮河流域发生大洪水,淮河流域51座大型水库共拦蓄洪水38亿m^3,削减洪峰70%~90%;淮河干流运用蓄滞洪区和行洪区滞蓄洪水40亿m^3,保障了淮北大堤、洪泽湖、里运河大堤、蚌埠和淮南两市的围堤等重要堤防及沿淮工矿、铁路的安全。在抗御1994年大洪水中,广东北江大堤和珠江三角洲五大联圩的保护,使广州市和珠江三角洲免受灭顶之灾。1998年,长江、嫩江、松花江发生了历史上罕见的大洪水。在抗御1998年长江大洪水的过程中,经过历年来加高加厚的长江大堤成为长江中下游抵御洪水的最主要屏障。

在抵御近年来的大洪水和特大洪峰中,新中国成立以来兴建的水库、闸坝等各种控制工程对拦洪削峰发挥了巨大作用,有效地缓解了堤防的压力。湖南、湖北、江西、四川、重庆等5省(市)的763座大中型水库拦洪削峰,拦蓄洪水量340亿m^3,发挥了重要作用。在抵御长江第六次洪峰时,隔河岩、葛洲坝等水库通过拦峰削峰,降低了荆州市水位0.40 m左右。1998年长江洪水与1931年一样,都是全流域型大洪水,但洪水淹没范围和因灾死亡人数却比1931年要少得多。1931年时,长江干堤决口300多处,长江中下游几乎全部受淹,死亡14.5万人。然而,1998年时,只有九江大堤一处决口,而且几天之内就堵口成功,淹没总面积32.1万km^2,死亡人口1 562人。据统计,1998年,全国共有1 335座大中型水库参与拦洪削峰,共拦蓄洪水量532亿m^3,减少农田受灾面积228万km^2,减免受灾人口2 737万人,并避免了200余座城市进水。

三、新中国成立后的农田灌溉工程建设

中国是一个农业大国,水利是农业的命脉,粮食是人民群众生活的基本需求物资和生存生活的必要条件。新中国成立时,摆在党和政府面前的最主要的大事就是当初5亿人口(现在则是14亿人口)的吃饭、穿衣问题,这个问题关系着国家的经济发展和社会的稳定。因此,发展农业、兴修水利是刻不容缓的大事。

(一)建设新中国最大灌区——综合利用的尝试

淮河流域气候适宜,雨水充沛,河道纵横,沃壤千里,有着十分优越的天然条件,是我国古代政治、经济南北交往的要冲之地,历来为兵家必争之地,成为我国有名的古代战场。封建社会时期,每当国家分裂时,这个地区常常在战乱中遭受的破坏最大。然而,由于这个地区有极为优越的自然条件,历代统治者都不惜投入巨大的人力、物力进行开发,力图发挥这一重要经济地区的作用。新中国成立之初,这一地区是全国水旱灾害最严重的灾区。从明清时起,黄河、淮河、运河纠缠在一起,原有河床不断淤高,水系遭破坏,一到汛期,淤高的河床像一道道山梁阻挡着淮水入海,使江淮大片地区水涝成灾极其严重。据文献记载:“1949～1952 年,水灾不断,灾民从整个苏北到淮北有几千万。”(《中国水利概论》第 16 页)因此,党和国家领导人都高度重视淮河的灾情。

淠史杭灌区综合水利工程,是淮河初期治理最见成效的水利工程。该工程兴建于 1958 年,是以灌溉为主,综合开发水电和水运、水产、给水等大型综合利用水资源的水利工程项目,是新中国成立后最早兴建的全国最大灌区之一。这一庞大的工程构架在岗峦起伏的皖豫丘陵大地上,横跨长江、淮河两大流域。它利用淠河上游的佛子岭、响洪甸、磨子潭水库,史河上游的梅山水库和杭埠河上游的龙河口水库作为灌区的引水源头,并在淠河和史河上分别兴建了横排头和红石嘴两个引水枢纽,包括进水闸、冲沙闸等,其进水闸设计流量分别为 300 m^3/s 和 180 m^3/s,开挖淠河和史河总干渠等渠系,在龙口河水库下游杭埠河两岸开挖了舒庐干渠和杭北干渠。三个独立灌区总称淠史杭灌区(见图 7-4)。

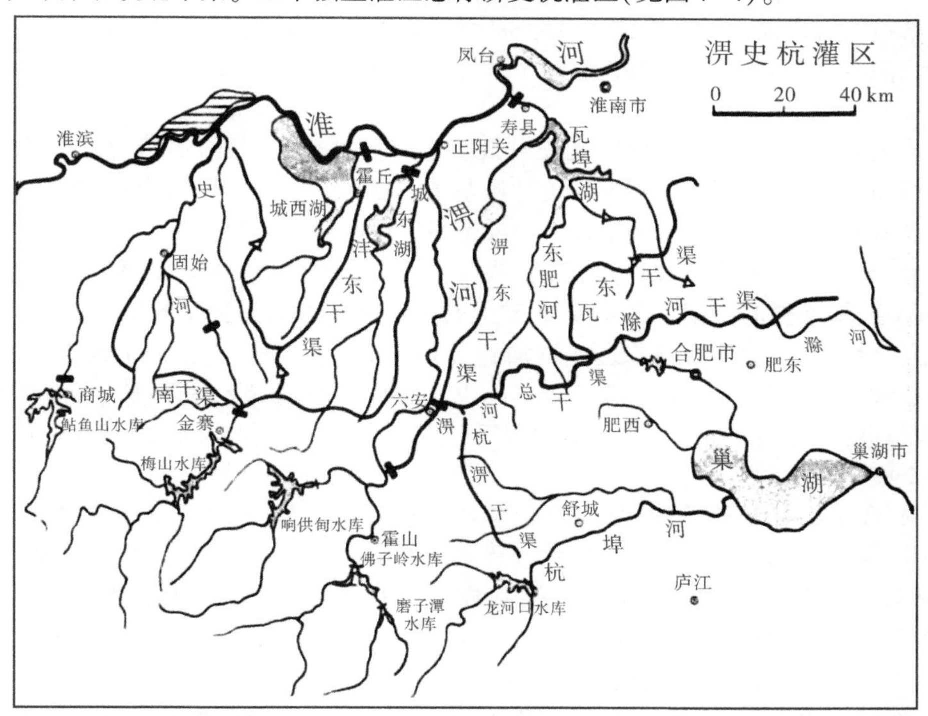

图 7-4　1985 年兴建的淠史杭灌区,是以灌溉为主兼发电、水运、给水等综合利有的水利工程

横跨长江、淮河两大流域的淠史杭灌区,小部分位于河南,主体位于安徽省中西部、大别山余脉的丘陵地带,灌区总面积 14 107 km^2,担负着皖豫两省 14 个县(区)的农业、工业和居

民生活供水的重任,设计灌溉面积1 124万亩,有效灌溉面积达1 000万亩。

淠河灌区的横排头、史河灌区的红石嘴和杭埠河灌区的梅岭、牛角冲为三大渠首枢纽工程,设计引水能力共605 m^3/s。除上述三大渠首枢纽工程外,灌区渠网纵横,渠系划分成七级固定渠道,总长2.5万km,各类水工建筑物6万余座,其水工建筑物类型有涵闸、跌水、渡槽、倒虹吸、桥梁、排灌站、水电站等,库塘堰坝21万多座,加上灌区的382座抽水站,39处外水补给站,这些设施和建筑众位一体联合运用,形成了蓄、引、提、灌并举,成为长藤结瓜式的灌溉网络,灌区内80%以上的农业均实现自流灌溉。

自灌区建设运行以来,骨干工程固定资产总额达17.9亿元,累计供水达1 215.4亿 m^3,灌溉农田3.17亿亩,累计增产粮食375.6亿kg。将过去十年九旱的皖西、皖中地区,变成了现在全国重大的商品粮基地之一。与此同时,水力发电、城镇供水、林牧水产、旅游开发、航运、生态等综合效益也得到同步发展。这些光辉业绩表明,淠史杭工程是一项投资少、能耗低、回报率高的基础产业。灌区工程规划设计荣获安徽省科技进步一等奖,其续建配套工程为安徽"八五"十大建设成就之一,灌区被中外专家、学者誉为"中国水利建设史上一颗璀璨的明珠"。

目前,淠史杭续建配套与节水改造工程正在规划中,走过几十年风风雨雨历程的新中国最早开发的最大灌区,也将在向现代水利的跨越中实现自身的更大效益和更大辉煌。

(二)新中国农田水利的改善对农业的促进

新中国成立后,掌握了自己命运的中国人民,在党和政府的领导下,以空前的热情和力度重整祖国万里河山。在彻底告别了旧中国的水系紊乱、堤防残破不堪、江河肆意泛滥状况的同时,中国的治水思路也实现了从传统水利向现代水利可持续发展水利的重大转变。

除各大流域进行综合治理外,还充分发挥了我国古代灌区作用,恢复和扩大古代灌区的灌溉面积,同时还开辟了新的粮食种植基地。例如,我国古代水利明珠都江堰,在民国时期灌溉面积曾逐年缩小,到1949年,成都平原灌区灌溉面积仅为288.39万亩。新中国成立后,充分发挥现代科技作用,从全局出发,重新布置都江堰灌溉系统,建成了大型钢质节制闸、输水隧洞和调节水库等,使绝大部分的岷江水都得到了利用。到20世纪80年代中期,都江堰水利灌溉面积迅速增加到1 100万亩。此外,还保证了成都市50多家重点企业和城市的生活供水,以及实现了防洪、发电、水产、养殖、林果、旅游、航运和环保等多项目标的综合服务效益,是四川省国民经济发展不可替代的水利基础设施,其灌区规模居全国之冠。

后来,我国还有新开辟的韶山灌区、新疆生产建设兵团、北大荒等地的农业生产基地。目前,我国已基本建成的九大商品粮食基地有:三江平原、松嫩平原、江淮地区、太湖平原、鄱阳湖平原、江汉平原、洞庭湖平原、成都平原和珠江三角洲混合农业基地。据统计,全国万亩以上的灌区共5 869处,农田有效灌溉面积2 834.1万 km^2。其中,设计灌溉面积50万亩以上灌区148处,农田有效灌溉面积1 125.9万 km^2;30万~50万亩的大型灌区有286处,农田有效灌溉面积524万 km^2。截至2007年底,全国农田有效灌溉面积达到5 778.2万 km^2,占全国耕地面积的44.4 %。全国工程节水灌溉面积已经达到2 348.9万 km^2,占全国农田有效灌溉面积的40.7%。在全部工程节水灌溉面积中,渠道防渗节灌面积1 005.8万 km^2,低压管灌面积557.4万 km^2,喷、微灌面积385.3万 km^2,

其他节水灌溉面积 400.4 万 km^2。万亩以上灌区固定渠道防渗长度所占比例为 14.4%，其中干支渠防渗长度所占比例为 35.0%。

农田灌溉水利事业的发展，提高了农业抗御水旱灾害的能力，促进了农业生产发展。南方许多地方水稻从一年一熟改为一年两熟、一年三熟，北方一些从来不种水稻的地方，也在大面积发展水稻。由于有了灌溉保证，北方冬小麦和棉花种植面积成倍增长。过去很多经常遭受旱涝灾害、产量很低的农田，通过治理变成了旱涝保收、高产稳产的农田。全国南、北各地已出现了不少粮食亩产超过千斤的县、市。黄淮海平原历史上是旱涝碱重灾区，粮食长期靠调入，经过多年治理，现在大都变成了"米粮仓"。总的来讲，全国的灌溉面积不到耕地面积的 50%，而粮食产量却占到 75%，棉花和蔬菜分别占到 80%和 90%。农田水利的发展，还为发展林牧渔业、改善农村生活条件和生态环境、繁荣农村经济等起到了极其重要的作用。中国能以占世界不足 10%的耕地养活占世界 22%的人口，使 14 亿人口解决了温饱问题，这是世界瞩目的伟大成就。这其中，农田水利建设发挥了极其重要的作用。

第二节　水资源综合开发利用的重大战略转变

在党和国家工作重心战略性转移过程中，我国的水利事业也相应做出重大的战略转变，它以 1988 年《中华人民共和国水法》的颁布作为划时代的标志，使我国水利事业开始进入科学、合理、依法、综合治理与综合开发利用水资源相结合的高速度、良性发展的快车道。

一、建立完整、科学的全国水利规划体系

在我国水利工作的重大战略转变中，最主要的转变是，根据我国特殊的自然、地理、气候环境和降水量分布极度不均的客观现状，全国七大流域统一规划、统一实施水资源科学合理的综合开发利用和管理。同时，联系国民经济和社会发展情况，根据轻重缓急，在服从全国整体规划的前提下，按流域规划进行科学的、整体性的和彻底的综合治理与综合开发利用，并着重把综合治理与综合开发利用紧密结合起来，从而使治水思路实现了从传统水利治理向现代综合治理与开发利用并重、除害兴利、造福人民并可持续发展的重大转变。

(一) 长江流域的综合治理与开发

长江全长 6 300 余 km，是我国第一大河流。据史料记载，从公元前 206 年至 1911 年的 2 117 年间，长江共发生洪灾 214 次，平均 10 年一次，19 世纪中叶，连续发生了 1860 年和 1870 年两次特大洪水。20 世纪长江又发生了 1931 年、1935 年、1954 年和 1998 年等多次大洪水，历次大洪水都造成了国家和人民的重大灾害与经济财产损失。其中最大的一次是 1870 年，这次洪水宜昌水位的最大洪峰流量高达 10.5 万 m^3/s。

长江洪水主要来自川江，江水出三峡而进入江汉平原后，洪水失去了两边大山的约束，而首当其冲的便是荆江河段。然而，荆江河段的洪水安全泄量只有 6 万 m^3/s，荆江两岸的洞庭湖平原和江汉平原地势又特别低洼，故荆江两岸堤防最易溃口成灾。

新中国成立后，立即着手长江流域的水患治理和水利开发。1950 年初，长江水利委员会成立，首先全面整修堤防，加固了荆江、武汉、同马、无为等干流的重点堤防共 3 750 km，支堤民堤 3 万 km，不同程度地提高了各地区防洪标准。1952 年对下荆江河段裁弯取直，使裁

弯河道上游约 200 km^2 范围的洪水水位得到不同程度的降低;还兴建了荆江、杜家台分洪工程和一批蓄洪垦殖区,以蓄纳超过堤防安全泄量的洪水。后来,长江水利委员会在全面分析长江洪水灾害的基本规律后,于 1958 年在《长江流域综合利用规划要点报告》中确定:防洪是长江流域规划的首要任务,近期防洪的基本方针是"蓄泄兼筹,以泄为主"。该报告将长江流域综合利用规划归纳为五个方面的计划:一是以防洪、发电为主的水利枢纽开发计划;二是以灌溉、水土保持为主的水利化计划;三是以防洪除涝为主的平原湖泊区综合利用计划;四是以航运为主的干流航道整治与南北运河计划;五是向华北和相邻流域引水的计划。

经长江水利委员会研究认为,长江中下游洪水灾害的主要成因是中上游地区雨季期暴雨集中,以至于形成的洪水的峰值高、流量大,百年一遇洪水可达 11 万 m^3/s,远远超过河道安全宣泄能力 6 万 m^3/s。因洪水流量大,必须充分发挥河道的泄洪能力;然而由于峰值高,单靠提高河道泄洪能力实际很难解决短时间内洪峰值高的破坏性,还必须采取调蓄措施,削减洪水峰值,从而达到蓄泄兼备的综合效果。所谓蓄泄兼备,即是在适当加高加固堤防并辅之以整治河道,提高河道的安全泄洪能力的同时,在上游各干支流地区兴建水库拦洪,以及在中游建分、蓄洪区,削减洪水峰值,控制和降低下泄流量,降低灾害形成的可能性,减少因洪水灾害造成的损失。而且水库的水能资源既可以发电、灌溉、引水、调水,又可以渠化河道,扩大原来河道的通航能力。长江流域由于实施了综合治理与综合开发相结合的战略措施,从而开发了长江流域巨大的水力资源,既缓解了我国长期能源紧张的矛盾,又达到控制百年一遇洪水的防洪能力。

新中国成立短短 70 年来,长江流域以防洪为主的综合治理建设,在整修加固堤防、分蓄洪工程和蓄洪垦殖区工程、河道整治工程以及大中型水库的建设工程等方面都取得了显著成绩:建成万亩以上灌区 188 处,其中,30 万亩以上灌区 56 处,农田有效灌溉面积达到 2.21 亿亩;建成排水涵闸 7 000 多座,机电排灌站约 800 万 kW,7 000 多万亩低洼易涝农田中的 80%以上得到初步治理;1 万 kW 以上的水电站总装机容量 3 365.5 多万 kW,年发电量 1 056 亿 kW·h。其中,不但建成了如丹江口、柘溪、柘林、陈村、漳河等中小型水电站,还建成以世界上规模最大的长江三峡水利枢纽为代表的一大批干支流大型水电站,如龚嘴、葛洲坝、二滩、五强溪、隔河岸等,都成为促进国家可持续发展的重要工程,而造福人民、造福于后代子孙的历史丰碑。

(二)黄河流域的综合治理与开发

黄河是我国第二大河流,发源于青藏高原,由于流经黄土高原,河水挟带着大量的黄土泥沙淤积于下游平原,使下游河床普遍高出地面 4~6 m 以上而形成名副其实的地上之河。所以,历年洪水灾害频发。据记载,从先秦时期到民国年间的 2 540 多年中,黄河共决口漫溢 1 590 多次,改道 26 次。平均三年两决口,百年一改道。决口漫溢的范围北至天津,南达江淮,纵横达 25 万 km^2。黄河每次决口,水沙俱下,冲毁建筑、毁坏农田、淤塞河渠,水涝洼地、良田沙化,遍地泥沙、颗粒无收,生态环境长时期很难恢复。

新中国成立后,党和国家对黄河的治理与开发十分重视,随着我国大江大河的第一部综合治理规划《黄河综合利用规划技术经济报告》的出台,我国全面开展了对黄河流域的治理和开发,从而不但避免了黄河泛滥成灾,保障了人民群众的生命财产安全,而且促进了黄河流域经济发展并改善了流域生态。

按规划实施,坚持全面规划、统筹兼顾、标本兼治、综合治理的原则。防洪减淤的基本思路是:“上拦下排、两岸分滞”控制洪水;同时,还在全流域采用“拦、排、放、调、挖”的综合处理措施。即拦就是在上游干支流修建大型水库拦蓄洪水;排就是尽可能将泥沙排入大海;放主要是两岸处理和利用泥沙淤灌;调是利用干流骨干工程调节泥沙;挖就是挖河淤背,加固干堤。降低地上悬河与堤外的相对高度,并使其逐渐成为“相对地下河”。节约用水是缓解黄河水资源供需矛盾的有效途径,同时以提高用水效率为核心,并实施跨流域调水、退耕还林还草,大量植树、治沟、淤坝保持水土等。

综合治理开发黄河的主要工程重点在干流,根据黄河干流的规划,黄河上中游从龙羊峡至桃花峪河段拟建30级水利枢纽,自上而下依次为:龙羊峡、李家峡、刘家峡、盐锅峡、八盘峡、大峡、青铜峡、三盛公、万家寨、天桥、三门峡、小浪底等。其中龙羊峡、刘家峡、三门峡和小浪底是治理开发黄河的控制性骨干工程,本书仅以小浪底为典型介绍。

- **小浪底水利枢纽工程简介**

小浪底水利枢纽位于河南省洛阳市以北40 km的黄河中游最后一段峡谷的出口处,可控制黄河流域总面积的92.3%,是一座处于承上启下、能控制黄河洪水和泥沙的巨型水库。其开发的目标是:以防洪、防凌、减淤为主,兼顾供水、灌溉和发电,除害兴利,综合利用。

小浪底主体工程由三大部分组成:

一是壤土斜心墙堆石坝,坝高154 m,坝顶长1 667 m,总填筑方量5 185万 m^3,是中国迄今为止最大的土石坝,库容126.5亿 m^3。

二是泄洪排沙系统,包括:3条洞径为14.5 m导流洞改建的孔板消能泄洪洞,3条排沙洞,3条明流泄洪洞,1条灌溉洞,1座溢洪道,其最大总泄流能力达17 000 m^3/s(见图7-5)。

图7-5 黄河小浪底水利枢纽,洪水季节根据综合需要进行调水调沙的壮丽场面

这10条泄水洞连同6条引水发电洞的进水口组合成由10个塔集中排列的巨型进水塔群,其前缘总宽度276.4 m,高113 m,出水口设置的3座2级消力塘也集中布置在一起,其总长为165 m,宽356 m,池深达28 m。泄洪系统是小浪底工程最具挑战性的施工项目,中外建设者在施工中引进先进施工工艺和技术,使得工程进度不断超前,在面积不足1 km^2、地质情况十分复杂的山体内开挖16条大跨径隧洞,被称为“世界水工史上的奇迹”。中外施工技术人员大胆采用环向无黏结后张预应力混凝土衬砌技术,解决了恶劣地质和黄河特殊水沙条件造成的施工难题,建成了世界上最高的进水塔、最大的消力塘和最密集的洞群系统。

三是发电系统,由6条引水发电洞、1座地下厂房(长251.5 m、宽26.2 m、高61.44 m)、1座地下主变室、1座地下尾水闸门室、3条尾洞、1座防淤闸组成,厂房内装6台30万 kW水轮发电机组。

小浪底水利枢纽主体工程为土石方开挖量 3 625 万 m^3，石方洞挖 280 万 m^3，土石方填筑 5 574 万 m^3，混凝土 337 万 m^3，金属结构安装 3.26 万 t，机电设备安装 3.09 万 t，帷幕灌浆 30 万 m 和固结灌浆 35 万 m。水库淹没后的移民安置 18.86 万人。

小浪底工程采用"蓄清排浑、调水调沙"的运用方式。利用 75.5 亿 m^3 的调沙库容可滞拦泥沙 78 亿 t，相当于 20 年下游河床不淤积抬高；20 年后还可利用有效库容进行调水调沙，继续发挥减淤作用（见图 7-5）。小浪底工程建成后，有效地控制了黄河洪水，使黄河下游的防洪标准从现在的不足 100 年一遇提高到 1 000 年一遇。基本解除了黄河下游洪水及凌汛的威胁，减缓了下游河道淤积。工程每年可增加 20 亿 m^3 的供水量，大大改善了下游农业灌溉和城市供水条件。电站总装机容量 180 万 kW，年平均发电量 51 亿 kW·h。

小浪底水利枢纽工程以其在治理黄河所占有的重要地位、特殊的高含沙水流、复杂的自然地质条件、对枢纽运作调度的严格要求以及巨大的工程规模而被中外专家称为世界最复杂、最具挑战性的水利工程之一。小浪底水利枢纽的孔板消能泄洪洞、深混凝土防渗墙、大跨度的地下厂房、密集的地下洞群、集中布置的进水塔和消力塘以及高边坡预应力锚索施工都是具有挑战性的技术难题。该工程被誉为"治黄史上的跨世纪工程"，它不仅是中国治黄史上的丰碑，也是世界水利工程建设中的杰作。

从小浪底水利枢纽工程建成后所起重大作用可看到我国治水战略之决策：其一，从"单纯治水防洪"到"综合治理与开发相结合"的转变；其二，从"控制洪水向管理洪水"的思路转变；其三，从"工程水利、资源水利到生态水利、可持续发展水利"的转变，从而折射出新中国在短短 70 余年治水实践中的战略转变过程；其四，新中国成立 70 余年来，水利战线所取得的成就，是在水利建设中"从实际出发、尊重自然、认识规律，从而采取与时俱进的治水方略"所取得的。

黄河下游防洪，取得了大汛不决口的连续 70 年安澜局面。这与黄河上陆续修建三门峡、小浪底、陆浑、故县等干支流水库，并先后 4 次加高培厚黄河下游 1 400 km 的临黄大堤，开展放淤固堤和大规模的河道整治，开辟北金堤、东平湖等滞洪区，对河口进行初步治理，并形成"上拦下排、两岸分滞"的全流域防洪工程体系分不开。同时，还加强了全流域防洪非工程措施建设，提高了黄河下游抗御洪水灾害的能力，扭转了历史上黄河频繁决口改道的险恶局面，保障了黄淮海大平原的防洪安全和经济建设的稳定发展。

据资料记载，黄河干流已建和在建的 36 座水利枢纽和水电站，总库容 1 007 亿 m^3，发电装机容量 2 493 万 kW，年平均发电量 826 亿 kW·h；同时，还兴建了众多的支流水库及大量的灌溉、供水工程，开发利用地下水资源，灌溉面积由 1950 年的 1 200 万亩发展到目前的 1.2 亿亩（其中流域外 0.37 亿亩），在约占全流域耕地面积 46%的灌溉面积上生产了 70%的粮食和大部分经济作物，从而解决了农村 2 727 万人的饮水困难；为流域内外 50 多座大中城市和中原、胜利两大油田提供了水资源保障；加强了水资源保护工作，已建成水质监测站点 216 个，对干支流水质进行了大量监测，初步掌握了流域重要河段的水质状况。

上、中游水土保持改善了部分地区农业生产条件和生态环境，减少了入黄泥沙。初步综合治理水土流失面积累计达到 18 万 km^2，其中，建成治沟骨干工程 1 390 座，淤地坝 11.2 万座，塘坝、涝池、水窖等小型蓄水保土工程 400 多万处，兴修基本农田 9 700 万亩，营造水土保持林草 11.5 万 km^2。现有治理措施平均每年增产粮食 50 多亿 kg，可以解决 1 000 多万人的温饱问题，在一定程度上遏制了水土流失和荒漠化的发展。20 世纪 70 年代以来，实施水利、水保措施年均减少入黄泥沙 3 亿 t 左右。

经过半个多世纪坚持不懈的努力,黄河治理开发取得了很大成绩,但由于黄河治理难度大,河情特殊,目前还面临着不少问题,洪水威胁仍然是心腹之患,河床淤积问题仍然是较大的问题;水资源供需矛盾仍然十分突出;水土流失和水环境恶化尚未得到根本解决。这些问题都有待于我们在今后的工作中继续努力去解决。

二、南水北调工程是一项世界性的伟大创举

俗话说:“人往高处走,水往低处流”。人往高处走,是因为人们为了进步、为了寻求发展,好理解。然而,水为什么会向低处流呢?是由于水体特定的流动性能,以及水体因受地球引力作用而产生的自身重量,以及在不同高程的水体之间所形成的压力差等客观因素。所谓压力差,即水体流动的动能,亦称为水头。

所谓水头,即单位重量水体所具有的机械能(比位能、比压能、比动能之总和),亦称总比能或总能头。即

$$H_{S总}=Z+P/r+v^2/2g$$

式中:$H_{S总}$为总水头;Z 为流体中任一点距基准面的高度差,亦称位能头;P 为流体中任一点单位面积流体压力(压强);r 为流体单位面积的重量;P/r 亦称压力头;v 为流体速度;g 为重力加速度;$v^2/2g$ 亦称流速头。

由此得知,水往低处流,是水体自身特定性能与地球引力以及相对高度之间的压力差等因素所形成的运动规律所表现的一种物体(确切地说应叫流体)运动形式的自然现象(流动)。

由于我国地理特征为西高东低,因此主要河流的流向都是由西向东流,这是水体的自然流向。同时,又由于我国国土南北纬度相差大:南方属亚热带,受海洋性季风影响而雨水多;北方受大陆性季风影响而干旱少雨。于是,这就造成我国国土水资源分布极不均匀的现状。如何改变这种现状,让南方丰富的水资源流到北方去解决那里的干旱问题呢?这就需要人为地去改变水体的自然流向,使其由南向北流。于是“南水北调”工程也就成为我们这个蓝色星球上,人类为改造自然、改造环境和改变水资源分配的一次伟大的创举。

何为调水?就是根据水体自身特性和自然规律,让水流按照人类的意愿而改变流向,把丰水区的水资源调送到缺水区去解决那里的干旱问题,从而让水能更好地为人类服务。

早在五千多年前,我们的祖先就已经认识到“水往低处流”这一水体的基本特性及其自然规律了。共工氏“壅防百川”,就是筑堤拦水并让其改变流向,而不至于冲毁“堕高堙庳”的农田。大禹治水“疏川导滞”,也是疏河导流,让洪水改变漫流状态,而让河水归槽并下泄入海。“陂障九泽”是为了蓄洪削峰达到减灾消洪的目的。当然,要改变水的自然流向,不进行必要的人为干预是不行的。让水改变流向的具体措施,即干预的办法古今有三:

其一,开凿人工渠道,使水体按照人的意愿,受约束地从高处向低处自流。这一方法 2 000 多年前的都江堰曾经使用过。开凿宝瓶口,无坝取水,让其按照人们的意愿改变流向,自流灌溉成都平原。

其二,人为提高水源高程,让其按人们的意愿受约束地自流灌溉。古代的有坝取水,壅高水位,都属于这种情况。郑国渠之所以一再向上游迁移引水口,其目的就是输水渠道不断淤高,为提高水源高程,所以引水口不断上移。又如现代的提灌工程或用抽水泵提高水源高

程。例如，南水北调东线工程应属此范畴。

其三，管道加压，水在压力容器内，受到外部压力和管壁的约束作用，于是水体在被约束的密闭环境中受到挤压，迫使容器内水体克服自身重量和地球引力等诸多作用力的作用而被迫在外力作用下由低处而被动地流向高处。抽水蓄能和自来水上高楼就是这个道理。

用改变河水自然流向，来达到调水或引水的目的，在我国历史上也是源远流长的。先人们在数千年"除水害、兴水利"中，既积累了丰富的实践经验，也留下不少的实际教训，例如：北宋太平兴国三年(978)，转运使程能献提出，从南阳至方城之间开凿人工渠道，引汉水北上与蔡河汇合，并期望能直达开封。然而，因当时客观条件限制，渠线高程测量选择不当，渠成但"水不能至"而失败。元代引汶水至任城济运，因分水枢纽选址不当，而使京杭大运河未能充分发挥其作用；后来，在明代采用汶上老人白英之策，实施南旺分水后一举成功，从而成就了南北京杭大运河的600年辉煌，使京杭大运河元代开凿，到明、清时还发挥重大的作用。历史为我们今天积累了不少的经验教训。然而我们现在所要讲的南水北调工程，是历史上任何调水工程都无法比拟的。

(一)南水北调工程的重要性

我国的水资源主要来自河流(地表水)，而河水的主要来源是降水。由于我国复杂的地理条件和特殊的气候环境，造成了我国降水量有三大不均：

第一，同一时间，不同地区，降水量极不平均。年降水量由东南向西北逐一递减。

第二，同一地区，不同季节的降水量极不平均。夏秋多暴雨，冬春多干旱，年度内的降水分配极不均匀。

第三，不同年份的降水量极不平均，即年与年之间的降水量很不平均，降水量年际差异极大。有的年份多干旱，有的年份则又洪水泛滥。

正是由于这三种极不平均，造成我国洪灾与旱灾长期交替发生。据史料记载，从公元前206年(西汉初)到1949年的2 155年间，中国历史上共发生较大的水灾1 029次，较大的旱灾1 056次，几乎年年有灾，不是水灾就是旱灾。有时，同一季节，有的地方暴雨成灾，有的地方却滴雨无下而旱情严重。究其原因，还是我国的降水量年际变化悬殊以及年内时空分布又极为高度集中的影响，是造成我国水旱灾害频频发生的主要原因，也是造成我国部分地区持续干旱、部分地区持续洪涝成灾的根本原因。

例如，黄淮海平原是我国最大的平原，黄淮海流域的人口、国内生产总值、工业总产值、有效灌溉面积、粮食产量均占全国1/3以上，是中国重要的经济区和粮食、棉花的主产区。在我国国民经济与社会发展中具有极其重要的战略地位。然而，黄淮海流域的水资源总量仅占全国的7.2 %；年人均水资源量462 m^3，为全国人均水平的1/5；是我国水资源承载能力与经济社会发展极不适应的地区。随着我国工农业生产的飞速发展，特别是21世纪以来，整个地区的水资源与用水之间的矛盾日益突出，实际上该地区已经面临着严重的水资源短缺现象。

由于长期干旱缺水，尽管这些地区都加大了节约用水的力度，但缺水使人们又不得不去过度地开发和利用地表水、超采地下水，不合理地用农业用水、生态用水以及使用未处理的污水等。尤其是海河流域由于地表水长期过量开发，使平原河道长期干涸；被迫大量超采地下水，造成地下水埋深大面积下降，从而导致河湖干涸、河口淤积、湿地减少、土地沙化、地面沉陷以及海水入侵、生态环境日趋恶化等严重现象与后果。

据有关资料统计与研究表明，黄淮海流域2010年缺水量为210亿~280亿m^3，到2030年其缺水量将达到320亿~395亿m^3。而且缺水量80%分布在黄淮海平原和胶东地区，其中60%集中在城市。缺水，对我国这些地区的经济社会发展造成了极大的不良影响，也严重地制约了这一地区经济社会的可持续发展。

因此，实施南水北调，把南方长江流域丰富的水资源适量地输送一部分到北方严重缺水地区，既可以为黄淮海流域补充外来的新鲜水源，又可缓解其水资源的供需矛盾。所以说，南水北调工程，是解决我国北方地区水资源严重短缺问题的重大战略举措，是关系中国社会经济可持续发展的特大型基础设施建设工程项目。该工程各条线路修建成功后，可以共同实现我国水资源的优化配置，对北方地区特别是黄淮海地区经济社会的发展、对该地区工农业生产和人民生活的改善，乃至整个国家的可持续发展，将起到极其重要的支撑和保障作用。

（二）南水北调工程简介

南水北调的设想，是根据中国实际的地形地貌特点、水土资源的分布与组合现状，以及各地区的经济社会发展对水资源的需求等客观因素考虑，于20世纪50年代提出的。经过长江水利委员会近50年的勘测、规划和研究，有关单位在分析比较了50多种规划方案的基础上，分别在长江下游、中游、上游规划了三个调水区而形成南水北调工程的东、中、西三条调水线路。同时，南水北调的三条调水线路与长江、黄河、淮河和海河相互连接，从而形成我国河流“四横三纵”交汇的总体格局（见图7-6）。并且利用黄河从西到东贯穿中国北方国土的天然优势，通过黄河对水量的重新调配，可协调东、中、西部经济社会发展各自对水资源的需求，从而达到我国水资源“南北调配，东西互济”的优化配置目标。

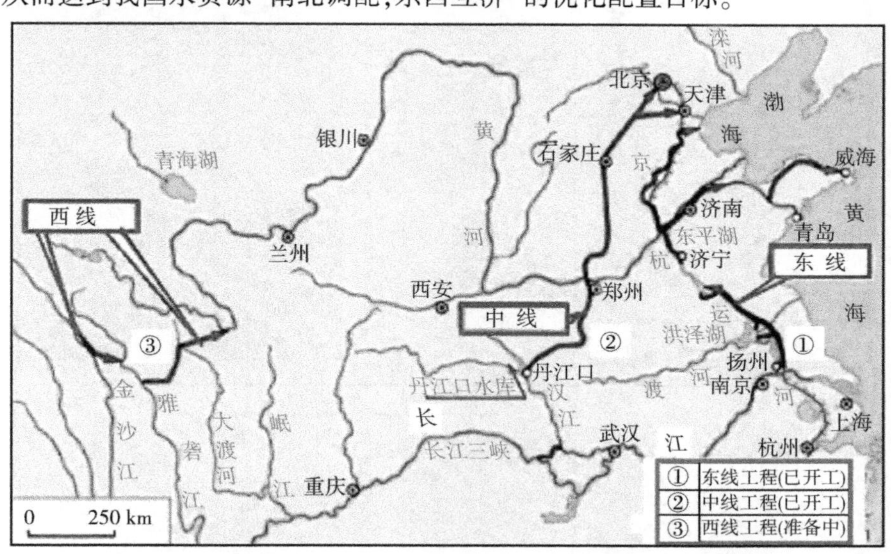

图7-6　南水北调自20世纪50年代提出，经50年勘测、规划和研究后提出三条调水线路，目前正在实施

中国大陆地势西高东低，从西到东逐级下降并形成三级台阶：

一级台地，即西线工程位于我国最高一级的青藏高原上。从地势上看，可控制整个西北和华北地区。但是，长江上游水量有限，只能为黄河上、中游的西北地区和华北部分地区补水。

二级台地,即中线工程在第三级台阶的西侧通过,从长江中游及支流汉江引水,可自流供水给黄淮海平原的大部分地区。

三级台地,即东线工程位于三级台阶最东部,因地势较低而需要抽水北上。工程中的三条调水线路既有各自的供水目标和供水范围,同时,它们又是一个有机的水资源调配整体。在一定的条件和时间内,三条线路的供水又可以相互配合、补充与协调。

1. 南水北调东线工程

南水北调东线工程位于华北平原东部。在三条调水线路中所处地势最低,是以缓解黄淮海平原东部地区缺水为主、多目标开发利用的一项战略性骨干工程。东线工程是在江苏省的“江水北调工程(抽取长江水 400 m^3/s)”的基础上,扩大调水规模并向北延伸的。从长江下游扬州附近抽引长江水,利用京杭大运河及与其平行的河道作为输水主干线或分干线,逐级提水北送,并逐一连通作为调蓄水库的洪泽湖、骆马湖、南四湖、东平湖,在位山附近通过隧洞穿越黄河,然后利用卫运河、南运河自流到天津。

整个东线调水工程从长江调水至华北平原,输水主干线全长 1 150 km,其中,黄河以南 660 km,黄河以北 490 km。跨越长江、淮河、黄河、海河四大流域,经过江苏、山东、河北等省(见图 7-7),工程线路长、涉及范围广、规模大,具有较大的综合效益,是解决中国北方地区水资源短缺的战略性主要措施之一。

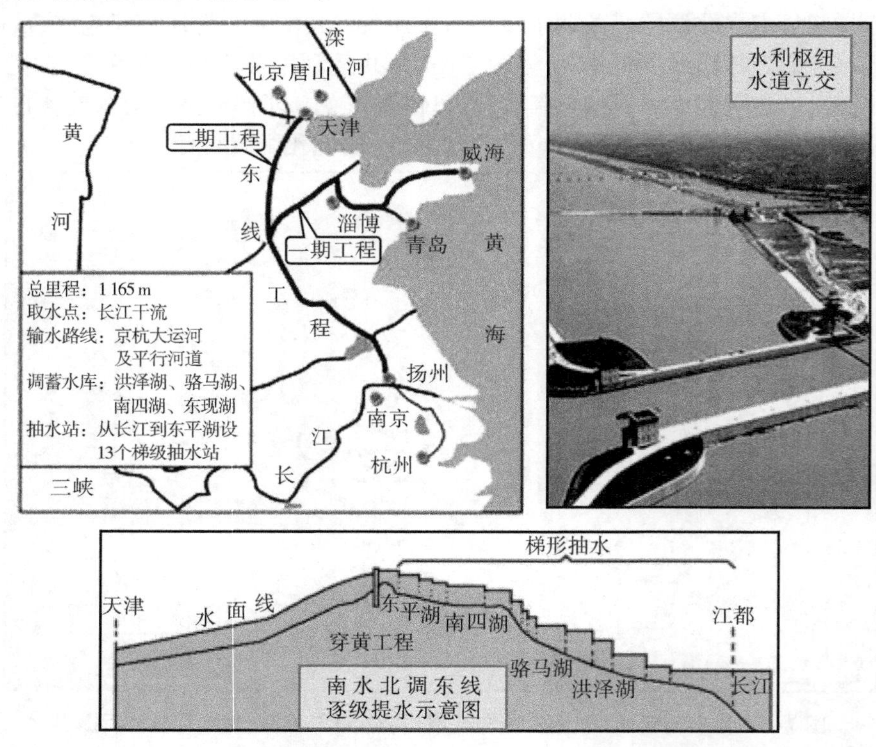

图 7-7 南水北调东线工程跨越长江、淮河、黄河、海河四大流域

东线工程主要供水地区为黄淮海平原东部和山东半岛,既解决苏北、山东东部和河北东南部等地区的农业用水,以及津浦铁路沿线和山东半岛的城市缺水,同时,又作为给天津市引水的补充水源。

从东平湖修建山东“西水东调工程”，送水到山东半岛的烟台、威海。“西水东调工程”是解决山东半岛严重缺水的关键工程，其西段(240 km)自东平湖经过济南至“引黄济青干渠”，中段(138 km)利用现有引黄济青工程的干渠，东段(318 km)从引黄济青干渠的家庄修建分水闸，然后，需建3~4级泵站扬水至烟台和威海。

东线工程全线最高点东平湖的蓄水位高于长江水位约40 m，在黄河以南需建设13座梯级75座泵站扬水，总扬程约65 m。在黄河以北可以自流到天津。抽水泵站大部分又可结合当地的骨干排水河道排涝。东线工程除调水北送任务外，还兼有航运、防洪、灌溉、除涝等综合效益。

根据华北地区、山东半岛的需水要求和国家的经济承受能力，东线工程计划实行“先通后畅，分期实施”的方案，逐步扩大调水规模。

一期为应急工程，年调水入东平湖水量10亿 m^3 左右，再续建一条穿黄隧洞，实现利用引黄济津线路年向天津供水4亿~5亿 m^3。

二期抽江规模扩大至600~700 m^3/s，可向山东半岛供水50 m^3/s，年水量10亿~15亿 m^3；过黄河200 m^3/s，年水量30亿~40亿 m^3。

三期抽江规模扩大至800~1 000 m^3/s，可向山东半岛供水90 m^3/s，年水量15亿~20亿 m^3；过黄河400 m^3/s，年水量60亿~80亿 m^3，向城市供水20亿 m^3。

东线工程的输水渠道，有90%的可以利用现有河道和湖泊，这是东线工程最大的优越条件。然而东线工程也存在以下几个难点：一是沿江水质污染较为严重；二是难以解决北京的缺水问题；三是黄河以南需用电力泵站扬水，运行费用较高；四是与江水北调共用输水河道，若遇干旱或用水高峰时可能相互有影响；五是运行管理较为复杂。

南水北调东线工程补充资料：

据《科技日报》报道，南水北调东线工程二期工程于2019年底完成。《科技日报》北京12月12日电，在国新办举行的“南水北调东、中线一期工程全面通水五周年有关情况发布会上”，水利部规划计划司司长石春先介绍了南水北调后续工程的新进展：“今年年底，我们将完成两个规划和一个方案”：东线二期工程规划、引江补汉工程规划、中线干线调蓄水库的布局方案。

据介绍，东线二期工程主要是在一期工程的基础上增加向北京、天津、河北供水，同时还要进一步扩大向山东和安徽供水。目前初步计划将抽引江水的规模由一期工程的500 m^3/s 扩大到870 m^3/s；抽引水量从一期工程的87.7亿 m^3 提高到165亿 m^3。

国家在召开的南水北调后续工程工作会议上，进一步肯定了南水北调东线和中线工程的意义和价值，数据显示，近5年来东线累计调水到山东39亿 m^3，中线累计调水255亿 m^3，东、中线一期工程累计调水294亿 m^3，相当于10个密云水库的蓄水量，在一定程度上缓解了北方地区40多座大中城市的供水紧张局面，也为整个华北平原的经济发展、社会稳定、环境保护等诸多方面提供了可靠的水资源保障；已经在一定程度上改变了我国的供水格局，改善了我国的水资源分布不均状况，而且有效扭转了华北平原地下水位持续下降的趋势，监测发现目前很多地区地下水位已经止跌回升。

2. 南水北调中线工程

南水北调中线工程是从长江中游引水北送。长江干流水量丰沛，三峡大坝建成后，如果从三峡引水一时难度较大，最便捷的办法就是从长江的支流汉江上的丹江口水库引水。

南水北调中线工程，从丹江口水库陶岔闸引水，经长江流域与淮河流域的分水岭方城垭口，沿唐白河流域和黄淮海平原西部边缘开挖渠道，在郑州京广铁路大桥以西孤柏嘴河段通过穿黄工程，沿京广铁路西侧北上，自流到北京、天津。输水总干渠从陶岔闸至北京全长1 246 km，其中黄河以南482 km，黄河以北746 km。天津干渠从河北省徐水县分水，全长144 km（见图7-8）。

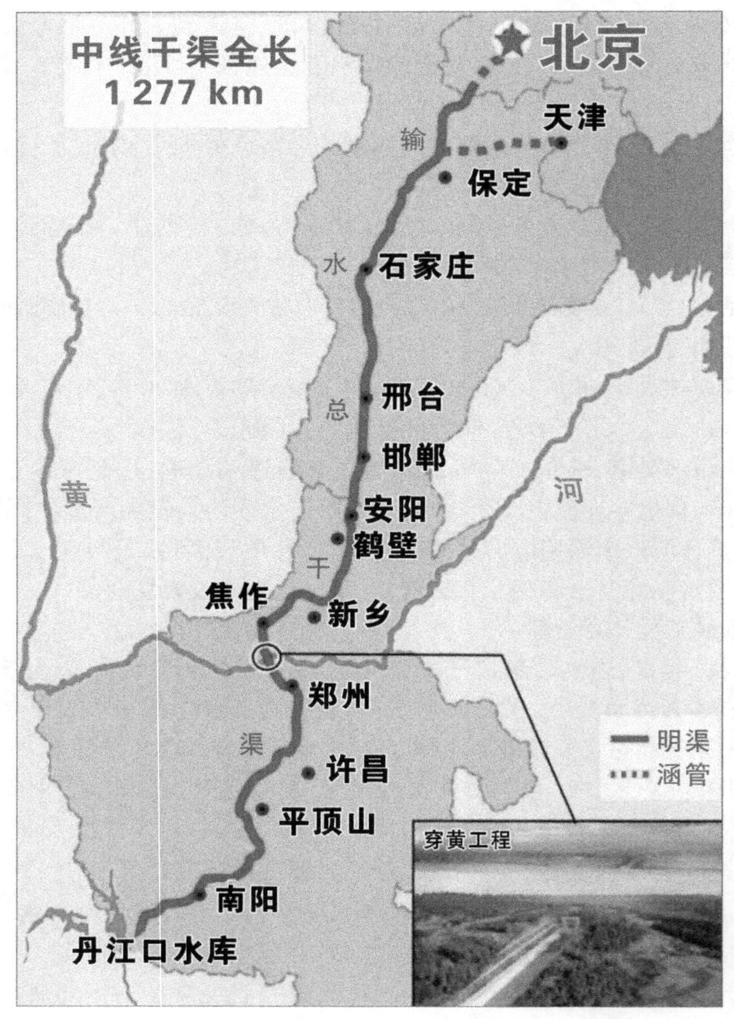

图7-8 南水北调中线工程总干渠

中线工程主要是向唐白河流域、淮河中上游和海河流域西部平原的湖北、河南、河北、北京及天津5省（市）供水；重点解决北京、天津、石家庄等沿线20多座大中城市的缺水问题，并兼顾沿线生态环境和农业用水等问题。根据汉江流域的社会、经济和环境用水要求，中线工程多年平均调水量130亿~140亿 m^3，年过黄河水量80亿~90亿 m^3，除补充海河平原城市年供水量50亿~60亿 m^3 外，还可以补充生态环境和农业用水。干旱年份汉江的年可调水量65亿~70亿 m^3，可保证京津及华北地区的城市用水。

南水北调中线工程的建设项目，主要包括水源工程、输水总干渠、穿黄工程、调蓄工程、汉江中下游补偿工程等。

(1)水源工程。丹江口水库控制汉江流域面积9.5万km^2,占汉江流域面积的60%,多年平均径流量为409亿m^3,占汉江流域年径流量的70%。该水库于1958年动工兴建,1973年建成初期规模;拦河大坝为混凝土重力坝,坝顶高程162 m,是一座具有防洪、供水、发电、航运等综合效益的水库。在库区河南淅川县境内,建有陶岔引水闸和清泉沟引水隧洞,并开挖了8 km长的引水渠道,设计年引水量15亿m^3,为湖北、河南两省210万亩农田供水。

实施中线工程,需加高丹江口大坝,加高的高度为14.6 m,正常蓄水位由当初设计的157 m上升到170 m;坝顶高程176.6 m,增加库容约116亿m^3,总库容达到290.5亿m^3,水库由年调节变为不完全多年调节。大坝加高后,淹没生产用地约23.5万亩,需要移民约22万人。

(2)输水总干渠。输水总干渠自陶岔渠首引水,沿已有渠道延伸,在南阳跨越江淮分水岭方城垭口(北宋西京转运使程能献提议开凿第二条江淮运河的路线)进入淮河流域,再经宝丰、禹州、新郑西,在郑州西北孤柏嘴处穿越黄河;然后,沿太行山东麓山前平原、京广铁路西侧北上,至唐县进入低山丘陵地区,经过北拒马河进入北京市境,最后过永定河进入北京市区,终点为北京玉渊潭。

总干渠渠首水位147.2 m,终点49.2 m。纵向坡度黄河以南为1/25 000,黄河以北为1/15 000~1/30 000;全线均为自流引水,并分别采用混凝土、水泥喷浆抹面等断面衬砌。

总干渠沟通长江、淮河、黄河、海河四大流域,穿越黄河干流及其他集流面积10 km^2以上的河流有219条,跨越铁路44处、公路桥571座。需建节制闸、分水闸、退水建筑物、隧洞、暗渠等各类建筑物936座;天津干渠穿越较大河流48条,各类建筑物119座。在大坝加高的基础上,采用逐步扩大调水规模的方案,对中线输水干渠分两期工程施工建设。

(3)穿黄工程。输水总干渠与黄河相交所需修建的立交工程,称穿黄工程。由圆形双隧洞组成,每洞内径8.5 m,全长7.2 km,设计输水能力500 m^3/s。

(4)调蓄工程。除线路以西现有水库和以东的白洋淀进行补偿调节外,改建河北省徐水县的瀑河水库。扩建河南省的白龟山水库和河北省的东武仕水库等进行水量调节。

(5)汉江中下游补偿工程。丹江口水库被调水130亿~140亿m^3后,将对汉江中下游水量造成一定影响。为了保证汉江中下游的社会、经济和环境不受影响,需要采取相应的补充措施:兴建碾盘山水利枢纽以及引江济汉工程(全长约82 km,设计引水流量500 m^3/s)。用碾盘山水利枢纽的发电等效益,可以滚动开发丹江口至武汉间的兴隆等梯级工程。

南水北调中线工程建成后,可缓解京、津及华北地区城市的严重缺水状况,改善这一地区生态环境,促进国民经济和社会的持续发展。但是,也存在一些难题,如丹江口水库水量相对有限、移民数量大、输水线路上水库的调蓄库容小、基建投资较大等问题。

南水北调中线工程补充资料:

2014年12月12日,南水北调中线工程正式通水。截至2019年12月10日,南水北调中线一期工程已不间断安全供水1 825天。5年来,中线工程已累计向北方供水258亿m^3,5 859万余人直接受益。南水北调工程改变了调水沿线城市的供水格局。自通水以来,中线水源区水质总体向好,丹江口水库水质为Ⅱ类,中线干线为Ⅰ类水质断面比例由2015—2016年的30%,提升至2017—2018年80%左右。沿线所有受益城市都大大地提高了供水保证率,直接受益人口达5 859万人,其中河南省1 767万人、河北省1 982万人、天津市910

万人、北京市 1 200 万人。

南水北调工程是缓解我国北方水资源严重短缺的重大基础设施，是国家重要的民生工程、生态工程、战略工程。北京城区南水占到自来水供水量的75%；密云水库蓄水自2000年以来首次突破26亿 m^3，增强了北京市的水资源储备，提高了首都供水保障程度，中心城区供水安全系数由1.0提升到1.2，自来水硬度由过去的380 mg/cm^3 降低至120 mg/cm^3。天津14个区居民全部喝上南水，汉江水已成为天津供水的“生命线”。河南受水区37个县（市）全部通水，郑州中心城区自来水八成以上为南水，鹤壁、许昌、漯河、平顶山主城区用水100%为南水。河北80个县（市）用上南水，在黑龙港流域9县开展城乡一体化供水试点，500多万城乡居民告别了长期饮用高氟水、苦咸水的历史。衡水市南水日供应量达8万 m^3，占主城区日用水量的94.1%。邯郸铁西水厂每天供南水18万 m^3，占主城区日用水量的82%。保定主城区南水供应量占日用水量的75%。

南水的到来，北方地下水位长期不断下降的趋势得到有效遏制，水位开始回升。北京城区新增水面550 hm^2，应急水源地下水位最大升幅达18.2 m，平原区地下水位平均回升2.88 m；天津海河水生态得到明显改善，地下水位保持稳定或小幅回升；河北省利用南水先后向滹沱河、七里河生态补水0.8亿 m^3，试点区浅层地下水位回升0.58 m；河南省平顶山、郑州、焦作等城市水环境明显改善，受水区浅层地下水位平均升幅达1.1 m，受水区水源条件得到了极大改善。“以水定城”催生了雄安新区，新区规划面积1 770 km^3，作为北京非首都功能疏解集中承接地，要建设成高水平的社会主义现代化城市，成为京津冀世界城市群的重要一极。南水北调中线工程通水以来，为雄安新区提供了充足的水资源保障和支撑。“南水北调”有力支撑了广大受水区经济社会的发展。

2018—2019年，中线工程实施了华北地下水超采综合治理河湖地下水回补试点工作，累计向滹沱河、滏阳河、南拒马河等30条试点河段补水13.9亿 m^3，形成长477 km的水生态带，地下水回补影响范围达到河道两侧近10 km，有效改善修复了区域生态环境，促进了北方生态文明建设。

3.南水北调西线工程

南水北调西线工程，是通过在长江上游大渡河、雅砻江、通天河上筑坝兴建水库，采用隧洞穿过巴颜喀拉山，实现向黄河上游补水，供宁夏、内蒙古、陕西、山西用水。巴颜喀拉山南侧长江上游的各引水河段的水面低于巴颜喀拉山北侧的黄河水位80~450 m；若在大渡河、雅砻江、通天河上调水，需要修建150~300 m高的高坝和开凿30~289 km的超长隧洞，才能穿过长江与黄河的分水岭。西线可调水量与引水坝址的位置相当有关：坝址越往下游，海拔越低，水量越大，而距离黄河则越远，其工程的规模也越大，施工难度也越艰巨。

研究表明，大渡河在海拔2 900 m附近；而雅砻江、通天河在海拔3 500~3 600 m附近；三条河的年径流总量约221亿 m^3。初步规划三条河流平均每年可调水量达120亿~170亿 m^3，其中大渡河30亿~50亿 m^3，雅砻江35亿~40亿 m^3，通天河55亿~80亿 m^3。西线第一期工程可先实施在靠近黄河的大渡河支流的阿柯河、麻尔河、杜柯河三条支流上，年调水30亿~50亿 m^3 的方案。

随着我国经济建设重心由沿海逐渐向内地西移，黄河中上游、支流水资源开发利用、水土保持、生态环境建设和集雨工程的发展，势必减少进入黄河干流的水量；同时，南水北调东线、中线建成后，尚需调配部分黄河水量给山东和河南下游使用。西线工程可以补充这部分水量。而且还可以解决干流扬黄、自流引黄、黄河冲沙输沙和生态环境用水。此外,也可结合计划中兴建的黄河大柳树水库的调节作用,抬高黄河水位,往河西走廊供水。因此,西线工程是补充黄河水源不足,解决我国西北地区干旱缺水,促进黄河治理开发的重大战略性工程。

三、我国其他地区跨流域调水和沙漠水库

(一)其他地区跨流域调水

跨流域调水,就是通过壅水或用电力泵站(接力)扬水等措施,人为地把原来低位水源的供水提升到缺水地区的水位高度以上,并利用修建的输水渠道或运河而改变河水的流向让其自流到缺水的地区,从而把余水地区大量的可利用水输送到缺水地区使用的方法。我国使用这种跨流域调水的方式,历史相当悠久。这是一种统筹开发与综合利用水资源的必要而有效地调控用水的措施。

新中国成立后,跨流域调水工程受到国家高度重视而得到长足发展。除了具有世界性伟大创举之称的南水北调工程,中国还进行了如下地区的一些跨流域调水工程:江苏省的江水北调工程、引江济淮工程(与南水北调东线工程同向);广东省修建的东深引水(向香港供水)工程;山东省修建的引黄济青(西水东调)工程;河北省与天津市修建的引滦入津、引滦入唐工程;甘肃省修建的引大入秦工程(把甘肃、青海交界的大通河水,跨流域东调 120 km,引到兰州市北 60 km 处于干旱缺水的秦王川盆地的一项规模宏大的自流灌溉工程);辽宁省修建的引碧入大工程(从辽东半岛的碧水河水库引水至大连,1984 年通水,年供水量 1.3 亿 m^3),以及引青济秦工程、引黄入晋工程和引松济辽(东北之北水南调)工程,等等;陕西省引汉济渭工程,即引汉中汉水济陕西渭水。

另外,还有许多非流域性(一个地区或流域内)的调水工程,例如,引江济汉工程和引张济晋工程(引沁河张峰水库济山西晋城城市用水和大片农田灌溉)等(见图 7-9)。

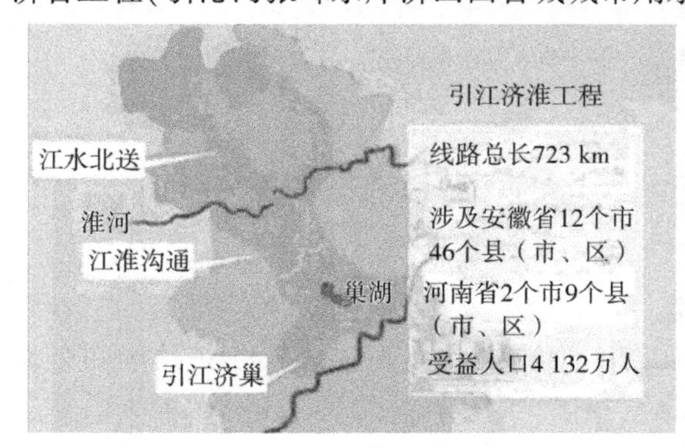

图 7-9　区域性引水工程

(二)“瀚海明珠”——红崖山水库

在位于河西走廊(中国西北部,古称雍州、凉州,简称“河西”,包括酒泉、张掖、武威、金昌、嘉峪关等)东北部的石羊河下游,有一个处于腾格里和巴丹吉林两大沙漠的包围之中,距民勤县城约 30 km 的地方,是沙漠地区中间的一片洼地,在这里我国建有一座中型的人工蓄水工程(人工湖)。

所谓人工湖，一般就是人们有计划、有目的地挖掘出来的一种湖泊，是在非自然环境下人为建成的。其中，包括景观湖和大型的水库。而我们所要了解的这个水库，它不是在山区建造的四面环山的水库，而是在两大沙漠之间建成的亚洲最大的沙漠人工水库——红崖山水库。

红崖山水库的红崖山海拔 1 750 m，相对高度 350 m，远远望去，山色赤红，故名为红崖山。

红崖山水库是已经建成的一座亚洲最大的沙漠水库。同时，还是闻名世界的一大奇迹。该座水库面积达 30 km^2，设计库容 1.27 亿 km^3。红崖山水库只有西面依靠红崖山而建，其他三面都是靠人工建设的筑堤建坝而成。水库设计坝高 15.1 m，坝长 8 060 m，控制流域面 13 400 km^2，设计灌溉面积 90 万亩。红崖山水库大坝建筑有输水洞、泄洪闸、西坝非常溢洪道等。它以蓄水灌溉为主，兼具防洪、养渔、旅游等综合利用效能。

红崖山水库始建于 1958 年。2016 年 4 月，红崖山水库加高扩建工程启动实施。水库总库容由 0.99 亿 km^3 增加到 1.48 亿 km^3，规模由中型上升至大(2)型，有效提高了水库调蓄能力，缓解了上游来水与灌区需水的矛盾。

红崖山水库 1979 年被中央电视台列为“中华之最”，被人们誉为“瀚海明珠”(见图 7-10)，2011 年被评为国家级旅游景区、国家级水利风景区。

图 7-10 沙漠中建水库，被央视誉为“瀚海明珠”

第三节 走向船闸文明的现代辉煌

船闸文明跟中华民族一样，也是多灾多难、一波三折的，初期船闸虽然在唐代诞生，在宋代得到长足发展与完善。按理讲这个时候，一有社会需求，即历代政权必不可缺少的生命线——漕运，二有物质、技术与运河网等基础条件，船闸文明本应就该一路顺风而高歌猛进地走向其辉煌了。但是事实并非如此，因为历史上有两大因素长期制约着中华文明及其子系文明——船闸文明的发展，从而使我国船闸文明的演变进化过程在后来不进则退，长期徘徊不前。

其一，文明碰撞的影响。

中国是一个幅员辽阔的多民族国家，北方民族以牧业为生，为追寻草场，四处游牧，号称马背上的民族。在冷兵器时代，游牧民族弓马娴熟，粗犷剽悍，养成骚扰、掳掠抢劫的习性。常常带有浓厚的奴隶制残余色彩，并经常骚扰和破坏中原地区的农耕文明。宋代以前，虽然北方游牧民族对南方农耕文明常有骚扰和侵犯,但汉唐时期,中原政府国力强盛,经过一定时间的战乱或者相互通婚之后,绝大多数时间内,农、牧民族各务其业,南、北政权各理其政,相安无事;然而,自北宋开始,北方游牧民族通过战争、掠夺与兼并逐渐强盛起来;中原朝廷政治腐败、边关荒废、国力虚弱。在南宋以后的700多年时期内,游牧部落的铁骑曾两次武力入主中原。虽然历史发展的总趋势始终是向前的,同时北方民族进入中原后,对于促进我国多民族国家的民族大融合也起到一定积极作用,然而农耕与游牧两种文明的碰撞必然会给社会带来一定的动荡与灾难。然后,又逐渐相互磨合。磨合就会有消耗,就会有损伤,从而对中原农耕文明的发展产生着极大的负面影响。其结果导致北人南流,它使中原地区的农耕文明和社会经济发展停滞不前并出现一定程度的倒退现象。所以,船闸文明也在这两种文明的碰撞影响之下徘徊不前而难于实现创新和向前发展。

其二,封建制度没落的影响。

人类社会发展有其自身的规律性,当封建制度发展到鼎盛时期之后,随着社会的进步,封建制度必然会走向衰亡,取而代之的将是新兴的资本主义制度。在这个历史过程中,虽然清代曾把君主专制强化到巅峰,也曾出现过所谓的"康乾盛世",但这些都是历史长河中的一些小小回流,改变不了历史洪流滚滚向前的总体趋势。从封建社会"运河因漕运而兴,船闸因运河而建"开始,到"封建制度没落,漕运废除,运河衰败,船闸废弃"为止。船闸文明也曾在封建制度的统治下,曾经几起几落地进行无数次的挣扎。然而历史总是按其自身的规律向前发展着,所以仍然改变不了徘徊不前或有所倒退的态势。据史料记载,在包括南宋在内的700多年时间内,船闸文明始终未能超越唐宋时期的水平。

19—20世纪,电的使用在世界上已经相当普遍。由于水电的清洁性和可持续性,水电开发受到世界各国的广泛重视。同时,水力发电要拦河建坝而壅高水位。可是,壅高水位后又形成"集中水位落差"对通航形成障碍,这不正好又是促使船闸文明孕育与发展的中华文明遗传给船闸文明的"早熟基因"吗?

这一雪中送炭的新生事物,终于给走投无路、徘徊倒退的船闸文明带来了"柳暗花明又一村"的契机。特别是在新中国成立以后,船闸文明结束了700余年徘徊不前的衰退局面。后来,特别是改革开放以来,随着国家经济社会的发展,船闸文明终于又随着中国特色社会主义的发展步伐,重新焕发出蓬勃的生机。于是,船闸文明又再次踏上了现代文明的辉煌之路。

一、船闸文明现代辉煌是历史发展的必然

(一)社会发展的必然

纵观中国上下五千年的历史,从奴隶社会、封建社会再到民国时期(半殖民地半封建社会),无论哪朝哪代的统治者,无不是把国家的政权当成少数人谋取私利的工具。不管哪个统治者,他们总是把剥削人民、压迫人民当成是理所当然而天经地义的事情,从来没有哪一个政权把人民的利益放在首位、当成一件正儿八经的事情来办。例如,历代的统治者为了保漕运、保政权,不惜牺牲老百姓利益;为保运河用水,不准沿线农田灌溉,只要漕运通畅,不管水旱灾害和人民死活。

伟大的革命先行者孙中山先生曾亲笔大书"天下为公"四个大字,并以此教育革命者。然而,在推翻了封建专制后,新老军阀政权的统治者哪一个不是只管中饱私囊、抢夺地盘?

没有哪一个能够真心地“为公”来关心人民的死活。

社会进步与社会发展的重要前提是解放生产力和扩大再生产，从而提高广大人民群众的物质文明与精神文明的水平，让全民共享物质与精神文明成就。这一切，只有在新中国成立后，人民真正成为国家的主人，代表人民利益的政府才会把老百姓的生命财产安全当成国家大事来办。从新中国成立初期的防洪排涝，到荆江分洪工程和大规模治理淮河；从综合开发利用水资源，到三峡工程建设、南水北调；再到2020年全世界流行新冠肺炎疫情时，全党动员、全国支援武汉疫情大决战……一件件、一桩桩。船闸文明也正是在这一件件、一桩桩的文明成就中，一步一步地走向时代的辉煌。所以说，船闸文明的辉煌是社会发展的必然。

（二）科学技术发展的必然

科学技术对社会进步和生产力的发展起着积极的推动作用；科技落后，生产力和社会状况必然落后。据悉，欧洲产业革命始于18世纪30年代，由于技术革命推动了生产发展，改变了生产关系，从而导致了整个社会的变革。

18世纪下半叶，西方开始工业革命，此时，封建势力逐渐崩溃而资本主义制度诞生。19世纪现代科学蓬勃发展，各类基础学科纷纷建立：物理、化学、天文学和生物学等。在实际研究中，又分出许多分支学科、边缘学科和综合学科，从而构成了数、理、化、天、地、生等现代科学的基础骨架。

然而，无论哪门科学的研究与发展都离不开电力。同时，电力的应用给大规模冶炼钢铁提供了条件，当时世界钢产量扶摇直上。1823年世界钢产量只有近百万吨，70年后达到2 800万t，增长了近30倍。这时候，资本主义的商品生产效率不断提高，也对原材料和商品倾销的市场需求不断增加。资本主义不断向外扩张，争先恐后地掠夺并奴役着殖民地的人民。此时，国穷民弱的旧中国，也就只有任人宰割的份儿。于是，中国的船闸文明因此也就长期徘徊不前甚至出现倒退的现象。与此相反，欧洲的一些资本主义国家，在这一时期已经开始兴建初期船闸了。其修建年代依次为：荷兰，1203年；德国，1325年；意大利，1420年；美国，1790年（《船闸与升船机设计》绪论第1页）。特别是在第二次产业革命（新技术革命）后，世界上已经建成比较著名的巴拿马运河船闸、加拿大与美国合建的韦兰河船闸、俄罗斯兴建的伏尔加——顿河船闸等大型新式船闸。

新式船闸新在哪里？新在结构、材料和设备上，新在水工建筑和水力学特性等科学技术水平上。这不但需要广泛的现代科学知识和工业基础，还要具备一定的物质条件。如钢产量、重工业、建筑业、机械制造业等基础工业条件。例如民国时期，也曾引进西方现代水利科学技术，也曾在邵伯、刘老涧等试建三座新式船闸。然而，终因列强瓜分、日本侵略、国民党统治腐败以及科学技术与工业生产基础薄弱等原因，致使我国的船闸文明并没得到很快的恢复和发展。

新中国建立后，经过十三个五年计划的建设，特别是在党中央提出“科技创新”的伟大战略决策后，到现在，我国的科学技术和基础工业均已经跨入世界前列：目前，我国钢产量世界第一，外汇储备世界第一，国民生产总值（GDP）居世界第二（人均GDP仅占世界72位）。从基础看，中国经济的韧性大而后劲足，科技发展前景可观。船闸文明走向辉煌是现代科学技术发展的必然结果。

（三）能源需求的必然

1800年意大利人伏达发明了第一个化学电源——伏达电堆。1819年丹麦的科学家奥斯特又发现了电磁效应；1822年法国人安培在发现电流作用的同时，创建了电动力学；1831年法拉第发现电磁感应现象。接着，人们终于利用这些科学原理，研制成功了发电机和电动机。

从19世纪末到20世纪初，是科学技术进入生产领域的转折时期。在两次世界大战中，军工生产技术崛起；当时，西方各国重工业发展迅速。重工业的发展，也首先需要电力。这时期，爱迪生发明了"电力输配系统"，使美国领先世界建成电力工业。电力作为新能源开始进入人们的生活和生产，推动了美国经济的发展。1896年，美国人用三相交流电原理，建成了当时最大的水力发电站——尼加拉瓜大瀑布水电站，使人类大规模输配电、用电成为现实。

第二次世界大战之后，新技术革命使原子能、喷气机、抗生素、火箭、自动化、运筹学等现代工业和科技得到长足发展。新技术革命也是产业革命，它推动了人类历史的前进。到20世纪与21世纪之交，电子计算机、光纤通信、微电子、激光、生物技术、新能源技术、新材料技术、机器人技术、海洋开发、航天与信息技术等10余项高科技产业得到发展。人类社会由机械化、自动化一跃而进入新的信息化、智能化时代。这段时间，世界经济出现空前繁荣景象，地球人口剧增，原材料和能源需求量增大。这时候人们才最终发现：人类对地球资源的需求是无限的，而恰恰地球的资源又是有限的。由于人类自身活动的影响，以及工业发展所产生的负面效应都集中显现出来，从而影响和制约着或破坏着人类自身赖以生存的地球的生态环境和各种客观条件。这时，保护地球资源、保护生态环境终于引起人类的重视。于是，发展低碳经济、开发清洁能源被世界各国提到议事日程上来。

再从现代经济发展和全球战略需求来看，能源物资是世界各国的重要战略资源：煤、石油、天燃气、铀等矿物质资源都是不可再生的资源，唯有水能资源是可以循环利用的天然资源。因此，水电也就被人们称之为成本最低廉的清洁能源和唯一可以持续利用的地球资源。

我国的水电开发，从1912年建成第一座水电站——云南石龙坝水电站算起，至今已经历100多年历史。然而，它经历了约半个世纪的半殖民地半封建社会，直到1949年新中国成立前，全国水力发电设备容量仅为16万kW（不包括台湾省）。新中国成立后，立即修复并续建丰满等水电站；20世纪50年代结合治理水患，对永定河、古田溪、以礼河、猫跳河等河流进行了梯级开发，修建了淮河流域的淠史河水电站群。在20世纪50年代后期开工建设的40余座水电站中，大型水电站有新安江、新丰江、柘溪、丹江口、刘家峡、盐锅峡、三门峡等。1970年（特别是改革开放）以后，我国先后建成了乌江渡、葛洲坝、龙羊峡等各具特色的大型水电站。2009年长江三峡水利枢纽的建成，标志着我国的水力资源综合开发与利用以及大型水利枢纽工程建设技术已经跨入世界先进行列。据统计，截至2004年底，全国水电总装机容量13 098万kW，年发电量5 259亿kW·h。如果我们把1949年全国总装机容量16万kW与其比较，新中国成立70余年来，全国水电总装机容量（粗略计算）增长800余倍；实事求是地说，我国水利资源极为丰富，仅长江流域的理论蕴藏量高达6.76亿kW。其中，可供开发的3.78亿kW，居世界首位（《船闸与升船机设计》第1页）。由此得知，我国现在已经开发的水力资源，约占蕴藏量的1/6，仅占可供开发量的1/3，也就是说，大约还有比2/3还强的水力资源等待着我们去开发和利用。由此看到，我国水能资源的开发具有极其广阔的美好前景(见图 7-11)。

图 7-11　如今,万里长江成为真正的“黄金水道”

发电需要建坝,建坝后当然又妨碍自由通航;而现代船闸在水利枢纽中的综合效益发挥中,扮演着极为重要的角色和起着相当关键性的协调作用的能力将日益显得重要。现在归纳有以下几点:

(1)水力发电必然壅高水位,船闸文明早熟基因“集中水位落差障碍”出现。

(2)壅高水位后可以淹没上游库区险峻航段,可以提高通航能力和航运效率。

(3)水位抬高后,可以改善上游支流航道的航行条件,渠化了支流航道。

(4)枯水期调节下泄流量可以增加下游枯水航道水深,扩大下游河道运输能力和提高船舶的营运效率;避免枯水期下游水浅影响船舶航行安全。

(5)利用大坝上游水库库容拦蓄洪水、削减洪峰从而发挥防洪作用。

(6)利用壅高水位后的集中水位落差从而形成的巨大水力动能发电。

(7)利用建设后水利枢纽库区的风景和山水,大力发展旅游事业。

(8)利用水库蓄水灌溉农田和供应城市与工业用水等综合效益。

我们毫不夸张地说,目前,我国船闸文明正在进入一个前所未有的、更加重要而辉煌的历史新时期。船闸文明的辉煌之路是现代能源需求发展的必然之路。

二、船闸文明走向现代辉煌的历程

中国的初期船闸为什么比世界其他国家要早 600~700 年呢?除了中国的气候、地理条件等客观因素外,主要还是“运河因漕运而兴,船闸因运河而建”。然而,19 世纪以来,随着封建制度没落和帝国主义的侵略,我国的船闸文明在黄河北徙、运河淤塞、漕运废除中逐渐荒废并几乎走向没落。

新中国成立后,中国船闸文明走向现代辉煌的历程有三个阶段:

第一阶段,新中国成立后,党和政府为快速恢复国民经济、保障人民的生命财产安全而把治理水旱灾害与恢复水运交通结合起来,从而修理、疏浚、恢复了古老的京杭大运河中一批相关的船闸。

第二阶段,中国是一个水旱灾害特别严重并交替出现的国家。党和政府为根治区域性水旱灾害,同时,也为满足国民经济发展所需要的水电资源,开始在中小河流及长江支流上修建了一批中小型水利枢纽,并结合当地水运状况,修建了一批中高水头的通航建筑物或通航设施(船闸和升船机)。

第三阶段，长江流域幅员辽阔、雨量充沛、气候温和、物产丰富，入海流量9 600亿m^3，占全国河流径流量的37%，为黄河入海流量的20倍。然而长江属于雨洪河流，近2000年来经常暴雨成灾，洪水十年有一。1954年的百年一遇洪灾，虽举国抗洪救灾，但仍淹没农田4 750万亩，受灾人口1 880万人，临时转移437万人，死亡3万余人，铁路中断，房屋倒塌，生产受挫，损失惨重。党和政府对长江洪患极为重视，1954年周恩来总理提出：长江防洪"必须从流域规划着手，采取治标与治本相结合，抗洪与排涝并重的方针"(《三峡文史博览》第73页)。于是，长江三峡水利枢纽建设就这样被提上议事日程上来，直到长江三峡水利枢纽的建成。这是第三阶段。

(一)船闸文明走向现代辉煌第一阶段

新中国成立后，因为恢复全国经济的国民经济建设与交通运输的需要，国家对恢复和治理大运河十分重视。特别是自北宋以来黄河南徙后，到清末，黄河又丢下数百年淤高的废黄河河床而北迁，废黄河河床像一道道山梁横亘阻挡着淮河之水流入黄海，从而使黄、淮、海地区积涝成灾、水患连年。我国大规模治淮是从1949年以后就开始了。1950年国务院做出《关于治理淮河的决定》，明确了"蓄泄兼筹"的方针，并根据具体情况，提出了"团结一致、统筹安排"的治淮原则。制定了以防治水旱灾害为主，兼顾航运、水产、水电和水土保持的综合规划，后来又提出要修建一批"蓄山水""给出路""引外水"的战略性骨干工程。所谓蓄山水，就是上游修建水库，拦蓄山洪；所谓"给出路"，就是要解决淮水入海、排涝除积的问题；所谓"引外水"，就是实施江水北调、南水北调工程。这些工程措施都离不开大运河的畅通和水工通航建筑物——船闸的恢复和建设。我国为治淮60周年还专门发行了纪念邮票(见图7-12)。以下对各个分项目进行部分简介。

图7-12　治淮60周年纪念邮票

1. 苏北灌溉总渠

苏北灌溉总渠始建于1951年，在毛泽东主席"一定要把淮河修好"的号召下，从洪泽湖畔到黄海之滨，横穿淮安、盐城两市 4 个县（市），开凿了一条全长 174 km 的苏北灌溉总渠，又整治了原有京杭大运河。因为排积防涝需要疏通河道，让河水归槽入海（给出路）的工程措施。纵横东、西的苏北灌溉总渠与贯通南、北的京杭大运河交汇于淮安市楚州城的西南侧。该地段闸站林立，在不到 2 km^2 的范围内共建有 20 多座水工建筑物，形成了闻名于世的淮安水利枢纽工程。苏北灌溉总渠是南水北调东线工程的第二级站，沿线涉及 10 座工程，共挖土方 7 000 余万 m^3。可灌溉 2 600 万亩农田，汛期还可排洪 800 m^3/s 入海。

2. 淮河入海水道

淮河入海水道与苏北灌溉总渠平行，紧靠其北侧，西起洪泽湖二河闸，东至扁担港注入黄海。也是横穿淮安、盐城两市 4 个县（市），全长 163.5 km。淮河入海水道主要有二河、淮安、滨海、海口四大枢纽和淮阜控制等水工建筑物。淮河入海水道是跨世纪的宏伟工程，现已竣工使用，设计排洪流量 7 000 m^3/s，防洪标准可提高到 100 年一遇。工程五大效益显著（防洪效益、治涝效益、航运效益、环境效益和社会效益），它实现了淮河下游地区广大人民根治洪涝灾害的多年夙愿，将为苏北地区的国民经济和社会发展提供可靠的安全保障。

在治淮过程中，京杭大运河也充分发挥了航运、调水、灌溉、防涝、排洪等多种作用的综合效益。除对运河地区的天然河湖水系进行全面治理外，还在 1958 年以及“六五”期间先后两次重点扩建了徐州—扬州段 404 km 的运河河道，并恢复和增建了许多沿线通航船闸。目前，长江以北扬州—济宁的运道，除济宁—台儿庄—大王庙航道均为六级标准外，徐州—扬州段均已建成二级航道标准；长江以南的镇江—杭州段运道则已达到五、六级航道标准（见图 7-13）。

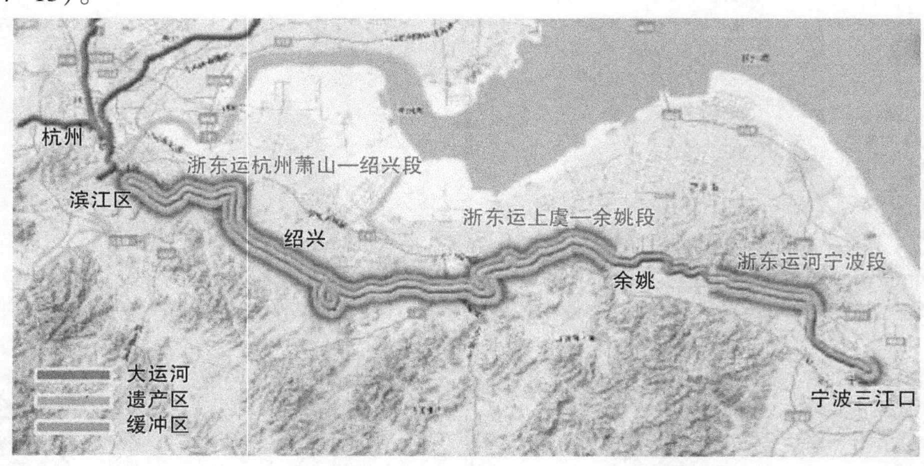

图 7-13 浙东运河（杭州—宁波）

随着我国的国民经济发展以及南水北调东线工程的实施，古老的京杭大运河又开始焕发出第二个青春期的辉煌。于是，大运河又理所当然地成为南水北调东线工程中主要的输水通道以及南北水运交通的运输大动脉。因此，原来被废弃的船闸，新中国成立后不但又建起了新式船闸，而且为了满足南北水运交通运输量日益增长的需要，很多船闸已经开始由一线扩建为两线，现在有的又由二线增建起规模更庞大的三线或四线船闸了。

3. 淮安船闸简介

因篇幅所限，本书只能重点介绍一个典型船闸以点代面，它就是淮安船闸。淮安船闸坐落于一代伟人周恩来总理的故乡——江苏省淮安市楚州区，1953 年恢复修建的淮安船闸，其闸室规模为 100 m×10 m×2.5 m，该船闸已于 1981 年报废。现在的淮安船闸由三座现代化大型船闸组成，其中，一线一号船闸于 1962 年建成并通航，其闸室规模为 230 m×20 m×5 m；二线二号船闸于 1987 年建成通航，闸室规模为 230 m×23 m×5 m。

据资料介绍，为缓解大运河船闸的"瓶颈"作用，江苏省利用世界银行贷款对京杭大运河五座船闸进行了扩容改造。其中，淮安三线船闸工程是此次扩容改造的一个重要分项目工程。新建三线船闸为Ⅱ级船闸，建设规模为 260 m×23 m×5 m。设计能通过最大为"1 顶+2×2 000 t"级船队。2020 年，设计船闸通过能力可达 13 360 万 t，相应货物通过能力为 7 120 万 t。淮安三线船闸于 2003 年 9 月建成并通航。由于地形、地物等条件的限制，淮安三线船闸建设中，采用了一系列的新结构和新技术，很多独具特色的工程特点，设计中总共采用了 7 项当时最新的科技成果：

(1)永久性结构首次使用分散压缩型土锚及二次劈裂灌浆技术，显著提高了土锚的承载能力。

(2)首次使用土锚自由段暴露情况下的预应力技术，能充分满足船闸检修时的特殊要求。

(3)在国内船闸工程中首次使用进口 AZ26 型钢板桩土锚背拉闸室墙，节约钢材超过 20%。

(4)充分满足防洪要求，首次采用钢绞线对拉锚碇地连墙驳岸结构。

(5)在船闸工程中首次在输水廊道出口处采用鼻坎消能，有效调整了引航道水流流态。

(6)首次在船闸工程中使用 JSP 水膨胀橡胶止水条，较好地适应了板桩的柔性变形，以增强止水条的耐久性。

(7)将 MTS 位置传感系统等国际较先进产品的部分电气元件引进到船闸运行监控系统，可充分保障营运安全，发挥航运效益。因水工结构形式众多，质量要求较高，土建施工存在一定的难度。在有关各方的通力合作、共同努力下，主要技术难题均得到妥善解决。

淮安三座船闸均采用只承受单向水头的人字形钢质闸门和平板直升式阀门；液压启闭机启动，电气控制系统为 PLC 可编程控制器控制；输水系统采用短廊道对冲消能输水系统。船闸全年 24 h 昼夜运行，船舶过闸由总调室集中指挥调度并实行"一站式"服务。淮安船闸是大运河线上最繁忙的船闸之一，它承接着京杭大运河及淮河、里下河等支线航道从六个方向驶来的航运船舶，船舶通过量居全省乃至全国内河船闸之首(长江主航道除外)，2007 年达 1.91 亿 t，日均通过船队 70 余队，过闸货轮 385 余艘(见图 7-14)。

新中国成立后，通过对京杭大运河的重新疏浚、整治和扩建，这些工程都是结合黄淮海地区的防洪治水、灌溉排涝、淮水入海、蓄水发电、江水北调、南水北调等工程统筹安排实施的。目前，京杭大运河更是今非昔比，仍然是我国南北物资运输规模最大、最繁忙的内陆运河：最大可通行 4 000 t 级船队，为满足南北水运需要和物资运输，通航船闸从单线恢复而扩展到两线运行，现在许多地方又已经由两线运行扩展成三线、四线通航。70 多年来，京杭大运河及其通航船闸，对我国经济建设以及对内河航运发展发挥了十分重要的作用。

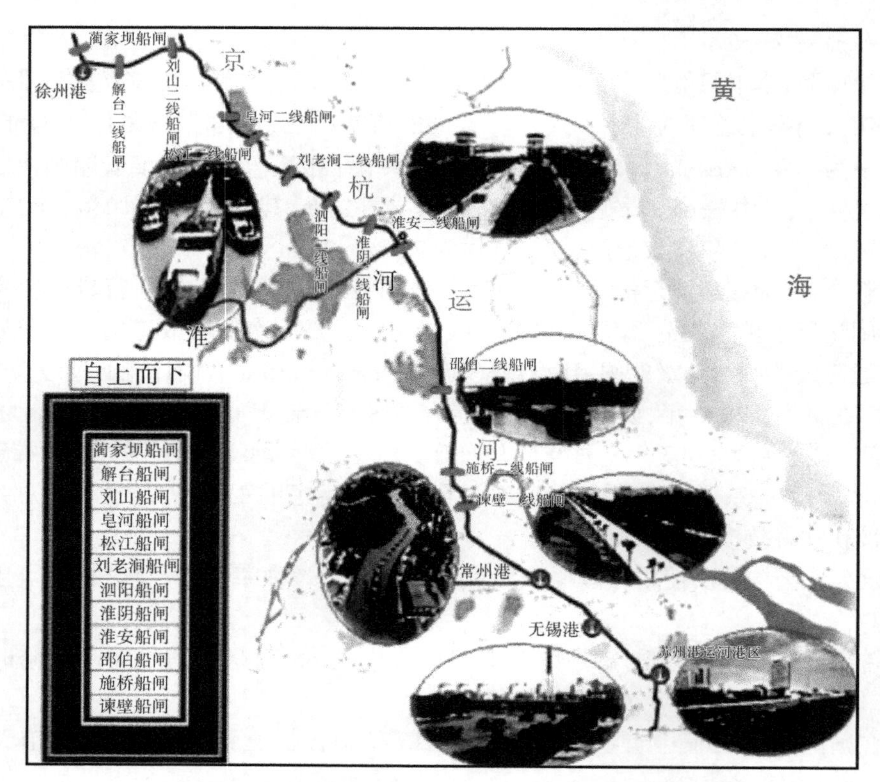

图 7-14 船闸文明走向现代辉煌的第一阶段,不仅恢复,如今已普遍为三线

(二)船闸文明走向现代辉煌第二阶段

新中国成立后,对淮河流域治理以及对京杭大运河河道和通航建筑物的全面整治与恢复,踏上了船闸文明走向辉煌的第一级台阶。后来,随着国民经济建设发展的需求,以及国家全面开发与综合利用水能资源的战略决策的实施,我国对在相关河流上修建拦河大坝、蓄水防洪、水力发电等研究工作迅速加强。早在 20 世纪 30 年代,世界各国已开始在中小型水利枢纽中建设船闸。但我国在大型水利工程上建设船闸的历史相对较晚。20 世纪 50 年代,美国和苏联等国家分别在兴建大型水利枢纽的同时,建成了一批水头较高、规模较大的船闸,从而推动了世界性的船闸建设逐步向高水头、大型化和现代化方向发展的势头。

新中国建立后的 20 世纪 50 年代末期,我国也在建设较大型水利枢纽的同时,着手在水利枢纽施工中建造船闸的研究工作。20 世纪 60 年代初,先后在湖南萧水建成了一座小型分开布置的双牌船闸和在广西郁江建成了一座中型连续布置的两级西津船闸,从这时起,开始了我国船闸文明走向辉煌的第二阶段,翻开了我国在较大型水利枢纽施工中建造船闸历史的新篇章。

在船闸文明走向现代辉煌的第二阶段中,船闸建设有如下的特点:

(1)船闸的功能或作用,已经开始由过去单纯地为改善船舶航行条件或渠化河道功能的通航建筑物,转变为现代水利枢纽中,协调防洪、发电、航运、灌溉、旅游和供水等综合效益发挥的关键性工程了。这是船闸从使用功能上的一次拓展,也是船闸文明走向辉煌的第二阶段的开端。

(2)从水力资源综合开发利用开始,我国的通航建筑物也开始了两条腿走路的方针,即在水利枢纽建造中，在进行船闸研究与设计的同时，也在着手现代升船机的研究与建造工作。由此，我国也就顺理成章地成为世界上最早在水利枢纽上建设升船机的国家。

（3）20世纪60年代至80年代中期为第二阶段。它是我国现代船闸在水利枢纽中的应用从研究走向建造，从支流发展到干流，从中小型、低水头发展到高水头、特高水头、大型化、现代化船闸建设的发展过程。这一阶段，造就和锻炼了我国高水平的船闸文明建设的科研设计队伍，磨炼出高质量的基础建筑施工和水利机械与设施安装工程施工的专业队伍，锻炼出我国高效率的现代化大型船闸的管理队伍，以及产生了一批世界一流的金属结构、设备、建材等水工配套设施和材料生产的骨干工业基础建设体系。这一切为第三阶段我国自力更生地建造和使用世界上超大型水利水电枢纽和现代化超高水头大型船闸，在科研、设计、施工、设备配套、管理、维修等诸多方面都积累了宝贵的经验和教训，为三峡枢纽超大型现代化船闸的设计、建造与管理准备了物资、技术与科技力量。正如党中央在兴建葛洲坝报告的批复中指出的那样："……是有计划、有步骤地实现'高峡出平湖'宏伟目标的实战准备……"

船闸文明走向现代辉煌的第二阶段，实际上也是分成三步走的：第一步为中小型高水头船闸在水利枢纽中的试建；第二步为小型升船机在水利枢纽中的试建；第三步为大型特高水头船闸与大型升船机在水利枢纽中的试建与完善。

1. 中小型高水头船闸在水利枢纽中的试建

正如前面所说，在19世纪与20世纪之交，随着科学的进步和新技术、新发明不断地被转化为生产力。世界各国都已经开始把能源需求的目光逐步投向了水力发电的开发与利用方面来。

水力资源开发需要壅高水位，增加水位落差，提高水力动能。然而，尽管获得了廉价的水电，但白白废弃（或浪费掉）原有的水运交通命脉也是相当不值得的。另外，既使原来不能通航的河流，恰恰在拦河建坝后的水位壅高中，又使数百里原来不能通航的河道也成为良好的水运航道。像这样的好事情，如果不加以利用的话，岂不可惜？当然，这些问题只要解决或克服了影响船舶通行的"集中水位落差障碍问题"即船舶如何过坝的问题后，其他一切问题都会迎刃而解。因此，"随着综合利用的水利工程的发展，至20世纪30年代，世界各国才开始在水利枢纽工程上建设船闸"（《船闸与升船机设计》第1页）。

新中国成立以来，为综合开发利用我国丰富的水力资源，同时，也为达到标本兼治，既防洪减灾又综合利用水资源的目的，我国水利科研部门，对在水利枢纽上修建船闸做了长期的调查研究与勘测设计工作。真正实施建设是在20世纪50年代末开始的。1958年11月，在湘江最大支流萧水中下游的湖南省双牌县境内的阳明山下，一座集发电、灌溉、航运与防洪等综合效益于一体的大型水利枢纽工程——双牌水利枢纽工程正式破土动工（见图7-15上图右）。

双牌水电站是国家第一个五年计划时期湖南省的重点工程。1962年底基本完成。1963年4月正式挂牌，同年7月，两台0.3万kW的机组投入运行，至1979年5月，电站装机容量扩充到13.5万kW。年设计发电量达5.85万kW·h。大坝结构为"混凝土双支墩大头坝"，坝高58.8 m，坝长311 m，控制流域面积10 594 km^2，总库容6.9亿m^3，是湘江水系防洪调峰的骨干水库。大坝左岸建有单线双向二级船闸一座（见图7-15上图右），能通过100 t位驳船；右岸的主干渠道绵延92 km，流经双牌、芝山、冷水、祁阳4个县（区）境，灌溉农田32万多亩。接着，1966年又在广西郁江上建成了一座中型连续布置的两级西津船闸。

从此，开始了我国在大型水利枢纽上建设现代化多级船闸的历史。

在湖南萧水双牌船闸和广西郁江西津船闸之后，我国又先后在水利枢纽上建成了浙江富春江七里垅船闸、江西赣江万安船闸、福建闽江水口船闸、湖南沅水五强溪船闸等。在上述这些船闸建设的同时，我国也开始了在其他水利枢纽上建设现代化升船机的历史。

图 7-15　我国在水利枢纽兴建了一批中小型船闸

2. 现代升船机在水利枢纽中的建设与发展

提到升船机的历史，说来话长，早在 2 000 多年前，在我国船闸文明的埭堰文明阶段，当时，船只过坝出现两种形式：其一，为沿埭坡翻越埭顶过船；其二，为“破坝”开孔放船，船过封堵。

其实，那时的埭堰翻坝形式就是现代斜坡式升船机古老的原始雏形了，即最古老、最原始的采用斜坡原理省力的人力升船机。当时的落后状况与现代升船机相比较，当然是不可同日而语的，这是时代的进步与发展的结果。

按理讲，升船机与船闸本是一对孪生兄弟，同根、同源、同属性、同时孕育。然而，当埭堰文明经斗门文明演变成"二门一室"的初期船闸后，因封建社会从鼎盛走向没落过程而停滞不前的这段时间内，现代斜坡式升船机的前身——埭堰文明翻坝形式，一直没有多大改变。直到民国时期，埭堰文明作为当时船闸文明通航的一种特殊的补充形式，仍然在我国个别地方存在着土豚过坝的现象。

据资料介绍，升船机建设和发展与船闸相比较，规模较小、数量较少，发展速度也相对较慢，"……欧洲在 18 世纪开始在通航河流上修建升船机……"（引自《船闸与升船机设计》前言）。目前世界上已建成中小型升船机 60 余座。据有关资料记载："世界上修建升船机较早的国家是德国和比利时，第一座升船机是德国于 1789 年开始建设的。均衡重式垂直升船机的设计思想产生于 19 世纪末，德国于 1894—1899 年先后建成了两座提升高度 14 m 的垂直升船机。之后，经过 30 多年的设计研究，德国在 1934 年和 1938 年，又先后建成了尼德芬诺平衡重式垂直升船机和罗登塞浮筒式垂直升船机。再后来，直至 1962 年和 1975 年，德国又先后建成了一座新亨利兴堡浮筒式垂直升船机和世界著名的吕内堡均衡重式垂直升船机。在此期间，1967 年和 1968 年，比利时和苏联也先后建成了隆科尔斜面升船机和当时世界上提升高度最大的克拉斯诺雅尔斯克斜面升船机。2001 年比利时建成了目前世界上承船厢总重和提升高度最大的斯特勒比均衡重式垂直升船机。但是，在以上这些升船机中，只有克拉斯诺雅尔斯克斜面升船机是建在大型水利枢纽上的，其余都是建在运河上。"（引自《船闸与升船机设计》第 2 页）另有资料介绍："我国在 1949 年新中国成立后不久，就开始了升船机的设计研究工作。20 世纪 50 年代末至 60 年代初，我国在着手研究在三峡建设大型升船机的可行性时，就在安徽寿县建成了第一座 20 t 级小型斜面升船机。1965 年，又在湖北浠水白莲河水利枢纽上建成白莲河升船机。从此，开始了我国在水利枢纽上建造升船机的历史，我国也因此而成为世界上最早在水利枢纽上建设升船机的国家。"（引自《船闸与升船机设计》第 2 页）

后来，随着中国水利枢纽的建设速度加快，我国也就成为在大中型水利枢纽上修建升船机最多的国家。近年来，先后在湖北汉江的丹江口、广西红水河的岩滩、福建闽江的水口、湖北清江的隔河岩、高坝洲等水利枢纽上建设了一批中型垂直升船机（见图 7-15）。

值得特别提出的是，三峡水利枢纽垂直升船机已于 2017 年 9 月 18 日下午正式进入试通航阶段，它标志着三峡工程最后一个技术难度最高、世界上提升高度最大的升船机项目彻底完工（见图 7-16），其水头与最大提升高度均为 113 m，一次能提升 3 000 t 级大型客轮或单个 3 000 t 货驳过坝。承船厢与厢内水体总重量约 16 000 t，是世界上承船厢带水总重量最大、提升高度最高的超大型垂直升船机。并且在技术难度上，我国在水利枢纽上修建船闸和升船机时都有所创新，这使得我国水工通航建筑物的设计施工技术从此跨入国际领先的行列。而且还在复杂地形上建有升船机，如红水河岩滩承船厢直接下水式的升船机、丹江口上游移动式垂直升船机和下游下水斜面升船机相结合的两级升船机组合形式、乌江构皮滩三级加穿洞升船机组合（见图 7-17）等。

3. 大型高水头船闸在水利枢纽中的建造与完善

随着我国综合开发利用水力资源的建设步伐不断加快，我国在水利枢纽上修建船闸和升船机的速度也因此得到加速。1981—1984 年，在长江葛洲坝特大型水利枢纽上建成了三座高水头大型船闸。

葛洲坝水利枢纽工程，是一座具有发电、航运、防洪和旅游等综合效益的特大型水利枢

图 7-16 我国较大水利枢纽中开始建造各种升船机

纽工程,是我国在万里长江干流上兴建的第一座特大型水利水电枢纽工程(见图 7-17),它是三峡枢纽工程的一个航运梯级和重要的配套设施。由于葛洲坝水利枢纽工程的兴建,我国从此拉开了开发利用长江干流巨大水力资源的序幕。同时,也开始了我国在特大型水利枢纽上建设大型特高水头单级船闸的历史,从而使我国建造大型现代化船闸的设计、施工和管理以及配套设施的制造、安装等方面的经验和技术开始迈入世界先进行列。

葛洲坝三座船闸,是长江干流上兴建的第一代高水头船闸,也是当时我国在水利枢纽中建造最大的通航建筑物。在国家领导人亲切关怀、各级工程技术人员和广大施工队伍的共同努力下,葛洲坝一期工程于 1981 年 6 月如期完工并通航发电。15 日,长江干流上第一代船闸——葛洲坝枢纽三江 2#和 3#船闸,首次试航圆满成功,6 月 27 日正式通航。接着,葛洲

图 7-17　在葛洲坝大型水利枢纽建成三座高水头单级船闸

坝水利枢纽工程进入二期施工阶段，长江航运也从此翻开了崭新的一页。

1990 年，葛洲坝 $1^{\#}$船闸建成并交付使用，从此葛洲坝三座船闸全部建成投入使用。在葛洲坝枢纽三座船闸中，$1^{\#}$船闸修建在右岸大江河床右侧，$2^{\#}$和 $3^{\#}$船闸修建在左岸三江河床的两侧；三座船闸的最大水头均为 27 m，闸室有效尺寸（船闸规模）依次为（长×宽×门槛水深）280 m×34 m×5.5 m、280 m×34 m×5.0 m、120 m×18 m×4.0 m。其中，$1^{\#}$和 $2^{\#}$船闸均可通过万吨客轮、货轮和大型船队；$3^{\#}$船闸可通过 3 000 t 级以下客货轮及民用中小船队。设计船闸通过能力 2030 年单向运量为 5 000 万 t。

（三）船闸文明走向现代辉煌的第三阶段

长江发源于我国青藏高原，在流经四川盆地后，接纳了岷、沱、嘉、乌等较大支流，行程 4 000 余 km。然后，进入重庆市奉节至湖北宜昌之间约 200 km 举世闻名的三峡峡谷河段。三峡即瞿塘峡、巫峡、西陵峡的总称。三峡水利枢纽位于长江西陵峡中段的三斗坪，下游距葛洲坝水利枢纽约 40 km。坝址河谷开阔，基岩为坚硬完整的花岗岩，具有修建高坝的优越地形、地质和施工条件。坝址上游集水面积 100 km^2，占长江流域面积的 56%，水量丰沛，年均降水量 1 147 mm，多年平均气温 16.9 ℃。坝址处年均径流量为 4 510 亿 m^3，为长江入海平均年径流量的 50%。

三峡水利枢纽是长江中下游防洪体系中的关键性骨干工程，主要由拦河大坝、泄洪建筑物、水电站厂房、通航建筑物等部分组成。大坝为混凝土重力坝，正常蓄水位 175 m，坝顶高程 185 m，最大坝高 175 m。大坝中部设有 23 个泄洪深孔和 22 个净宽 8 m 的泄洪表孔。泄洪段的两侧布置有左右两个坝后式电站厂房，左岸厂房装机 14 台，右岸装机 12 台，26 台机组总装机容量共 1 820 万 kW，年发电量 840 亿 kW · h。通航建筑物包括双线五级船闸和一线升船机都布置在大坝左岸。

三峡工程的建成是我国基本建设项目和建设队伍跨入世界先进行列的标志性工程。随着我国“一带一路”和基本建设走向世界，世界上许多发达国家都无法建造的尖端工程、艰巨工程，都被我国克服，后来世界各国戏称我国为“基建狂魔”，意思是别人不能完成或不敢完成的基建任务，都被我国攻克而完成。三峡工程建成后，拥有当时一系列的世界之最：

• 三峡工程是当时世界最大的水利枢纽工程，它的许多指标都突破了中国和世界水利工程的纪录。

• 三峡工程从首倡到正式开工历时 75 年，是世界上准备和论证历时最长的水利工程（见图 7-18）。

图 7-18　三峡水利枢纽创造了一系列世界之最，带来五大航运效益

• 三峡工程从 20 世纪 40 年代初勘测到 50—80 年代全面系统的设计研究，历时半个多世纪，积累了浩瀚的基本资料和研究成果，是世界上前期准备工作最为充分的水利枢纽工程。

• 作为世界性的超级工程，它的兴建与否在国内外都受到最广泛的关注，它是首次经过中国最高权力机关——全国人民代表大会审议并投票表决通过而实施兴建的水利工程。

● 三峡水库的总库容 393 亿 m^3，防洪库容 221.5 亿 m^3，水库调洪可削减洪峰流量达 2.7 万~3.3 万 m^3/s，它是世界上防洪效益最为显著的水利工程。

● 三峡水电站总装机容量 1 820 万 kW，年发电量 846.8 亿 kW · h，它是世界上最大的水电站，它的发电量相当于 18 个核电站同时运行发电的总发电量。

● 三峡水库回水可改善川江 660 km 航道，使宜昌至重庆航运船舶的载重吨位由现在的 3 000 t 提高到万吨，年单向通过能力由 1 000 万 t 增至 5 000 万 t。

● 通过对三峡水库下泄流量的调节，可改善枯水期宜昌以下航道航行水深及安全，并可显著提高此航段船舶的运输能力和营运效率，是世界上航运效益最为显著的水利枢纽工程。

● 三峡大坝包括两岸非溢流坝在内，总长 2 335 m，它犹如一座横跨长江的“水上长城”。泄流坝段长 483 m，水电站机组 70 万 kW×26 台，双线五级船闸加上升船机等在内，无论其单项工程或总体工程，它都是世界上建筑规模最大的超级水利枢纽工程。

● 三峡工程主体建筑物土石方挖填量约 1.25 亿 m^3，其中混凝土浇筑量 2 643 万 m^3，钢材使用量 59.3 万 t（金属结构安装占 28.08 万 t），它也是世界上工程量最大的水利工程。

● 三峡工程深水围堰最大水深 60 m，土石方月填筑量 170 万 m^3，混凝土月浇筑量 45 万 m^3，碾压混凝土最大月浇筑量 38 万 m^3，它的各项月工程量都突破当时世界纪录，它无可非议的是世界水利工程施工中，强度最大的水利工程。

● 三峡工程截流流量 9 010 m^3/s，施工导流最大洪峰流量 79 000 m^3/s，是世界水利工程施工中，施工期流量最大的工程。

● 三峡工程的泄洪闸，最大泄洪能力为 10 万 m^3/s，是世界上泄洪能力最大的泄洪闸。

● 三峡工程双线五级船闸，总水头 113 m，是世界上级数最多、总水头最高的内河船闸。

● 三峡升船机有效尺寸 120 m×18 m×3.5 m，提升总重 1.6 万 t，最大升程 113 m，过船吨位 3 000 t，是世界规模最大、技术含量与工程难度最高的升船机。

● 三峡工程水库移民愈百万，是世界上水库移民最多、工作最艰巨的移民建设工程。

据悉，1994 年 6 月，由美国发展理事会（WDC）主持，在西班牙巴塞罗那召开的全球超级工程会议上，三峡工程被列为全球超级工程之一。当今世界，从大海深处到茫茫太空，人类在征服自然、改造自然的伟大壮举中有许多规模宏大、技术高超的工程杰作。三峡工程在工程规模、科学技术含量与先进性以及综合效益等诸多方面都堪称世界超级工程的前列。它不仅为中国的经济建设带来了巨大的实用价值，而且为世界水利水电技术和有关科学技术方面的发展做出了巨大贡献。

三、船闸文明现代辉煌的主要表现形式

党的十一届三中全会提出了一条最根本的马克思主义观点。那就是“实践是检验真理的唯一标准”。新中国成立后，中国共产党领导全国各族人民，自力更生、艰苦奋斗，在工业、农业、国防建设和科研技术等各条战线、各个领域都取得了显著的成就。科研、设计、基础建设、装备制造等方面尤其显著。这些都为中国船闸文明走向现代辉煌打下了坚实的基础。有人不禁会问，船闸文明现代辉煌的表现形式具体体现在哪几个方面呢？回答是肯定的，它主要表现在以下几方面：其一是“点、线、面”全面发展，赶超世界先进水平；其二是在全国统一规划、统一管理下开展水资源综合开发与利用；其三是实施船闸与升船机建造水平与技术赶超世界先进水平；其四是突出重点、构建多线、全面建成干支流航电结合系统。

(一)“点、线、面”全面发展,赶超世界先进水平

虽然我国是世界上最早创建和使用船闸的国家,然而由于我国历史上长期处于封建专制的压迫与奴役下,在统治者的愚民政策下,广大人民群众的劳动智慧与创造精神长期遭受禁锢。特别是近代一两百年来,在帝国主义的侵略与掠夺下,我国的政治经济、科学技术以及社会生产力等各方面都大大地落后于欧美等西方发达国家。直到新中国成立前,船闸文明与水运交通都已经基本上衰退或瘫痪。新中国成立后,党和政府从人民的利益出发,从防洪治水、狠抓交通运输和水资源综合开发利用着手,开始了“重点,多线、全面恢复和建设船闸文明辉煌”的新时期。

所谓重点,就是以长江三峡水利枢纽的双线五级船闸为重点,通过大半个世纪的酝酿、论证和技术、思想、基础工业、设备制造等物质条件的准备,以及人力、物力与资金财力等各方面的准备和规划。最后,终于自力更生地建成了世界之最的双线五级超级船闸。

所谓多线,就是在我国内河航运的总体布局规划中,重点实施“一纵三横”和由20多条河流组成的、大约15 000 km航道的内河航运干线。它们主要由长江干线、京杭大运河干线、嘉陵江干线、汉江干线、湘江干线、赣江干线以及珠江水系的西江干线、右江干线、红水河流域干线等航运干线所组成,从而形成了涵盖我国大半国土的水上运输交通干线网络系统。

在这些水运干线上,目前我国建有船闸900余座(相当于当今世界所建船闸总数的90%以上),这些船闸的修建,改善了约4 000 km航道的航运条件,提高了相应航道的通航等级与通航能力。在现代高速公路、高速铁路和航空等便捷交通工具同业竞争相当激烈的今天,我国的水运仍然保持着相应的高速发展势头。

(二)嘉陵江、汉江和珠江的渠化建设

1.嘉陵江航线梯级渠化建设

嘉陵江是我国长江上游重要的支流之一,它发源于秦岭,其东源在流经陕西省宝鸡市凤县与来自甘肃省天水市的西汉水汇合后,再转西南方向流经陕西省汉中市略阳县,并穿越大巴山,至四川省广元市坝区的昭化镇接纳白龙江,再南流经四川省南充市到达重庆市注入长江。全长1 119 km,流域面积近16万km^2,是长江支流中流域面积和长度仅次于汉水、其流量仅次于岷江的较大的支流。

改革开放以来,为综合开发利用水资源,实施长江干支流“综合利用,航电结合,滚动开发,发展航运”的战略决策,并在干支流上结合水利枢纽的兴建,采取建造大量的船闸和升船机等通航设施及通航建筑物的方式,对长江干支流进行梯级渠化改造的航运工程措施。在此,嘉陵江航道便成为我国第一个建成内河航运全线梯级渠化的航道系统工程,或者说水资源综合开发利用航电结合的水利枢纽工程。该渠化工程规划设计共建16个梯级航电水利枢纽,自上游至下游分别为亭子口、苍溪、沙溪、金银台、红岩子、新政、金溪、马回、凤仪、小龙门、青居、东西关、桐子壕、利泽、草街和井口(见表7-1)。在三峡工程开工建设的同时,经过重庆建市后的近20年时间的建设,迄今嘉陵江航道梯级渠化工程已经初具规模。各梯级枢纽的船闸有效尺寸为120 m×16 m×3.0 m,其中,船闸工作水头东西关、草街船闸均达27 m,其余船闸一般在14 m左右。亭子口航电水利枢纽将建成升船机,可通过500 t级船舶,年单向超过能力可达350万~380万t,全线通航后,可通行1 000 t级船队,并在重庆至广元航道梯级沿线建成配套完善的港口设施。

表 7-1　我国第一条全江梯级渠化河流——嘉陵江航电一体化水利枢纽列表
（枢纽从上游至下游）

序号	名称	开工时间	第一台机组投产发电时间	备注
1	亭子口航电水利枢纽	2009 年 11 月	2013 年 8 月	
2	苍溪航电枢纽	2008 年 12 月	2012 年 2 月	
3	沙溪航电枢纽	2008 年 12 月	2012 年 1 月	
4	金银台航电枢纽	2002 年 2 月	2005 年 4 月	
5	红岩子航电枢纽	1997 年 10 月	2001 年 4 月	
6	新政航电枢纽	2002 年 12 月	2006 年 4 月	
7	金溪航电枢纽	2003 年 12 月	2006 年 4 月	
8	马回水利枢纽	1970 年	1970 年—1990 年—21 世纪初	
9	凤仪航电枢纽	2007 年 9 月	2012 年 1 月	
10	小龙门航电枢纽	2003 年 10 月	2008 年 8 月	
11	青居水利枢纽	2001 年 9 月	2004 年 5 月	
12	东西关水电站	1992 年 8 月	1995 年 9 月	
13	桐子壕航电枢纽	2000 年 9 月	2003 年 2 月	
14	利泽航运枢纽	2019 年 3 月		
15	草街航电枢纽	2002 年 10 月	2010 年 10 月	
16	井口航运枢纽			勘测设计中

目前，嘉陵江已经被国家列为战略航道，抓住嘉陵江航电一体化渠化工程建设的有利机遇，加大嘉陵江航电渠化工程的综合开发力度，必将带来巨大的社会效益、经济效益和生态效益，对于促进区域经济发展具有极其重大的意义。

2. 汉江航道梯级渠化建设

汉江又称汉水，古代称沔水，全长 1 577 km，原为长江最长支流。流域面积 17.43 万 km^2，居长江水系支流之首；然而，1959 年后减少至 15.9 万 km^2，退居嘉陵江之后，成为长江水系第二大支流。汉江发源于陕西省汉中市，是我国中部区域水质最好的中等大河。汉江中上游的丹江口水库是南水北调中线工程的水源。汉江干流在丹江口以上为上游，河谷狭窄，长约 925 km；丹江口至钟祥为中游，河谷较宽多沙滩，长约 270 km；钟祥至汉口为下游，河道蜿蜒曲折，长约 382 km，流经江汉平原，在武汉市汉口龙王庙汇入长江（见图 7-19）。

汉江干流在湖北境内长 639 km，其中丹江口—襄阳 127 km，襄阳—武汉 512 km，覆盖了整个湖北的中部和北部地区。汉江开发建设要以湘鄂赣煤运通道的重要延伸作为起步，并着眼于整个汉江流域整体开发和经济发展。通过汉江梯级开发，以及在建的江汉运河，顺汉江而下到汉口，继续顺长江到九江并与赣江相通，溯在建的江汉运河还可沟通与岳阳洞庭湖和湘江、沅水的联系，将形成长江中游千吨级航道网，便利沟通湘鄂赣地区水网，服务整个湘鄂赣地区。同时，“借势发展”，积极打造汉江产业带，对于振兴鄂西北地区，带动湖北经济从单轴“长江经济带”发展，向“长江经济带+汉江经济带”的双轴发展进行的支撑。重点建

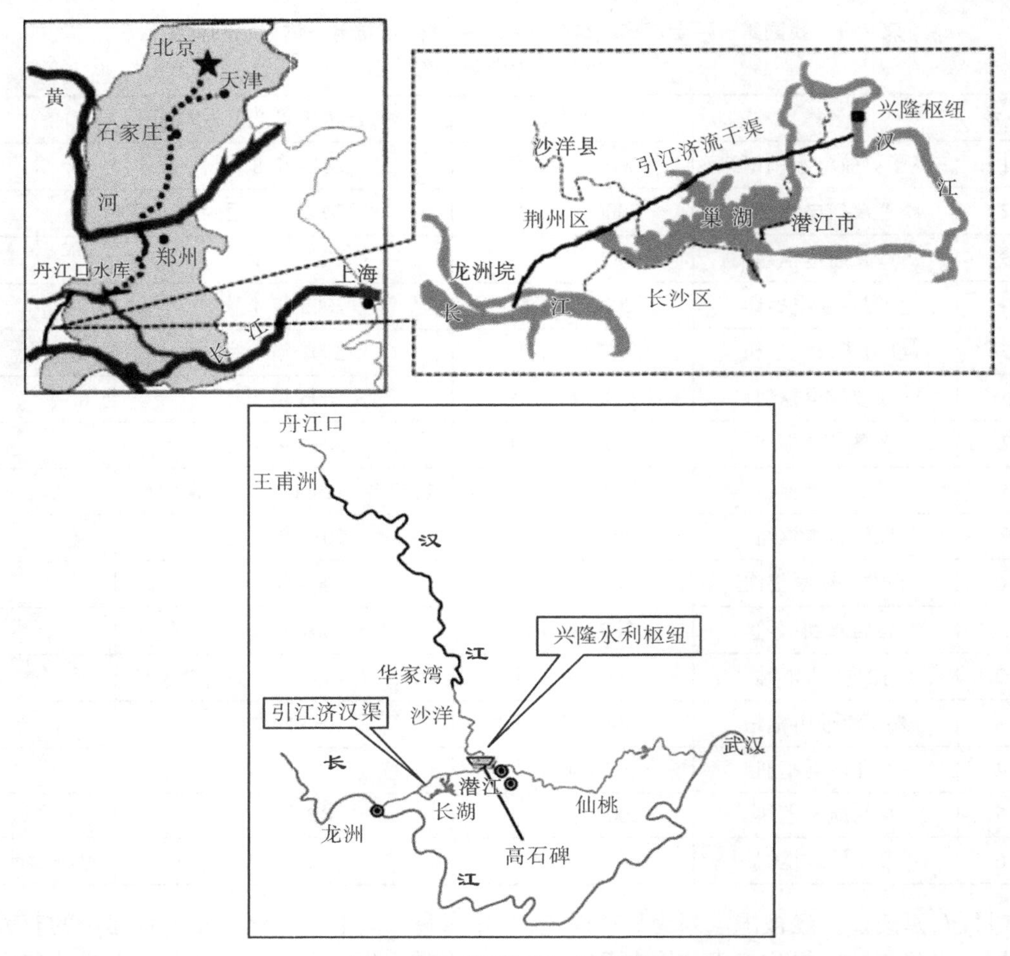

图 7-19 引江济汉工程示意图

设雅口、碾盘山和兴隆三个航电水利枢纽，估计到 2017 年完成汉江梯级渠化，汉江丹江口—汉口河段达到Ⅲ级航道技术标准，通航 1 000 t 级驳船组成的一顶四驳双排双列 4 000 t 级船队。

2003 年，时任水利部长的汪恕诚建议汉江借鉴美国田纳西河流域经验，通过梯级开发，建成集防洪、灌溉和发电等功能于一体的现代水利生态工程系统，打造中国式的田纳西工程。所谓美国田纳西河流域的经验，其实就是 20 世纪 30 年代，美国启动田纳西河流域综合开发工程，在田纳西河干支流上建起 54 座水库、9 个梯级、13 座船闸，把水患连年、贫穷落后的田纳西河流域变成了一个环境优美、工农业发达的地区。

按国务院后来批准的汉江流域干流梯级渠化规划，在丹江口以下，汉江中下游将依次兴建王甫洲、新集、崔家营、雅口、碾盘山、华家湾、兴隆七级梯级水利工程。这些枢纽工程主要是枯水期利用壅高的库区水位，改善库区沿岸灌溉和现有河道的船舶航运条件，并兼顾发电。

目前，汉江流域梯级枢纽工程已经建成的王甫洲水利枢纽船闸的闸室有效尺寸为 120 m×12 m×2. 5 m。最大水头 10. 3 m。船闸近期可通过 300 t 级船队，远景可通过 500 t

级。崔家营航电枢纽2005年开工,2009年2月18日已经通过竣工验收,该船闸按通航1 000 t级标准建设,闸室有效尺寸为180 m×23 m×3.5 m。最大水头10 m,是汉江上第一座千吨级船闸,年单向通过能力可达768万t。兴隆水利枢纽工程已于2009年开工建设(见图7-20)。

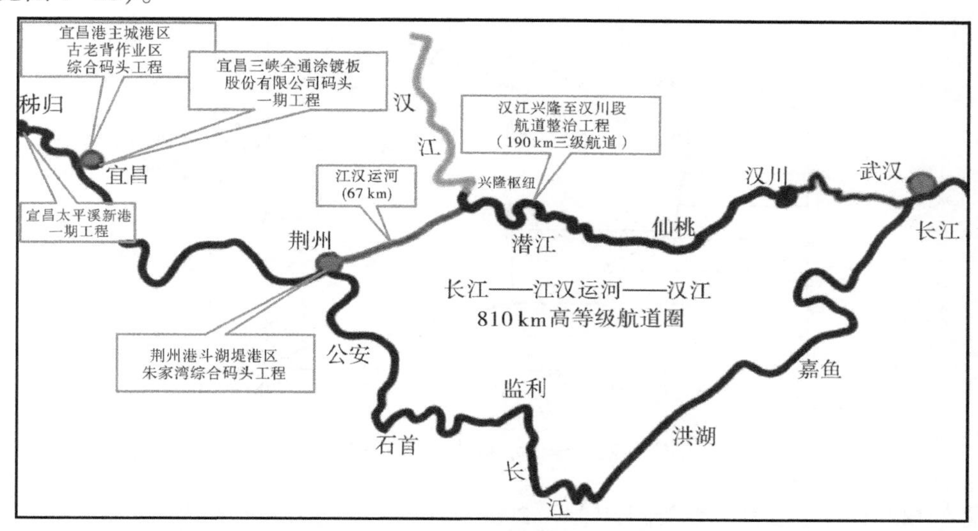

图7-20 江汉运河路线走向以及相关航道梯级开发的规划示意图

3. 珠江水系航道梯级渠化建设

珠江又称粤江,按长度为我国第三大河流,按年径流量为我国第二大河流,全长2 320 km。珠江原来仅指广州到入海口珠江三角洲的一段河道,后来逐渐成为其支流西江、北江、东江和珠江三角洲水系的总称。珠江流域由西江、北江、东江流域及珠江三角洲四部分组成,地跨滇、黔、桂、粤、湘、赣六省(区)及越南部分地区,流域总面积45.5万km^2。珠江水系支流众多,水道纵横交错。北江正源是浈水,在韶关附近与武水汇合称北江。韶关以上水流湍急,沿途汇合滃江、连江并穿越育子峡、飞来峡后进入平原,至思贤窖汇入珠江三角洲。北江干流长582 km(见图7-21)。

东江发源于江西省寻乌县大竹岭。上源称为寻乌水,西南流入广东省。上游河窄水浅,两岸均为山地,下游汇入珠江三角洲。东江干流长523 km。

西江为珠江水系的主流,发源于云南省沾益县马雄山,干流上、中游各段分别由南盘江、红水河、黔江、浔江、西江5个河段组成,干流全长2 229 km。主要支流有北盘江、柳江、郁江和桂江,总落差2 130 m。北盘江上有著名的黄果树大瀑布,其水头高达70 m。经过改革开放以来的建设发展,珠江水系已初步形成了以西江航运干线、珠江三角洲、北盘江——红水河、右江、柳江——黔江等3 500多km的国家高等级航道水运网和南宁、贵港、梧州、肇庆、佛山5个主要港口,以及北江、东江等区域的重要航道和港口组成的航运体系。

百色至广州航道总里程1 212 km,规划标准为1 000 t级航道。南宁至广州854 km航道已达到1 000 t级标准。西江航道发展目标是,规划建设瓦村、百色、东笋、那告、鱼梁、金鸡、老口、西津、贵港、桂平10个航运梯级。在梯级枢纽中,已建船闸的闸室有效尺寸为190 m×23 m×3.5 m,设计最大水头14~19 m,通过能力为1 200万t。其中,桂平船闸2007

年通过量已达 2 561 万 t。为满足该流域地区工农业建设的水上运输需要,贵港、桂平枢纽现已开工修建二线船闸。

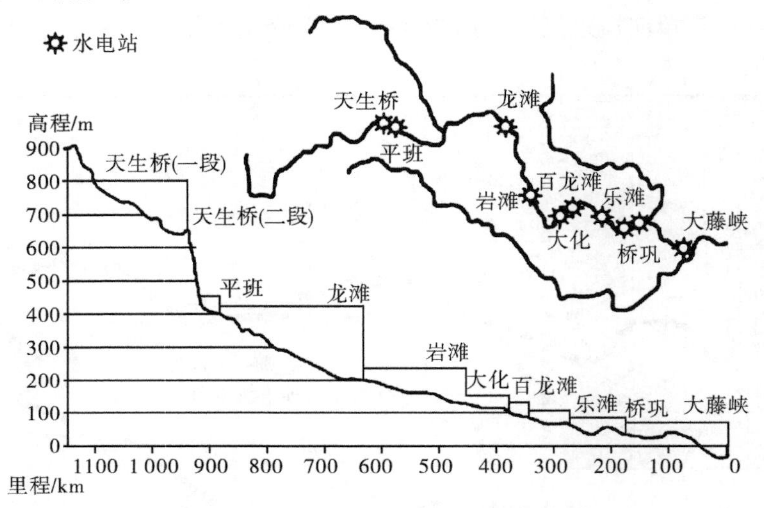

图 7-21 珠江水系航电梯级化建设

西江梧州修建了长洲二线船闸,1#闸为 200 m×34 m×4. 5 m;2#闸为 185 m×23 m×3. 5 m,设计最大水头 18. 8 m,设计通过能力 4 012 万 t。2007 年已达 3 627 万 t,其中,下行达 3 110 万 t。为满足航运需求,正准备开工建设三线、四线 3 000 t 级,有效尺寸 340 m×34 m×6. 3 m 的大型船闸。

红水河近年相继修建了大化、百龙滩、乐滩、桥拱等船闸。闸室有效尺寸 120 m×12 m×3. 0 m,设计近期一次通过 2×250 t 级船舶。年货物通过能力 180 万 t,远期一次通过 2×500 t 级船舶。其中,大化船闸的最大工作水头为 29 m。

2008 年,珠江水系的航道通航里程 1. 55 万 km,航道维护里程 8 668 km;港口朝着大型化、专业化、现代化方向发展,相继建成了一批专业化的煤炭、水泥、集装箱泊位,泊位年通过能力 2. 2 亿 t;运输船舶 1. 8 万艘、载重 588 万 t。近年来,珠江水运货运量不断攀升,在促进区域性经济合作、产业转移和综合运输体系发展中的优势日益突出。2008 年,珠江水系完成货运量 3. 6 亿 t、货物周转量 558 亿 t · km;主要港口完成货物吞吐量 2. 4 亿 t。珠江水运量约占流域综合运输总货运量的 12%。据统计,在珠江三角洲地区,33%的调进为煤炭、50%的调进为油气、66%的调进为粮食,都是通过内河运输;广州港货物吞吐量的 1/3 是由珠江水运完成的;运送香港的集装箱运量约占香港集装箱总量的 20%;西江干线长洲水利枢纽过坝运量 3 600 多万 t;珠江水系内河集装箱运量占全国内河集装箱运量的 50%以上。

(三)湘江、赣江及其他梯级化建设

1. 湘江梯级建设

湖南省湘江干流的苹岛至长沙河段,规划布置上下衔接的航电梯级有潇湘、浯溪、归阳、近尾洲、土谷塘、大源渡、株洲和长沙共 8 个梯级。

潇湘航电枢纽已建成 100 t 级船闸、浯溪和近尾洲航电枢纽在已建成 500 t 级船闸的基础上,正规划布置 1 000 t 级规格的二线船闸;衡阳至长沙河段,大源渡、株洲航电枢纽已建成 1 000 t 级船闸,闸室有效尺寸为 180 m×23 m×3. 5 m,设计年通过能力 1 260 万 t,并规划布置了能通过 2 000 t 级的二线船闸。长沙综合水利枢纽也布置了能通过 2 000 t 级的双线船闸。

2. 沅水梯级建设

湖南沅水五强溪船闸为单线三级船闸，是开发沅水干流 15 个航电梯级的第一期工程，是沅水干流上最大的梯级工程——五强溪水利枢纽的一个重要的组成部分。而且它是为了后来建设三峡工程的超高水头多级大型船闸作实战准备而其中进行练兵的尝试性工程之一。

五强溪船闸于 1986 年 4 月动工兴建，1995 年 2 月开始试通航，9 月 3 日正式通航。该船闸总水头 60.9m，第二闸首最大工作水头 42.5 m。如果从总水头和闸首最大工作水头来看，五强溪船闸是仅次于三峡船闸的、世界上为数不多的超高水头船闸之一。但是，如果从船闸的规模、航线和级数上看，其闸室有效尺寸仅为 164 m×12 m×3.5 m，过坝船只最大吨位为 2×500 t 级，是一座年货运量仅 250 万 t 的单线高水头中型船闸。

3. 闽江梯级建设

水口船闸位于福建省闽江干流闽清县境内，该水利枢纽布置有两线通航设施。一线为连续三级船闸，另一线为垂直升船机，均可一次通过 2×250 t 级标准船队。水口水利枢纽可与南平上游的沙溪口水利枢纽相衔接，有效地改善了闽江内河航运条件，使闽江干流与上游支流的航道沟通，500 t 级船队可由上游经过大坝直达福州。它也是我国为三峡工程建设现代化高水头多级船闸进行实战准备的工程建设之一。该船闸 1994 年建成并投入运行，总水头 57.36 m，闸室有效尺寸为 135 m×12 m×3 m，设计年货运量达 120 万 t。

4. 赣江梯级建设

万安船闸是赣江上游万安县城附近万安水利枢纽的重要组成部分。赣江的货运以上水为主，万安水利枢纽坝址地处低山丘陵边缘，河谷宽阔，为复式河槽。万安船闸 1989 年建成，船闸为单线一级，最大水头 32.5 m，闸室有效尺寸为 175 m×14 m×2.5 m，一次通过 2×250 t 级船队。根据赣江航运发展的实际情况，规划过闸最大船舶为 1 000 t，最大船队为 2×1 000 t。2008 年，石虎塘航电枢纽工程开工，规划建设 1 000 t 级船闸 1 座，年单向通过能力 880 万 t，同时，为规划中的赣粤运河开通，预留着二线船闸的施工准备条件。

俗话说："一花独放不是春，百花齐放春满园"。上述梯级船闸的兴建标志着我国船闸走向现代文明第二阶段的开始。为第三阶段，也就是为兴建三峡水利枢纽的高水头超级船闸的设计、施工、配套生产、管理队伍等培养和准备了大量人力、技术和物质条件。这些梯级由无数的点成为线，再由无数条线的网络系统，形成了几乎覆盖大半个中国的水上交通面。换句话说，也就是如众星捧月一般，烘托出世界著名的三峡双线五级船闸的诞生。

四、三峡工程成就了我国船闸文明的现代辉煌

前面已经介绍了三峡工程双线五级船闸创下了 16 个世界之最。其中，特别是通航建筑物与通航设施的设计、建造与管理，均跨入了当今世界先进行列的最前列。下面以三峡多级船闸为典型，从船闸水头、船闸布置、船闸结构、输水系统、金结设备、控制技术等六个方面加以简单介绍和表述。

（一）三峡船闸是世界特高水头船闸

古时候在运河中拦河建埭，壅水为堰，主要是为了降低运河水流的比降、避免运河水大

量流失,从而使运河保持一定航深,改善过往船只航行的最基本条件(比降与航深)。因此,那时壅水不会太高,为什么呢?

(1)建筑材料限制。壅水高时,埭坝也应筑得高。但利用土、草材料筑的筑埭,其埭坝对承受水压力有限制;否则,承受不了水压力就会酿成溃坝事故。

(2)翻坝方式限制。壅水越高则形成的落差障碍越大,在生产力极其低下的古代,人们要想克服较高水位的落差障碍,翻坝的手段将显得极其艰险和困难。

然而,现代就完全不同了。在综合开发利用水资源的情况下,水头越高,水体所具有的势能越大,水电开发的潜力越大,所产生的综合效益也就越显著,水库蓄水也越多,自流灌溉、输水调水或防洪库容也会更大,效果会更好……

在现代水利建设中,通常把所建造通航建筑物按水头分为三个级别:≤5 m 为低水头,5~15 m 为中水头,15~30 m 为高水头。随着现代科学与建坝技术日趋完善,建筑材料性能与结构承载能力日益增强,同时,人类对水电的需求量也日益增加,以及适合建坝的坝址选择越来越向河流的上游或支流发展。因此,水利枢纽的大坝建设将会越筑越高,越来越向高山深谷中、地质条件极其复杂、对外交通极为不便的地方发展,于是,对解决克服集中水位落差障碍的技术要求的难度也越来越大。现代水利工程施工认为,水位落差≥30 m 为超高水头。

三峡船闸的总水头 113 m,级间输水水头 45.2 m,远远超过了目前世界上所有已建和在建船闸的总水头或级间水头的高度水平(见表 7-2)。所以,三峡船闸是当今世界上的当之无愧的、首屈一指的特高水头船闸。

表 7-2 世界大中型水利枢纽上船闸规模统计

(单级 $H_{水头}$<20 m 未计)

序号	船闸名称	国家	河流	线数	水头/m	级数	有效尺寸/m	建成时间
1	石山嘴	哈萨克斯坦	额尔齐斯河	1	42.0	1	100×18×3.0	1953
2	新第聂伯	乌克兰	第聂伯河	1	38.4	1	290×18	1980
3	扎波罗热 2 号	乌克兰	第聂伯河	1	37.4	1	100×18	1975
4	约翰德	美国	哥伦比亚河	1	34.5	1	206×26.2×4.75	1968
5	巴甫洛夫	哈萨克斯坦	美法河	1	33.0	1	120×15×2.0	1989
6	万安	中国	赣江	1	32.5	1	175×14×2.5	1989
7	冰港	美国	斯内克河	1	31.4	1	206×26.2×4.75	1962
8	下纪念碑	美国	斯内克河	1	31.4	1	206×26.2×4.75	1969
9	小鹅	美国	斯内克河	1	30.8	1	206×26.2×4.75	1970
10	下花岗岩	美国	斯内克河	1	30.8	1	206×26.2×4.75	1975
11	新威尔逊	美国	田纳西河	1	30.5	1	183×33.5×3.96	1959
12	葛洲坝 1 号	中国	长江	1	27.0	1	280×34×5.0	1984
13	葛洲坝 2 号	中国	长江	1	27.0	1	280×34×5.0	1981
14	葛洲坝 3 号	中国	长江	1	27.0	1	120×18×4.0	1981

续表 7-2

序号	船闸名称	国家	河流	线数	水头/m	级数	有效尺寸/m	建成时间
15	达莱斯	美国	哥伦比亚河	1	26.8	1	206×26.2×4.60	1957
16	乔治	美国	恰塔贺齐河	1	26.8	1	154×25.0×4.00	1962
17	麦克纳里	美国	哥伦比亚河	1	25.6	1	206×26.2×6.00	1953
18	卡因奇	尼日利亚	尼日尔河	1	25.3	1	198×12.2	1969
19	劳登堡	美国	田纳西河	1	24.4	1	110×18.3×3.60	1943
20	沃特金	俄罗斯	卡马河	1	22.5	1	240×30.0×5.00	1961
21	老邦纳维尔	美国	哥伦比亚河	1	23.0	1	152×23.1×7.37	1938
22	新邦纳维尔	美国	哥伦比亚河	1	23.0	1	205×26.2×5.79	1993
23	肯塔基	美国	田纳西河	1	22.4	1	183×33.6×3.40	1944
24	巴克莱	美国	坎伯藏河	1	22.2	1	224×33.5	1964
25	瓦特巴尔	美国	田纳西河	1	21.3	1	110×18.3×3.60	1942
26	第聂伯 1 号	乌克兰	第聂伯河	1	38.7	3	120×18.0×3.65	1932
27	老威尔逊	美国	田纳西河	1	30.5	2	183×33.5	
28	古比雪夫	俄罗斯	伏尔加河	2	29.0	2	290×30.0	1955
29	伏尔加格勒	俄罗斯	伏尔加河	2	27.0	2	290×30.0	1958
30	双牌	中国	潇水	1	43.0	2	56×8.0×2.00	1962
31	布赫达明	哈萨克斯坦	额尔齐斯河	1	68.5	4	100×18.0	1963
32	西津	中国	郁江	1	21.7	2	190×15.0×4.50	1966
33	铁门	南斯拉夫 罗马尼亚	多瑙河	2	34.4	2	310×34×4.5	1970
34	图门鲁伊	巴西	托坎廷斯河	1	36.5	2	210×33.0×6.50	在建
35	水口	中国	闽江	1	41.7	3	160×12.0×3.0	1994
36	五强溪	中国	沅水	1	60.5	3	130×12.0×2.5	1995
37	三峡船闸	中国	长江	2	113.0	5	280×34.0×5.0	2003

注:本表摘引自《船闸与升船机设计》。

(二)三峡船闸设计布置科学合理

水利枢纽的水头越高,所获得的发电、防洪、供水、灌溉等综合效益也越大。然而,作为通航建筑物的船闸来说,就会出现诸多难于解决的问题。比如,水头越高,闸门的建造与安装难度越大,输水系统的水力学问题也将更为突出,水力设施与其启闭机械的加工制造难度与加工方法的可靠性要求也就越高,以及加工、安装、运输和日后维修的技术难度也就越大、越难等。设计人员在设想高水头拦河大坝的船舶如何过坝时,也曾想到过如果建造一站式过坝形式的井式船闸,船舶过闸可能便捷许多,然而井式船闸充、泄水时间长,耗水量与水的浪费也大。特别是在落差比较大时,输水系统与输水廊道中,水体的流速与冲击力以及水流空蚀所产生的破坏作用也将越大,影响坝体或设施的安全运行之水力学问题也将显得更为突出(在这方面,升船机要优于船闸)。

然而,既然有问题,人类必将有解决问题的办法。水电站的水位落差,不是天生的,而是人为集中的。那么,人类既然有能力将一定距离的水位落差集中到一处显现出来,当然也就有能力和办法去化解或分散这些被自身集中起来的水位落差。我们的祖先早在一千多年前的宋代,就曾经在完善唐代创建的初期船闸后,破天荒地创建了复闸和澳闸。所谓复闸,就是最初的多级船闸;所谓澳闸,就是具有补水、节水功能的初期船闸。现在,三峡船闸的设计者们,按照现代水力学技术能够达到的最高水准,将集中起来的特高水位落差分散为现实技术条件能够解决和达到的最佳状态的五个级别的超高水头。较好地解决了特高水头船闸出现的一系列难于解决的问题。例如,特高水头船闸的输水系统的水力学问题,大型闸门和阀门的设计与制造及安全运行的可靠性问题,以及船闸分级后各种布置方案相互比较后的最佳方案的优选问题,船闸大型钢结构构件的制造、运输与安装施工以及日后管理维修条件的问题,充泄水流消能、闸室系泊条件与船舶过闸安全等问题。

三峡船闸的布置,根据长江航运的远景规划和近期航运能力,结合修建葛洲坝船闸的经验教训和三峡坝址的地形、地貌特征与河流、河势特点等条件,同时,吸取了国内外高水头大型船闸的建设经验,对三峡船闸不同的分级方案和相应的布置方式,进行了全面的技术经济比较。例如,其中有通过带蓄水池的连续 3 级、普通的连续 4 级或 5 级、分开布置的 3 级、分开布置的两个 2 级和是否采用节水措施等的不同级数、不同布置方案进行了严格的多种方案比较和研究。最终经过对不采用节水措施的连续布置的 5 级船闸与分开布置的 3 级船闸两种方案进行了深入比较和研究后,结果表明:由于连续 5 级船闸方案比分开布置的 3 级船闸方案,在解决高水头船闸水力学问题、闸阀门及启闭机设备的技术难度、工程施工难度、工期安排与保证、管理与维护、耗水量与通过能力及过船效率、工程量与投资额等诸多方面均有明显优越性而被设计优先采用。所以,双线 5 级船闸加 1 线升船机三线通航布置,是最佳选择,既科学又合理,是我国当时能达到的世界最高技术能力和水利科技水平。

(三)三峡船闸结构新颖,效果良好

我国古代水工通航建筑,当初基本都是就地取材的草土结构,即夯实的土草坝。后来出现了木质闸门(或框),从唐代开始出现石门、石堤、石堰。资料记载,宋代(984)乔维岳主持修建真扬运河西河船闸时"创二斗门于西河第三堰……设悬门……建横桥岸上,筑土累石以牢其址"(《长江水利史略》第 123 页)。从此,才开始有了石砌闸室闸首的圬工结构和木质悬(闸)门的使用。后来,民国时期的邵伯、刘老涧和淮阴三座新闸,采用圬工混凝土混合结构,即闸室筑土累石衬砌,而闸首则用钢筋混凝土浇筑,并首次采用了铆接式钢质闸门。

20 世纪 60—70 年代,在大运河沿线和四川山区的一些低水头小型船闸中,还可常见部分圬工与混凝土混合结构的水工建筑物。但是,在现代水利枢纽的船闸主体结构中,基本均采用混凝土重力式结构。葛洲坝三座船闸的兴建,开创了我国重力式结构高水头大型船闸的建造历史。当然,在三峡船闸建设之前,万安船闸是我国在水资源综合开发利用中,首先对超高水头船闸的尝试性建造的船闸。

三峡船闸主体段是在坝址左岸山体中深切开挖修建而成的,最大开挖深度 170 m,其中直立边坡高达 70 m(见图 7-22)。在取得葛洲坝和万安船闸的设计与建造的实际经验后,如果三峡船闸闸首和闸室的结构布置,直接采用葛洲坝船闸的闸首和闸室所采用的重力式结构布置的话，只需按照5级船闸与单级船闸的不同特点进行精心设计和布置，应该说是件十分容易的事情。可是，这样将大大增加三峡船闸主体工程在建造时的岩基开挖量以及混凝土浇筑工程量，也将大大增加工程投资与延长施工工期，并且将大大降低三峡船闸建设投资的经济性，以及作为世界上规模最大、水头最高和级数最多的特高水头超级船闸的工程技术的先进性。因此，经过比较，根据三峡船闸主体建筑物基础的围岩（均为花岗岩）岩性稳定性较好的有利条件，考虑到利用本身基岩比较完整而强度相当高等特点，工程设计中，采用了薄壁衬砌式结构并辅以锚束、锚干等支护加固等措施来加强船闸两边墙结构基础的稳定性。

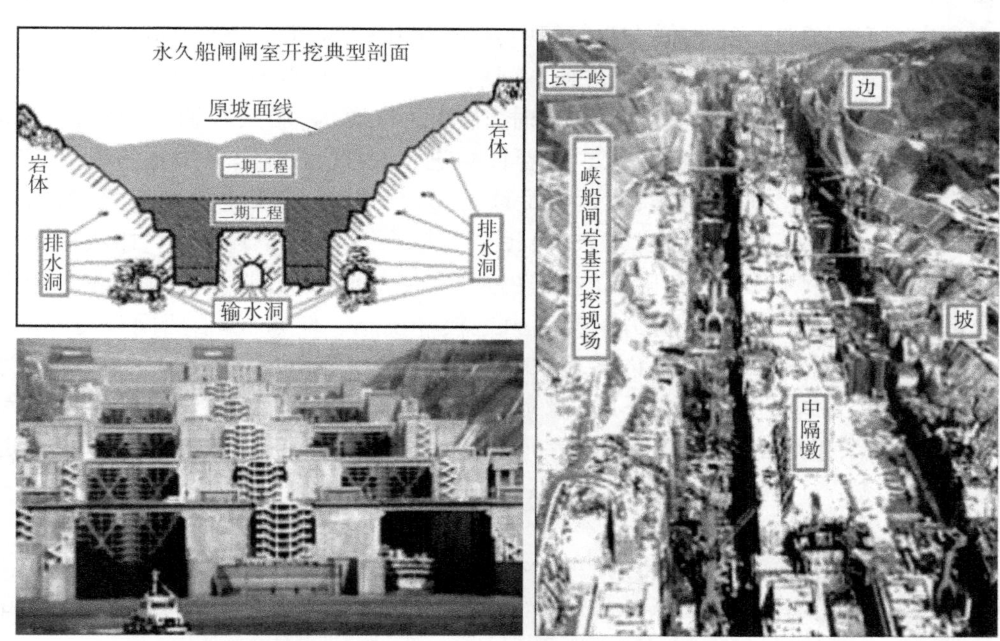

图7-22　三峡船闸基础高边坡开挖，加大工程技术含量，保证船闸结构合理性和先进性

但是，薄壁衬砌结构在大大节省工程量、工程投资和施工时间的同时，也大大增加了设计和施工的技术难度。因为船闸基础深槽开挖不仅具有深度大、延伸边长、两线闸室基础深凹和隔墩中凸等特点，而且深凹部分的直立岩体又是闸室边墙的组成部分，因受船闸充泄水过程的水压力影响，水位变化频繁，所以，边坡的设计不仅应满足自身的安全稳定性的要求，同时，还必须考虑其充泄水过程中的变形对人字闸门正常运行可能产生的影响。设计部门根据工程条件、岩体及结构方面的力学特性，对边坡稳定性分析成果以及其他边坡工程的实践经验进行综合分析评估后，通过精心计算与精心设计以及采用一系列技术性的补偿措施，在节省大量工程量的同时，保证了三峡船闸结构的合理性和先进性，并确定了三峡船闸高边坡采用梯段开挖，辅以锚束、锚干等支护加固措施和截、防、导等排水手段。后来，开挖后的监测资料表明，在边坡开挖多年之后仍然趋于稳定，其变形量$\Delta_{max}\approx 70$ mm，满足设计稳定要求，并根据基础条件和开挖状况，对闸室边墙分别采用混凝土薄壁衬砌墙或下部薄壁衬砌、上部采用混凝土重力式的混合结构。20多年运行实践表明，设计施工满足运行安全要求。

(四)三峡船闸输水系统先进、稳定、可靠、安全

我国的初期船闸均没有输水系统,主要采用的是闸、阀合一的门缝输水形式。也就是在闸门开启瞬间,水流随门缝而入(或出),汹涌如注。船只系泊与进出闸安全很难得到保障,好在初期船闸水头一般都不高,当时此问题并不突出。

船闸输水系统水力学问题,是现代船闸设计的关键性技术问题之一。自闸门与阀门的功能彻底分开之后,输水系统作为船闸一个重要的功能系统,大约采用过三种输水方式。

1. 短廊道头部集中输水形式

输水系统的集中输水形式在我国低水头船闸中应用非常广泛,迄今至少也有数百年的历史。在大运河沿线原来的低水头船闸中,普遍采用较为简单的短廊道头部集中输水形式。这种输水系统结构简单、施工方便,就是在门下或闸首两侧或一侧预留输水孔,有或无消能设施均可,另有阀门启闭。输水时,闸首翻花涌水,船只系泊在闸室内的镇静段,虽有涌浪,但水头不高,影响不大。随着社会进步,短廊道输水系统也不断完善。后来,随着黄河南迁北返,泥沙淤积,大运河沿线地形、河势、水位发生很大变化,为保证运河通航,船闸为适应水头增大的客观条件,逐渐对输水系统进行了改善。如改短廊道输水为长廊道输水,将门下输水和闸首输水改为闸室侧壁输水,或将集中输水改为分支式多孔分散输水,并设置消能室、消力梁或消力盖板等设施。例如,邵伯船闸当时“输水管道置于闸室两侧,另设有开关井,内置输水管启闭机,闸之上下游最大水位差,邵伯为七点七公尺;淮阴、刘老涧为九点二公尺”(《船闸结构》第 70 页)。现在新建的淮安三线船闸的输水系统,采用短廊道对冲消能输水形式。新建的泗阳三线船闸,采用了长廊道侧支孔输水形式等。

2. 长廊道消力、分散输水形式

当我国开始把船闸这种通航设施应用于水电开发的水利枢纽后,船闸的工作水头进入了中高水头时期,即 $H_{水头}=10\sim18$ m,这时的船闸一般采用长廊道输水形式,或者采用较简单的长廊道短支廊道分散出水另设盖板消能的输水形式。例如广西西江的长洲、贵港等船闸。

3. 长廊道分散等惯性输水形式

葛洲坝水利枢纽的兴建,拉开了我国综合开发利用长江干流巨大水力资源的序幕,我国的船闸建造技术也由此进入到高水头和超高水头建设的准备或实施阶段。即为日后建设世界之最的特高水头的三峡船闸输水系统的设计与施工进行必要的前期研究的科学试验和原型观测的准备时期。葛洲坝三座船闸的最大工作水头为 $H_{水头}=27$ m。三座船闸根据输水量和输水时间要求,以及各自不同的客观条件,选择了三种不同的较为先进而复杂的输水形式。

(1)葛洲坝 3[#]船闸是葛洲坝水利枢纽三座船闸中规模较小(120 m×18 m×4.0 m)的船闸(见图 7-23③),其输水系统采用了较为简单的左右长廊道输水、水平分流为闸底四支廊道、顶部支孔二区段出水、顶板消力的分散布置方式。闸室输水系统的出水孔分布长度为 2×44 m,占闸室长度的 73%。水流分配较均匀,闸底相邻二支廊道互相贯通,以适应阀门单边或不同步开启的要求。每闸次平均充水时间为 7 min/闸次,平均水面上升速度为 3.85 m/min。40 年左右运行实践的经验表明,闸室停泊条件良好。

(2)葛洲坝 2# 船闸比葛洲坝 3# 船闸规模大,所以开挖工程量也大,于是采用了开挖深度较浅的两侧长廊道输水、闸底纵横支廊道侧支孔顶板消力、三区段出水的布置形式(见图 7-23②)。纵横支廊道进水口集中布置在闸室中部约 80 m 范围内(占闸室长度 1/3)。横支廊道出水区段位于闸室中部约占闸室长度的 20%。前后纵支廊道各约占闸室长度的 25%。总出水段占闸室总长度的 70%。三区段出水大致均匀并可适应阀门单边或不同步开启时的运行条件。平均充水时间 10. 5 min/闸次,最大流量 Q_{max} = 800 m^3/s。经 40 年船闸运行实践表明,闸室停泊条件满意。

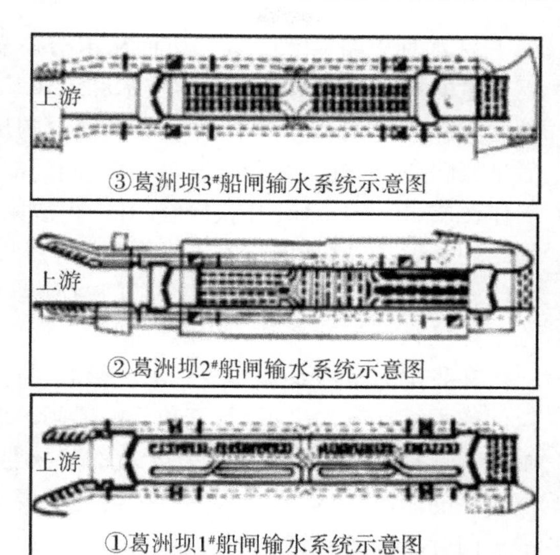

图 7-23　葛洲坝三座船闸输水系统

(3)葛洲坝 1# 船闸规模与 2# 相当,但输水系统有所不同,采用的是中间廊道两次分流、纵向平行八支廊道四区段出水布置的(见图 7-23①)等惯性输水形式。即水流自两侧闸墙主长廊道经闸室中心通过第一分流口,被均匀分入闸室前后的中间廊道,然后再由布置在闸室长度前后四分点的两个二次分流口,均匀分入前后各四个纵向平行的支廊道。第二分流口采用左右支廊道水平分流,前后支廊道垂直分流的立交分流形式。出水孔为顶支孔顶板消力,其分布长度为 202. 5 m,占闸室长度 70%。平均充水时间为 10 min/闸次。Q_{max} = 852 m^3/s。输水效率优于 2# 船闸,但超灌超泄较前严重,经 40 年船舶运行实践表明效果满意。

(4)三峡船闸总水头 113 m,中间级最大工作水头达 45. 2 m。在三峡船闸修建前,除利用葛洲坝的实战机会,对三种不同输水系统进行原型观测和研究比较外,又修建了超高水头($H_{水头}$>30 m)的万安船闸进行试验。万安船闸工作水头 32. 5 m,采用较简单分散式盖板消能的输水系统,成功地解决了超高水头船闸输水系统的水力学问题和船舶闸室停泊条件的安全问题。

三峡船闸为连续五级船闸,水力学问题比单级船闸复杂得多,同时两线船闸相邻,船闸与升船机共用下游引航道,这些都使船闸水力学问题难度超过世界上已建的任何船闸工程。设计部门借鉴万安和葛洲坝经验,采用了与葛洲坝 1# 船闸相同的输水形式,即四区段八支廊道等惯性盖板消能的输水系统。并利用降低阀门段廊道高程,增大淹没水深,提高门后压力,并且辅之以门后廊道断面突扩的形式和快速开启阀门,以及门楣设置补气装置等技术手段和综合措施,消除空化条件,防止气蚀破坏发生。同时,还采用动水超前关阀技术把闸室的超灌、超泄控制在 10~15 cm 范围。于是,成功地解决了三峡特高水头船闸输水系统的诸多水力学问题。近 20 多年运行表明,完全满足了船舶过闸的安全运行要求,达到世界先进水平。

(五)超大型闸门、阀门与启闭机运行可靠性

在我国的水利枢纽建设中,闸门的应用经历了漫长的历史过程。从埭堰时期的过船时扒开个口子,然后用树枝草编填土堵塞壅水,到后来“以箔阻水,俟水稍厚,则去箔放舟”

(《长江水利史略》第 52 页),进而从木枋叠梁到木质平板门。直到 18—19 世纪,当时,世界钢产量的提高几乎与各种科学技术和工业基础同步。当钢质闸门出现后,初期是铆接结构,随着焊接技术与焊接过程冶金反应理论的出现和发展,钢结构焊接完全取代了铆接结构。后来,随着水利枢纽综合开发与利用,闸门的工作水头越来越高。现代船闸的闸门、阀门按工作性质可分为工作闸门、检修闸门、事故闸门,工作阀门、检修阀门。每座船闸最重要的金属结构和设备,就是这八大工作闸(或阀)门,以及与之相匹配的启闭机械,所谓每座船闸八大门,也就是每座船闸 4 扇人字闸门、4 座输水阀门的总称。

1. 现代船闸的主要工作闸门

在我国大运河及其部分受潮汐影响,需要承受双向水头载荷的低水头船闸中,有使用横拉门或垂直提升的平板门、三角门的船闸。但是在绝大部分的中高水头船闸中,其主要工作闸门都选择了人字门。如长江干流的三峡船闸、葛洲坝船闸,嘉陵江航线和西江航线的航电枢纽上的船闸等,均普遍采用人字门为主要工作闸门(见图 7-24)。人字门挡水时,由两扇平板门叶组成的三铰拱结构,具有受力明确、力的传递合理、能承受较高水头单向载荷、运转灵活可靠、启闭方便等主要优点。

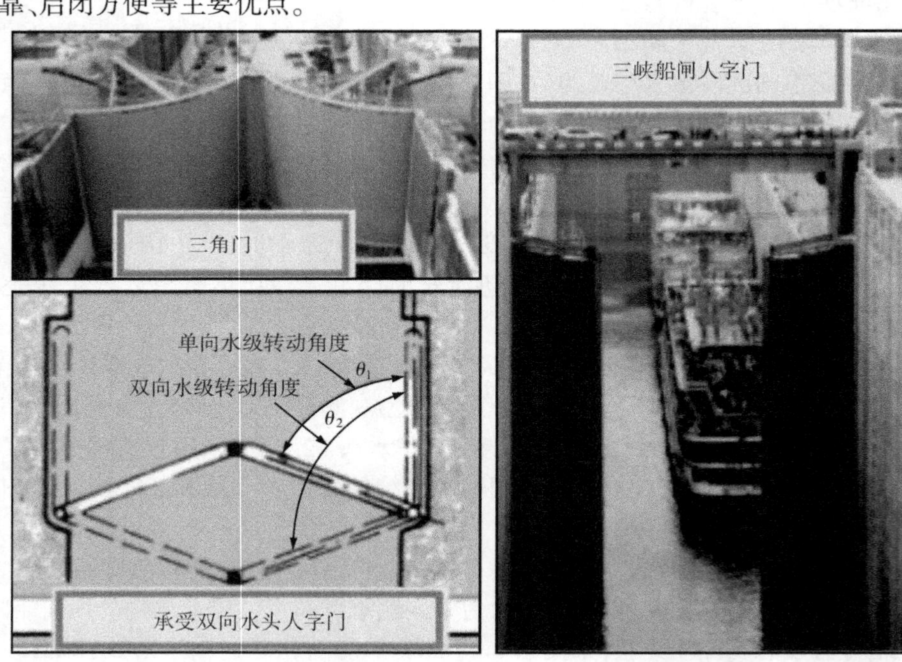

图 7-24 闸门的种类:三峡船闸人字门、三角门、双向门

三峡船闸人字门的每扇门叶高 38.5 m、宽 20.2 m、厚 3.0 m。单扇门叶重 840 t,承受总水压力 146 400 kN,是当时世界上尺寸最大、承受水头最高的人字闸门(后面还将介绍广西大藤峡枢纽船闸下首人字门设计高度 47.5 m、宽度 20.3 m,单扇门重 1 295 t。船闸水头 44 m。由此得知,大藤峡船闸下游人字门单扇门叶要比三峡多级船闸的单扇门叶还要高 9 m。于是,大藤峡船闸的人字门在闸门高度、闸门重量以及单级水头上超过三峡多级船闸人字门而成为当今世界名副其实的“世界第一高大闸门”。所以,现在接替了三峡船闸“天下第一门”之美称)。闸门采用平板横梁结构,闸门轴线与闸室横轴线呈 22.5°夹角。在总

结葛洲坝船闸实践经验教训的基础上，同时也借鉴国外船闸人字门建造经验，如在美国无论门叶尺寸大小，人字门结构，除隔板和背拉杆采用高强度低合金钢（$\sigma_s=350$ MPa）外，其余基本全用碳素结构钢（$\sigma_s=250$ MPa），其理由是，这些部位采用碳素结构钢后，门体的刚度比采用低合金的要大。葛洲坝 1#、2#、3#船闸的人字门结构全部采用 16Mn 钢，船闸建成投入运行后，其上、下翼缘均有不同程度裂纹，即使修复后，又再次开裂，开裂的原因很多，其中材料的使用和内应力分布不均或不恰当，肯定是其主要原因之一。因此，在材料选择上，根据分析比较，大型船闸（三峡船闸）人字门均选择主横梁的全部下翼缘和边柱部位及上翼缘以及预应力背拉杆等均采用船用钢板，其他都采用 Q345C。因为船用钢板具有良好的冲击韧性（和较强的耐疲劳强度）。用于此处，还具有良好的水下耐腐蚀性和表面质量。同时，也考虑到在低周期、高应力运用条件下，提高钢结构的抗疲劳能力。在易出现裂纹的部位，采用圆滑过渡，且不布置焊缝，节点板不再与主梁下翼缘搭接，而改用对接连接（引自《船闸与升船机设计》第 163 页）。

葛洲坝船闸人字门设计采用的是开敞式边柱，虽然这有利于制造加工和方便支枕垫调整，但却明显地降低了抗扭刚度。三峡船闸人字门设计采用了封闭式的边柱结构（见图 7-25）。研究表明，这种由主横梁、面板、竖隔板、端板和封板组成的封闭式扭矩管，比门叶只布置预应力背拉杆的抗扭刚度要提高 1 倍以上，从而从结构和材质的基础上，确保人字门门体结构具有合理的强度和刚度。对人字门三铰拱主要受力的支、枕垫结构的承压条材料，全部选用不锈钢并增设了油润滑装置，这样既可防止支承面锈蚀和门轴柱挤卡，又避免了人字门运行时顶、底枢出现非正常作用力以及低周、高应力冲击载荷峰值的出现。

图 7-25　广西大藤峡人字门、大运河三角门、三峡船闸人字门

三峡船闸人字门，采用楔块调整的 A 杆（加 B 杆的）三角刚臂式顶枢和固定式球头球瓦式底枢。根据葛洲坝船闸使用经验教训和国外一些参考资料，三峡船闸建造安装时，对主要工作闸门人字门部件都做了相应改进，具体如下：

（1）适当加大蘑菇头半径尺寸，以增大球头球瓦的接触面积，将球瓦的平均承压应力控制在允许的合适数值内。

(2)顶、底枢采用自润滑轴套和自润滑球瓦，并同时设置自动供油润滑装置，避免顶、底枢因磨损量过大或润滑系统失灵而带来的轴套、球瓦抱死和咬合故障。实际上这是起到了双重保险作用，即自动润滑装置一旦失效，自润滑球瓦、轴套仍能在一段时间内，保证顶、底枢在低摩擦和低磨耗工况下运行。

(3)支枕垫块(承压条)将过去相同半径的圆柱面接触，改为半径一大一小的两圆柱面线接触，从而避免了过去采用相同半径的圆柱面接触时所出现的摩擦、挤卡等弊端(改原来相同圆柱面接触为不同圆柱面之间的线性接触)。

(4)人字门底止水将原来的垂直安装改为现在的水平安装，以防止闸门振动和门底泥沙对止水的早期破坏以及对止水效果的影响。

周恩来总理曾说过："葛洲坝工程是三峡工程的实战准备。"可想而知，当初兴建葛洲坝三座船闸，其实就是为三峡船闸后来的设计施工获得成熟的经验所进行的实物原型观测试验。三峡水利枢纽主要工作闸门的这些改进，是设计人员集体智慧的结晶。当然，也应该与葛洲坝船闸运行管理中经验教训的总结，以及船闸人在修理中认真的技术分析与及时的信息反馈分不开。

2. 现代船闸主要工作阀门

我们前面讲的是"闸门"，现在我们就要讲"阀门"了。行外人一听就糊涂了，同样都是"门"，到底"闸门"与"阀门"如何区分?

闸门就是控制船舶进出闸室孔口而通航的门。在船闸充泄水过程中，闸门与闸墙从四面封堵闸室内水体，保持闸室水位平稳上升或下降，从而确保过闸船舶进出闸与闸室内系泊安全。简单点说，闸门就是控制船舶进出船闸的大门。

阀门就是控制向闸室内充泄水的门，初期船闸没有输水系统，充泄水全靠潮汐涨落或自流灌注。那时是"一门两用"：既控制船舶进出闸室，又同时控制闸室输水灌注。新式船闸具有独立的输水系统，再后来，就是闸阀分工，各司其职。

船闸的阀门，是输水系统对闸室进行充泄水的控制大门，是船舶快速、安全实现平稳过渡并顺利通过船闸的关键设备。

船闸的输水阀门，根据不同船闸规模、工作水头、输水形式、淹没水深等条件，有平板阀门、正向弧门、反向弧门三种门型选择。

平板阀门结构简单、制造容易，操作检修方便，通常在低水头船闸中广泛采用。如过去大运河沿线的一些船闸，现在的大源渡、长洲船闸等，但平板阀门有一个最大缺陷就是廊道内留有门槽，它将使输水水流流态发生紊乱。而一旦工作水头稍高，紊流则是引起阀门空蚀、振动等水力学问题出现的最主要原因。

正向弧形门具有廊道内无门槽、过流条件好、操作灵便等特点，早期在中低水头船闸中曾被广泛采用。但这种阀门开启时，容易造成充水水流在阀门井内快速涨落和翻滚，致使大量空气随充水水流卷入廊道。气体随充水水流从闸室底部冒出，既容易造成廊道和闸墙的气蚀，又可能导致闸室内水流翻花紊乱而影响船只闸室停泊安全，现今很少采用。现在的输水系统一般采用反向弧门。

高水头船闸由于工作水头高、充泄水流流速大、水动力学问题复杂，平板阀门无法满足廊道和阀门的安全运行以及船舶闸室停泊条件的系泊安全要求。因此，无门槽的反向弧形门在高水头船闸中得到广泛应用。据资料介绍，在美国的44座船闸中，有41座输水系统采用了反弧门；苏联和欧美一些国家的船闸采用反弧门也极普遍；我国的三峡船闸、葛洲坝船闸、万安船闸等高水头船闸，均采用反弧门为输水阀门。三峡双线五级船闸每线共设 20 座充泄水阀门，其阀门选型也以葛洲坝三座船闸为依据：门型为横梁全包式反向弧形门（见图 7-26 左图）。门重 80 t。输水廊道阀门孔口尺寸为 4.2 m×4.4 m，最大工作水头 45.2 m，是当时（2003 年）超出现今世界上已建和在建船闸的输水系统工作水头的 30%以上，是当之无愧的世界上水头最高的反弧门。

图 7-26　三峡船闸输送系统的反弧门建造过程中

在三峡船闸的阀门中，由于吸取了葛洲坝船闸输水阀门运行使用的经验教训，将反弧门下游弧形面板改为不锈钢复合板，因其抗空化能力较强，避免了充泄水流产生的空化对阀门面板的气蚀，从而提高了阀门面板抗气蚀破坏的能力而延长阀门的使用寿命。同时，还在廊道内阀门孔口的门楣和底坎处均设置有通气孔，以降低其出现空化的条件，减弱阀门面板和底缘以及闸墙表面受气蚀破坏的程度。并且阀门支铰也改用了自润滑轴套和外供油路相结合的双保险润滑形式，避免了轴套供油故障，使轴套过早磨耗而使轴、套咬死的事故发生。充泄水阀门的正常工作方式是在动水中开启，静水中关闭；而且还要保证阀门能够在事故或任何状态下可以进行紧急关闭的运行。

在输水系统实际运行的充泄水过程中，为了减少闸室超灌、超泄过大所形成的非常附加载荷对人字门启闭力的影响，三峡船闸的阀门运行，可以根据实际需要现场调试其“提前量”，即阀门在关终前的适当时机，实施提前动水关闭阀门的运行，从而避免了过大超泄、超灌现象发生。保证闸室充泄水过程的正常运行，确保人字门等设备运行安全和过闸船舶的闸室系泊安全。

3. 闸门与阀门的启闭机

闸门和阀门都是现代船闸的主要工作门。闸门，即主要起闸室挡水作用的人字门，每级四扇；阀门，即主要调节输水系统充泄水流量的反弧门，也每级四座。闸门和阀门的工作，由其各自配套的启闭机驱动：闸门配套人字门启闭机，阀门配套反弧门启闭机：

（1）大型船闸的人字门启闭机。

大型船闸的人字门启闭机，一般采用机械或液压两种形式。机械式人字门启闭机的传动为四连杆机构，例如，葛洲坝三座船闸均采用机械式四连杆传动人字门启闭机；液压式人字门启闭机为直联式，例如，三峡双线五级船闸，每级闸首人字门都是采用的双作用、中间支承、双向摆动、卧式安装的液压直联式启闭机，油缸长 8 668 mm，内径 Φ580 mm（见图 7-27 右）。

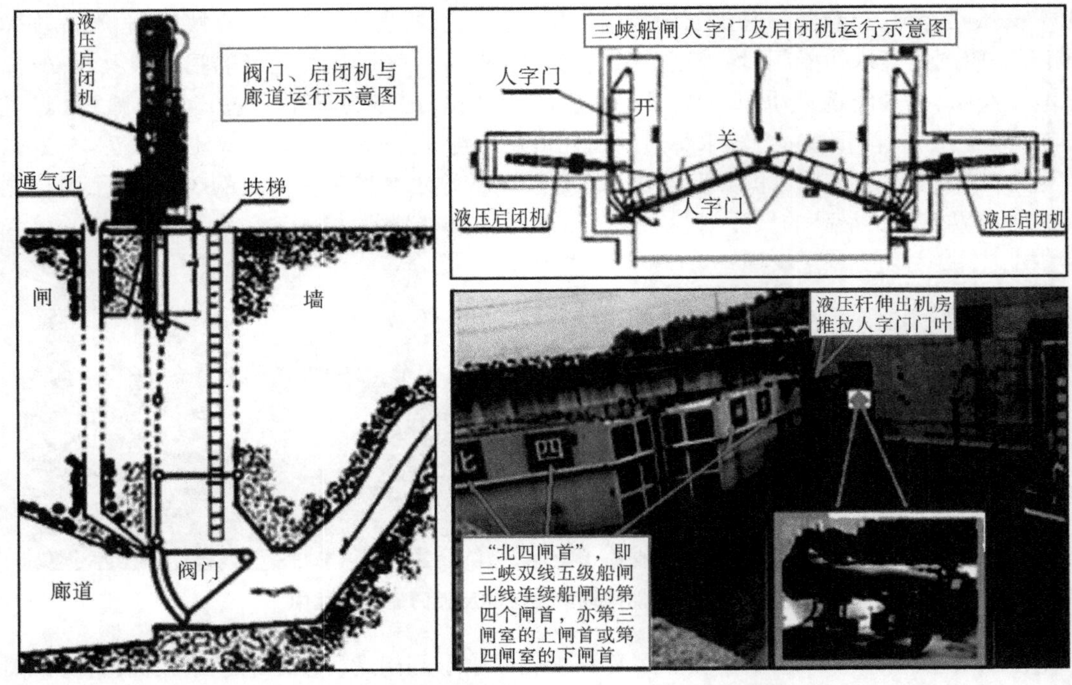

图 7-27　左为阀门与启闭机、廊道；右为人字门与启闭机、机房，右上布置图

在人字门机械式和液压式的两种启闭机中，它们分别各有其特点。有关研究表明，两种机型的人字门启闭机，其动水阻力矩均为下凹式马鞍形曲线。但是，在一般匀速运行方式下，四连杆启闭机的运行能力矩曲线和阻力矩曲线基本吻合，运行效果较为理想。而直联式启闭机的运行动水阻力矩，在启、闭门时的初始阶段第一峰值很大，与启闭机上凸的能力曲线相悖。因此，启闭机和人字门都将受到较大冲击载荷，对设备和运行均会造成非常不利的影响。虽然人字门在匀速运行方式下，四连杆的运行特性明显优于直联式。但是它有很多弱点，如设备规模庞大，扇形齿轮节圆直径、模数均很大，制造加工很困难，机构运行环节多、结构布置复杂，维修安装相当不易、工程量为直联式的 3 倍等不足之处。

三峡船闸人字门最大淹没水深 36 m，是当时世界上已建船闸淹没水深最大的葛洲坝 2#船闸的 1.8 倍。液压系统采用容积式比例调速、双向负荷平衡回路、油缸负载多级保护阀块，配合电气 PIC 控制，可实现人字门无极变速运行，并可任意调整变速曲线。我国船闸的设计科研人员，在吸收葛洲坝三座船闸运行经验的基础上，巧妙地利用液压设备这一可以无极变速的特点，模拟试验出优于四连杆启闭机的角速度曲线，采用上述大型液压直联式启闭机，不但克服了人字门大淹没水深条件下闸门的动水开关阻力，而且改善和优化了影响闸门阻力的边界条件，降低了人字门启闭时两头大、中间小的阻力峰值，使启闭力减小到 2 700/2 100 kN，从而使三峡船闸人字门启闭机的工况常年处于可调节的最佳状态。

(2)三峡船闸阀门启闭机。

船闸的工作阀门启闭机，也是根据工作水头和门型来决定的：小型船闸或使用平板阀门的输水阀门启闭机一般采用较简单的卷扬机，现代高水头船闸的输水阀门启闭机一般均采用液压式(其中包括平板阀门也有采用液压式的)。三峡船闸输水阀门启闭机采用支铰单侧最大拉力 990 t、启门力 1 500 kN 的闸顶竖缸液压启闭机。吊杆最大长度约 70 m。三峡船闸阀门液压启闭机能满足阀门需要频繁快速开启对闸室进行充泄水,并能在高速水流作用下,不致对水流产生不利影响而出现声振和气蚀等现象,能有效传递启门力直达深井底部阀门,操作灵活、方便、可靠,是世界上最先进、运行最稳定的启闭机械。

(六)船闸先进的现代信息技术与管理水平

人类文明,自原来的农耕文明时代转型进入工业文明时代开始,工业文明已经经历过三个阶段,即机械文明阶段、电气文明阶段、信息文明阶段。目前,世界正处于第三阶段的信息革命(智能化)的全面完善阶段。

机械文明阶段,是在欧洲工业革命之后,机械化生产逐渐代替人力生产,使社会生产劳动力第一次得到解放。这一阶段的主要标志是机械力逐渐代替人力。

电气文明阶段,则是从手动机械化生产逐步向电气自动化机械生产过渡,如此使社会劳动生产力得到更进一步的提高。这一阶段主要标志是:电气自动化逐渐代替了手动机械化。社会生产劳动力得到更进一步解放。

信息文明阶段,是社会生产力从自动化向智能化转变,这一阶段,自然科学技术与社会劳动生产力得到空前提高。这一阶段的主要标志是智能控制的"电脑"将逐渐代替并优于"人脑"。

新中国成立以来,在从落后的半殖民地半封建社会的农耕文明向现代工业文明转型的过程中,仅仅用了 70 年时间就基本上跨越了上述三个人类文明革命或文明转型阶段。

1. 先进的船闸运行监控技术

三峡船闸级数多,过闸船流量大,运行频繁,工况烦琐,船闸控制技术是一个非常复杂的系统工程。因此,对控制系统的安全性、稳定性和可靠性有着特别高的要求,任何一个微小的故障都有可能导致整个船闸航运系统的中断。同时,船闸在正常情况下,还要实现不同级数的双边阀门充泄水、水位平齐前提前关闭阀门、逐个闸首操作闸阀门或多个闸首同步操作闸阀门;在某些情况下还要对闸室进行补水、单边阀门输水、第六闸首主输水廊道阀门与辅助泄水阀门联合运行等特定运行工况。而且还要实现对一级闸室从进船到出船操作的控制,以及实现船舶上下行整个运行过程操作的自动化(见图 7-28)。因此,三峡双线 5 级船闸对集中控制技术的要求特别高。

正是因为如此,三峡船闸自动控制系统,选用了高度可靠的监控系统和集散式控制结构。设置现地和集中两套装置。每扇人字门机房内的现地控制站都设有一套可编程序控制器(PLC),按"硬件冗余,软件容错"的原则,采用双机冗余配置,同一闸首的两侧现地控制站互为热备,除采用冗余的快速以太网通信外,还采用电缆进行与闭锁点之间的硬连接,负责现地设备数据的采集和控制,并接收集控室计算机监控系统层的各种操作命令,完成现地控制。集中控制室内的集中监控系统由计算机监控系统及与之配套的通航信号和广播指挥系统、工业电视监视系统等组成。

三峡船闸由这些先进的自动化控制系统控制着船舶过闸的全过程,可实现集中与分散的多种方式、全流程可视监控、自动故障判断、冗余备份和多重安全保护功能,它保证了三峡船闸安全性、可靠性以及方便运行、监控和操作,是目前最先进的船闸控制技术和监控设备。

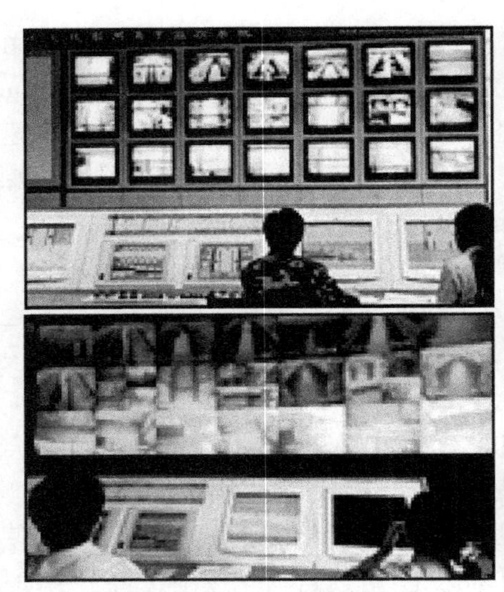
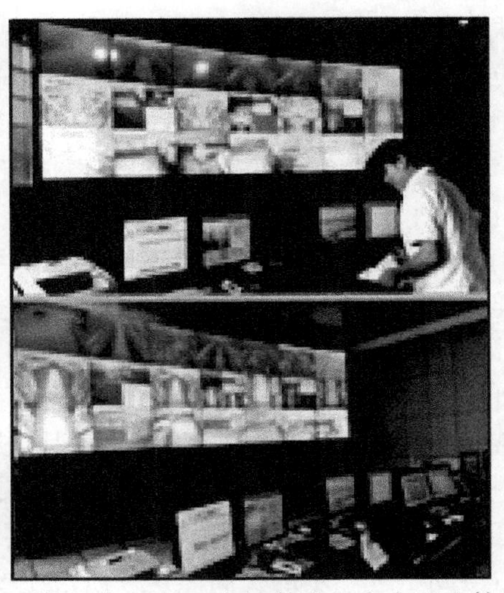

13套西门子S7—417H冗余控制系统分别对双线5级船闸的12个闸首进行安全可靠控制

图 7-28 船闸自控系统有安全性高、信息处理可靠等优点

2. 先进的水工安全监控技术

对通航建筑物实施的安全监测手段和监控技术是水工通航建筑物安全管理的头等大事，是水工通航建筑物安全监控的耳目。自 20 世纪 80 年代以来，随着世界性的自动化控制技术与计算机技术的齐头并进和飞速发展，自动化监测技术在国内外的大坝、船闸等水工建筑物以及其他工程建设领域得到广泛的应用和发展。葛洲坝船闸自 1989 年起便进行了水工建筑物安全监测自动化的尝试；先后在 2001 年实施 2#船闸平面位移和基础廊道内部观测的自动化，初步实现了葛洲坝枢纽三江通航建筑物的安全监测自动化网络。2008 年，又实施了 1#船闸右基础廊道无浮托引张线自动化监测的改造。

三峡船闸规模大、技术复杂，工程的安全性和运行的可靠性对确保船闸和长江航运的安全畅通十分重要。同时，船闸的基础状况、结构和设备的工作状况以及输水系统的水力学条件等有关船舶过闸运行安全的可靠性问题与船闸的安全运行密切相关。因此，如何对船闸两侧的高边坡，船闸的主体结构、输水系统、闸门、阀门及其机电设备等关键部位，合理地布置安全监测的仪器和设备，通过安全监测，随时收集船闸运行的各种信息，并进行分析，以便发现问题及时处理，使其在任何时候都不会发生任何有可能危及建筑物安全的问题，这些都是安全监测设计工作需要解决的重要技术问题。

三峡船闸在船闸各种设备都自身设有安全监测和保护装置的基础上，还根据土建工程各部位的重要性和代表性，相应地按不同等级设置了监测岩体和结构变形、渗流、应力应变和温度的仪器和设备(见图7-29)。从施工期开始,就分别对建筑物及基础的变形、边坡岩体回弹变形以及岩体应力的变化过程,高边坡表层及深部的水平及垂直位移,闸首门轴部位的挠度和变形,基底及墙背的渗流,地下水变化及疏干排水措施的效果,基岩及混凝土的应力、应变和温度,混凝土与基岩间接缝的开度,输水隧洞钢筋混凝土衬砌结构的应力、应变和温度,廊道、阀门和输水系统的各种水力学参数,闸首、闸室和高边坡锚固结构的受力状态等多方面进行时时动态监测。这一安全监控防护系统是坝体、船闸基础及多级船闸设备运行安全的哨兵和安全运行的可靠保障。

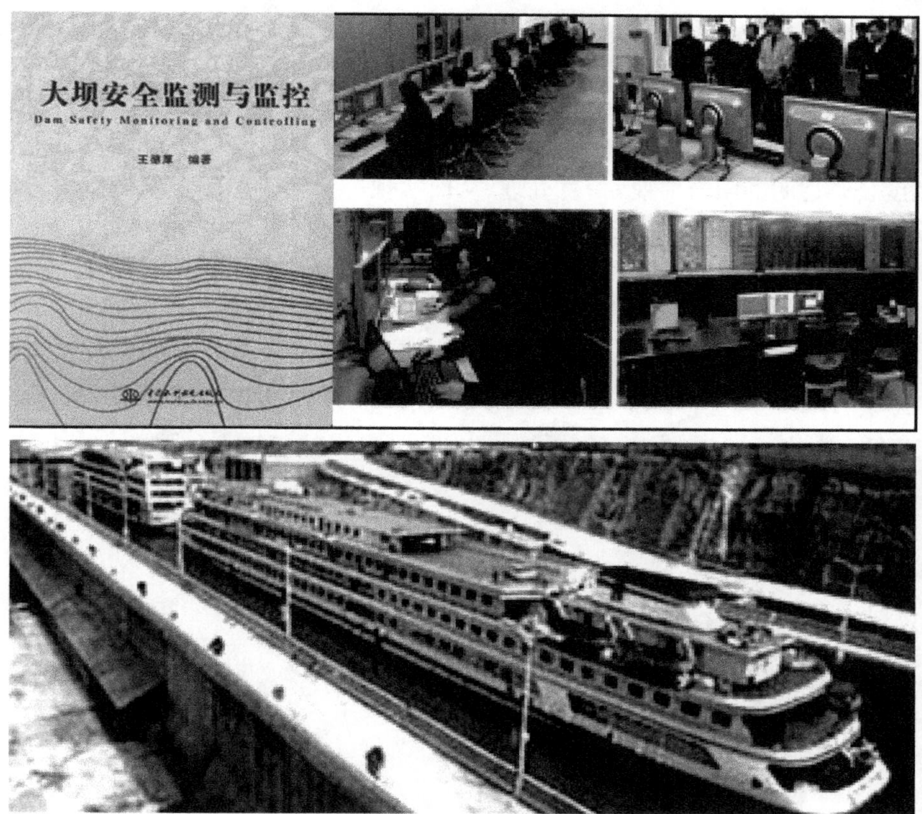

图7-29　基础监测是管理的耳目,是安全运行的保障

3. 先进的(北斗定位)监控技术

长江三峡水上原用GPS定位综合应用系统现用我国自主研发的北斗导航系统,是集数据采集、查询、控制、管理、决策、服务于一体的智能交通平台,是建成我国长江水上智能交通数据中心,满足长江水上交通监管、调度指挥和综合服务的智能交通管理要求,为沿江港航管理单位、航运企业以及社会公众提供船舶航行及通航调度与交通管理等信息查询、船岸信息交互、为航行船舶提供电子辅助导航等服务,以及对长江上的航行船舶进行有效管理(见图7-30)。

北斗导航系统性能优于其他导航定位系统。我国国内现已经普遍采用国产的北斗导航系统,因国产"北斗导航系统"的性能确实优于GPS系统,现在全球范围内已基本上取代了GPS系统。我们用北斗导航系统搭建起我国长江三峡地区船岸交互平台,实现了对航行于长江三峡河段船舶的通航安全监管、对船舶过闸实施合理调度(过闸申报与计划传递),以及对通航综合信息的发布和实现船舶辅助导航等功能;进行入网船舶的信息采集、船岸信息交互,从而满足长江三峡通航管理局调度部门、海事部门的调度指挥和海事监管等要求,为航运公司以及社会用户提供入网船舶在长江三峡通航管理局监管范围内的航行信息、调度及信息交换。具体有如下主要功能:

(1)通过电子江图和卫星定位技术,实现三峡河段船舶通航的实时安全监控、集中指挥和快速应急反应。

(2)最大限度地为航行船舶提供实时的通航电子信息服务,包括气象、水情、航道信息、海事信息、船舶过闸信息等的服务。这些服务是完全公益性的。

(3)北斗导航系统与三峡局同期开发的两坝通航调度信息系统以及与办公门户系统相结合,实现船舶远程申报和调度计划发布,实现两坝联合调度的科学化、动态化和公开化(过闸调度公开透明的阳光工程)信息处理,从而实现三峡河段船舶过闸调度向智能化、现代化迈进。这是长江三峡通航管理局建设北斗导航系统的特殊功用与特殊意义。

(4)通过北斗导航系统的实施,实现三峡局内部的资源整合,并充分发挥三峡通航管理局综合管理和综合信息服务的优势,有利于提高三峡通航管理局的整体管理水平,使船闸管理向现代化、信息化、智能化发展,并使船舶过闸向更加安全、可靠和快速的方向迈进。

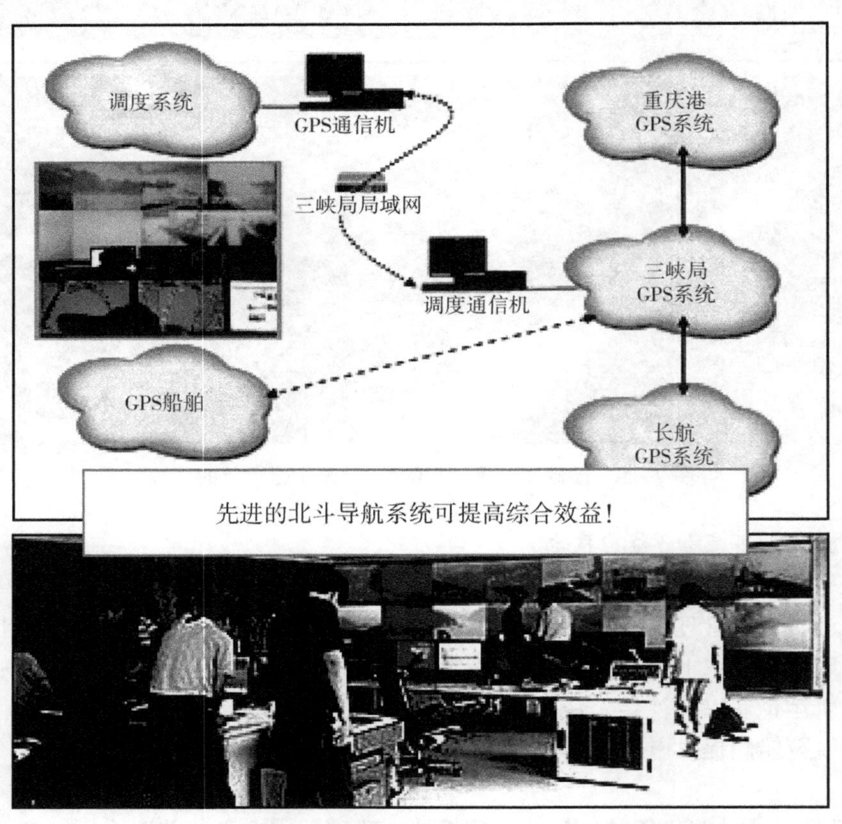

图 7-30 北斗导航系统提升航运监管水平和船闸综合效益

五、船闸文明对枢纽及社会的效益贡献

前面说过,当封建漕运制度废除之后,我国的船闸文明似乎已经走到了历史的尽头。然而,此时一个世界性的水电开发热潮出现了。伟大的革命先行者孙中山先生,目睹当时中国贫穷落后的社会现状,放眼世界经济发展和科学技术的最前沿。于是,他在从事社会变革的同时,又提出了实业救国的伟大设想。由此看到,三峡工程是基于改变中国贫穷落后的社会经济面貌,为振兴中国经济而提出的强国之策。虽然历史中断了孙中山先生的这个强国之梦的实现,但是孙中山先生提出振兴中华的强国之梦,更坚定了无数优秀的华夏儿女们为之向往与努力或者为之做出力所能及贡献的决心。

新中国成立后,首先,三峡工程是为了解决亿万人民免遭洪涝灾害之苦、为综合开发利用长江干流巨大水力资源而提出的。虽然三峡工程的论证工作持续了半个世纪之久,然而它却在中国工程史乃至世界工程史上留下了尊重事实、尊重客观规律,党和国家领导人决策民主化、科学化的典范,这是世界上所罕见的。这个酝酿论证的过程所表现出的我国决策者办事“为人民、为国家”的初衷和决心,这是与世界上乃至我国过去历史上任何时期的统治者的巨大区别。

(一)三峡船闸对长江航运的促进

1. 葛洲坝船闸运行情况

(1)通航前十年(1981—1990年)过闸情况

葛洲坝枢纽是三峡枢纽的航运梯级和反调节大坝,也是我国在长江干流上兴建的第一座大型水利水电枢纽工程。它开创了我国对长江干流巨大而潜在的水利、水力资源综合开发利用的成功先例,拉开了我国有计划地开发长江流域干、支流的巨大水力资源的序幕,并促进了长江流域经济和航运事业的发展。

在葛洲坝的三座船闸中,位于三江的2#和3#船闸,于1981年6月投入运行,大江1#船闸于1990年5月才开始试运行。如果从1981年葛洲坝一期工程完工并通航发电开始,到2010年底刚好30年时间。30年来,葛洲坝船闸对长江航运的促进以及对航运效益发挥的作用日益显现。

在葛洲坝通航的30年中,前十年2#和3#两座船闸共运行89 159闸次,通过船舶共570 516艘次,过坝货运共5 599.18万t,通过旅客共2 162.27万人次(见表7-3)。

表7-3　葛洲坝船闸前30年船闸运动规律探讨(前十年)

(1981—1990年)

年度	运行闸次/次	过船艘次/艘	过坝货运/万t	过坝旅客/万人
1981年6月	2 090	12 967	147.02	64.58
1982年	6 880	35 356	346.81	128.54
1983年	7 906	59 705	459.16	155.31
1984年	9 221	66 659	552.39	177.54
1985年	9 015	66 533	554.83	219.06
1986年	8 600	61 965	549.48	249.86

续表 7-3

年度	运行闸次/次	过船艘次/艘	过坝货运/万 t	过坝旅客/万人
1987 年	10 315	61 965	549. 48	249. 86
1988 年	12 090	70 068	770. 77	329. 70
1989 年	11 571	73 480	873. 16	296. 38
1990 年	10 652	63 063	708. 49	268. 42
合计	89 159	570 516	5 599. 18	2 162. 27

(2)第二个十年(1991—2000 年)

第二个十年 1#、2#、3#三座船闸同时运行,总共运行 134 660 闸次,通过船舶共 843 401 艘次,过坝货运共 11 362. 81 万 t,通过旅客共 3 882. 48 万人次(见表 7-4)。

表 7-4 葛洲坝船闸前三十年船闸运动规律探讨(中十年)

(1991—2021 年)

年度	运行闸次/次	过船艘次/艘	过坝货运/万 t	过坝旅客/万人
1991 年	10 009	62 982	737. 64	321. 42
1992 年	12 057	75 092	928. 45	416. 34
1993 年	12 131	77 519	952. 42	418. 58
1994 年	14 353	89 405	1 045. 38	443. 60
1995 年	16 341	112 201	1 430. 06	441. 25
1996 年	18 257	117 788	1 591. 26	482. 97
1997 年	14 616	98 816	1 386. 37	479. 23
1998 年	10 946	73 146	1 036. 90	303. 10
1999 年	12 422	69 305	1 056. 90	315. 00
2000 年	12 528	67 147	1 202. 73	269. 60
合计	134 660	843 401	11 362. 81	38 824. 8

(3)第三个十年(2001—2010 年)

第三个十年三座船闸共运行闸次 154 032 次,通过船舶共 636 807 艘次,过坝货运共 40 880. 35 万 t,通过旅客共 1 318. 77 万人次(见表 7-5)。

表 7-5 葛洲坝船闸前 30 年船闸运动规律探讨(后十年)

(2001—2010 年)

年度	运行闸次/次	过船艘次/艘	过坝货运/万 t	过坝旅客/万人
2001 年	13 791	730. 48	1 514. 01	265. 62
2002 年	14 313	70 416	1 802. 76	256. 83
2003 年	9 788	49 299	1 744. 27	95. 83
2004 年	15 323	75 313	3 041. 89	152. 85
2005 年	16 966	68 473	3 541. 54	169. 04

续表 7-5

年度	运行闸次/次	过船艘次/艘	过坝货运/万 t	过坝旅客/万人
2006 年	16 252	63 002	4 231.64	147.97
2007 年	16 224	58 909	4 985.93	76.74
2008 年	17 058	59 670	5 335.66	74.43
2009 年	16 444	56 298	6 394.32	52.52
2010 年	17 873	62 379	8 208.73	2 694
合计	154 032	636 807	40 880.35	1 318.77

由此得知，葛洲坝三座船闸 30 年总共运行 377 851 闸次，通过船舶 2 050 724 艘次，过坝货运 57 842.34 万 t，通过旅客 7 363.52 万人次。如果我们将统计资料中的前十年、中十年和后十年的有关数据进行分析比较的话，其中，过坝货运量前十年到中十年按 2 倍、中十年到后十年按 3.6 倍递增；客运量前十年到中十年按 1.8 倍增长，接着，后十年由于宜渝之间的高速公路和铁路开通，过坝旅客量有所萎缩，后十年客运总数几乎是中十年总数的 34%和前十年总数的 61%。由此看到，在 1981—2010 年的 30 年时间内，长江航运的货运量增长了 7.3 倍。客运虽有铁路、公路同业竞争，然而 30 年中，仍然有 7 000 多万旅客于水路乘船从葛洲坝船闸通过。

同时，我们还可以看到，在葛洲坝船闸的货运通过量 30 年增长了 7.3 倍的同时，虽然船闸的运行闸次和过坝船舶数量都有所增加，但是运行闸次的增加却是有限的。这说明，30 年来葛洲坝船闸的管理水平在逐年提高。这是船闸的故障率降低、过闸效率和闸室有效面积的利用率在不断提高的结果。

2. 三峡船闸前八年运行规律

三峡双线五级船闸于 2003 年 6 月开始试运行。从 2003 年到 2010 年，大约有 8 个年头（见表 7-6）。8 年中，三峡双线五级船闸共运行了 63 728 闸次，通过船舶 447 048 艘次，过坝货运 36 063.23 万 t，过坝旅客 926.17 万人次。

表 7-6　三峡双线五级船闸初期（前八年）运行规律探讨（2003—2010 年）

年度	运行闸次/次	过船艘次/艘	过坝货运/万 t	过坝旅客/万人
2003 年 6 月	4 386	34 880	1 376.99	108.14
2004 年	8 719	75 056	3 430.59	172.60
2005 年	8 336	63 949	3 291.11	188.35
2006 年	8 050	56 383	3 939.10	161.99
2007 年	8 087	53 312	4 685.92	84.87
2008 年	8 661	53 351	5 670.26	85.49
2009 年	8 082	51 815	6 088.87	73.94
2010 年	9 407	58 302	7 880.39	50.74
合计	63 728	447 048	36 063.23	926.17

11月28日,中国长江三峡集团公司发布消息:三峡船闸今年已通过货物9 140万t,其中上行货运量达到5 018万t,提前19年达到并超过了三峡船闸设计时提出的“2030年单向通过能力达5 000万t”的指标。

据悉,我国在长江经济带战略的实施过程中,长江航运的活力得到显著提升。2014年,三峡船闸的运行和通过能力两者均创历史新高:三峡船闸全年共安全运行10 794闸次,货运通过量11 929.2万t(含客运折合运量1 031.2万t),同比分别比前一年增长0.22%、12.98%;输送旅客52.1万人次,同比增长20.52%,葛洲坝三座船闸共运行18 619闸次,货运通过量为11 772.5万t(含客运折合运量219.4万t),比前一年同比增长4.17%、12.39%。两大枢纽航运效益的发挥,已经大大超过当初三峡船闸和葛洲坝船闸设计时提出的“2030年单向通过能力达5 000万t的指标”的2倍以上。

由此看到,由于我国实施了综合开发利用长江干流水力资源的措施,三峡和葛洲坝两枢纽航运效益的发挥,有力地支援了库区和西南地区的经济发展与腾飞。这是现代船闸文明促进和实现了黄金水道的长江经济带腾飞的辉煌成就。

(二)三峡枢纽对国家经济腾飞的促进

当我们用现代文明学理念去审视中国三峡工程时,三峡枢纽除了它的巨大防洪效益和航运效益外,还具备作为中国经济起飞产业的一切特征。因为它不但可以作为我国西南优质水电基地滚动开发的印钞机效应,而且也具有提供启动资金的巨大带动性作用。三峡电站初期规划是26台70万kW的机组,也就是装机容量为1 820万kW,年发电量847亿kW·h。然而,在兴建过程中,三峡的建设者与科研设计工作者们,为更大地发挥三峡工程巨大水力资源的效益,后来又在右岸大坝的“白石尖”山体内建设了一个地下电站,安装6台70万kW的水轮发电机。再加上三峡电站自身的两台5万kW的电源电站。总装机容量达到了2 250万kW,年发电量约1 000亿kW·h,是葛洲坝水电站的10倍,总发电量约占(当时)全国年发电总量的3%,占全国水力发电量的20%。其源源不断的电能,相当于18座大亚湾核电站或10座250万kW的火力发电站和一个年产5 000万t原煤的巨型煤矿以及相应的运煤铁路。而且三峡电站基本处于我国负荷中心,它向华中输电距离在500 km以内,向华东输电约1 000 km,将为华中、华东两大区域提供廉价、清洁、丰富的电力资源。它既可以带动上述地区的机械、电子、建筑、水工、旅游、军工、化工等产业的发展,同时,由于其特殊的地理位置,则又可以带动长江沿线高耗能的汽车工业、冶金工业等产业(长江产业经济带)的发展。而且长江开发总公司在三峡枢纽建成后,其源源不断的水电收益又可以作为我国广大西南地区的众多优质水电基地的水电开发的启动资金,并带动我国西部与西南地区丰富的水电资源开发,以及我国特高压输电系统的“西电东送”,促进全国的经济建设更大、更快地发展。由此看到,三峡工程建设就是我国有别于其他任何国家发展的一个独特的、新的经济增长点。

(三)开发得天独厚的“黄金水库”

根据地球物理学“板块漂移说”理论,地球表面,即整个地壳,是由漂浮于炽热岩浆上的固态板块拼合而成的。由于宇宙万有引力与地球自转等作用力影响,漂浮于炽热岩浆上的地壳板块会因此产生相互移动、挪位与挤卡等位置变化。这就是地球物理学对地壳运动“板块漂移”的科学解释。

南亚次大陆位于赤道附近,地球自转与季风等内外作用力让印度洋中脊不断扩张,使得南亚次大陆板块不断向北漂移推进,同时不断揳入亚欧板块之中,从而迫使亚欧板块南部边缘地带不断向上隆升,历数万年之久,逐渐形成我国著名的世界屋脊——青藏高原和高耸入云的喜玛拉雅山山脉。据实测,喜玛拉雅山脉迄今仍以每年 0.33~1.27 cm 的速度不断向上爬升。于是,造就了我国西高东低的三级台阶式地形以及复杂多变的各种不同的气候与地理条件,从而导致我国每年水旱灾害频频发生。然而,在大自然给我国造成了如此众多之灾害与磨难的同时,也馈赠给我国一个世界上唯一的固态"黄金水库"和众多高山深谷的优质水电基地。

本书主题是研究中华文明的子系文明——船闸文明的演变进化历史。然而,历史也是有根有据的,这个根就是水,据就是事实。有了水,才会有水利;有了水利,就有了中华文明的起源和船闸文明的孕育(因为"兴修水利是孕育船闸文明的土壤")。有了水,才会有水运;有了水运,才会为扩大运输范围而去开凿运河。于是,从此就有了船闸文明的诞生和中华文明的发展(因为"开凿运河是诞生船闸文明的温床")。再后来,就有了漕运,接着就不断有了船闸文明的创新与传承(因为"漕运伴随着船闸文明成长")。水利、水运本是孪生兄弟,随着现代科学技术的发展,后来的水电小弟,在 18 世纪与 19 世纪之交异军突起。当今世界水电小弟已经基本追赶上两位兄长而三兄弟并驾齐驱了,现代人称其为"三水文明"。

"水利、水运、水电"合称"三水"系统,同属一个"水"字大家族的"三水文明",它把我国重要的三大行业紧密地联系在一起。水是一切生物生存的最基本物质或条件。五千年前,我们的祖先就是在"求生存、谋发展"与自然抗争中,因为"防洪治水"成就显著,才使原始社会的禅让制突然变成了奴隶社会的继承制,从而使我国比西欧各国跨入文明时代的"铁门槛"要早一千多年。虽然几千年来,我国因船闸文明的诞生,促进了中华文明的发展和社会经济的进步,然而时过境迁、沧海桑田,直到清末,经历过 3 000 多年历程的船闸文明,最终因封建社会的没落、帝国主义的侵略以及维护封建统治的生命线——漕运的突然废止而衰竭。

水电与水运,本是同根生,但是,它们又相互矛盾、长期不和:水电需要拦河建坝,建坝后又影响水运船舶自由通航;二者若选其一,必废其一。然而,正是因为有了船闸文明,才使得这一对长期不和的兄弟终于"认祖归宗"了。于是,使我们今天在开展水电建设的同时具有了诸多独特的优越条件:

第一,我国有独一无二世界屋脊的固态"黄金水库"源源不断的水源供应。

第二,我国有无数"大江东去"而得天独厚的峡谷型优质"水电基地"。

第三,我国有世界顶尖的"基建狂魔"水电施工队伍。

第四,我国有全球最全面的基础工业门类的加工实力。

第五,我国有世界上最先进的特高压远程输配电技术。

水电促进了船闸文明的辉煌,船闸文明促进了水电事业突飞猛进的发展(过去很多不能建电站的地方,现在因为有了船闸文明和水电施工队伍建设高坝的能力,什么险恶的地方都能建电站了)。这让我国的水电建设遍地开花、水力发电能力如芝麻开花节节高。世界上一般都把水电称之为"经济发展的印钞机",有了这么众多印钞机的新的增长点,中国的经济发展如虎添翼般地迅速腾飞起来。

(四)我国十三大优质水电基地

在"十二五"期间,我国继续加快了开发长江上游的乌江、南盘江、红水河、黄河中上游及北干流、湘西、闽浙赣和东北等7个水电基地。还重点开发了金沙江、雅砻江、大渡河、澜沧江、怒江、黄河上游干流等6个分布在西部地区的水电基地。

(五)我国水电站发展前景乐观

1. 我国在建和已建的水电站

2023年前,在世界上已经在建的2 000 MW以上的22个水力发电站中,中国占据6座(见表7-7),居世界之首。白鹤滩水电站投产后,其装机容量达16 000 MW,超过溪洛渡水电站(13 860 MW)和伊泰普水坝(14 000 MW),白鹤滩水电站跃居世界第二。

表7-7 我国在建和已建的水电站

水电站名称		河流	装机容量/MW	竣工时间
中文名	英文名			
白鹤滩	Baihetan	金沙江	16 000	2011
乌东德	Wudongde	金沙江	10 200	2020
两河口	Lianghekou	雅砻江	3 000	2021
玛尔挡	Maerdang	黄河	2 200	2018
双江口	Shuangjiangkou	大渡河	2 000	2023
苏洼龙	Suwalong dam	金沙江	1 200	2021

世界上水电站装机容量在1 000 MW以上的有187个水力发电站,其中,中国占据了29座,居世界之首。在中国29座水力发电站中,长江流域就占了16座。

截至2018年我国兴建的12个大型水电枢纽工程见表7-8。

表7-8 截至2018年我国兴建的12个大型水电枢纽工程

排序	电站名称	所在河流	装机容量/万kW	年发电量/亿kW·h	始发电年份	最大水头/m
1	三峡水电站	长江	2 250	847	2003	113
2	溪洛渡水电站	金沙江	1 386	571.2	2014	197
3	白鹤滩水电站	金沙江	1 250	540.95	在建	—
4	乌东德水电站	金沙江	1 020	387	在建	—
5	向家坝水电站	金沙江	775	307.47	2012	—
6	龙滩水库	红水河	630	187	2007	—
7	糯扎渡水电站	澜沧江	585	239.12	2012	—
8	锦屏二级水电站	雅砻江	480	242	2012	—
9	小湾水电站	澜沧江	420	185.4	2009	—
10	拉西瓦水电站-水库	黄河	420	102.23	2009	—
11	二滩水库	雅砻江	330	170	1998	—
12	瀑布沟水电站	大渡河	330	147	2009	—

2.“金沙四杰”水电站简介

横断山区，高山深谷，河道峡窄，奔腾而过的金沙江，蕴藏着潜力巨大的水能资源。2002 年，国家授权三峡集团开发金沙江下游河段的乌东德、白鹤滩、溪洛渡、向家坝 4 个水电站（见图 7-31、图 7-32）。它们的总装机容量相当于“两个三峡”。从此，“金沙四杰”水电站进入了我国人民的视野。

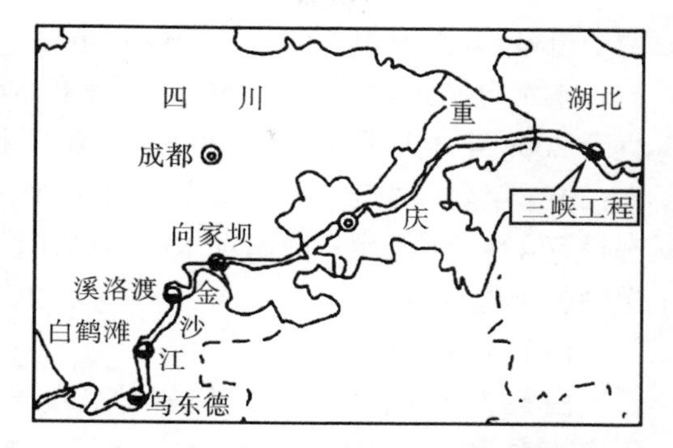

图 7-31　水电“金沙四杰”地理位置

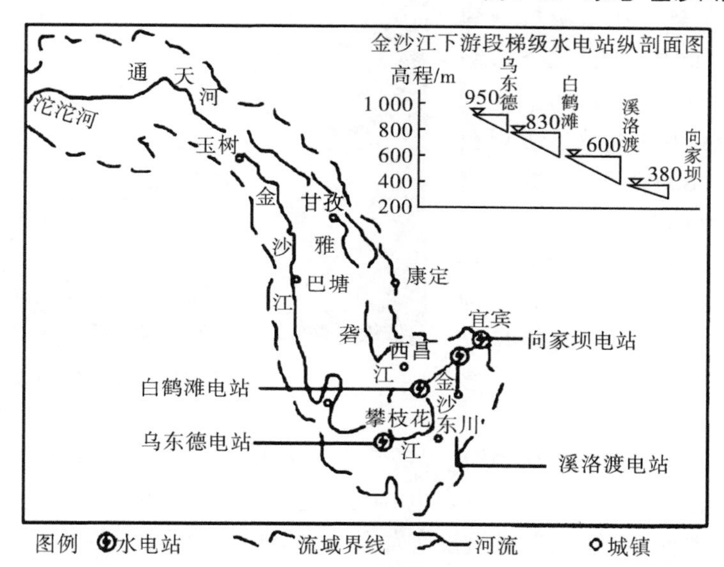

图 7-32　金沙江下游河段梯级水电站规划平面布置

（1）向家坝水电站简介。

向家坝水电站是金沙江下游水电梯级开发中最末的一个梯级，坝址位于四川、云南两省交界的金沙江下游河段上，右岸是云南省水富县，左岸为四川省宜宾县（见图 7-33）。水电站下距宜宾市区 33 km。向家坝水电站以发电为主，兼顾防洪、渠化航道与灌溉、拦沙等多种功能。同时，还对溪洛渡水电站调峰具有反调节作用。本水电站主要供电华中、华东地区，兼顾云南、四川两省用电需求。

图 7-33　向家坝水电站

向家坝水电站装机容量 600 万 kW，正常蓄水位 380 m 时，保证出力 200.9 万 kW，多年平均发电量 307.47 亿 kW·h，装机年利用小时 5 125 h。向家坝加上溪洛渡（1 260 万 kW）

两个电站,其总发电量约大于三峡水电站。

本水电站正常蓄水位 380 m、死水位 370 m,总库容 51.63 m^3,可进行不完全年调节。工程于 2004 年 4 月开始筹建,2006 年 10 月主体工程正式开工,计划将于 2012 年首批机组发电;2015 年全部竣工。总工期约 9 年 6 个月。按 2006 年一季度价格水平计算,整个工程静态投资 434.24 亿元。向家坝水电站的建设条件好、综合效益显著、经济指标优越,是西电东送的骨干电源点。

(2)白鹤滩水电站简介。

白鹤滩水电站位于四川省凉山州宁南县和云南省昭通市巧家县境内,是三峡集团在金沙江下游投资建设的四座梯级电站中的第二个梯级(见图 7-34)。电站总安装 16 台全球单机容量最大的百万千瓦水轮发电机组,总装机容量 1 600 万 kW。它具有以发电为主,兼有防洪、拦沙、改善下游航运条件和发展库区通航等综合性效益。水库的正常蓄水位 825 m,相应库容量为 206 亿 m^3,地下厂房装有 16 台机组,初拟装机容量 1 600 万 kW,多年平均发电量 602.4 亿 kW·h。

图 7-34 白鹤滩水电站

2021 年 5 月,白鹤滩水电站入选世界最前十二大水电站。截至 2022 年 2 月 26 日,白鹤滩水电站年内发电 90 亿 kW·h,累计发电 646.5 亿 kW·h。2022 年 12 月 20 日,三峡集团白鹤滩水电站安全准点实现全部机组投产发电,它标志着我国在长江上建成的全球最大清洁能源走廊的"金沙四杰"在世界崭露头角。

白鹤滩水电站是仅次于三峡电站的世界第二大水电站,多年平均发电量可达 624.43 亿 kW·h,能够满足约 7 500 万人一年生活用电的需求,可替代标准煤约 1 968 万 t,减排二氧化碳约 5 200 万 t。

三峡集团机电专业总工程师张成平表示,目前我国自主研制安装的白鹤滩水电站 16 台百万千瓦水轮发电机组运行稳定,质量达到精品指标,远优于国家标准和行业标准,机组性能优良,标志着中国水电设计、制造、安装调试技术已经成功登顶世界水电装备的"珠峰"。

(3)乌东德水电站简介。

乌东德水电站是已建成的中国第四、世界第七大水电站,是我国实施"西电东送"的国家重大工程,于 2021 年 6 月实现全部机组投产(见图 7-35)。它是流域开发的重要梯级工程,静态总投资 956.5 亿元。以发电为主,兼具防洪、航运和拦沙作用。工程施工中创下世界最薄 300 m 级双曲拱坝等八项"世界第一",首个高拱坝坝身不设底孔,首次全面应用智能灌浆技术等十五项"全球首次"施工创新,实现建设无缝大坝零的突破。

乌东德水电站安装 12 台单机容量为 85 万 kW 的水轮发电机组,总装机容量 1 020 万 kW,多年平均年发电量 389.1 亿 kW·h。最大坝高 270 m,平均厚度 40 m,厚高比仅为 0.19,是目前世界上最薄的 300 米级双曲拱坝,也是世界首座全坝应用低热水泥混凝土浇筑的特高拱坝。在大坝混凝土浇筑过程中,控制坝体内外部水化放热出现的较高的温度差,避免混凝土结构因温差产生裂缝,从而影响大坝的运行安全。为解决大坝的温度裂缝问题,乌东德建设者们在全坝使用低热水泥混凝土,建成至今没有一条温度裂缝,实现“无缝大坝”零的突破。

图 7-35　乌东德水电站

(4)溪洛渡水电站简介。

溪洛渡水电站位于金沙江下游云南省永善县与四川省雷波县相接壤的溪洛渡峡谷,是西部大开发战略的骨干工程,设计装机容量 1 260 万 kW,装机容量仅次于三峡水电站,居世界第三位(见图 7-36)。2007 年 11 月截流,2013 年 6 月首批机组发电,2015 年竣工。整个工程静态投资 503.4 亿元。电站以发电为主,兼有防洪、拦沙、改善下游航运条件、具有环境和社会交通等方面的巨大综合效益。电站可保证出力 665.7 万 kW,发电量达 540 亿 kW·h,可增加下游三峡、葛洲坝电站保证出力 37.92 万 kW。工程可以减少三峡库区 34.1% 的入库沙量,与三峡水库联合调度可减少长江中下游分洪量 27.4 亿 m^3。

图 7-36　溪洛渡水电站

溪洛渡水电站是国家“西电东送”战略的骨干电源,对实现我国能源合理配置、改善电源、改善生态环境有着极其重要的作用。华东地区是我国重要的工业基地,但区域内水电比重小,结构不合理,需补充水电,改善电源结构,溪洛渡输送电力电量容易被电网吸收,可全部输送给华中和华东地区。

3.“金沙四杰”上游还有“中游八俊”

2004 年国家公布的金沙江中游水电开发计划中,水电巨头们将开发上虎跳峡、两家人、梨园、阿海、金安桥、龙开口、鲁地拉、观音岩 8 个电站,总装机容量 2 058 万 kW;随后,华电集团进军金沙江中游,计划开发 8 个梯级电站。

因此,除前面简介的金沙江下游的“金沙四杰”外,即将开发建设金沙江中游的这“中游八俊”,也可见我国水电开发潜力巨大。

(六)对水电开发的认识

在简介我国水电开发的伟大建设成就的同时,这里也介绍几种认识:

站在不同的角度看待水电开发问题,不同的人总是有不同的认识的。例如,开发与环境保护是一对矛盾:主张进行开发的人总希望开发最大化,因此经济效益也就会最大化,我国经济发展的速度也会最大化;然而,主张环保的人则有不同的认识,他们认为水电开发影响鱼类洄游、引发地震灾害。

笔者认为:要发展就不能不进行必要的开发。同时,地球是人类的家园、生存的根本,光开发不考虑环境保护也是不行的。中国长江三峡集团公司原董事长、现湖北省政府副省长曹广晶先生说得好:“环保机构和有关人士不能完全站在反对开发的立场上,水电企业及相关人士也不能完全不顾环保而无序开发;总的原则应该是,在开发中实施保护,在保护中进行开发,这才是最根本原则。”

于是,我国在水电开发的同时,也注重环保建设,在水电开发中重视环境保护,在重视环境保护中促进水电开发。例如,建设鱼类洄游通道,设立生态保护区和环保监测站、地震监测站……进行必要的合理规划,统筹兼顾。

(七)新世纪“运河三剑客”通江达海

根据交通运输部2021年的年度报告,截至2020年末全国内河航道通航里程为12.77万km,三级及三级及以上(千吨级)高等级航道里程1.44万km,占我国通航总里程的比重为11.3%。此数据如果与西方发达国家相比较,其中,美国为61%,德国为68%。很显然,我国的内河航运的高等级航道里程占比明显偏小。随着国家“双碳”目标提出,由于内河航运的运量大、能耗与成本低等优势,于是内河航运被提高到一个全新的战略高度。在“十四五”时期,我国明确表示要补齐内河航运基础设施建设的这个短板,开始了我国新中国成立以后,被称之为新中国第一批“世纪工程”的三剑客运河系统将陆续开凿,依次为“平陆运河”“湘桂运河”“赣粤大运河”三大运河工程,从而推进我国“四纵四横两网”国家高等级航道建设,加强加快我国内河水系的沟通和区域性成网的建设。根据规划,平陆运河总投资超过700亿元,湘桂运河预计总投资约1 496亿元,浙赣粤大运河总投资超过3 000亿元。

这其中,因平陆运河的总投资额最低,施工难度也最小,因此平陆运河的开凿就成为国家内河航运基础设施建设施工的“先导性”工程。它就像我国建造港珠澳大桥一样,建成后将成为我国内河航运基础设施建设的标杆,为另外两条大运河乃至更多的运河工程开建积累经验。

运河是人工开凿的通航河道,倘若修建不合理或者不科学的话,就可能改变运河沿线原有的生态环境,使当地的生态平衡遭受破坏,从而使现有运河沿线正常经济建设以及人类活动受到影响。所以,在实施建设前,需要严谨和详细的论证过程,然后才能实现将来经济、社会效益的最大化。

(八)“大藤峡船闸”赶超“三峡第一门”

广西大藤峡水利枢纽位于珠江流域西江水系黔江河段大藤峡峡谷的出口处,下距广西桂平市黔江的彩虹桥约6.6 km,是国务院批准的《珠江流域综合利用规划》《珠江流域防洪规划》中共同确定的流域防洪关键性工程,是《珠江水资源综合规划》《保障澳门、珠海供水安全专项规划》都特别提出的流域关键性水资源配置工程,而且还是国务院确立的全国172项节水、供水重大水利工程的标志性工程(见图7-37右)。

枢纽建成后,可有效调控西江枯水期径流,抑制咸潮上溯,对于保障珠江三角洲包括澳门在内广大群众的饮水安全具有不可替代的作用。同时,与西江上游的龙滩水库和下游堤防工程联合运用,还可有效调控供水,对提高西江中下游和西北江三角洲地区以及浔江河段的防洪保障能力具有极其重要的作用。同时也可充分开发利用梯级水能资源,缓解电力供需矛盾,促进地区经济社会发展,并可与流域内其他骨干水库联合调度,有效调控西江枯水

图 7-37　大藤峡水利枢纽建设前后比较

期径流量,控制洪水并满足流域起码的生态流量水平。而且在大坝涌高水位后还可以渠化库区航道,提高黔江航道标准和通航能力,发展沿江航运,促进流域经济发展,扩大灌溉面积,满足和保障灌区人畜饮水安全,促进地区经济可持续发展。

2014 年 11 月 15 日,大藤峡水利枢纽工程建设动员大会在桂平市召开,标志着打造西江黄金水道的控制性重大工程进入全面建设阶段。大藤峡水利枢纽工程于 2015 年初正式开工,计划建设周期为 9 年,总投资超过 300 亿元。按计划,2019 年 5 月 30 日左岸工程建设项目如期达到围堰进水条件的阶段性建设目标。2019 年 11 月实现大江截流,计划大藤峡水利枢纽工程于 2023 年全线竣工。

2019 年 5 月 30 日,大藤峡水利枢纽左岸工程建设初步达到围堰破堰进水条件的阶段性建设目标。2019 年 8 月 22 日,大藤峡水利枢纽船闸下闸首人字门开始进行安装施工。

大藤峡枢纽船闸下首人字门设计高度为 47.5 m、宽度为 20.3 m,单扇门重 1 295 t。船闸水头 44 m。由此得知,大藤峡船闸下游人字门单扇门叶要比三峡多级船闸的单扇门叶还要高 7 m。于是,大藤峡船闸的人字门便在闸门高度、闸门重量以及单级水头上超过三峡多级船闸的单级人字门重量和高度而成为当今世界名副其实的世界“第一高大闸门”。其闸室充泄水时间每次约 12 min,单次过闸时间仅需 1 h。其船舶过闸效率要比常规二级船闸提高将近 1 倍。

大藤峡水利枢纽工程位于珠江流域西江水系黔江河段的大藤峡峡谷出口处,是广西最大、最长的峡谷。受险滩、河谷的自然条件影响,大藤峡工程未开工之前,黔江碍航险滩多,航道等级在Ⅳ级以下,行船速度缓慢,穿越 41 km 的大藤峡谷就需耗费 4 h 时间,原通航吨位仅 300 t 级,年货运量只有 1 300 万 t(2018 年水平)(见图 7-38、图 7-39)。

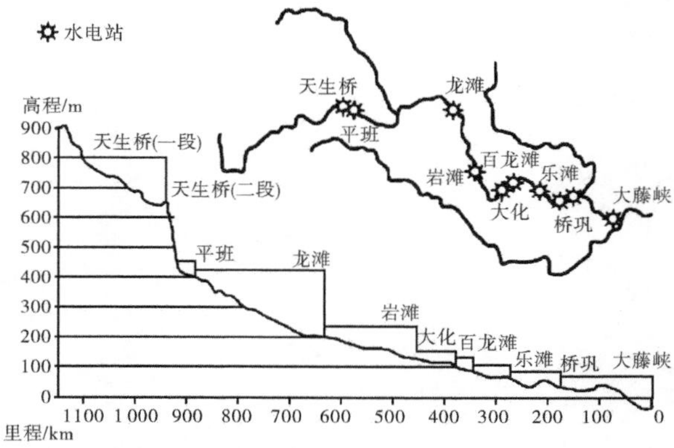

图 7-38　广西大藤峡水利枢纽位置(右)及船闸通航(左)

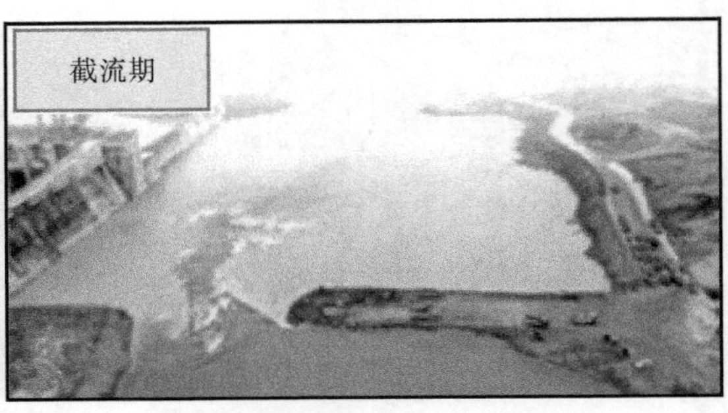

图 7-39 大藤峡水利枢纽施工与截流

2019 年 3 月 31 日 15 时 19 分,珠江流域起关键性控制作用的水利枢纽——大藤峡船闸试通航取得成功。这在珠江航运发展史上是一个划时代的里程碑。因此,大藤峡水利枢纽工程被喻为珠江上的"三峡工程"。该工程建成后,西江的航行船舶从此提高至 3 000 t 级规模。年货运量由当前的 1 300 万 t 可提高到 5 400 万 t,可将航道等级全部提高到Ⅱ级以上,通航吨位提升至内河最高等级 3 000 t 级,2 500 t 船舶可直航柳州,3 000 t 级可直达来宾。船闸单次通过量 1. 29 万 t,相当于 215 节火车皮的运量。从此,大藤峡水利枢纽成为名副其实的"黄金水道"和西江亿吨航运线上的关键节点。将为珠江-西江经济带建设和广西全面对接粤港澳大湾区提供重要战略支撑。

同时,大藤峡水利枢纽电站安装着国内最大的轴流转桨式水轮发电机组,其年发电量 60. 55 亿 kW · h,可解决桂中 120. 6 万亩耕地干旱缺水问题,保障粤港澳大湾区 7 000 万人供水安全。而且枢纽内独特的双鱼道布置,可满足红水河珍稀鱼类洄游过坝,从而满足了内河渔业发展的需求,并大幅度提升了下游和珠江三角洲防洪标准。

第八章　船闸文明演变进化与传播途径

第一节　船闸文明演变进化过程探索

船闸文明演变进化史既是在中华文明乳汁哺育下的一个行业专史，同时又是组成伟大中华文明博大精深内涵的重要内容之一。对船闸文明演变进化史的探索，是研究船闸文明发展演变规律的一个文史与社科类的史学研究分支。同时，它还是一个集理工、水电与现代信息控制技术于一体的综合性边缘学科的研究课题。从船闸孕育、诞生与发展至今，它主要研究内容应该包括孕育条件、诞生时机、时代背景、历史渊源、理论基础、社会变革、演变过程等。归根结底，我们完全可以这样讲：船闸文明演变进化的历史，其实，就是科学地研究在人类文明发展进步过程中，组成中华文明整体之一的重要子系文明，在漫长的发展演变过程中所经历的设计理念、技术创新、环境影响、社会需求与曲折的探索与实践过程，以及先人们为满足时代与社会对水运的需求，战胜各种艰难险阻，艰苦奋斗、自力更生、不断创新的历史经历。我们对船闸文明演变史的探索与研究，不可避免地要对其母亲文明即中华文明源远流长的悠久历史进行一些挖掘、梳理的回忆，从而展现伟大中华文明博大精深的历史内涵。马克思辩证唯物主义与历史唯物主义的观点认为：世界上一切事物的发生与发展，除了普遍性的一般规律外，还应具有其自身的特殊性规律。船闸文明演变过程当然也不例外，它是随着历史的进步和社会的发展而发展的，这是普遍性规律；然而，船闸演变条件与时机、演变过程以及其因果关系，都具有其独特的继承性、连续性和规律性等，这些历史渊源，都是我们现在探索和研究船闸文明演变过程中不可或缺的最根本的要素、依据或者方法。所以，在探索工作中，我们不应当割断历史，而应该通过历史轨迹去寻求和探索其演变进化的真实过程及其发展脉络，从而对日后的工作起着借鉴与启迪作用。

在人类文明起步阶段，原始人类经受了无数次劫难与考验，然而最重要、最险恶的劫难与考验还是水灾无情，水患连年。水是维持一切生命活动不可替代的物质，是人类赖以生存和农业发展的必需条件。远古时期，经久连年的水灾对人类的生存造成了极大威胁。现在看来，这一时期，是地球在间冰期后引发的全球性气候异常的灾难，这在世界各国的历史记载或传说中都有相同的记述。

“水利”是中国独有的词汇，它蕴含着几千年中华先民们对水的认识以及与大自然抗争之艰苦奋斗历史的深刻体验。时至今日，“水利是农业的命脉、水利是国民经济的基础”这句话，历来都是我国对社会经济发展的创造性的论断。

水利在中华民族的发展过程中具有特殊的重要地位，早在4 000多年前，大约相当于父系氏族公社时期或略早一些时，传说共工氏就采取了“壅防百川，堕高堙庳”的方法来治水。简单点说，其实就是“修堤筑坝，导流平地”，让农田不受水淹，要旱田得到灌溉，这些都是我国先民们最初治水的经验之策。

从《世界水利史》得知，不管是中华民族还是世界其他民族，人类初期治水，各地方、各民族虽然各有特色，然而治水之初，最原始、最基本的方法无一不是修堤筑坝。当然，人类初期修堤筑坝的主要目的不外乎以下三个：有的是为了防洪，筑堤以阻隔洪水冲毁或淹没原始住所与种植田园；有的是为引水灌溉，初期农业的禾苗离开了水的滋润，将一无所获；有的则是为了“疏川导滞，陂障九泽”排干积水，以利垦殖土地而保障农田收获，既可发展农业生产，又可成为水运通道。

由此看到，人类初期时，世界各地在同一个时期的范围内或先或后地首先使用的最简便的治水方法就是修堤筑坝。

一、修堤筑坝是人类早期治水的主要手段举例

中国治水最先使用修堤筑坝的是4 000多年前的共工氏，他“壅防百川，堕高堙庳”，最早利用“修堤筑坝”来防阻水淹，用“堕高堙庳”来平整田地。其他国家也是一样，几乎在同一时期也先后出现了修堤筑坝：

(1)公元前3400年左右，埃及人就修建了尼罗河左岸大堤，以保护城市和农田。随着人口的增长和社会发展的需要，右岸大堤也逐渐建立起来。尼罗河大堤从开罗至阿斯旺约有900 km，后来，又向上游继续延伸了200多km。

(2)从巴比伦的《汉穆拉比法典》的有关条款记载中，我们可以看到，公元前2000年左右，美索不达米亚地区已经修建了比较完整的保护土地的堤防系统。

(3)印度河流域在公元前2500年左右也已有了引洪淤灌，但文字记载不多。自公元前2000年雅利安人入侵后，修复了古代的灌溉工程。公元前3世纪左右，印度河流域凭借灌溉也已做到一年两熟。当时，北方建有亚穆纳水渠，南方则有高韦里河三角洲灌区。在中世纪的1 000多年中，南亚次大陆建造了数万座水坝用于灌溉，其中位于博帕尔东南的一座水库库区面积大约达到650 km^2。当17世纪英国入侵时，这个国家已有数千座各种类型的水利工程遗迹存在。

(4)公元4世纪，荷兰开始出现人工海堤。从10世纪开始，盛行筑堤造田工程。最初在圩田内实行自然排水。1612年开始利用风车抽水围垦沿海低地。几百年间，依靠人工堤防共围垦出7 100 km^2以上的土地，相当于全国陆地面积的1/5。现代的须得海工程和莱茵河三角洲工程在全世界都是有很大影响的围海造陆(造田)工程(见图8-1)。

(5)意大利的波河河谷、法国的低洼地、英国的沼泽地及巴基斯坦信德省内都有许多古老的防洪堤防。波兰的堤防系统建于公元12世纪。

(6)美国防洪工程始于1717年。当时法国探险家、路易斯安那总督边维尔下令在密西西比河下游建造了第一道1.2 m高的堤防。至1735年，新奥尔良附近的河流堤防已有逾50 km长。

(7)1919年，荷兰与德国签订协议，在莱茵河下游修建防洪堤。这一工程一直持续了近

40 年,至 1955 年才最后完成。

图 8-1　初期水利工程出现的工程措施就是修堤筑坝

二、"水利孕育船闸文明"的观点全球适用

人类对水资源作用的认识是循序渐进的,起初都是很简单、很粗浅的。后来在与大自然的抗争中才逐渐认识到,洪水不但能够毁坏农田,危害人类生命财产安全,而且可以用来淤灌农田而有益初期农业发展。于是,四大文明古国都相继在世界几大流域的冲积平原上诞生,并且以其灌溉作为古代农耕文明的基础。所以,现代人常把这四大文明的母亲河,称之为"人类文明的摇篮"。人类抵御洪水、灌溉农田的第一个工程手段就是修堤、筑坝。修堤筑坝是人类文明初期主动抵御洪水的创新产物。随着人类对水资源认识的深化,人类开始了兴利除害。后来,人类为了更好地利用水资源而进行水资源的综合开发利用,这才是人类让大自然按照自己的意愿去主动兴利的开始。

因为有了修堤筑坝,才会有公元前 2300 年前后,古埃及通过优素福水渠引来尼罗河水用于灌溉;因为有了修堤筑坝,才有了公元前 4000 年左右的巴比伦时期,美索不达米亚的幼发拉底河和底格里斯河流域的引洪淤灌的渠道网;因为有了修堤筑坝,才有了公元前 2500 年左右的印度河流域的引洪淤灌工程;因为有了修堤筑坝,才有了公元前 1050 年,柬埔寨吴哥窟的暹粒河灌区;因为有了修堤筑坝,才有了公元前 6—前 8 世纪俄罗斯中亚阿姆河、锡尔河流域的灌溉工程,而使得这一地区成为阿巴斯王朝的四大粮仓之一;因为有了修堤筑坝,才有了公元前 1000 年前的古老玛雅文明和印加文明的皮斯科河谷的灌溉工程。

因为有了修堤筑坝，于是才有了后来我国的江防大堤、海防大堤、蓄洪围堤、城市堤防(城墙)、海堤、引水和补水渠道、灌溉渠系、丁坝挑流、拦河大坝、水库、运河以及河流梯级开发等，才陆续出现当今世界璀璨夺目并丰富多彩的现代世界水利工程和航电枢纽工程。

三、船闸文明的首先出现是有条件的

虽然在古代为了防止水旱灾害，世界各国开始都同样采用了修堤筑坝这一简单的工程措施(修堤筑坝挡水而防洪、壅高水位导流而防旱)。后来，为了水运交通方便，在世界各地还陆续地开凿了人工运河。这时，问题就出现了：为什么世界各地都具备了运河和修堤筑坝的条件，但是，世界早期船闸不会在其他地方的运河中诞生，而偏偏在中国的大运河中才诞生了呢？

当初，人类利用水上运输，首先是在水流比较平缓的江河、湖泊以及沿海水域进行尝试性捕鱼或水上交通。然而，不同的江河因其所处地理环境不同，受到各种自然条件的影响也各异。因此，不同河流各自形成了不同的水流条件和水文特征。从一般规律看，河流的上游和支流，往往都具有河床高程悬殊大、水位落差大、流量变幅大、水量丰枯变化大、水流紊乱和冲击力大等特点。因此，初期阶段，河流的上游或支流，都基本上是不能通航的河段，唯有河流的中下游才能满足一般船只的通航要求。于是，在河流的不同河段，往往就出现了这样一种情况，即有的河段可以通航，有的河段又不可以通航，或者有的河段可以间断通航，而有的河段则可以全流域通航，有的唯独其中短距离的咽喉之处不能通航等现象，呈现出初期航运的区域性、断续性的通航特征。

如前面所说，船闸文明的诞生是有条件的。这个条件第一条就是：要有因修堤筑坝而壅高水位后出现的"集中水位落差"；而且这个"集中水位落差"将对水上运输的船舶航行造成障碍(见图 8-2)。如果没有这个障碍或者出现的这个障碍并没有影响到水上船舶航行，就不可能孕育出与初期船闸文明相适应的文明现象。

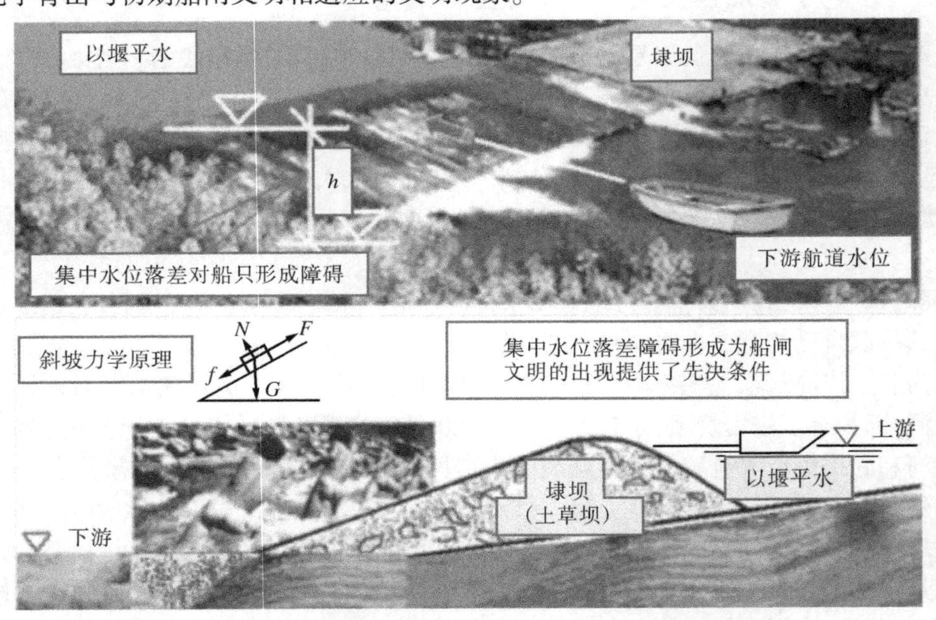

图 8-2　集中水位落差障碍的出现是船闸文明孕育的先决条件

埃及苏伊士运河,因地中海和红海之间的水平面悬殊不大,没必要壅高水位过船。所以,从古至今都是没有“集中水位落差障碍”的运河。轮船畅通无阻,自由通航,也就成为世界上唯一的一条无闸运河。

而处于欧洲的运河早先基本开凿于平原地带,1179—1209 年在意大利的纳维格里奥大运河为从采石场向米兰大教堂工地运输石料而出现的初期船闸,那是船闸文明横向传播后创新的产物。因为“两门一室”初期船闸早已在公元 734 年(唐开元二十二年)就已诞生。至于翻越弗兰克侏罗山分水岭的“多瑙—美因—莱茵河运河”,则更是后来 20 世纪后的事了。

由此看到,“水利是孕育船闸文明的土壤”的论断全球适用。它的前提条件是:必须有产生或具有“集中水位落差”的条件;而且这种“集中水位落差”还必须要对航运的船舶造成必要的航行障碍才行。假如没有“集中水位落差”,而且也没有船舶航行或没形成通航障碍,那么也就没有船闸文明产生的必要了。

四、中国运河是如何诞生船闸文明的?

中国的运河与古埃及的运河不同的是:

第一,因为有封建社会漕运制度的需要。中国古代漕运是维系封建统治的生命线。统治者会不惜一切代价来确保其生命线的畅通。因此,这是当时社会的当务之需(欧洲则没有漕运制度,需求没有中国迫切,也就出现较晚一些)。

第二,运河是沿着黄河、淮河、长江主要河流的支流而沟通的。在这些支流上游流短水少、河床比降大、地势复杂,并且有时还要穿越山地的河脊地带。在这种地势高低不一、水源丰枯不等、洪水灾害频频发生的复杂条件下,如果不采取一定的工程措施,是很难实现船只顺利通过的。自然条件迫使人们设法通航。

同时,最初的水利工程措施就只有修堤筑坝,这就很自然地应用到中国的人工运河上,即以坝止水、以堰平水而行舟。由于逐级修建拦河大坝——埭堰,必然形成埭坝的上下游集中水位落差障碍的形式,也就很自然地促成了诞生船闸文明的温床。这时,为帮助船舶克服集中水位落差障碍的通航建筑物或通航机械(或设施)——船闸和升船机也就会因此应运而生了。如前所说,苏伊士运河两端(地中海与红海之海平面相差无几),所以,没有船闸文明诞生的先决条件。

第二节　船闸文明的传播途径与形式探索

一、人类文明的传播与发展

从绪论中得知,人类文明,就是人类在历史进化过程中,所取得的精神文明成就与物质文明成就之总和,是相对于历史发展阶段的一种社会进步状态。

“人类文明的产生,是人类的生存受到客观挑战后,有作为的先人们勇敢应战,从而使社会进步,产生和发展了文明。”(引自《文明纵横谈》第 23 页)。由此得知,人类文明是人类在自身进化过程中,勇敢地接受大自然挑战并大胆发挥人类智慧与创造力而战胜或者是

(自我改造)主动适应客观世界的结果!

所以,我们说劳动创造了世界!劳动创造了人类!劳动创造了人类文明!

有关专家认为,人类历史上有个特别重要的历史时期,即公元前10世纪至前1世纪这1 000年间,对人类文明有着极其深远的影响。人类产生的几大古代文明,基本上都是在这一个时期内定型的。德国哲学家雅斯贝尔斯把这一时期称为人类文明的“轴心时代”。这都是在几个世纪之内单独地、也差不多同时地在中国、印度和西方出现的。因此,也就决定了四大古老文明的基本思想基础!

人类文明的发展分两个时期,即隔离封闭时期和交流竞争时期。

*公元1500年前,各具特色的人类文明在世界各地多样性地出现而发展。那时世界还处于不同程度的隔离或封闭状态下,发展主要靠自身传承与创新。

*公元1500年后,世界连成一片,各种文明冲突与交流不断。文明体之间的差异逐渐显现,从而出现了文明的优、劣势,这时除传承外发展靠传播与竞争。

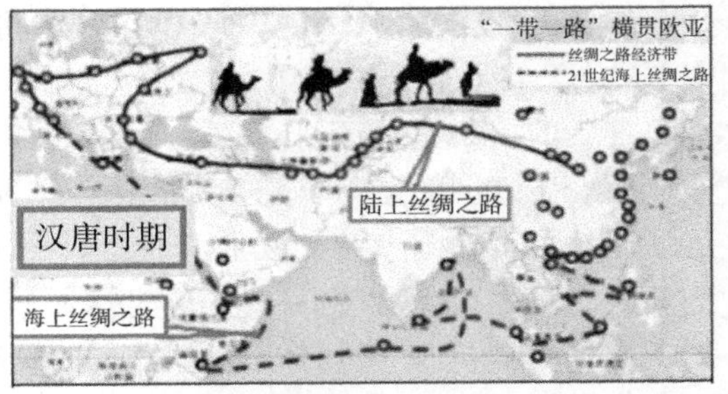

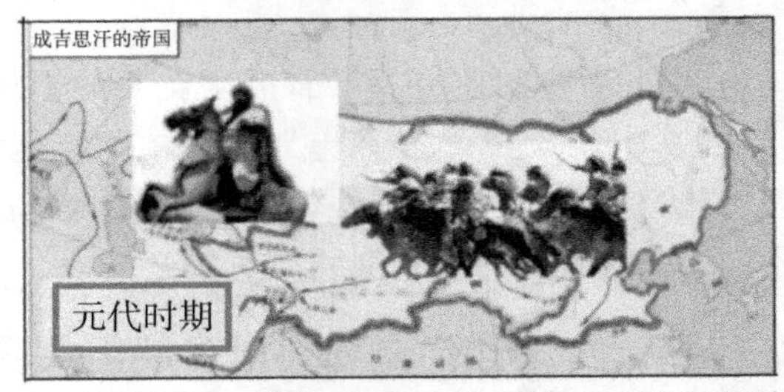

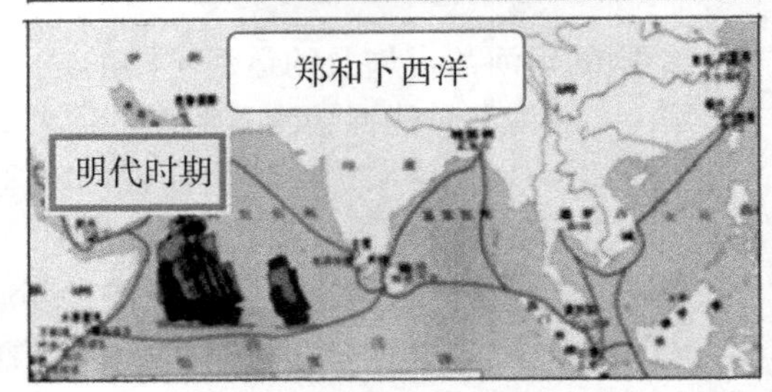

图8-3　东西方科学技术交流传播的三个历史时期

竞争是推动文明传播和发展的动力!一种文明相对于另一种文明所具有的优势而形成势能差。因此,文明总是从势能高向势能低传播。这叫文明的“势能传播”!

例如,英国科学家李约瑟博士在研究了中国古代历史和科学技术发展后,写了一本《中国科学技术史》。他说:“在公元16世纪以前,中国在相当长的历史上占据着人类文明领导者地位。但在16世纪以后,人类的文明史发生了转折性的变化——欧州大陆开始崛起,亚州大陆开始沉沦。因此,16世纪是世界历史的一个分水岭,在16世纪以前,世界上重要的创造发明和重大的科学成就大约300项,其中约175项产生于中国,占总数的57%以上。”李约瑟还列举了“公元后15世纪内中国完成的100多项重大发明和发现,大部分在文艺复兴前后接二连三地传入欧州,为欧州文艺复兴准备了重要的精神与物质文明基础”(转引自《文明纵横谈》第214页)。由此看到,文明成就因势能作用而由中国传播至欧洲,如图8-2所示。

另外一实例,如马克思曾评价中国说:“一个人口几乎占人类1/3的大帝国,不顾时势,安于现状,人为地隔绝于世并因此竭力以天朝尽善尽美的幻想自欺。这样一个帝国注定最后要在一场殊死的决斗中被打垮。在这场决斗中,陈腐世界的代表是激于道义,而现代社会的代表却是为了获得贱买贵卖的特权!……”(《文明纵横谈》第71页)历史是无情的!封建统治者腐败无能,割地赔款使中国大伤元气,让中国失去文明转型而发展的时机!从此,中国成了任人宰割的“东亚病夫”而文明处于弱势。直到20世纪初,中国的知识分子觉醒后才又开始向西方学习,西方的科学技术也开始向中国传播。这也就是势能传播的结果!

二、船闸文明的传播与发展

船闸文明,是在中华母亲文明的乳汁哺育下成长起来的子系文明,也是在中华文明乃至世界文明百花园中,历史最悠久并且在漫长的历史进化过程中对中华文明乃至世界文明的发展影响最大、至今仍然开放得最为绚丽的一朵奇葩。

我国的船闸文明,也是经历了纵向和横向两种传播方式:纵向即是在国内的历代演变进化过程(船闸文明演变发展的六个阶段),横向就是在世界范围内的传播与发展。它与中国的四大发明一样,经历了由东方传入西方,并同时促进了西方社会的工业革命和经济发展。后来,在近代工业革命和文明转型的过程中,船闸文明的故乡则又因为封建统治者的故步自封而落后于西方了。于是,在文明势能作用下,中国又开始向西方学习,如清末、民国时期,中国引进西方的水利科学技术,试建新式船闸等。改革开放以来,我国在继承传统的船闸文明的基础上,在强调自主创新的前提下,同时也开始了向世界先进国家学习,并且开始引进和开展国际合作项目(例如三峡船闸上的某些设备是引进的,或者是共同设计研制而由中国建造的。例如,升船机的承船厢以及其相关设备是与外国(德国)分工合作设计的等)。为此,我们又将流传国外经历了七八个世纪之久,而如今长大成熟的船闸文明及其相关技术,又大张旗鼓地迎回了她的诞生地故乡——华夏大地,从而促进了我国船闸文明的发展与现代辉煌。

值得说明的是,我国现在有些人看到我们在三峡船闸的建造过程中,曾经与德国合作设计升船机,并向美国、加拿大等其他西方先进国家学习现代船闸和升船机的建造与管理技术,于是,一种"外国月亮比中国圆"的看法又开始在某些人的头脑中逐渐抬头。他们不知道中国才是船闸文明的发源地,是船闸文明的真正故乡。

前面总结出来的人类文明势能传播理论的观点就是明确阐释这一现象的关键。首先,判断文明传播的流向必须具备两个条件:其一,两地同一文明现象的出现有明确的先后;其二,两地同一文明现象具有"确凿的历史"证明有相互传播的机会。如果这两个条件同时成立的话,其文明传播必然是由原产地(文明势能高者)向后产地(文明势能低者)传播。现代考古工作的断代处理等都是根据这一理论得来的。中国的"四大发明"传播到西方,也就是在同时具备了以上两点因果关系的基础上确定的。我们再举个国外工业革命的传播事例来说明吧。

发动工业革命需要同时具备许多条件。然而,当英国工业革命已经发生多年后,有些工业化条件当初比英国发动工业革命时还要优越的国家,并没有成功实现工业化,为何如此呢?其主要原因是,发动一场工业革命,远比学习成功后的革命成果要艰难得多;对别人的发明创造进行改进或者再创新,远比让自己去进行发明创新要容易得多。欧洲的工业革命,其他国家都是属于输入型或移植型,是向英国学习的结果。由此看到,人类的某些重大文明成果,往往有时都是通过从原发地移植,经过消化、完善和创新后,再次传播开来的结果。

抛开船闸文明漫长的孕育时期不说,单从船闸文明的萌芽状态与斜坡式升船机二者共同的原始雏形——埭堰文明谈起:公元前486年(周敬王三十四年)吴王夫差修筑北神堰;公元前214年(秦始皇三十三年)灵渠建成进入斗门文明过渡期;公元734年(唐开元二十二年)润州刺史创建瓜洲“二门一室”伊娄船闸。至此,初期船闸基本成型。后来,船闸文明又经历了宋代的完善与发展,使初期船闸出现(多级)复闸和带补水设施的澳闸。再后来,元代建成梯级渠化的南北京杭大运河,明代京杭大运河得到完善并全线贯通。至此,船闸文明经历了从萌芽(前486)到明朝永乐迁都(1421)的大约2 000年的历史进程。如果仅从唐代“二门一室”的船闸成型算起,到明代也有600多年历史了。

与此同时,让我们再看看国外船闸的发展情况:“世界上其他国家较早开始修建船闸的年份为:荷兰,1203年;德国,1325年;意大利,1420年;美国,1790年。”(引自《船闸与升船机设计》第1页)由此看到,我国初期船闸的创建和发展,明显地先于西欧及其他国家。这样,第一个条件便成立了。

再看看历史,中国与西方频繁交往的机会,明显地有过三个时期的高潮:

第一个时期是汉代。西汉武帝时,国力强盛,开始与西方交往,派张骞出使西域,开通了著名的“丝绸之路”,以及与西方商贸交往的海上通道,这期间我国船闸文明还处于斗门文明过渡阶段。然而,这期间正是我国继春秋战国之后的第二次水利建设高潮时期,也是中西文化技术交流学习的第一次高峰期。例如,关中创新的“井渠技术”就是这个时期传至新疆和中亚等其他地方的。

第二个时期是唐代。唐代是中国历史上最为开放的朝代,著名的“开元盛世”正是“二门一室”基本模式诞生的船闸文明成型期。这期间“唐代国内交通四通八达,城市繁荣,商业兴旺,对外贸易不断增长。波斯、大食等地的胡族商人纷至沓来,长安、洛阳、广州等大都市商贾云集,各种肤色、不同语言的商人身穿不同服装来来往往,热闹非凡。至此,中国封建社会达到了全盛的阶段”(《中国上下五千年》第210页)。在这段中西交往第二个高峰时期内,也正是中国与西方在文化技术等方面相互交流学习的第二次良好时机(也正是成型船闸传播的时机)。

第三个时期是元代。“由于蒙古军西征,使得中国与阿拉伯国家发生了交往,既在大都建立了天文台,又在巴格达成立了科学文化中心。因此,阿拉伯一些学术著作传到中国,而中国的文化科技也传入阿拉伯。”(《中国科学史讲义》第129页)“自唐亡到元灭南宋(公元907—1279年)的400年间,我国即陷于分裂局面。元朝是继唐朝以后我国历史上出现的一个规模空前的统一王朝……大批中亚的西域人来到我国,增加了我国民族的新成分;南北经济、文化的交流;中外经济、文化的交流也远较过去发达。”(《元史三论》第145页)值得提出的是,这时期的中西方交往极其广泛,其中“最著名的,如贵由汗(定宗)时期的意大利传教士普兰·迦尔宾(公元1246年来中国);蒙哥汗(宪宗)时期的法国传教士卢卜鲁克(公元1254年来中国);到元顺帝至正元年(公元1342年)尚有‘拂郎国贡异马’(《元史·顺帝纪》)的记载。这即是罗马教皇派赴中国的专使意大利人马黎诺里。《中堂事记》这一段记载……足为欧洲和中国的友好往来增加一个历史纪录”(《元史三论》第114页)。最为著名的是意大利威尼斯人马可·波罗的游记,不仅在中西方文化交流中产生着重大影响,也是中国与意大利人民友好关系的历史见证。《马可·波罗游记》也把中国的船闸文明信息用通俗的文字方式传播到西方,“马可·波罗讲到瓜洲,除提到这里有运河可运米(漕运)至汗八里(元大都)外,还特别提到瓜洲对面江中有一石岛,上建偶像教徒寺院并有僧人二百等情况”(《元史三论》第120页)。据可靠记载,马可·波罗一家1275年夏到达上都,1291年乘船离开泉州,1293年到达波斯,由此推算《马可·波罗游记》的成书年代大约在1300年。

在欧洲，荷兰初期船闸最早在1023年出现，德国初期船闸最早在1325年出现，意大利初期船闸最早在1420年出现，这相对于世界上初期船闸诞生的唐代（公元734年），即使是欧洲最早的荷兰也要晚约300年时间。当然，这种因果关系只是一种理性的逻辑推断，即是推理，具体还有待后人去研究、发掘或寻找出更为充足的历史根据来证实。然而，这里有两点理由必须首先说明：

其一，船闸文明的演变过程是循序渐进而绝非一蹴而就的。而且它的产生与发展与社会经济发展有关，与生产力和科学技术进步有关，与地理气候因素等自然环境有关，与社会的需求有关，与人们的认知能力有关。所以，即使到了现代，"据不完全统计，我国所修建的大、小船闸多达900余座（据说，我国现代已经拥有船闸一千余座），至今世界上已建大、小船闸才一千余座"（《船闸与升船机设计》第2页）。由此可见，即使到了现代，我国船闸建造在数量上，迄今仍然占有世界船闸建造总数的90%以上。

其二，在《元史三论》中，曾引用德国著名科学家洪保德的话说："在西班牙巴塞罗纳的档案里没有哥伦布胜利进入该城的记载；在马可波罗的书里没有提及中国的长城；在葡萄牙的国家档案里没有阿美利加奉命航海的记载。难道我们能够因此就否定这些无可置疑的事实吗？"（《元史三论》第131页）历史是过去的事，历史的内涵是极其丰富多彩的，我们应该总体地从事物传播、发展的内外因素以及相互的因果关系，去理性地认识历史的过去才对。

第九章　世界运河发展概况与船闸文明

运河,是人类改造大自然的产物。如果把人类改造自然的行为称为社会工程现象的话,那么,这一现象的发生与发展同样具有同一性和多样性。

由于我国特殊的地理环境和降雨量在年度、季度之间的时空分布极不均匀,造成我国洪、旱灾害频频发生。同一地区洪、旱灾害有时交替发生,不同地区有时洪、旱灾害又会同时发生。这一切使得我国成为世界上一个特殊的"不涝则旱、不旱则涝"或"旱涝同时发生"的一个多灾多难的国家。

面对上述特点,我国古代的先人们只有顺其自然。雨季时,洪峰迭起、洪水肆虐、滚滚向东、一泄千里;旱季时,流无主次,散乱漫流,河无定槽,淤积成滩、左摆右迁、沧海桑田(见图 9-1)。

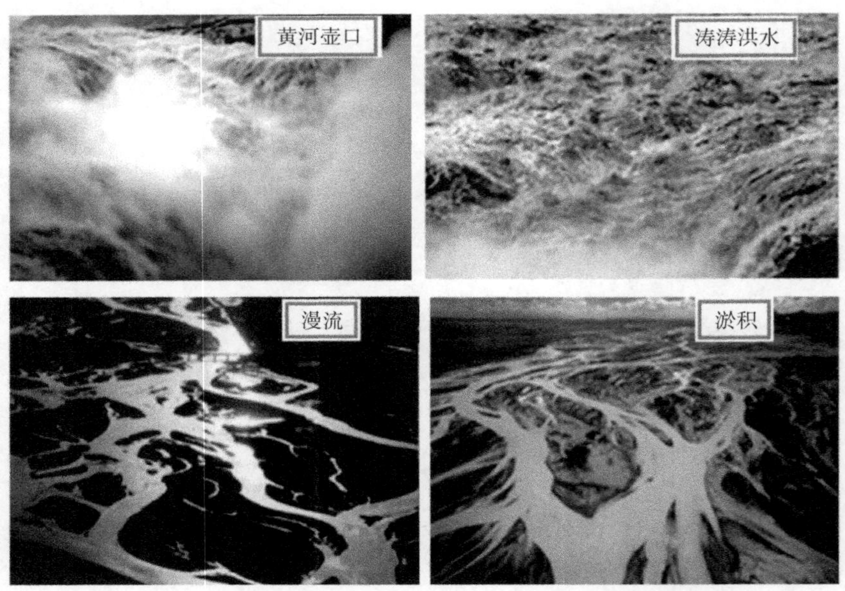

图 9-1　没有人工干预的水流状况:吼声如雷的黄河壶口、涛涛洪水……

人类与一切其他动物的本质区别就在于:人类具有明确的意识性和主观能动性,即善于学习和思维,并能从教训中总结经验,提高自身的认识能力和生存能力。例如,古人在观察水灾流态后,发现在水灾中,激流不但可以冲走泥沙和财产,还可以刷深河底并将泥沙推向两侧岸边而形成沿江沙埂,而且两岸的沙埂也可以用来挡水防止漫流。于是,古人渐渐萌生了筑堤堵水而自救以及束水避免漫流而冲沙的最初想法。《汉书·沟洫志》中记有西汉贾让的一段话："堤防之作，近起战国，壅防百川，各以自利……水尚有所游荡。时至而去，则填淤肥美，民耕田之。或久无害，稍筑室宅，遂成聚落。大水时至漂没，则更起堤防自救。稍去其城郭，排水泽而居之，湛溺自其宜也。"这句话的大意为：黄河堤防起自战国，是学习共工"壅防百川"而保自身利益所筑。后来淤积肥沃，农民垦种，颇有收获，经过一段时间而没发生水灾时，人们便纷至踏来，筑室磊宅，遂成聚落。不料洪水又突至，财物漂没，又围堤做城而自救，遂成城郭，排水泽而居之。因此，我国又将"城"叫"城池"，即城市的起源，是古人防洪治水、改造自然的第一步。

所谓的运河，其实也就是说它不是天然的河流，而只是人类在改造客观世界过程中，为了达到某种特殊的目的（如防洪排涝、灌溉引流或航运、发电等），而在没有河道连接沟通的河流与湖泊之间，或者被陆地隔开的海洋之间，以及不同流域与不同湖泊之间，用人力开凿出渠道的办法，使之达到预期目标的（人类所期望的或者所要求的目标）人工河道。为了进一步明确船闸文明在世界范围内的发展过程，我们不妨用前面所提到的"文明的势能传播"理论，来对世界运河的发生与发展也进行一些探索、比较或者研究。

第一节　世界运河史与世界十大著名运河

人类文明由农耕文明始，然而人类蒙昧与文明的分水岭竟然是"刀耕火种"，"刀耕火种"是野蛮时期向文明时期过渡的起步阶段。水是一切生物生存的必须条件，水也是农业生产发展的命脉。在中国古代水利发展的同时，世界上的四大文明古国，如古埃及、古巴比伦和古印度的水利也都相继产生。据考古发现，美洲玛雅文明与印加文明的水利遗迹，距今也有两三千年的历史。根据《世界水利史》介绍，地处欧亚交界的埃及和巴比伦的水利技术，后来传播到希腊和罗马，又在文艺复兴之后传遍欧美各国。

人类对水的认识是循序渐进的，世界各地也都一样，面对挑战先是被动适应，而后才是主动利用和改造；开凿运河也是人类主动利用和改造自然的开始。

运河开凿的目的是为人类自身服务的。有的是专为防洪、排涝而开凿的渠道，有的则是为农田灌溉而开凿的沟渠，而最多的还是为了满足水运交通开凿的运河。

一、世界运河开凿历史简介

所谓"运河"，既然是"运"字当头，其主要的功能还是水运。然而，运河的兴起有时也最先是为了排涝与灌溉，然后才用于水运，如我国的泰伯渎。

《世界水利史》介绍，世界上最早的通航运河是公元前 1887—前 1849 年，古埃及塞劳斯内特三世时期建成的绕道尼罗河及其支流，并经苦湖沟通地中海与红海的古苏伊士运河（据考证，这期间应是中国大禹治水之后，即大禹之子启，利用他父亲治水取得的功绩，把部落联盟首领的原始禅让制度转变为家天下的世袭奴隶制的国家——夏朝时，其确切年代应为公元前 2070 年）。古埃及开凿的这个运河还是要比中国的大禹治水晚一两百年时间。后来，古埃及的苏伊士运河因泥沙淤积和年久失修而废弃（见图 9-2 虚线路线及放大处）。

在欧洲，罗马人由于军事运输的需要，曾修建过许多运河。如在公元 67 年，开凿连接莱

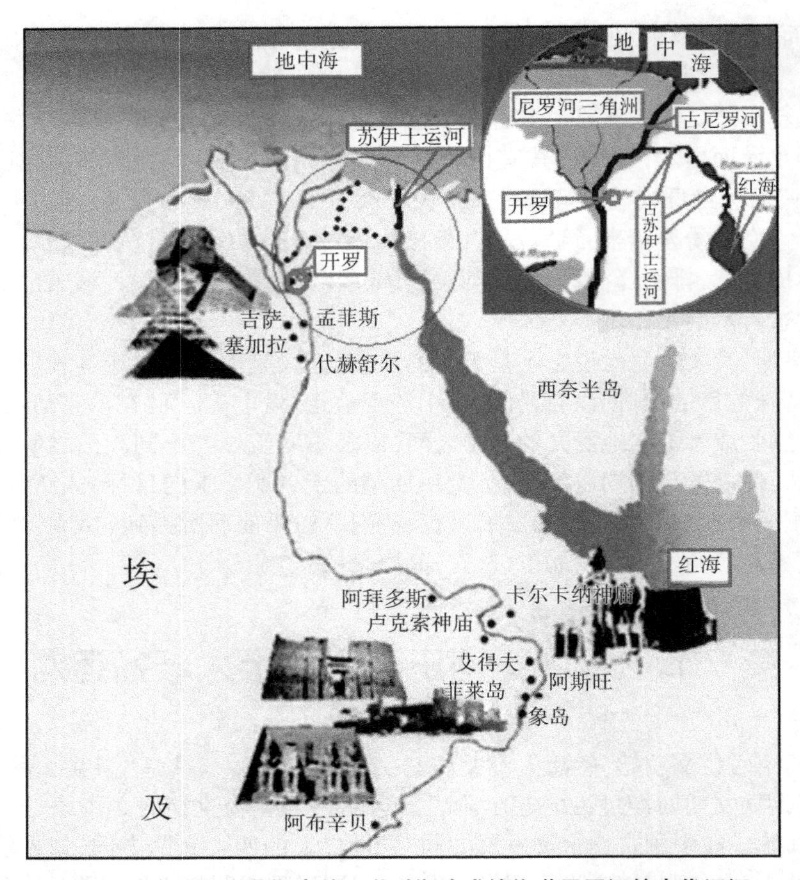

图 9-2 古埃及塞劳斯内特三世时期建成的绕道尼罗河的古代运河

茵河与马斯河的运河,长 37 km,可以避开北海沿岸的风暴(经查阅《我国历史朝代与公元对照表》,公元 67 年是我国的东汉初年,刘秀建东汉不久。东汉延续时间为公元 25—220 年)。后来,为了改造英格兰的剑桥洼地,罗马人曾挖掘了好几条运河,把卡姆河与乌斯河、宁河与威特姆河、威特姆河与特伦特河连接起来。上述这些工程有的至今仍在使用。后来,随着罗马帝国的衰亡,欧洲运河工程的发展在很长一段时间内停滞不前。一直要等到 12 世纪以后(这期间,相当于我国南宋、金、元时期,即忽必烈建元朝于公元 1279 年左右)人工运河随着欧洲国家之间,以及欧亚之间的东、西方贸易的发展而逐渐复苏。当时的荷兰、卢森堡、比利时等地势低洼的国家大约有 85%的运输是依靠内河航道来完成的。在意大利,1179—1209 年建成了纳维格里奥大运河,以便从采石场向米兰大教堂工地运输石料。这条运河上出现了有简单的木条门的初期船闸(见图 9-3,图中两扇门为木质,靠人工绳索拉动,水从门洞直冲闸室内之小木船,从图中看得出其水头不高,闸室很小,呈椭圆,木船也很小。此图来源于《世界水利史》。值得说明的是,这里的简单人字木门并非现代三铰拱受力之人字钢闸门,只不过是木条钉的两扇门,看得出这个木条门漏水也相当严重,可能就跟我国灵渠上“以箔阻水,俟水稍厚,则去箔放舟”差不多)。1373 年,在荷兰梅尔韦德运河上的弗雷斯韦克建成了西方的第一座现代型船闸。1391—1398 年,德国建成从劳恩堡至吕贝克的施特克尼茨运河,沟通北海和波罗的海。

16—18 世纪是欧洲运河大发展的时期。法国于 1642 年建成了布里亚尔运河,把卢瓦尔河与塞纳河连接在一起。这条运河沿线建有 40 座船闸。1681 年完成的朗格多克运河长 250 km,把比斯开湾和地中海连接在一起。这条运河沿途建有 108 座船闸、1 条 165 m 长的隧洞和 3 座大渡槽。一些小溪则利用涵管暗渠从运河下面通过。在德国,这期间开挖运河,把易北河、奥得河和威悉河连接在一起。

图 9-3 13 世纪初,意大利纳维格里奥大运河上出现人字门船闸

英国于 1761 年开通布里奇沃特运河,以便从沃斯利向曼彻斯特运输煤炭。1776 年,这条运河延伸至默西河。另有大特朗克运河,促进了英格兰中部地区的发展,为出口贸易提供了到欧洲市场的水路运输。1773 年动工,1822 年通航,1847 年竣工的喀里多尼亚运河穿过了苏格兰大峡谷,把沿线的许多湖泊都连接在了一起。

19 世纪以后,世界各地开挖的运河迅速增加。1832 年瑞典建成连接北海和波罗的海的约塔运河。1893 年,希腊的科林斯运河开挖成功,把伊奥尼亚海和爱琴海连接在一起。在中欧,1840 年建成路德维希运河,连接起多瑙河、美因河与莱茵河。

俄国早在 1718 年就有很大规模的运河系统,至 1804 年,在伯瑞西纳和德维纳河之间开辟了一条运河。此后,俄国还将伏尔加河、第聂伯河、顿河、德维纳河与鄂毕河的上游连接在一起以发展航运。美国于 1825 年完成 581 km 长的伊利运河,沿河建造了 82 座船闸,从而促进了美国中西部大草原地区的开发。1829 年,加拿大兴建了韦兰运河。在此期间,欧美以外地区也有一些运河开凿,如缅甸的端迪运河、马达加斯加的潘加兰运河等。

19—20 世纪最重要的运河工程是基尔运河、苏伊士运河和巴拿马运河。

二、世界著名的十大运河简介

现在,我们把世界十大著名运河分为两大类型:其一为内陆运河,它们主要是通过将内陆地区的不同河流之间,或者是河流与湖泊之间,用人力开凿运河沟通而成为内陆水上交通运输的运河;其二为海运运河,它们主要是通过将海与海之间、湖与海之间或者大洋与大洋之间截弯取直地开凿沟通并连接而成的人工运河(见表 9-1)。

表 9-1 世界上十大运河资料简表

序号	运河名称	地区	全长/km	始建年代	说明
1	京杭大运河 ① 隋唐大运河 ② 京杭大运河	中国	2 700 1 800	584 1282	①隋代将五条区域性运河沟通连接而成,从而形成了以长安、洛阳为轴心,连接五大流域,北起涿州、南达杭州的扇形(东西)隋唐大运河; ②元代政治中心北移,运河截弯取直并直达北京,形成元、明、清三代的南北京杭大运河
2	伊利运河	美国	581	1817—1825	连通伊利湖及哈德逊河
3	阿尔贝特运河	比利时	130	1930—1939	连通马斯河及斯海尔德河
4	莫斯科运河	俄罗斯	128	1932—1937	连接莫斯科与窝瓦河上的伊万科沃水道
5	伏尔加—顿河运河	俄罗斯	101	1948—1952	连通伏尔加河与顿河的水上运输
6	基尔运河	德国	98.7	1887—1895	连通北海与波罗的海的水上运输
7	约塔运河	瑞典	87	1800—1832	连通维纳恩湖与波罗的海的水运
8	曼彻斯特运河	英国	58	1887—1894	连接爱尔兰海曼彻斯特水道水运
9	苏伊士运河	埃及	172	1859—1869	连接地中海与红海的水运交通
10	巴拿马运河	巴拿马	81.3	1881—1920	连接太平洋与大西洋的海运交通

(一)中国的京杭大运河

隋统一中国后,在各区域性运河的基础上,着手开凿连接以长安、洛阳为中轴线,向东然后再分别向南、北两方延伸的跨流域的全国整体的扇形大运河体系,史称隋唐大运河。因其主要为东西走向,然后才向南、北延伸(南北延伸段也均在东方),故史称东西隋唐大运河系统。隋唐大运河由五条区域性运河连接而成,全长 2 700 多 km(见第四章)。

元代,为加强南北经济联系和保证漕运畅通,元世祖忽必烈时期开凿了以元大都为中心,将原隋唐大运河的西部段舍去,中段东移截弯取直后,直接从北京经河北、山东、江苏过长江而南达杭州的运河,从而连通北京至浙江杭州的主要为南北走向的京杭大运河,亦称南北京杭大运河。

南北京杭大运河全长 1 800 km,全程共由 7 段运河组成。由元代开始修建,而后来由明代实施完善畅通。最后,到晚清时运河随漕运废止而没落。

中国京杭大运河犹如一条美丽的蓝色彩带,把东西走向的海河、黄河、淮河、长江、钱塘江五大水系连接成一个“王”字形的全国水运网络系统(见第六章)。

(二)伊利运河

伊利运河是一条影响美国历史的人工运河,它由哈德逊河在奥尔巴尼将五大湖与纽约连为一体,总长 581 km,缩短了原来绕过阿巴拉契亚山脉的莫霍克河的航程,是第一条将美国西部水域同大西洋海域相连的水道。

伊利运河工程始于 1817 年,竣工于 1825 年。修建成功后,使纽约成为美国的商业中心并促进了美国其他运河的开凿和发展。同时，还培养了大批的工程师，这些技术人员在美国后来几十年运河和铁路建设中起到了举足轻重的作用。

起初，兴建伊利运河的议案于1699年提出，直到1798年才由尼亚加拉运河公司开始兴建。运河分为中、东、西三段建设。第一段在1819年完工，整段运河在1825年10月26日通行。伊利运河全长581 km，全程有83个船闸，船闸规模（长×宽×水深）为27 m×12 m×4.5 m；最大可行驶排水量为75 t的平底驳船。伊利运河的开通，加快了美国东西部商品的运输速度，使沿海地区与内陆地区的运输成本减少95%。把五大湖和密西西比河流域与沿海连成一个整体呈三角形的商业贸易区，带动了西部地区经济发展和人口的快速增长。

1825年10月26日伊利运河正式开放。这条全长581 km的运河，把哈德孙河和伊利湖连接起来，向东可通往美国东方第一大港纽约以及整个美国东北地区；向西经五大湖及俄亥俄河可与整个中西部地区发生联系，成为当时美国东西部主要运输、贸易渠道，并由此形成美国国内的“三角贸易”体系和商品循环系统的经济发展格局。

（三）阿尔贝特运河

阿尔贝特运河位于欧州比利时的东北部，它连接着安特卫普和列日两个最重要的工业区。1939年建成，有6座三厢船闸（厢可能是我们称为容纳船舶过渡的闸室，升船机上叫“船厢”），在列日的蒙新（Monsin）地方有一座单厢船闸（可能是单级船厢）。

阿尔贝特运河，东起马斯河上的列日，西抵斯海尔德河上的安特卫普，长约130 km。河床最狭处24 m，航行水深最浅5 m，于1930年始建，1939年完成，工期9年。可通航排水量为2 000 t级、最大吃水量为2.7 m的船只，从而把位于运河两端的两个最重要的工业区——安特卫普和列日连接在一起。

（四）莫斯科运河

莫斯科运河1947年前称“莫斯科—伏尔加河运河”。跨越莫斯科、特维尔两州，全长128 km，河宽85 m，可通行载重5 000 t级的船只。始建于1932年，在经历了4年零8个月并完成了通往伏尔加河的航道后，于1937年5月1日竣工。莫斯科运河的开凿，把莫斯科河与伏尔加河沟通，使伏尔加河右岸的杜勒纳，可以直抵莫斯科西北的莫斯科河左岸并可直达海上。这是个巨大而复杂的水利枢纽工程，运河中修建了8座船闸和8座水电站，以及各种排水与拦河大坝、水泵站、闸门、河下隧道、倒虹管、铁路桥等人工建筑设施200多个。莫斯科运河的建成，使莫斯科同下诺夫哥罗德和圣彼得堡间的航程分别缩短了110 km和1 100 km。莫斯科运河是一个独一无二的综合建筑群，它体现了苏联人民的智慧。在3号船闸的闸楼上面绘塑着哥伦布发现新大陆时乘坐的三桅帆船的模型，7号、8号及后来修建的9号船闸闸楼上面的墙上刻着当时人们修建运河时的劳动场面之浮雕作品，这些都体现了开凿运河的劳动场面以及其艰辛与伟大。

（五）伏尔加—顿河运河

在俄罗斯，还有伏尔加—顿河运河连接窝瓦河下游与顿河及亚速海。位于俄罗斯西部的伏尔加格勒（Volgograd）州。连接两河的尝试可以上溯至1697年，当时彼得大帝曾试图在两河支流卡梅申（Kamyshin）河与伊洛夫利亚河之间修筑一条运河，但他的努力终于失败。现今运河的工程于1948年开始兴建，1952年竣工。起于顿河齐姆良斯克水库东岸的卡拉奇，止于伏尔加格勒正南方的窝瓦河畔的红军村，长101 km。沿途设有13个船闸，到窝瓦河的落差为88 m，到顿河的落差为44 m。有卡尔波夫卡、别列斯拉夫卡和瓦尔瓦罗夫卡 3 个水库,共长 45 km。可通行大型内河船只及小型海轮,从此打开了窝瓦河—卡马河—波罗的海之间的通海航道。运河西运的主要货物是木材,东运的主要货物是煤炭。

(六)曼彻斯特运河

曼彻斯特运河是英国英格兰西北部的运河。1887 年开始修凿,1894 年通航。由默西河和伊尔韦尔河供水。1894 年通航时,它连接英国赤郡的伊斯特姆(Eastham)与曼彻斯特市的水道。这条运河的修建使大型远洋轮可以进入曼彻斯特,从东哈姆到曼彻斯特,运河全长 58 km,宽 14~24 m,深约 9 m,共建有 5 座船闸。运河的建筑由总工程师和设计师爱德华·威廉斯监督。曼彻斯特运河修凿时,把 36 英里(58 km)长度划分成 8 个部分,由 8 位工程师负责相应段运河的修凿,每位工程师对其中的一个部分负责。

曼彻斯特运河在 1893 年 11 月最后完工后充水,1894 年 1 月 1 日,第一次开放交通(试通航)。1894 年 5 月 21 日正式通航。后来,爱德华·威廉斯被女王维多利亚授以爵位。

曼彻斯特运河的开放,保证了曼彻斯特成为英国的第三个繁忙的口岸,曼彻斯特运河也从此成为世界上第八大运河。

(七)约塔运河

约塔运河(瑞典语作 Gota kanal)是贯通瑞典南部东西的运河,于 19 世纪初建造。这条运河的主体水道,绝大部分都是利用许多湖泊、河道相邻而不相通,再加上人工开凿的河道彼此沟通相连起来而成的。途经维纳恩湖和韦特恩湖,并一直延伸到约塔和特罗尔海特运河,把卡特加特海峡城市哥德堡和波罗的海城市南雪平连接起来。全长约 580 km,其中,人工开凿部分为 87.3 km,宽 15 m,深 3 m。缔造者巴尔察·冯·普拉敦(Baltzar von Platen)。于 1810 年开凿,1832 年完工。耗时 22 年,动用 5.8 万名士兵,开挖土石方 800 万 m^3。由哥德堡自西而东,经约塔河穿越维纳恩湖、韦特恩湖、博尔湖和洛克斯湖等众多湖泊,最后注入波罗的海。全程共有 58 个船闸,能容纳长 32 m×宽 7 m×吃水 2.8 m 的船只。

约塔运河是连接斯德哥尔摩和哥德堡之间的水路纽带,由于两地水平面高度不同,全运河共设船闸 58 座,一级一级地改变水位。其中有 87.3 km 是人工建造的,宽 15 m,深 3 m。运河流经众多工业城镇,促进了经济发展,缩短了东西航运距离(可缩短 370 km)。沿河风景如画,旅游业颇为发达,被誉为"漂浮在瑞典国土上的蓝色缎带"。

约塔运河为哥特堡到斯德哥尔摩间提供了内河航运。运河的第一段(特罗尔海坦〔Trollhattan〕运河)竣工于 1800 年,使海船能从哥特堡到卡尔斯塔德(Karlstad)及维纳恩湖其他港口。约塔运河从舍托普(Sjotorp)到维肯(Viken)湖、韦特恩(Vattern)湖,然后到滨波罗的海斯莱特巴肯湾的梅姆,沿途经过布伦(Boren)和罗克森(Roxen)等小湖。从哥特堡至斯德哥尔摩的运河航程约 558 km,经波罗的海的海上航程为 950 km。

约塔运河的建成使瑞典人用运河连接波罗的海和大西洋的夙愿得以实现。在历史上,这条黄金水道对促进瑞典国内贸易的发展起到了巨大作用,而且和苏伊士运河、巴拿马运河一样,在世界著名土木工程中占有很高的地位。1998 年,约塔运河被授予"国际史上土木工程里程碑",号称同自由女神像、金门大桥、巴拿马运河等齐名的工程。

(八)巴拿马运河

巴拿马运河位于美洲巴拿马共和国的中部,它是沟通太平洋和大西洋的重要航道。巴拿马运河全长 81.3 km,水深 13~15 m 不等,河宽 150~304 m。整个运河的水位高出两大洋约26 m,共设有6座船闸,如果从大西洋入口处至太平洋出口处,要途经盖敦湖(Gatun Lake)和麦瑞福劳尔湖(Miraflores Lake),船闸由东向西依次为:双线连续三级的盖敦(或加通)船闸(Gatun Locks),双线单级的米格尔(或麦葛尔)船闸(Miguel Lock),双线连续两级的望花(麦瑞福劳尔)船闸(Miraflores Locks)。船舶每通过运河一次,一般需要9 h,巴拿马运河可以通航76 000 t级的轮船。

巴拿马运河于1914年竣工,1915年通航,1920年起运河成为国际通航水道。巴拿马运河开通后,太平洋与大西洋之间的航程比原来缩短了5 000~10 000 km。现在,每年有1.2万~1.5万艘来自世界各地的船舶经过这条运河。

(九)苏伊士运河

苏伊士运河位于埃及西奈半岛西侧,它是一条贯通苏伊士地峡、沟通地中海与红海水域的人工运河。它提供了从欧洲至印度洋以及西太平洋水域的最近航线。这条运河可在欧、亚两洲之间进行南北双向通航,而不必再南下绕道非洲好望角,因此大大节省了欧、亚之间水上运输航程和水运费用。它是世界使用最频繁的航线之一。同时,也是亚、非两州的交界线,是亚、非人民友好往来的主要通道。苏伊士运河北起塞得港,经塞得港北面开凿的水道可直接驶入地中海,南至苏伊士城之南而进入红海,全长190 km。

苏伊士运河是一条无闸明渠,其全程基本为直线,但也有8个主要的弯道。运河总长190.25 km。从航路浮标至塞得港灯塔:19.5 km;从等候区域到南入口:8.5 km;从塞得港到伊斯梅利亚:78.5 km;从伊斯美利亚到陶菲克港:83.75 km;提速区长度:78.00 km。

苏伊士运河于1869年11月17日正式通航,这一天被定为运河的通航纪念日。

1980年12月苏伊士运河完成第一期扩建工程后,运河全长为195 km,宽365 m,深16.16 m,复线68 km,可以通航空载15万t、满载37万t的油轮,是世界上能够沟通大西洋和地中海与印度洋和红海之间的"跨洋通航"的重要运河之一。

100多年前,马克思就把苏伊士运河称之为"东方伟大的航道"。苏伊士运河建成后,大大缩短了从亚洲各港口到欧洲去的航程,大致可缩短8 000~10 000 km以上。它沟通了红海与地中海,使大西洋经地中海和苏伊士运河与印度洋和太平洋连接起来,是一条具有极其重要经济意义和战略意义的国际海运通道。

(十)基尔运河

基尔运河也叫"北海—波罗的海运河",又称威廉皇帝运河,开凿于1887—1895年。基尔运河横贯日德兰半岛,从易北河的入海口布龙斯比特尔科克向东伸展98.7 km,到达基尔港口的霍尔特瑙。它使波罗的海和北海之间的航程比绕道丹麦缩短了685 km,具有重要的经济价值和战略意义,是世界三大航海运河之一。德国修建这条运河,原为避免军舰绕道丹麦半岛航行。建成后,北海到波罗的海的航程缩短了756 km之多。

基尔运河于1887年动工兴建,1895年6月21日建成并通航。运河自易北河口的布伦斯比特尔科格到基尔湾的霍尔特瑙,全长98.7 km,两端各建有船闸两座。建成时,运河航道底宽22 m,水深9 m,过水断面面积为413 m^2。船闸闸室长125 m、宽25 m。运河于1907—1914年进行了第一次扩建,航道底宽拓至44 m,水深增为11 m,过水断面面积达828 m^2,并在运河两端各增建船闸两座,闸室长330 m、宽45 m。后来,运河于1965年再次进行第二次扩建,大约在1990年完工,运河航道底宽增至90 m,水深仍为11 m,过水断面面积达到1 353 m^2。基尔运河上建有7座桥梁,桥梁净空均为42 m,能通行大型舰船。至今,在世界商业运输贸易中,仍然发挥着重大作用,是北海与波罗的海之间最安全、最便捷和最经济的通航水道。

据悉,基尔运河每个新船闸闸室拥有 29 个注水口、三个闸门。船闸实际规模(长×宽×槛上水深)为 330 m×45 m×13 m;根据船舶尺度决定使用闸室长度的原则,当船舶相对较小时,使用小闸室可缩短船舶通过时间。目前,通过新闸室的时间仅为 45 min。同时,德国基尔运河的通航能力留有余地,在必要时刻可以满足更大型船舶的通航要求。

第二节 有关运河与船闸简介

人类文明是丰富多彩的,人类开凿的运河和建造的船闸也是多姿多彩的。上述是世界十大著名运河以及有关通航情况的简介。但重点并不能代替全部,即使不在世界十大著名运河之列,只要它具有自身的特色,对人类社会的发展做出了一定贡献,它们都是人类文明的成就和共同财富,人们都应该对其尊重和了解。

一、韦兰运河与船闸简介

北美五大湖位于加拿大与美国之间,韦兰运河是沟通加拿大安大略湖和伊利湖之间的人工航道。流经安大略湖的天然河流尼加拉河是著名的大瀑布和急流,船只无法航行,需要开凿一条运河来沟通两湖之间的水运交通。现在的韦兰运河,即是从伊利湖上的科尔本(Colborne)港到安大略湖上的威乐(Weller)港,全长 44.4 km,最浅处深 9 m。两湖之间的水位差 100 m,共建有 8 座船闸,可通行 70 m 长的船舶。它是圣劳伦斯海道的重要组成部分。

韦兰运河上现共有八级船闸,由下游至上游方向,船闸按顺序编号为 1#~8#。由圣劳伦斯海道管理公司尼亚加拉地区分部负责其运行管理。4#、5#、6#均为双线连续 3 级船闸;八座船闸共有人字门及其启闭机 24 座(套),阀门及其启闭机 27 座(套),船舶防撞装置 6 台(套),双轨活动铁路桥 1 座。1#、2#、3#、7#和 8#均为单线单级船闸。

韦兰运河 1#~7#船闸平均提升高度为 14.2 m。位于伊利湖的 8#船闸是适应湖水水位变化进行最终调节的控制性船闸,其提升高度为 0.3~1.2 m。闸室尺寸(长×宽×槛上水深)为 233.5 m×24.4 m×9.1 m;河道水深 8.2 m,允许通过船舶最大限制为:长 225.5 m,宽 23.8 m,载重吃水深 8 m;过闸船舶可以运载 29 000 t 铁矿石或 38 700 m^3 的其他货物。每个船闸在大约 10 min 的时间内充水 9 万 m^3,船舶经过每级船闸大概需要花费 45 min 时间(见图 9-4)。

圣劳伦斯海道管理公司在韦兰运河上设有现场交通控制中心,布设着工业电视监视系统和船舶自动识别系统。这些设施和监控系统可以随时了解船舶的方位及其过闸情况,从而减少船舶滞留时间并提高了船舶过闸航行的安全度。航行安全保障率保持在 99%以上。韦兰运河船闸实施过闸收费制,通过圣劳伦斯海道需要交纳通行费,安装导航设施及 GPS 船用终端设备,必须遵守加拿大航海机构和圣劳伦斯海道管理公司制定的制度和规则。

每船闸配置检查员、船闸操作员和系缆解缆员 3 名,分别负责各个船闸的人字门、阀门、铁路桥和防撞装置的运行、日常维护、应急处理;指导船舶进出闸,协助系缆解缆,收集运行数据,检查船闸、救生和消防设备,对人字门和阀门进行润滑处理等工作。每船闸设置三个

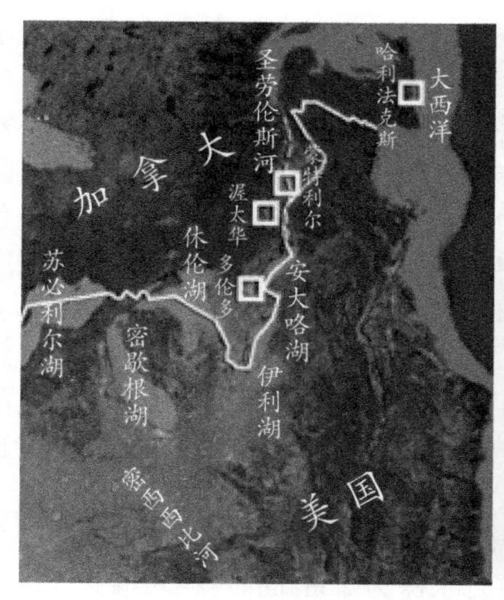

图 9-4　一声笛鸣，湖海货轮缓缓进入连接五大湖与圣劳斯海道的韦兰运河 3 号船闸

现地操作室，操作室配置计算机系统和工业电视系统，操作员通过现地计算机系统进行闸阀门、防撞装置和铁路桥等设备的运行操作。

韦兰运河冬季河道结冰，每年停航 3 个月。通航设备、设施的维修工作一般均在停航期间进行。韦兰运河上的船闸的建成，使船舶能绕过尼亚加拉大瀑布克服瀑布上下约 100 m 的巨大集中水位落差障碍而实施水上运输，是加拿大 20 世纪十大公共工程之一。

二、莱茵河—多瑙河运河与船闸简介

莱茵河—多瑙河运河（Rhein-Donau kanal）是位于德国巴伐利亚州境内的跨流域通航运河。从莱茵河支流美因河岸的班贝格到多瑙河的凯耳海姆，全长 171 km。从纽伦堡至凯耳海姆一段，长 102 km；其间，需要翻越汝拉山，工程十分艰巨。由于弗兰克侏罗山的分水岭比班贝格高 175 m，比凯耳海姆高 68 m，因此沿途需修建 16 座长 190 m 的船闸逐级提升。运河于 1985 年全线通航，大大缩短了北海和黑海之间的航程，沟通了两大水系沿岸国家的水上运输联系。同时，此运河还具有跨流域调水、农业灌溉和水力发电等效益。

莱茵河在欧洲是条著名的国际河流，全长 1 390 km，它是西欧第一大河。莱茵河发源于瑞士境内的阿尔卑斯山北麓，西北流经列支敦士登、奥地利、法国、德国和荷兰，最后在鹿特丹附近注入北海。自 1815 年召开维也纳会议以来，它是西欧一条著名的国际航运水道。

莱茵河是德国的摇篮，是流经德国境内最长的河流，流域面积占德国总面积的 40%。莱茵河全年水量充沛，自瑞士巴塞尔起，通航里程达 886 km；两岸的许多支流，通过一系列运河与多瑙河、罗讷河等水系连接，构成西欧一个四通八达的水运网。它流经欧洲主要人烟稠密的工业区。德国的现代化工业区鲁尔就在它的支流鲁尔河和利珀河之间。在鲁尔河与利珀河之间，通过 4 条人工开凿的运河和 74 个河港与莱茵河联成一体，由此 7 000 t 海轮可直达北海。它不但保证了鲁尔区的工业用水，还为鲁尔区提供了重要的运输条件。依靠便利的运输条件，大批铁矿砂和其他矿物原料才能源源不断地从国外运到鲁尔地区。鲁尔工业区与荷兰内河航运网之间运输也十分繁忙，每天的船只来来往往，车水马龙，货运量居世界之前列。

多瑙河发源于德国西南部的黑林山东坡，自西向东流经奥地利、斯洛伐克、匈牙利、克罗地亚、塞尔维亚、保加利亚、罗马尼亚、摩尔多瓦、乌克兰，在乌克兰中南部注入黑海。它流经10个国家，是世界上干流流经国家最多的河流。它像一条蓝色飘带蜿蜒在欧洲大地上，被人们赞美为“蓝色的多瑙河”。其支流延伸至瑞士、波兰、意大利、波斯尼亚—黑塞哥维那、捷克以及斯洛文尼亚、摩尔多瓦等国，最后在罗马尼亚东部的苏利纳注入黑海，全长2 850 km，流域面积81.7万km^2，入海年平均流量6 430 m^3/s，是仅次于伏尔加河的欧洲第二条长河。多瑙河干流从河源至布拉迪斯拉发附近的匈牙利门为上游，长约965.6 km（从乌尔姆至匈牙利门，长度为708 km，落差334 m）；从匈牙利门至铁门峡为中游，长约954 km，落差94 m；铁门峡以下为下游，长约930 km，落差38 m。多瑙河干流为自由通航的国际航道。原来有些河段坡陡流急，水浅弯多，需要改善干支流的航运是首要任务，当然，这也同时为开发水电提供了有利条件。

1878年，当时的塞尔维亚、罗马尼亚及奥匈帝国在柏林会议商定在铁门河段开辟一条航道，渠道长15 km，底宽60 m，在最低水位时保证航行水深为2 m；同时，在两端修筑纵向导堤，以便将较低的水之流量集中到通航渠道内。通航渠道绕开了铁门瀑布，但工程很艰巨，直到1896年才完工并开始通航，但在通航的当时，仍然觉得航行困难。

除德国境内上游的18级为单纯发电工程外，多瑙河上其余27级都是航电结合的综合利用工程并拟建双线船闸：德奥境内上中游20级船闸；每线闸室长230 m，宽24 m，槛上水深2.7 m，可容纳80 m×11 m欧洲通行的驳船4艘和推轮1艘的船队，一次过闸能力为5 000 t。

下游铁门水电站水头34.5 m，两岸各建一线两级船闸，每闸室长310 m，宽34 m。铁门2级为双线单级船闸。加布西科福和纳古马罗斯水电站各建双线单级船闸。多瑙河的货运量1950年为973万t，1978年增至1.12亿t，增长了10.5倍。此外，德国在多瑙河上游凯尔海姆向北跨过分水岭，建有170 km长运河和一系列船闸，与莱茵河支流美因河相连，构成多瑙—美因—莱茵河运河，东南至黑海，西北至北海，贯穿欧洲大陆。还拟从多瑙河中游布拉迪斯拉发向北经捷克、波兰与易北河上游拉贝河和奥得河相连的大运河，通往波罗的海。

三、用艺术眼光观赏全球现代船闸布局

在人类文明的发展过程中，船闸除为沟通两地之间的水上交通、促进不同地区的社会经济发展与贸易往来做出了极大的贡献外，而且它还促成了世界各地的精神文明建设、各国之间的文化艺术交流与科技的进步；它是不同民族间友谊传播的纽带。尽管世界各地的船闸，都是为了克服集中水位落差障碍、改善原有航道的航行条件、保证船舶顺利航行而设置，然而各个地区、各个国家，它们所建的船闸都风格不同、形态各异、多姿多彩、各具特色。它不仅是人类在征服自然、改造自然中勤劳智慧与科学技术的结晶，而且同时也是人类改造大自然所精心创造的一个个精彩纷呈的艺术精品（见图9-5）。看后，让人惊叹不已。它不仅让人觉得赏心悦目、耳目一新，而且还给人一种勤奋向上的启迪和美的享受。

图 9-5　船闸是人类在改造大自然时所精心创造的一个个精彩纷呈的艺术精品

第三节　世界运河流域开发与船闸文明发展的关系

中国船闸文明演变的四个关键环节：

- 原始水利是孕育船闸文明的土壤；
- 开凿运河是诞生船闸文明的温床；
- 漕粮运输伴随着船闸文明的成长；
- 现代科技的发展让船闸文明辉煌。

以上这四个环节，不但在中国国内适用，而且如果把它拿到世界范围去认识也同样适用。世界范围内，自人类脱离野蛮时期而进入文明时代开始，全球都面临着水灾威胁（这在我国和其他国家的史料和传说中，都曾有过许多相似的记载，例如圣经中的诺亚方舟）。原始人类面对全球气候异常而出现的人类生存的危机，被迫与水害抗争，世界水利也就由此而兴。人类在与洪水灾害的斗争中，第一个有力的措施就是"筑堤防洪，堤坝壅水"：前者为防洪减灾，后者为灌溉、行船。于是，也就很自然地会出现这种人为的集中水位落差障碍了。正是因为这种集中水位落差障碍的出现，才使得其因此而成为孕育船闸文明的土壤。所以，正是因为运河出现的这种"集中水位落差障碍"，运河才可能成为诞生船闸文明的温床。如果没有这种"集中水位落差障碍"出现，那就没有"克服这种落差障碍的助航设施存在"的必要，它就不会成为诞生船闸文明的温床了。

据《世界水利史》介绍，世界上最早的通航运河是公元前 1887—前 1849 年的古埃及塞劳斯内特三世时期建成的绕道尼罗河及其支流，并经苦湖沟通地中海与红海的古苏伊士运河。可能有人会问，既然"运河是诞生船闸文明的温床"，那么，古苏伊士运河为什么没有成为诞生船闸文明的温床呢？而恰恰是中国的大运河，后来成为世界诞生船闸文明的温床了呢？这确实是个事实。然而，世界上任何事物的发生与发展都不是无缘无故的，而是有其因果关系的。我们从世界运河开凿和船闸发展的历程中，就可以看出世界上船闸文明经历过三次机遇：第一次机遇为运河的开凿与发展；第二次机遇为流域综合开发利用；第三次机遇为现代科技与经济的发展。

如果了解了这个发展过程，你所想知道的其他问题也就迎刃而解了。

一、世界船闸文明发展的第一次机遇——运河的开凿与发展

据《世界水利史》介绍，世界上，人工运河的开挖，在古埃及时期已有记载。中世纪以后，人工运河在欧洲得到很大发展。在19世纪以后，人工运河在全世界进一步推广，规模也越来越大。在这里，《世界水利史》把世界运河的发展也总结归纳为三个阶段，即古运河出现阶段、中世纪后发展阶段、19世纪后在全世界推广并发展规模越来越大阶段。

（一）古埃及运河为何没有成为诞生船闸文明的温床？

在世界运河开凿史上，有明确记载最早的运河，当然要数古埃及塞劳斯内特三世时期（公元前1887—前1849年）建成的绕道尼罗河及其支流并经苦湖沟通地中海与红海的古苏伊士运河。它比中国的泰伯渎要早600年左右，比邗沟运河要早1 300多年（但是，要比大禹治水时的“疏川导滞”、“陂障九泽”、导洪入海、汇水成湖（《史记·夏本纪》）要晚得多。所以，禹是人类最早为战胜洪涝灾害而开凿人工渠道“疏川导滞”的第一人）。然而，禹所进行的人工渠道开凿和古埃及运河沟通为什么都没有成为诞生船闸文明的温床呢？

因为，如果要作为诞生船闸文明的温床，还必须具备几个条件：

第一，“疏川导滞”必须成为后来船只通过的主要运道。

第二，人工运道必须有或者将要形成典型的集中水位落差。

第三，这个集中起来的水位落差，还必须对船舶航行构成障碍。

先让我们从埃及所处地理位置等条件说起。古埃及位于非洲东北，是欧、亚、非三大陆的连接处。西有地中海沟通大西洋沿岸各国，东有红海连接印度洋与太平洋各地。这里交通方便，环境开放，气候温和，雨量充沛，地势平坦，土壤疏松，极适合古人类生存和农耕文明发展。因而，这一地区成为世界上人类最早实现农耕文明的四大文明古国的发源地之一。同时，这里又是早期人类社会人口密集、宗教文化与商贸活动频繁，以及人员往来极其活跃的地区。

若从古地质变迁看，早先，地中海几乎直通中国四川盆地西侧。因地壳变迁、板块漂移、南亚次大陆板块北移，青藏高原及喜玛拉雅山脉被挤压隆起而使海水西去。当初，地中海与红海和印度洋之间的海水基本是相通的。后来，由于尼罗河大量泥沙淤积而形成巨大的冲积平原三角洲。再后来，三角洲逐渐向同为沙质沉积物的西奈半岛靠近最后终于连接。同时地中海西退时所挟带的大量泥沙淤积于冲积平原与半岛之间的地沟带。天长日久，逐渐形成带状的苏伊士地狭。

从世界运河史得知，现代的苏伊士运河是世界上唯一的无闸运河。苏伊士运河是沟通地中海与红海之间的一条贯通的苏伊士地狭的运河。因其地狭是由海洋沉积物、砂砾、尘土等物质构成的，同时，地中海与红海的海平面也几乎相差无几，因此它根本就没有形成集中水位落差障碍的条件。所以，船舶也就不需要什么助航设施便可自由通过。尽管古苏伊士

运河开凿时间较早,然而它始终没有构成航行障碍而成为船闸文明诞生温床的条件或机会。

(二)为何中国大运河才是诞生船闸文明的温床?

除古埃及曾有过人类初期开凿运河的记载外,世界上最早有确凿记载运河开凿年代的国家就只有中国。中国的人工运河开凿始于夏商,盛于春秋战国之交,成水运系统网于隋唐之初。隋唐之后,随着国家政治中心北迁、国家经济中心南移,在此过程中,虽然京杭大运河曾有过变迁,然而大运河体系和格局在隋唐时期已经基本定型,初期船闸基本模式也在唐代开元盛世中诞生。

有人会问:为什么中国的大运河会成为船闸文明诞生的温床呢?回答很简单,因为我国大运河的开凿,不像古埃及运河所处的地质条件那么平坦。大运河沿线自然条件复杂,地势高低不一,水源补给丰枯不定。而且黄河是世界上含沙量最大的河流,洪水频发,泥沙淤积,河床变迁。先人们为保证运河通航和改善当时木船的航行条件,才采用了修坝筑堰、建闸立门的工程措施。这些措施的采用也就人为地促成集中水位落差障碍的产生。集中水位落差障碍是船闸文明诞生必备的先决条件。于是,才使得我国大运河成为世界船闸文明诞生的温床。

有人问,大禹"疏川导滞"、泰伯导流入海,比大运河都早,为什么他们不能成为船闸文明诞生的温床呢?因为它还差一个条件,大禹治水、泰伯修渎都是为了排涝与灌溉,是水利而不是水运。由此得知,船闸文明诞生的两个先决条件为:其一,水运通道必须要有船舶行驶或通行;其二,水运通道必须具备典型的集中水位落差障碍。

上述两条件缺一不可。因为要有集中水位落差,才会对船舶通过形成障碍。而有了船舶通过,才会提出要帮助船舶克服集中水位落差障碍的要求。

二、船闸文明发展的第二次机遇——流域综合开发

由于运河的开凿与发展,可以将世界上许多不同流域、不同地区以及不同海域或者不同高程之间的河流、湖泊等不通航水域,通过人工渠道用无数级船闸连接沟通起来而成为能够供船舶通航的水运交通线。于是,这就大大地加速了世界性的商业贸易、物资和文化与科技的交流以及世界经济的发展(见图 9-6)。

图 9-6　修建航电枢纽是解决航电矛盾、促进航运发展的关键

水能资源的开发与利用,是船闸文明发展的第二次机遇。

水是人类赖以生存和生产的必需物质,也是促进或制约着一个国家的国民经济发展的重要因素之一。世界上任何一种资源,只有当它被人类认识到,对它的开发利用与人类自身的生存与发展有着不可分割关系的时候,其价值才会真正显现出来。所谓水能资源,就是由河流的流量和落差而形成的水力动能。河流的流量是有一定规律和变化的,但这种变化不会脱离客观规律;然而,河流的落差则是可以通过人工干预而形成变量的。人为的干预主要是采用"筑坝壅水"可以获得较大的水位落差和水力动能。当然,这种人为的集中起来的水位落差障碍,必然将要影响到河流的自由通航。于是,修建以航电为主的综合水利枢纽,是最终解决流域开发和航电矛盾以及航运发展的关键。正是因为对流域进行有计划的多用途的开发而出现的航电水利枢纽,给船闸文明的发展又带来了第二次机遇。从此船闸文明终于从过去单纯地为满足船舶航行条件或渠化航道功能的运河助航建筑物,逐渐转变为现代水利枢纽综合开发利用中,成为解决或者协调并促进其综合效益发挥的关键性工程。

在流域开发中起步较早的是欧美的一些发达国家,例如,19 世纪末开始的莱茵河开发,1933 年后美国田纳西河干流开发,1927—1932 年及 1944—1976 年苏联第聂伯河干流中下游开发,1931 年后美国哥伦比亚河干流的开发等。下面将简单介绍美国的密西西比河流域和加拿大的圣劳伦斯海道开发。

(一)美国密西西比河流域综合开发

美国密西西比河有四大主要支流,即伊利诺斯河、俄亥俄河、田纳西河、阿肯色河。1820 年美国国会为了稳定河势,充分发挥密西西比河的综合功能,开始讨论发展内河航运的法令,先后通过了多项防洪、航运的法令或者法律,从而保证了内河开发有序地进行。1825 年,初步建成长 581 km 的伊利运河,沟通了伊利湖与哈得逊河流域。形成了以密西西比河和五大湖为主干的美国内陆航道网,对美国中西部经济的早期开发起到了极为重要的关键作用。通过伊利运河连接了阿巴拉契亚山以西的中部大平原,大量货物通过水运使位于哈得逊河口的纽约港格外繁忙,以致成为美国东部海岸线最大的港口。后来,为了更好地开发和利用密西西比河,1879 年美国国会成立了密西西比河委员会,负责航运等综合整治的财政预算。20 世纪 30 年代罗斯福总统执政期间,美国修建了流经 7 个州的跨流域的田纳西运河,开发了 3 000 万英亩的土地,安排和创造了大量的就业岗位。

密西西比河的开发、管理和整治由密西西比河委员会集中负责,由美国工程师兵团具体实施。自 20 世纪 20 年代起,密西西比河水系经过一系列规划和改造,后来形成了江、河、湖、海贯通而水深标准统一的内河航道网。经过一个多世纪的开发和治理,密西西比河水系也已经发展成为集航运、防洪、发电、供水、灌溉、娱乐、环保于一体的全流域综合开发利用的水系。

由于对水运航道的高度重视,密西西比河上游及其四大主要支流伊利诺斯河、俄亥俄河、田纳西河、阿肯色河也全部实现了渠化,建设通航梯级 100 多个,船闸 130 多座,下游重点是浚深航道,同时开挖人工运河,使各大河流相互沟通,在美国东部形成了密西西比河干流和支流直达、江河湖海沟通、四通八达的水运网,降低了运输成本。美国内河运输的运费与铁路和公路的运费之比约为 1 : 4 : 30,因此使内河运输具有得天独厚的优势。远洋船只可以往上游航行到圣劳伦斯海道,再由大湖区到芝加哥,再由芝加哥运河连接密西西比河,而从密西西比河的支流密苏里河又可延伸到西部内陆平原。因此,美国有从大西洋经过五大湖到中西部密西西比河流域再到墨西哥湾的水路航线网,使其工农业制品可由水路网运往沿岸城市及远洋港口。美国煤炭通过纵横交错的水运网可以非常方便而便宜地运送到全美各地的燃煤发电厂,从而有效地降低了电力工业的运营成本。

据统计,密西西比河流域大量工业原料和商品,特别是大宗的散货,90%以上都是通过密西西比河航道和沿途内河水道运输。自治后的1940—1980年,密西西比河运量平均每10年货运量增长1倍,大大地超过了美国国家和其他州地区的经济增长速度。

(二)圣劳伦斯海道综合开发

圣劳伦斯海道是位于北美洲加拿大东南部和美国东北部之间,包括从贝科莫到苏必利尔湖沿岸的整个圣劳伦斯河和五大湖水域。它是加拿大腹地通往大西洋的一条重要水道。圣劳伦斯河是北美洲东部的一条大河,它有2/3河段为美国与加拿大的界河,是北美五大湖水域入海的唯一通道。五大湖之水从安大略湖东北端流出,向东北注入大西洋圣劳伦斯湾。长1 287 km。流域面积约30万km^2。湖口至蒙特利尔为上游,长约300 km,宽2 km。河床比降大,多急流险滩,水力蕴藏量丰富,当然对航行安全也极为不利。蒙特利尔至魁北克为中游,长约256 km,比降减小,流速变缓。魁北克以下为下游,长700多km,河面展宽,河口处沉积形成宽50 km、长400 km的三角洲海滩。

圣劳伦斯海道,从贝科莫到苏必利尔湖的水位落差高达180 m左右,通过16道船闸逐级提升。圣劳伦斯河进入安大略湖,水位落差约70 m,经过7座船闸:圣朗贝尔船闸、圣凯瑟琳船闸、博阿努瓦的两级船闸、斯内尔船闸、艾森豪威尔船闸、易洛魁船闸。从安大略湖进入伊利湖,经过韦兰运河上的8个船闸,从而使船舶能够顺利绕过尼加拉大瀑布。伊利湖到苏必利尔湖之间的水位差约9 m,在休伦湖和苏必利尔湖之间有5座并列的船闸,其中美国的波船闸最大,可接纳长304. 8 m、宽32 m的船。一般情况下,从贝科莫到苏必利尔湖西岸的桑德贝要6天航程,通航季节为12月15日至翌年4月1日。进入该航道的船舶最大吃水为7. 92 m,长222. 5 m,宽23. 16 m。船舶的行驶速度在韦兰运河航道控制为8 km/h,在博阿努瓦航道控制为8. 5~10. 5 km/h,在圣劳伦斯河航速一般限制在8. 5~16 km/h。

圣劳伦斯河流域的降水丰沛,并有五大湖调节,水量大而稳定。河口一带流量达1万m^3/s。水量季节变化很小,枯水期(秋季)流量约占洪水期(春季)流量的70%。它的上游自20世纪50年代开始整治,开凿有深8. 2 m的水道及3条运河、7座船闸,同时,还兴建了一系列水电站。海轮可通过圣劳伦斯海道直达五大湖各港。五大湖-圣劳伦斯河谷地区地处北美腹地,是加、美两国人口与城市集中、工农业发达的地区,人口占北美1/3。沿途有15个国际大港口,50个地区性港口。圣劳伦斯海道流经八州两省,流域产值占加拿大国内总产值的60%,美国26%的制造业也建造于本地区。圣劳伦斯海道流域的开发和深水航道的开辟为沿岸地区提供了巨大的运输条件而成为国民经济的交通命脉,而且还密切了五大湖和大西洋的交通关系和与外界的联系,具有重要的经济意义。圣劳伦斯海道流域的综合开发,可以说是世界工程史上的又一个奇迹。

三、船闸文明发展的第三次机遇——现代科技与经济的发展

正当封建制度在世界范围内走向没落之际,资本主义制度悄然在欧美等地逐渐兴起。人类文明也开始从农耕文明逐渐向工业文明转轨。为促进经济发展,扩大对外贸易,新兴的

资本主义国家,趁船闸文明第二次发展机遇——流域综合开发之机,开始了世界性的现代船闸的建设高潮(第三次发展机遇)。

然而,这时在船闸文明诞生的故乡——中国,随着封建制度的逐渐衰落,船闸文明自唐宋以后就再也没有什么大的突破了,技术徘徊不前,甚至反而有所倒退现象。但是,作为维持封建专制统治而赖以生存的漕运制度,在中国政治中心北迁、经济中心南移,京杭大运河截弯取直而东移穿越山东河脊地带后,仍然奇迹般地显示出大运河顽强的生命力与运河梯级渠化后的虚假繁荣(见图9-7)。

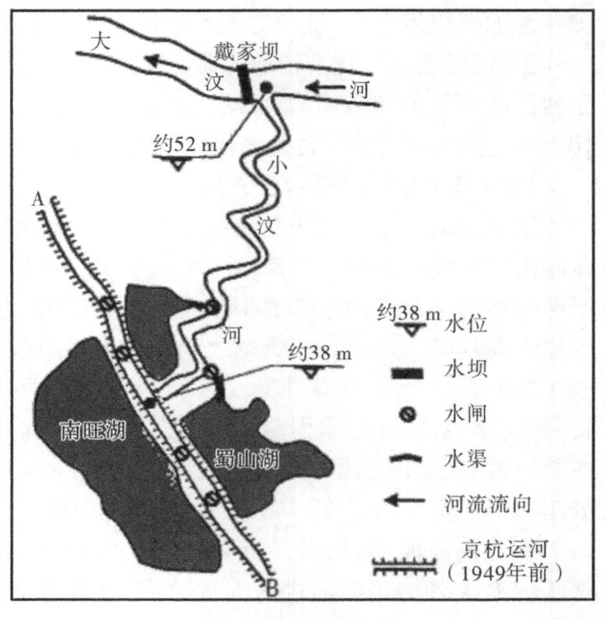

图9-7　南旺分水

清代中期以后,在帝国主义列强的扩张侵略下,用鸦片毒害中国人民。又由于封建统治者的腐败无能、故步自封,官府贪腐、灾害连年,人民食不果腹、衣不蔽体、官逼民反、内战不断等内忧外患的长期影响下,国力大大衰弱,并逐渐沦为半殖民地半封建。随着封建制度赖以生存的漕运制度的终结,在世界现代新式船闸出现及建设高潮之际,船闸文明诞生之故乡,却与当时世界潮流背道而驰,逐渐踏上一条萧条与没落之路。

(一)世界性水利科学大发展

也正是在此时,世界性的科学技术得到了突飞猛进的发展,科学技术的发展促进了船闸技术的进步,船闸技术的进步更加快了世界科学技术的发展。据世界水利工程建设的历史记载:"水利科学的起点,可以溯源到阿基米德(Archimedes)的浮体定律(公元前250年)的发现。经历了中世纪的长期停滞,直到L.达·芬奇(Da Vinci)(1452—1519年)为建造船闸等水利工程提出了水力学阻力规律;1638年伽利略(Galileo,1564—1642年)为建造船闸和水闸,解决了所需梁的尺寸设计问题,并进行了梁的强度实验,(至此)水利科学才得到了进一步的发展。可以说,生产(需求)推动了技术进步,技术进步则又孕育了水利(船闸工程)科学。"(引自《水利科学》第22页)。文艺复兴时期,达·芬奇成为实验水力学的前驱。17世纪正式出现了水力学这个科学的名称;1686年I.牛顿提出了水力学的相似性原理。18世纪丹尼尔第一·伯努利和L.欧拉等创立了水动力学并使之与实验水力学平行发展。18世纪中叶,英国工程师J.斯米顿提出使用水工模型进行水力学试验等。1841年美国第一座现代的水工实验室在马萨诸塞州的卢韦尔建立。19世纪科学家发现了管流和明渠流两种水流流态,并提出了弗劳德相似准则和区分流态的雷诺数,推导出紊流的雷诺公式。1898年德国著名水利专家H.恩格斯创立河工模型试验室,并进行治河模型试验长达几十年之久。

进入20世纪,世界上许多国家都建立了水工模型实验室。于是,模型试验的相似原理已为水利学的学术界普遍接受。英国人在南亚次大陆和埃及的灌区进行了大量的现场观测工作,对渠道的冲淤和在透水地基上筑坝等研究更为突出。德国航空学家 L. 普朗特于 1904 年提出的空气动力学边界层理论,很快就被水力学者应用于解决实际问题。T. von 卡门于 1912 年完成了著名的"卡门涡街"研究,从而进一步丰富了水力学的内容。

在坝工设计理论上,19 世纪 50 年代,兰金研究了疏松土质的稳定性问题,此后德·萨齐里和德洛克等研究了重力坝设计中砌石和基础的应力问题。1861—1866 年建造的古夫尔·登伐重力坝是世界上第一座用现代技术理论建造的大坝。它位于法国弗兰河上,最大坝高 60 m,是当时世界上最高的大坝。土石坝和拱坝的设计理论与分析方法,也大体从 19 世纪 50 年代起开始研究试验,但是正式应用于拱坝的设计则是在 1922 年。

在水力发电上,直到 19 世纪后期,人类在解决了远距离输电之后,世界上才有了大量修建水电站并用于弥补世界能源短缺的工程建设。1878 年法国建成了世界上第一座水电站。1882 年美国威斯康星州也建成美国第一座水电站。此后水电在全世界迅速发展。1950 年后进展更快,其发展趋势是河流梯级开发,电站和机组向大容量发展。这时潮汐电站和抽水蓄能电站等也都得到相应发展。于是,船闸文明趁世界性水利科学大发展之机,获得了第三次发展机遇。

(二)中国在第三次机遇中走向船闸文明的辉煌

新中国的成立正好赶上了船闸文明世界性的第三次发展机遇。旧中国是一个落后的农业国,当时,我们国家要在一穷二白的烂摊子上建设新中国。由于农业的恢复需要交通运输的保障,国民经济的恢复也必须首先实施农业和交通运输的恢复才行。因此,当时国家对水利建设和恢复、治理大运河都十分重视。开国之初就制定了治理淮河、改造大运河的计划,对运河很多区段进行了疏浚、扩展,沿运河恢复线路又新建设了不少船闸。运河沿线两岸也改建和新建了许多现代化的码头。改革开放以后,随着南水北调东线工程的实施,使古老的京杭大运河重新焕发出船闸文明的现代光辉。它不但分担了津浦铁路南来北往的货流,还促进了运河沿线城市的经济大发展、抽水蓄能、航电结合、筑堤防洪、引淮入海、新建渠道排灌等,形成了一条美丽壮观的运河流域综合开发利用的新的风景线。从此,大运河再次焕发出青春,货轮穿梭、笛声阵阵,运河航道也从一线、二线到三线,如今有的甚至发展到四线。

在世界高坝建设上,1936 年美国于科罗拉多河上建成 221 m 高的胡佛坝,装机容量至 134 万 kW。1942 年美国在哥伦比亚河上建成大古力水电站,装机容量为 648 万 kW。到 1980 年全世界已建和在建的设计装机在 100 万 kW 以上的水电站已经达到 120 座之多。当时,世界上最大的水电站是巴西和巴拉圭合建的伊泰普水电站,装机容量为 1 260 万 kW。

进入 20 世纪以后,许多新兴科学技术也已经开始在水利工程中得到广泛的应用。例如,利用电子计算机对技术经济方案进行评估,采用系统分析方法全面安排施工进度和评价区域性水资源,利用光弹模型分析和设计水工结构,利用喷灌、滴灌和渗灌等工程节省灌溉用水,利用遥感、超声波等手段分析、鉴定大型水利枢纽工程的水文地质及工程地质情况等。在工程建设中,20 世纪的水利工程越来越具有大型化、综合化、跨流域、多目标等综合效益发挥的重要特点。

新中国成立后,为赶超世界先进的水利工程技术前沿,我国水利建设进展迅速,截至 2000 年,我国已修建水库 86 000 多座,坝高 15 m 以上的水库,1950 年只有 8 座,而 1982 年就有了 18 595 座。在全世界的坝高 80 m、下泄流量大于 20 000 m^3/s 的 26 座大坝工程中,中国就有 8 座。新中国成立前,我国只有两座大型水电站:松花江丰满水电站、中朝共管鸭绿江水丰电站，都是日本侵略时期修建并且都受到战争破坏。新中国成立后，在“一五计划”时，就修建了新安江(66.25 万 kW)和三门峡(25 万 kW)两座大型水利枢纽；20 世纪 60 年代建成广东新丰江，湖南柘溪，黄河上游盐锅峡和青铜峡、刘家峡，四川龚嘴，贵州乌江渡，湖北丹江口等数十座大型水电站。改革开放后，国家更是重视流域开发与综合利用，长江、珠江、黄河、汉水等流域综合开发利用效果显著。

我国在加大水利水电开发建设的同时，也非常重视水利基础科学的研究。1990 年，提出以水文学、水资源学、水力学、岩土力学、水工结构学为主体的有关水利学科的五大战略方向。在这一时期内，我国的流域开发主要有以下三大特点：

其一，在流域开发中突破高坝技术，我国河流的水电开发潜能相当巨大，但一般都集中在我国的西南地区，即云、贵、川和青藏高原地区。这些地区都处于河流的中上游，山高谷峡、水流落差大、流量季节变化大、河床狭窄，要开发上游水力资源必须突破高坝技术。仅 1986 年的一年中，我国就先后建成了坝高 100 m 上的混凝土重力拱坝。例如：龙羊峡为 178 m 高的混凝土重力拱坝，装机容量 128 万 kW，总库容 268 万亿 m^3，是我国当时最大水库；东江双曲拱坝，坝高 157 m；紧水滩为三心双曲拱坝，坝高 102 m；另外，还有东风、李家峡、隔河岩三座高 150 m 以上的混凝土高拱坝(坝高分别为 173 m、165 m 和 151 m)以及二滩的混凝土抛物线双曲拱坝，坝高 240 m；溪洛渡电站坝高 275～305 m，设计洪水 43 800 m^3/s，万年一遇泄水流量达 52 300 m^3/s(泄水流量为世界之首位)；小湾电站的坝高已在 300 m 以上，河床极为狭窄，泄洪流速达 50 m/s 以上。

其二，在流域梯级开发中，实施水资源综合开发与利用，让防洪、发电、航运、灌溉和供水等效益能够综合发挥。自从我国首先在湖南潇水建成双牌船闸和广西郁江建成西津船闸后，我国从此开始了在水利枢纽上修建特高水头大型船闸的历史，这是我国船闸文明突破大运河的修建使用范围，开始进入我国主要河流的“流域综合开发利用”的一次重大的战略转移。紧接着，通过葛洲坝 3 座高水头船闸的兴建，开始了我国在特大型水利枢纽上建设大型高水头单级船闸的历史；再后来，三峡枢纽双线五级船闸的建成和使用，更标志着我国特高水头大型船闸技术已经跃居世界先进行列。在支流的开发中，我国先进的航电一体化小流域综合开发也不断涌现，著名的有大运河流域开发、西南水电站群落开发、嘉陵江渠化航电一体化开发、长江上游金沙江综合开发、西江流域航电一体化综合开发等。

其三，实施技术创新，赶超世界先进水平。水电资源开发向大型化、综合化、跨流域、多目标发展，同时，力争在技术水平上有新的突破。

随着世界高坝技术的不断发展。苏联 1980 年建成的努列克土石坝高 300 m，而 1989 年建成的罗贡坝的高度则达 335 m。后来，我国的溪洛渡电站、小湾电站坝高都在 300 m 以上。例如，二滩拱坝经过大量科学研究，提出了采用坝身泄洪的方式，设置了 7 个表孔(11 m×11.5 m)和 6 个中孔(6.0 m×5.5 m)，中孔与表孔相间布置，校核洪水情况的下泄流量为 16 453 m^3/s，居世界高拱坝(200 m 以上)下泄流量的第一位。

我国自 20 世纪 50 年代后期开始对高速水流、泄洪消能、高坝施工、钢结构闸门、通航条件等水力学问题进行研究，都有了较快的发展。由于我国水利枢纽具有高水头、大流量及窄峡谷地等特点，因此科研部门对泄洪消能技术的研究相当重视并有所突破。例如，对面流、挑流、底流消能都做了系统性的研究，提出了完善的理论和计算方法。实施异型鼻坎、宽尾墩、窄缝挑坎、掺气墩等新型消能工方法，其中宽尾墩、掺气墩是我国科技人员自我创新的先进技术。随之也发展了新型消能工的理论计算,从二维到三维计算都已达到成熟阶段,并都处于世界领先地位。还有如闸门颤动理论及其防治方法就走在世界前列,随着高水头泄水建筑物的增多,对脉动、振动问题的研究也有了新的发展。目前,我国在数学模型和特种材料实物模型研究上仍处于世界的前列;在水流空化及气蚀的研究中,提出的减蚀坝面曲线、控制不平整度、新型抗空蚀材料等都取得了较好的成果,如铸石粉混凝土、硅粉混凝土及高铝陶瓷材料的研究等。在材料抗蚀机制、工艺等方面都取得了满意的成果。例如,在葛洲坝船闸阀门空蚀中,引进掺气减蚀技术获得成功并得到迅速推广;在三峡枢纽双线五级船闸主体建筑物基础开挖中,采用了薄壁衬砌式结构并辅以锚束、锚干等支护加固措施,这不仅大大节省了工程量、工程投资和使施工进度加快。同时,也大大增加了设计和施工的技术难度。设计部门根据工程条件、岩体及结构方面的力学特性,对边坡稳定分析成果以及其他边坡工程的实践经验进行综合分析评估后,通过精心设计和采用一系列技术措施,在大量节省工程量的同时,保证了船闸结构的合理性和先进性,并确定三峡船闸高边坡采用梯级开挖,辅以锚束、锚干等支护加固措施和截、防、导等排水手段。根据开挖后监测资料表明,边坡开挖多年后趋于稳定,变形量 $\Delta_{max} \leq 70$ mm,满足设计的稳定要求。根据运行实践表明,设计施工均能满足运行要求。

如果单从船闸讲,在欧洲,单闸在 12 世纪首次出现于荷兰。1481 年意大利开始建造船闸。20 世纪后,在美国、苏联和西欧,由于河流的开发和航运的发展,船闸的数量逐渐增多,技术也不断改进。目前最大的内河船闸长 360 m,宽 34. 5 m,槛上水深 5 m,可以通过 2 万 t 级的顶推船队。三峡船闸是世界内河船闸之最:三峡双线五级船闸,总水头 113 m,是世界上级数最多、总水头最高、设计和运行最先进的内河船闸;三峡升船机的有效尺寸为 120 m×18 m×3. 5 m,当初设计总重 1. 18 万 t,最大升程 113 m,通过船舶吨位为 3 000 t,也是世界上规模最大、难度最高、技术条件最先进的升船机(见图 9-8)。

图 9-8　中国三峡水利全貌与双线五级船闸过船实况

1994 年 6 月,由美国发展理事会(WDC)主持,在西班牙巴塞罗那召开的全球超级工程会议上,认定三峡工程(其中包括三峡双线五级船闸和一线升船机)在工程规模、科学技术和综合利用效益等诸方面都堪称世界级工程的前列而被列为全球超级工程之一。因此,三峡工程不仅为中国的经济建设和发展带来巨大的实用效益,而且还为世界水利水电技术和有关科技的开发与发展做出了巨大而卓越的贡献,把建造现代船闸与升船机的规模与技术推向了一个前所未有的辉煌时代。

第十章　船闸文明中升船机的演变发展

第一节　船闸与升船机同根、同源、同属性

在第一章第三节“船闸的定义”中，我们已经对船闸和升船机作了如下定义：

船闸——是帮助船舶克服上下游集中水位落差障碍的水工通航建筑物。

升船机——是帮助船舶克服上下游集中水位落差障碍的水工通航设施。

从上述定义中知道，船闸与升船机的功能是一致的，都是为了帮助船舶克服“集中水位落差障碍”而设置的。然而，船闸不但历史悠久，而且对人类文明的进步与发展都做出了极为重大的历史性贡献。升船机与船闸，虽然是同根同源的孪生兄弟，但升船机初期发展缓慢，后来起步又较晚，在使用范围和数量上，船闸占有绝对优势。但不管怎么说，它们是同属于助航的“船闸文明”的范畴。

虽然它们同属于船闸文明的范畴，但它们的设计原理、通航手段、施工方式、建造设施、适应环境和发展过程等都有着很大的区别。因此，我们在上述定义中又分别把升船机叫作“通航设施”，把船闸叫作“通航建筑物”，两三个字之差，表明区别，避免混淆。

自水利孕育出修堤筑坝的最初工程措施后，在连接两条不同高程河流的运河上修建埭堰。以埭止水，壅高水位，不让河水快速地流失；以堰平水，就是利用埭坝壅高水位后所形成的上游慢流以利通航。由此，诞生船闸与升船机的客观条件就基本成熟了——它们都是为了在通航河流上克服或解决“集中水位落差障碍”问题才应运而生的。

然而，为什么说埭堰文明是船闸与升船机“同根、同源”的原始阶段呢？

回答这个问题首先应该弄清楚什么是根，什么是源，才会明白。

什么是根？水利孕育了原始“修堤筑坝”的工程措施，这就是根。

什么是源？把水利“修堤筑坝”的工程措施应用于运河之上，拦断河流，形成埭堰并达到使船舶能够通过之目的，这就是源。

什么是同一属性？它们都是为帮助船舶克服“集中水位落差障碍”而采用的同一工程措施，都是为船舶服务的，目的一样、功能相同，同一属性。

其实，船闸与升船机本来就是一对孪生兄弟，它们都是为了帮助船舶克服“集中水位落差障碍”应运而生，仅仅只是在后来的使用方法和发展方向上不同而已。因此，它们同属于船闸文明的范畴。

第二节　船闸与升船机何时分道扬镳

任何一种文明现象的发生与发展都不是一帆风顺而是一波三折的，甚至有时在探索过程中也有反复，船闸文明亦不例外。在古代当埭堰出现后，一道堤坎横亘于运河之中，阻碍了船舶通过。谁能想到，公元前486年，当初吴王夫差因急于用兵北上争霸，苦于船只搁浅而不得不采用谋士之计就地取材，以土草、树枝筑成临时性埭堰的简陋措施而壅水过船。现在看来，这种简单得不能再简单的方法，竟然成为人类开创船闸文明现代辉煌的发端。

埭坝有高有低，低为滚水坝，人工拖拽可以过埭。高有将埭坝开合使用，其一，即保持埭坝的完整性，沿埭坝斜坡拖拽船只过埭。由当初的人力发展到畜力拖拽，再到后来的机械力，最终形成斜面式升船机的原始雏形；其二，在埭坝开口（或预留孔口）放船过埭，船过封堵，于是形成后来之水门、斗门、两斗门、复门，最后形成初期船闸“二门一室”的船闸雏形。

到这时，船闸与升船机这对孪生兄弟，从此开始分道扬镳、各走各路、各自发展了。因此，我们说，船闸与升船机分道扬镳的关键就是“破坝与不破坝”。

所谓破坝，就是在埭坝上开个口子或者预留孔口，船只经孔口而过，船过封堵；所谓不破坝，就是继续沿着埭坝斜坡拖拽船只过埭。目的一样，方式各异。后来，兄弟俩就各自沿着自己的发展轨迹和不同方向不断向前演变进化至今（见图10-1）。

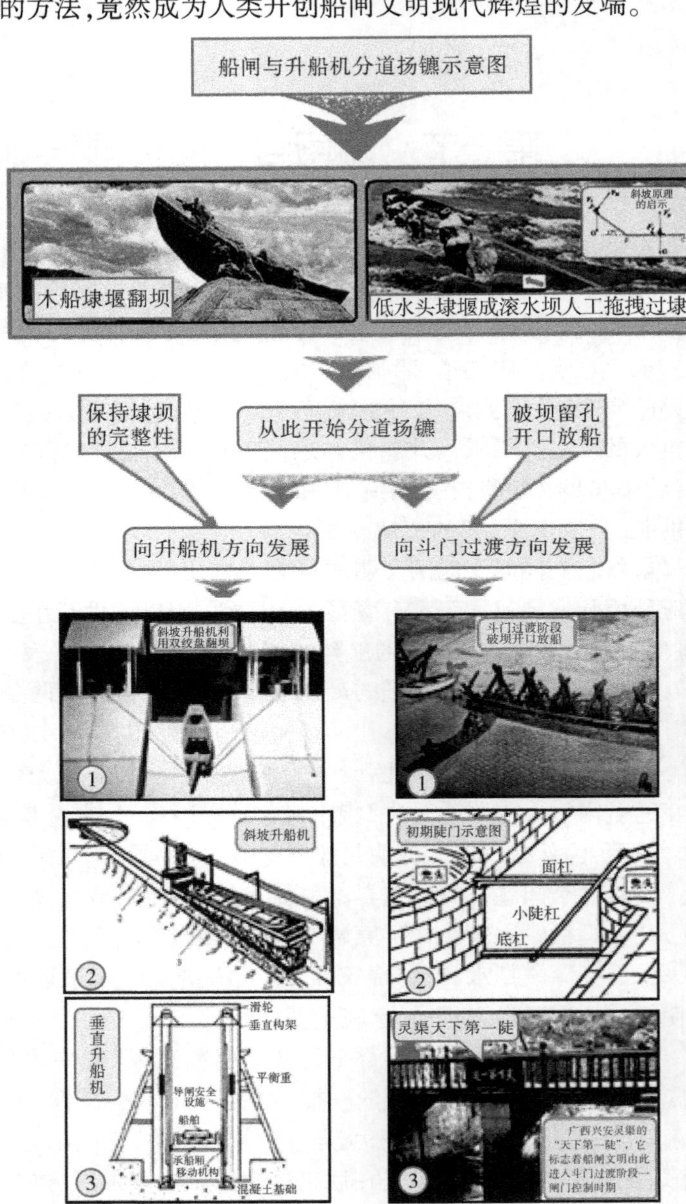

图10-1　“船闸与升船机分道扬镳”流程示意图

第三节　升船机在全球的使用和发展简介

升船机，有人又把它称为船舶的“空中电梯”或“举船机”。现代升船机是利用水力或机械装置的传动力帮助船舶实现升降，从而克服航道集中水位落差障碍的通航设施。其原始雏形就是埭堰文明（古老的“土豚”过坝方式）。

在我国，船闸与升船机早在公元前5世纪就进入了“同根、同源、同属性”的原始萌芽阶段，即埭堰文明时期的斜坡翻坝形式。后来，虽然有部分埭堰采用破坝开口放船的形式，向着船闸的“斗门文明”阶段过渡，但是部分埭堰仍然按照原来的“土豚”过坝方式延续下来，直到新中国成立之前，在浙江或四川的部分山区，仍然有些小吨位的人力木船，按埭堰文明的土豚方式翻坝。

据文献记载，我国在东汉后的三国时期（222—280），曹魏为改善交通，统一北方，大修北方五渠；诸葛亮在蜀地、汉中引水灌溉发展农业；孙权占据江南，具有鱼米水乡之利和水运交通之便。吴在江苏、浙江的水运网中，广泛使用埭堰文明的“滑泻道”过船，即“土豚”过坝方式。借助绞盘将小船从下游拉起，沿着“滑泻道”牵引上埭坝顶部再翻坝进入上游河道（见图10-2左下图）。当时，虽然这种“土豚”过坝方式只能通过较小的船只（载重量小于10 t的小船），其翻越或提升的埭坝高度也仅仅只有几米，但是，它已经堪称为现代斜面升船机的古典版了。升船机与原始阶段的埭堰的区别，主要在于它采用的是什么设施、建筑材料和驱动形式：如果采用现代混凝土（有轨或无轨）的正式滑道或机械设施驱动而实施拖拽的是升船机；如果继续沿用原始的“土豚”过坝方式的，则还应称为埭堰。

虽然升船机比船闸发展要晚些，但是它也有比船闸强的优点：

其一，升船机能适应较高水头和较复杂的地形地貌条件。在现代世界人口增长、地球资源有限、能源短缺的情况下，世界各国都把目光瞄准在水资源综合开发与利用的水利电力工程开发上。我国水利枢纽建设逐渐向流域的支流和上游发展，然而，河流的中上游与支流一般都是在高山峡谷地带，这里河谷峡窄、落差巨大、水流湍急、地形复杂。升船机是在我国边远山区的水电资源开发，又同时发展水运资源所必须采用的一种水工通航设施。升船机能适应较高水头和较复杂地形与地势的变化，并可根据地形地貌设计而修建成不同的组合形式。例如，我国的乌江构皮滩水电站升船机，采用了三级带中间渠道并钻山洞等复杂结构（见图10-2左上图，后面将专题介绍）。

其二，升船机过坝比船闸要省时、省水，建造时还能节省资金投入。船舶通过升船机的时间要比通过船闸的时间快很多；另外，船闸充泄水过程中耗水量大，而升船机的耗水量几乎等于零；在高水头条件下，升船机的造价也明显要比多级船闸低。据有关权威人士估算，在水利枢纽中，当提升高度 $h>35$ m时，升船机的各项经济技术指标的优势将更为明显。

其三，由于升船机在运行过程中，不需要像船闸那样对闸室进行反复的充泄水过程。虽然它也是高水头，但是它不像船闸的输水系统那样，容易受到空蚀、声振等水力学问题的影响或困扰。

其四，在超高水头情况下，船闸必须采用分散水头的多级设计。每级水头越高，其下闸首的人字门结构越大，所承受的水压力则越高。这时，闸门的强度、刚性、运行安全性与可靠

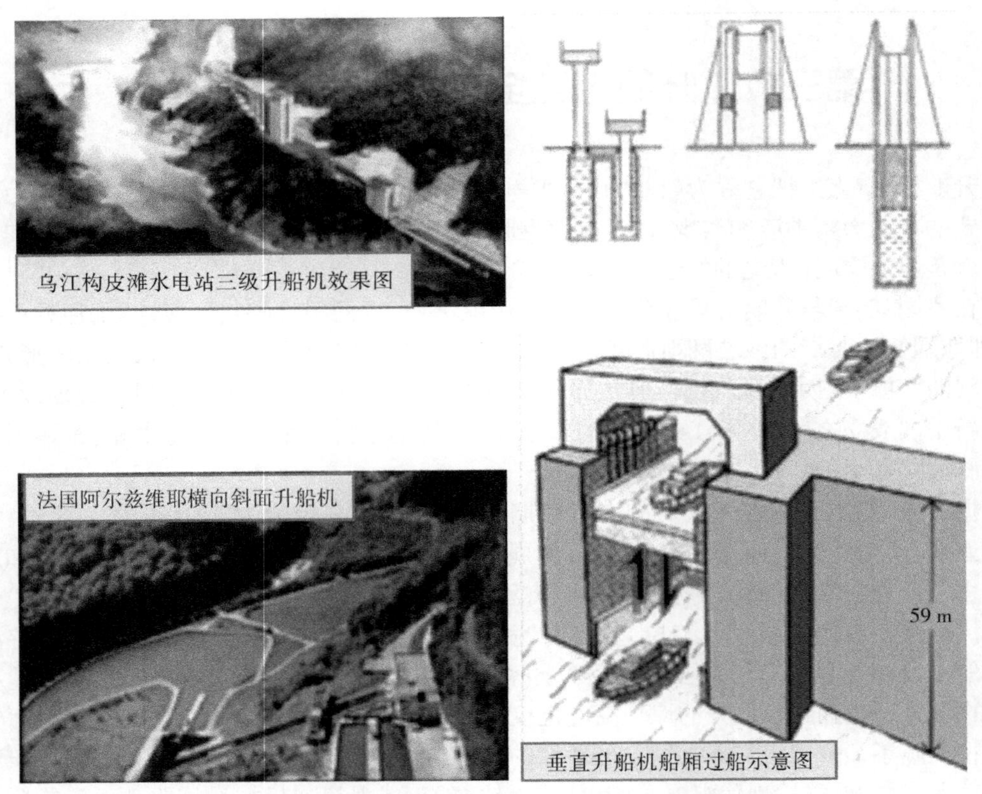

图 10-2 各种不同的升船机原理与各种不同的形式

性所面临的问题则越多。升船机却不同,它可以根据需要的实际和可能,采用各种各样的设计:既可采用简单的一级式升船机(井式升船机),又可以选择较复杂的多级或带中间渠道转折的升船机等(如乌江构皮滩水电站升船机)。升船机分类及实例见图 10-3、图 10-4。

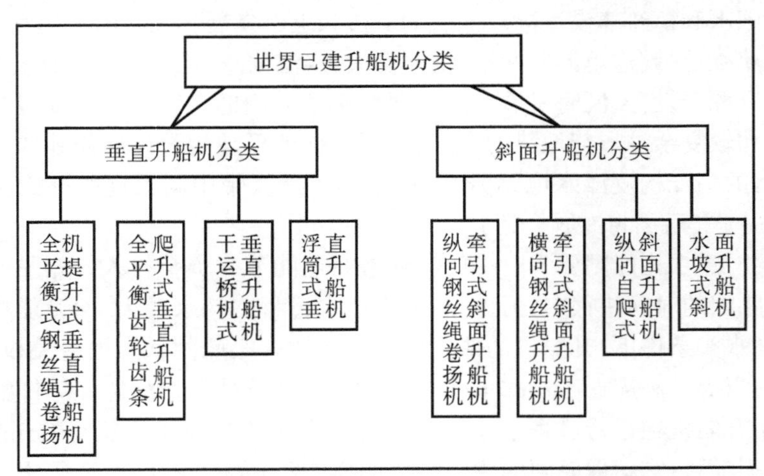

图 10-3 世界各地在建或者已建的升船机形式与类别分类

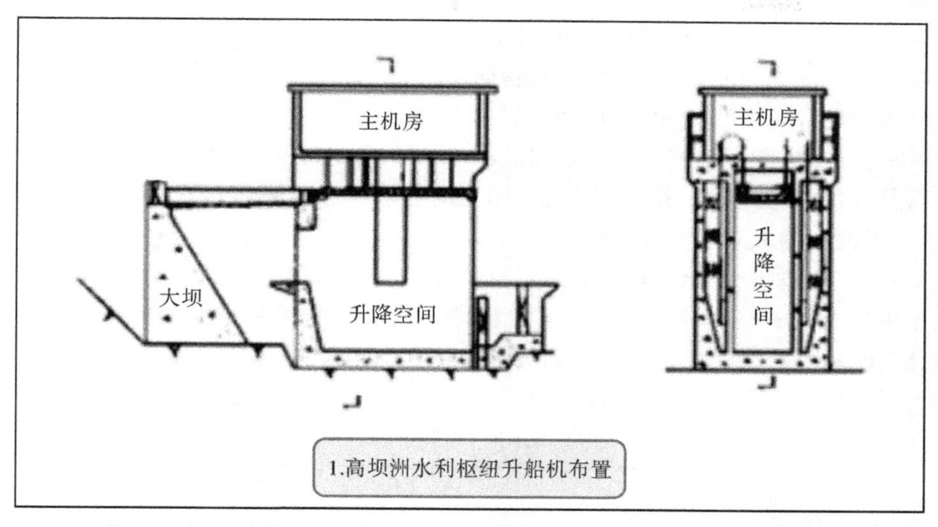

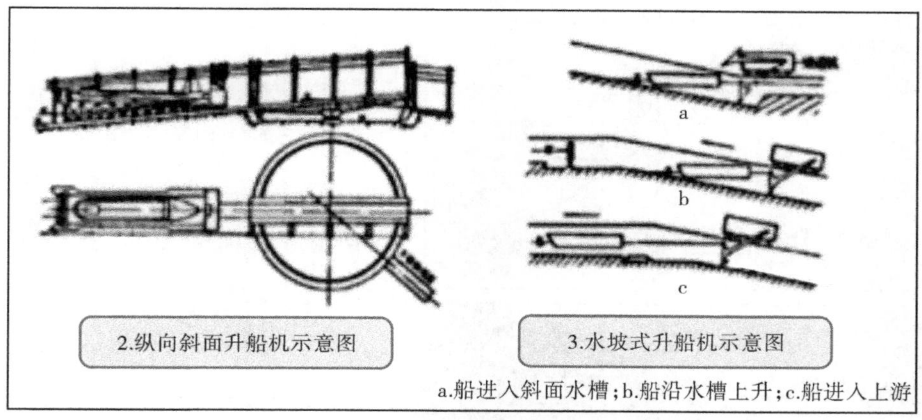

图 10-4　垂直升船机与斜坡升船机实例及区别

新中国成立后，我国有关科研部门就已经开始了升船机的设计和研究工作。20 世纪 60 年代初，在着手研究三峡大型升船机可行性的同时，则在安徽寿县建成了我国第一座 20 t 级现代小型斜面升船机。1965 年，湖北浠水县浠水白莲河枢纽升船机的建成，则开始了我国在水利水电枢纽上建造升船机的历史。于是，我国也就因此而成为世界上最早在水利水电枢纽工程的通航设施上建设升船机的国家。

随着我国水利水电建设的加速，湖北丹江口、广西红水河岩滩、福建闽江水口、湖北清江隔河岩和高坝洲（见图 10-4 上）等水利枢纽上，已经建成了一批中型垂直升船机。据资料介绍，“目前世界上已建成中、小型升船机 60 余座”（引自《船闸与升船机设计》绪论第 2 页），而我国至今已经建成升船机 40 余座，因此我国也就顺理成章地成为在大中型水利枢纽上修建升船机最多的国家。特别是像三峡升船机，提升重量世界上最大（提升总重量为 16 000 t），提升行程最高（最大行程为 113 m），上游水位变幅大（正常通航水位变幅为 30 m），下游水位变化频率快（每小时变化可达 1.0 m），以及通航条件受到河流泥沙淤积、船闸充泄水、枢纽泄流等不利因素影响等。为克服这些不利因素影响，三峡升船机采用了全平衡齿轮齿条爬升式垂直升船机。目前，三峡升船机已经建成投入通航，它标志着我国对升船机的建设水平已经进入到一个全新的时期。

我国升船机的动力驱动形式有：电动卷扬机驱动（如隔河岩升船机）、水力式驱动（如澜沧江景洪水电站升船机）、齿轮齿条式驱动（如三峡升船机）。

世界上，升船机作为一种升降船舶的设施，随着科学技术发展和水资源综合开发利用速度加快以及现代水运交通的需要，今后，升船机的建造将会越来越多，工程规模也会越来越大，技术含量也会越来越先进，设备型式也会越来越新颖和多样化。目前，世界上已建成的升船机型式主要有垂直升船机和斜坡升船机两种类型（见图10-5）。此外，还有水坡式升船机（注：水坡式升船机是斜坡升船机的一种特殊形式。目前仅在法国蒙特施和枫斯拉诺两处各建有一座水坡式升船机。其升船斜坡道为斜坡水槽，挡水闸门可沿槽移动，闸门间楔形水体相当于承船厢水体。用牵引设备移动闸门，推动水体上升或下降，从而把船舶从下（上）游河段送至上（下）游河段。如图10-5下右）。

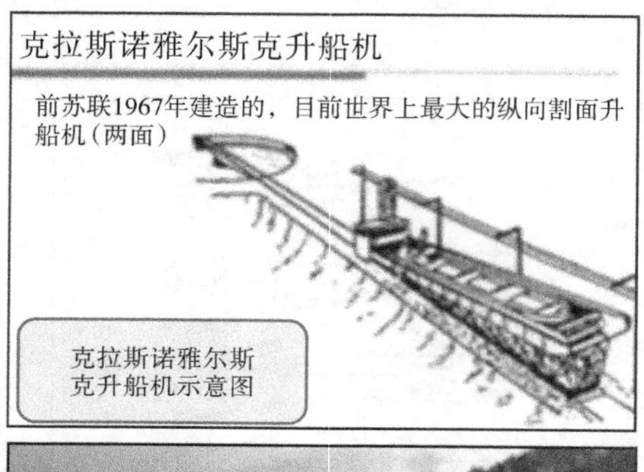

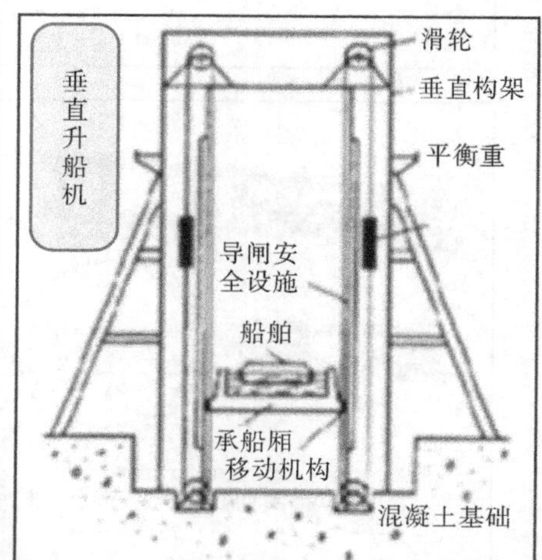

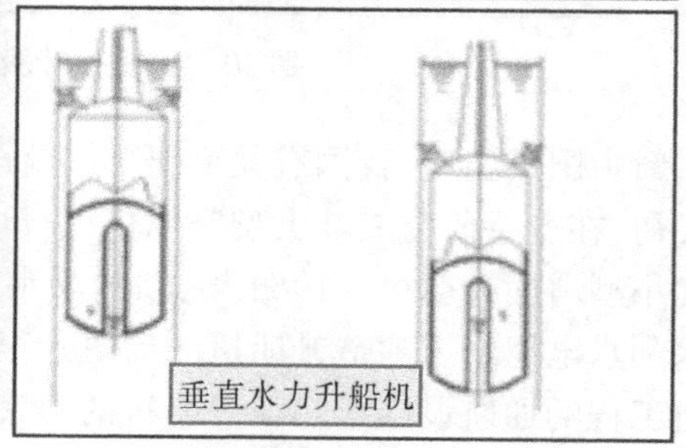

图10-5　世界上斜坡、垂直、水坡各种不同形式的升船机集锦

从世界范围来看升船机的发展过程概况，升船机的建造与使用基本上都是由先在运河上修建使用开始的。

世界上最早的升船机是1788年，英国凯特里建造的斜坡干运升船机。接着，德国、法国、比利时等国才开始相继在运河上建造升船机。

1789年德国开始建造第一座升船机（引自《船闸与升船机设计》绪论第2页）。

均衡重式垂直升船机的设计思想产生于19世纪末，德国于1894—1899年先后建成了两座提升高度为14 m的垂直升船机。

经过 30 多年的设计研究,现代大型升船机出现是在 20 世纪,具有历史意义的是德国在 1936 年建成的尼德芬诺(平衡重式)升船机和 1938 年建成的罗特塞(双浮筒式)升船机。通过船舶 1 000 t,升程分别为 36 m 和 18.7 m。这标志着升船机建设和发展已经达到了一个新的阶段。

1962 年和 1975 年,德国又先后建成了一座新亨利兴堡浮筒式垂直升船机和世界著名的吕内堡均衡式垂直升船机(《船闸与升船机设计》绪论第 2 页)。

接着,苏联、比利时和法国也相继建造了一批升船机,提升高度达 100 m 以上,通过船舶的吨位也已经达到 1 350~2 000 t。

1967 年和 1968 年,比利时和苏联先后建成了隆科尔斜面升船机和目前世界上最大的克拉斯诺雅尔斯克斜面升船机,提升船舶吨位已达 1 500 t,最大升程已达 118 m。

2001 年比利时建成了目前世界上承船厢的总重和提升高度最大的斯特勒比均衡重式垂直升船机。但在以上升船机中,只有克拉斯诺雅尔斯克为斜面升船机而且是建在大型水利枢纽上,其余都建在运河上(《船闸与升船机设计》绪论第 2 页)。

中国自己设计研制并建造的大型垂直升船机简况见表 10-1。

表 10-1　中国自己设计研制并建造的大型垂直升船机简况

工程名称	升船机型式	最大提升高度/m	过船吨位/t
大化	平衡重式、钢丝卷扬机提升、船厢下水	36.6	250
岩滩	平衡重式、钢丝卷扬机提升、船厢下水	68.5	250
水口	平衡重式、钢丝卷扬机提升、船厢不下水	57.4	2×500
隔河岩	两级、平衡重式、钢丝卷扬机提升、船厢不下水	40+82	300
三峡	全平衡齿轮齿条爬升式、船厢不下水	113	3 000
向家坝	全平衡齿轮齿条爬升式、船厢不下水	114	500

世界上大型斜面升船机建造简况见表 10-2。

表 10-2　世界上大型斜面升船机建造简况

工程名称	国家	河流	升船机型式	最大提升高度/m	过船吨位/t
隆科尔	比利时	沙勒—布鲁塞尔运河	纵向全平衡式,船厢不下水	67.83	1 350
阿尔兹维累	法国	马恩—莱茵运河	横向全平衡式,船厢不下水	44.55	350
蒙代斯	法国	加龙支运河	水坡式	13.3	400
克拉斯诺尔斯克	苏联	叶尼塞河	纵向自爬式,船厢下水	101.00	2 000
丹江口	中国	汉江	平衡重式 8 台 双卷钢丝提升	41.00	300 (干湿两用)

世界上大型垂直升船机建造简况见表10-3。

表10-3 世界上大型垂直升船机建造简况

工程名称	国家	河流	升船机型式	最大提升高度/m	过船吨位/t
罗特塞	德国	运河—易北河	浮筒式四螺母螺杆驱动	18.67	1 000
尼德芬诺	德国	霍亨索伦运河	平衡重式齿轮齿梯爬升	36	1 000
亨利兴堡	德国	蒙德—埃姆斯运河	浮筒式四螺母螺杆驱动	14.5	1 350
吕内堡	德国	易北支运河	平衡重式齿轮齿条爬升	38	1 350
斯特勒比	比利时	比利时中央运河	平衡重式8台双卷钢丝提升	73	1 650~2 000
三峡	中国	长江三峡	平衡重式4组齿轮齿条爬升	113	3 000

第四节 中国两座世界级超大型升船机介绍

目前,我国已建成并且已经通航的超世界水平的两座较复杂而且先进的升船机:一为三峡枢纽升船机,一为贵州省余庆县构皮滩水电站升船机。两座升船机设计巧妙、技术复杂、设备新颖先进,各个方面都具有超世界水平。

三峡枢纽升船机是目前世界上唯一技术难度最大、(当时)提升高度最高的升船机,其主要特点是:升程高(最大提升高度113 m)、提升重量大(承船厢与厢内水体设计总重约16 000 t)、上游水位变幅大(变幅30 m)、下游通航水位变幅大(11.8 m)、下游水位变率大,正常升降速度为0.2 m/s。单向运行时间为25 min/次,迎向运行为47 min。承船厢由齿轮-齿条爬升系统驱动,安全机构采用螺旋杆-长螺母柱制动方案,主要承重结构为钢筋混凝土结构,是目前世界上规模最大、技术最为复杂的单级升船机。

构皮滩水电站升船机是当今世界通航水头最高(232.5 m)、单级提升高度最大(第二级升船机提升高度127 m)、主提升设备规模最大、通航系统组成最复杂的通航设施。该工程还创造了“六项世界之最”。如果将构皮滩与三峡的升船机进行比较的话,三峡升船机应该是世界级的老大哥,构皮滩升船机应该是后起之秀,是功能全面、运行复杂的小兄弟。三峡升船机提升重量为3 000 t级大型客轮或单个3 000 t货驳,设计年单向通过能力为5 000万t/a(其实,目前实际通过能力早已超过设计规定的200%)。而构皮滩升船机通航则只提升500 t级机动驳船,规划过坝年单向(下行)运量125万t/a。然而,三峡升船机则仅为单级,而构皮滩升船机则有三级升船机并带中间渠道通航(包括以隧洞、渡槽、明渠)相连接;同时,构皮滩的中间级升船机为第二级升船机,其提升高度为127 m,比三峡升船机提升高度113 m要高14 m;并且构皮滩升船机的第一、三级500 t级船厢均为(直接)下水式船厢,船厢出入水时提升力为18 000 kN,船厢在空气中运行时的额定提升力为12 000 kN。下面我们将分别对这两种升船机进行单独介绍。

一、三峡枢纽升船机

(一)三峡枢纽升船机的建造与运行

三峡枢纽航运工程主要由双线五级船闸和一线升船机(共三线)通航组成。双线五级船闸的建造和使用情况,在前一章已有详细介绍。

2008年,三峡水库试验性蓄水,三峡工程的初期综合效益开始全面发挥。按照原设计,升船机本应该同电站、双线五级船闸一同建成并同时投入使用。但是,鉴于三峡升船机的规模和技术难度均远远超过国内外已建和在建的升船机,基于安全性、可靠性方面的长远考虑,1995年5月,国家决定了三峡升船机工程暂时缓建并再次进行方案比选及重新论证和设计。2003年9月,国家批准三峡升船机的型式由初始设计的“钢丝绳卷扬机全平衡重式垂直升船机”调整为“齿轮齿条爬升平衡重式垂直升船机”。2007年10月,三峡升船机续建工程开始全面展开恢复施工。

三峡升船机作为长江三峡水利枢纽通航建筑物的组成部分之一,升船机的规模,与下游葛洲坝3#船闸规模相对应。它是专门为3 000 t级客货轮和相应吨位的专业船舶快速过坝而专设的快速通道,按(缓建后的)计划,三峡升船机在三峡工程运行后期投入运行。上、下游最高与最低通航水位,与双线五级船闸后期的通航水位相同。其作用主要是配合双线五级船闸,使客轮及其他专用船舶实现快速过坝并使本枢纽通过货运船舶的能力得到更加充分的发挥。

(二)三峡升船机设计概况

三峡工程设计阶段,长江水利委员会设计院曾先后比较和研究过多种型式的升船机。设计之初,审定采用一级钢丝绳卷扬机全平衡重式垂直升船机。单项技术设计阶段,经过该种型式升船机重新与齿轮齿条爬升平衡重式垂直升船机进行比对优选后,最终审定三峡升船机采用齿轮齿条爬升平衡重式垂直升船机(见图10-6)。

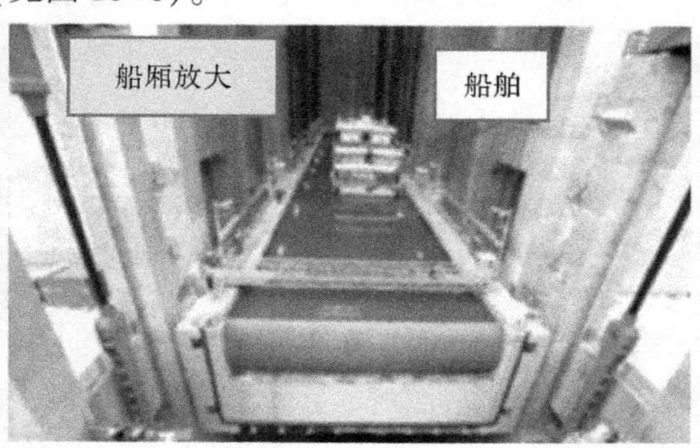

图10-6　三峡升船机船舶实船过坝运行

三峡升船机,作为三峡水利枢纽通航建筑物的一个重要组成部分,主要用于克服三峡大坝上、下游集中水位113 m的落差,作为客船、游轮和一些专业船舶的快速通道,并计划在三峡工程运行后期投入使用。三峡工程除了发电、航运、供水和旅游等诸多功能外,其中一个最重要的功能就是防洪。所以,三峡水库预留有防洪库容落差达30 m。因此,三峡升船机的主要作用就是配合双线五级船闸,满足大坝上、下游最高、最低通航水位与永久船闸后期通航水位相同,从而实现客轮及其他专用船舶能够快速过坝,并配合双线五级船闸充分发挥通航效益。

（三）三峡升船机基本设置

三峡升船机布置在大坝左侧，距左侧双线五级船闸大约 1 km。升船机由上、下闸首和船厢室，上、下游引航道，上、下游导航设施和靠船墩等建筑物组成。升船机上、下引航道大部分与永久船闸共用，线路总长 6 000 m。

三峡升船机主要特点是升程高、提升重量大、上游水位变幅大、下游水位变率大，承船厢齿轮齿条爬升系统驱动、安全机构采用螺旋杆-长螺母柱方案、主要承重结构采用钢筋混凝土结构，是目前世界上规模最大、技术最复杂的升船机。

升船机运行间隔时间：设计单向为 25 min，迎向为 47 min（见图 10-7）。三峡升船机由长江设计院与德国“Li—k&k”联营体联合设计。其中，总体设计和承船厢室土建工程设计，均由长江设计院负责；只是船厢室的金属结构和机电设备，由德国“Li—k&k”联营体负责设计，而且由长江设计院进行总体复核和安全审查。

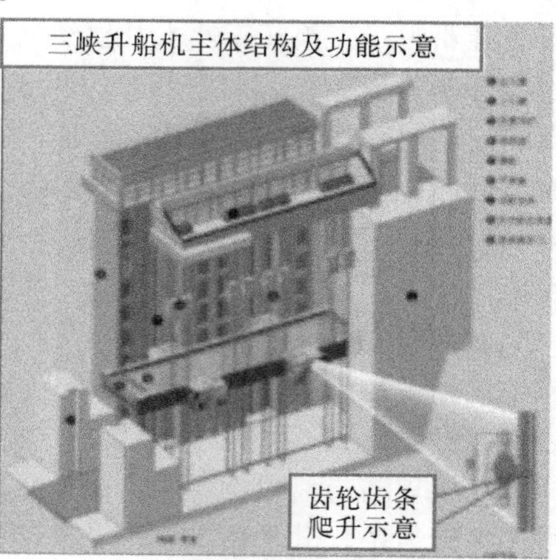

图 10-7　三峡升船机专门为 3 000 t 级客轮快速过坝而设计

1. 闸首布置

三峡升船机在正常运行情况下，能适应库区水位 145.0~175.0 m 的水位变幅。上闸首顶高程 185.0 m 与坝顶平齐，顺水流方向长 125.0 m，垂直水流方向宽 62.0 m，航槽净宽 18.0 m。为适应通航的需要，在闸首上布置有活动公路桥、闸首检修门槽、泄水系统、辅助门、工作门和闸门启闭机等设备。

2. 厢室布置

船厢室段位于上、下闸首之间，是升船机的主体部分。由承船厢、承重结构、平衡重系统、机房结构及电气设备等组成。船厢室段长 119.0 m、宽 57.8 m，其中船厢室宽 25.8 m。在船厢室两侧对称布置两个钢筋混凝土承重结构，每个结构长 119.0 m、宽 16 m，由两个封闭的混凝土塔柱和 3 堵承重墙组成，承重墙与塔柱之间在不同高程通过连梁连接。承重结构建基面高程 48.0 m，底板高程 50.0 m，顶高程 196.0 m。每侧承重结构的顶部布置一个长 119.0 m、宽 20 m 的机房，机房内布置有平衡滑轮和检修桥机等设备，左右承重结构在高程 196.0 m 通过中制室、参观平台和横梁实现横向连接，升船机的监控设备布置在中控室内。在每个塔柱船厢室侧设有容纳船厢驱动系统和安全机构的凹槽，塔柱结构内部沿程均设有供平衡重组上下运行的轨道、疏散楼梯和电梯等设施(见图 10-8)。

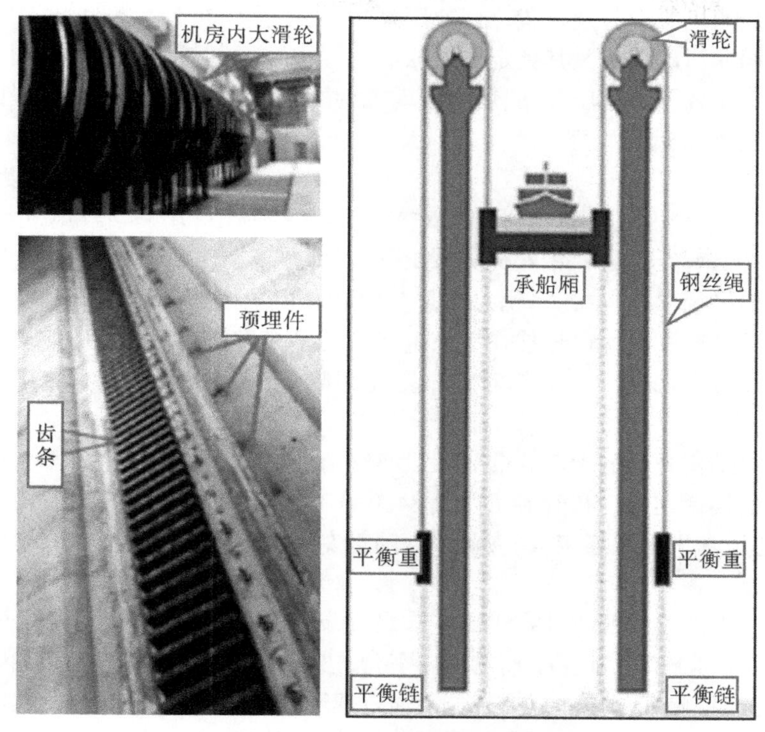

图 10-8　三峡升船机齿条、滑轮与钢缆和配重

3. 厢内布置

装载船只过坝的承船厢布置在船厢室之内,船厢外形长 132.0 m,两端分别伸进上、下闸首 6.0 m,船厢标准横断面外形宽 23 m、高 10 m,船厢结构、设备及厢内水体设计总重约 16 000 t,由相同重量的平衡重完全平衡。船厢结构是(由盛水结构与承载结构)焊接为一个整体的自承载式结构。船厢驱动系统和事故安全机构对称布置在船厢两侧的 4 个侧翼结构上,侧翼结构伸入 4 个塔柱的凹槽内。4 套驱动机构通过机械轴联结,形成机械同步系统。安全机构的旋转螺杆通过机械传动轴与相邻的驱动系统联结,二者同步运行。驱动系统的齿条和安全机构的螺母柱通过二期埋件安装在塔柱凹槽的混凝土墙壁上。

4. 船厢密封

船厢两侧设下沉式弧形闸门,由两台液压油缸启闭。紧邻船厢门内侧设有钢丝绳防撞装置,两根钢丝绳间距 120 m,工作时钢丝绳横拦在闸门前,过船时钢丝绳由吊杆提起。船厢两端分别布置一套间隙密封机构,船厢与闸首对接时,U 形密封框从 U 形槽推出,形成密封区域。在船厢两侧的主纵梁内反对称布置两套水深调节系统,二者同时运行并互为备用。4 套对接锁定装置布置在安全机构上方,在船厢与闸首对接时利用可张合的旋转螺杆将船厢沿竖向锁定,船厢升降过程中,旋转螺杆与安全机构的螺杆在螺母柱内同步空转。

5. 导向与液压装置

船厢上还设有 4 套横导向装置和 2 套纵导向装置。横导向装置布置在每套驱动机构的下方,除正常导向功能外,还用于承载横向地震耦合力。纵导向装置位于船厢的横向中心线上,除用于船厢的纵向导向外,还用于驱动对接期间的顶紧以及承担船厢的纵向地震载荷。

在船厢两端的机舱内分别布置一套液压泵站,用于操作布置在船厢两端的间隙密封机构、防撞装置、船厢门启闭机及其锁定以及船厢横导向装置的液压油缸。另外,在每个船厢驱动室内还分别布置一台液压泵站,用于驱动机构的液气弹簧以及船厢纵导向装置的操作。

(四)三峡升船机运行原理

1. 运行原理

船厢上设有10个电气设备室,用于布置变压器、控制柜、开关站等电气设备。船厢由256根ϕ76 mm的钢丝绳悬吊,钢丝绳分成16组对称布置在船厢两侧,并绕过塔柱顶部机房内的平衡滑轮与平衡重块连接,平衡总重量与船厢总重量相等,约为16 000 t。因钢丝绳长度变化造成的不平衡载荷通过悬挂在平衡重组下的平衡链予以补偿,平衡链另一端绕过厢室底与承船厢连接。16组平衡滑轮对称布置在两侧机房内,每组8片双槽滑轮,每片直径5.0 m。

在两个承重结构外侧的185.0 m高程设有交通引桥,在196.0 m高程设有观光平台,二者通过塔柱内的楼梯连通。在升船机两侧84.0 m高程分别设一条对外通道,左侧通道与公路连接,右侧通道与中隔墩连接,经横跨冲砂闸室专用桥可至下游引航道右岸公路。

2. 旅客疏散

紧邻上闸首的两个平衡重井在185.0 m高程设有交通桥,承重墙上开设可通汽车的大门,维修车辆可开自185.0 m至平衡重室内平台,进行维修吊物检修。当船厢中的船只发生火灾或其他事故时,旅客可在任意提升位置通过船厢走道板至驱动室顶部,然后沿塔柱楼梯疏散至185.0 m平台或84.0 m平台并离开升船机。下闸首是升船机的下游挡水建筑物,能适应下游62.0~73.8 m的通航水位变幅;汛期可挡下游80.9 m最高洪水位。

(五)三峡升船机设计、缓建与建造过程

三峡大坝建成后,双线五级船闸每闸次过船多、年通过能力大,船闸技术与管理经验成熟,这些都是肯定的。然而,船舶通过三峡永久船闸要历时210 min,如何才能让3 000 t级大型客轮和旅游船,以及部分运送鲜活物资或需要及时过坝的特殊船舶快速过坝呢?当初,工程总体设计时就已经考虑到要建升船机。

但是,鉴于三峡升船机的规模以及技术难度均远远超过当时国内外已建和在建的升船机水平,基于安全性、可靠性方面的长远考虑。1995年5月,国家决定三峡升船机工程暂时缓建并再次进行方案比选与重新论证设计。2003年9月,国家批准三峡升船机形式由初始设计的“钢丝绳卷扬机全平衡重式垂直升船机”调整为“齿轮齿条爬升平衡重式垂直升船机”。

2007年10月,三峡升船机续建工程恢复施工。在经历了13年缓建和9年续建后,2016年5月13日和9月13日分别通过了试通航前安全检查和消防工程验收,同时根据交通运输部长江航务管理局《关于三峡升船机试通航工作方案》,按照“安全第一,先试后通”的原则,于2016年9月起进入试通航期。

(六)旅客乘升船机过三峡大坝的现场感受

2016年9月18日15时20分许,“长江三峡9号”游轮沿着“高峡平湖”引航道缓缓地驶入三峡升船机承船厢室内,从而开启了三峡升船机首次试通航过坝之旅。下午3时50分许,“长江三峡9号”随着升船机承船厢及厢内所有设备、结构以及水体实际总重约15 500 t

载荷，开始缓缓地垂直下降。这时，水位标尺刻度显示：上游水位 174 m、下游水位 66 m，大约只经历 8 min 的下降后，游轮就下降到与下游江面齐平，也就是说 8 min 下降了 108 m。接着，鸣笛后，游轮开始缓缓驶出承船厢而进入下游引航道。

乘船过三峡升船机既快速而又平稳。同船有人用硬币当场作试验，将硬币直立在甲板上，从上游降到下游，硬币依然竖立着，巍然不动，这证明了三峡升船机运行是相当平稳的。

可能有人会问，这么重大的物体（16 000 t）被抬升到 100 多 m 高空，仅被几组钢丝绳吊着上上下下，“不怕一万，只怕万一”，万一有个什么不测，那后果不是就很难说了吗？同船乘坐的中国工程院院士陆佑楣说，三峡升船机不但是世界上当时提升高度最高、技术难度最大的升船机，而且也是世界上最先进、运行安全最可靠的升船机。船厢重量由 256 根 $\phi76$ mm 的钢丝绳分成 16 组对称布置在船厢两侧，并且绕过塔柱顶部机房内的平衡滑轮与平衡重块连接，平衡总重量与船厢总重量相等，约为 16 000 t。16 组平衡滑轮对称布置在两侧机房内，每组 8 片双槽滑轮，每片滑轮直径达 5.0 m。256 根 $\phi76$ mm 钢丝绳只是承受重量，而升船机的爬升全靠齿轮齿条驱动。万一船厢需要固定，安全机构的长螺母柱与短螺杆就会自动锁紧，准保平稳锁固、万无一失。因此，齿轮齿条爬升平衡重式垂直升船机要比钢丝绳卷扬机式垂直升船机的安全性与可靠性更安全、更保险（见图 10-9）。

图 10-9　乘船过三峡升船机真是又平衡又安全

（七）从引进消化到自主创新

三峡工程建设之前，中国已经建成过一些升船机，如在湖北丹江口、广西红水河岩滩、福建闽江水口、湖北清江隔河岩和高坝洲等水利枢纽上陆续建成的一批中型垂直升船机。但是，这些升船机还基本停留在一般水平上，过船最大吨位不过 300 t，而且因工程技术和建设质量等原因，长期处于检修或不良运行状态。如果用三峡升船机与其比较的话，反映出过去与现在重大装备制造方面的差距。

三峡工程总体规划都是我国自主设计的，然而，主要是鉴于三峡升船机的规模和技术难度均远远超过国内外已建或在建的升船机，基于安全性、可靠性方面长远考虑，长江设计院才与德国“Li—k&k”联营体联合设计。其中，总体设计和承船厢室土建工程设计，全由长江设计院负责；仅船厢室的金属结构和机电设备，由德国的“Li—k&k”联营体负责设计。长江设计院全面复核和安全审查。

由于三峡升船机是世界上唯一技术难度最大、提升高度最高的升船机,对这样绝无仅有的工程,世界上没有标准可循。我国的工程技术人员坚持独立自主、自力更生的原则,敢想敢为,没技术可以引进学习,但又不完全依赖引进;对引进技术是先消化而后创新;没标准我们自创标准,在探索中积累技术经验,在实践中吸取相关教训。在实际制造和安装过程中,中国第二重型机械集团公司、中船重工、葛洲坝集团等企业创新设计理念、制造技术、施工工艺和管理方法,成功地解决了众多世界级技术难题,从而为世界升船机行业制定出"大型齿轮齿条爬升平衡重式垂直升船机"一系列的"中国标准"。

例如,三峡升船机采用的是齿轮齿条爬升方式。用小小的齿轮齿条去驱动 16 000 t 这么巨大的三峡升船机承船厢,无论从安全性、可靠性或者对受力条件等多方面的因素考虑,其对齿轮齿条的品质都提出了极为严苛的条件和要求。

有关电子信息与装备工业研究所负责人认为,三峡升船机的诞生,对于重大装备行业"中国制造"水平的整体提升的带动作用尤为明显。"三峡升船机带动了我们一些关键的工艺。比如,大型的齿轮齿条部件的铸造,还包括后面的热处理、加工等一系列工艺,在关键的材料领域应该说实现了一定的突破。"项目部负责人透露,工程论证期间,齿条热加工出现变形开裂等问题曾困扰着国内外专家。为此,三峡集团组织国内多家机构对德国工艺中的齿条制造材质进行了调整。经过两年艰苦尝试,三峡升船机第一节不开裂的齿条终于横空出世,并经受了 40 余万次的磨耗、疲劳等受力试验,相当于升船机正式运行了 70 年。

所以说,在过去 8 年多的制造施工过程中,我国工程技术人员创新设计理念、制造技术、施工工艺和管理方法,成功解决了一系列世界级技术难题,推动了世界高端升船机技术的发展与应用,为大型垂直升船机建设积累了宝贵经验。三峡升船机建设在提高我国专业设备的设计制造能力方面,发挥了重要的促进作用。

2019 年 12 月 27 日,三峡水利枢纽升船机工程通航暨竣工验收会议在湖北省宜昌市三峡坝区召开,会议审议并通过了长江三峡水利枢纽升船机工程通航暨竣工验收鉴定书,标志着三峡工程的最后一个单项工程圆满完成建设任务。水利部副部长蒋旭光充分肯定了三峡升船机工程通航暨竣工验收工作,认为本次验收规范科学,验收结论真实有效。同时指出,三峡升船机工程的建设攻坚战取得预期成果,是科学民主决策的样板,是团结协作建设的范例,体现了建设者精益求精的科学态度,是一项航运效益显著的工程。蒋旭光强调,三峡升船机工程是三峡枢纽的重要组成部分,其竣工验收,标志着升船机建设阶段的结束,也标志着以升船机、船闸运行管理为重点的新阶段的开始。他希望大家要认真贯彻习近平总书记视察三峡时的重要讲话精神,牢记使命,勇于担当,发挥好大国重器的作用,进一步做好三峡升船机设备、设施优化完善工作,并不断提升三峡升船机安全运行水平;科学合理地做好过坝船舶运行调度和船舶过闸管理,充分发挥航运效益,为长江经济带建设做出新的贡献。

三峡升船机试通航阶段,经历了各种不同水位周期(三峡水库的水位不同周期特征,从汛期、蓄水期再到消落期)条件下的运行检验,一直保持着安全平稳的运行状态。截至 2019 年 9 月 17 日,三峡升船机累计运行 14 085 厢次,通过船舶 8 842 艘次,通过旅客 31.9 万人次,通过货物 289.08 万 t,充分发挥了通航设施快速通道的作用。

过去十多年来,随着国家西部大开发战略稳步推进,长江黄金水道作用得到充分发挥,三峡船闸过闸需求快速增长。根据长江三峡通航管理局的统计数据显示,三峡船闸 2003 年

6 月 18 日通航以来,20 年来总计通过货物量为 19.1 亿 t,2011 年年货运量首次达到 1 亿 t,提前 19 年达到设计通过能力的 200%。截至 2023 年 7 月 24 日 18 时 35 分,三峡多级船闸已经安全高效地通过船舶整整 1 万艘次。

三峡升船机已成为三峡船闸的有力助手,提高了三峡过坝通航的调度灵活性和通航保障的可靠性,同时也带动了过坝观光旅游业的发展。

二、构皮滩三级升船机创建“六个世界之最”

(一)工程主要情况简介

构皮滩水电枢纽工程是国家“十五”计划重点工程,是贵州省实施“西电东送”战略的标志性工程,是贵州省、中国华电集团公司已建成的最大的水电站。

构皮滩水电站于 2003 年 11 月 8 日正式开工,2004 年 11 月 16 日大江截流,2009 年 7 月 31 日首台(5#)机组投产发电,2009 年 12 月 29 日实现国产大型机组一年五投的伟大壮举。

构皮滩水电站枢纽由高 225 m 的混凝土双曲拱坝、右岸地下式厂房、坝身表中孔泄洪及左岸泄洪洞等建筑物组成。导流工程由左岸 2 条导流洞、右岸 1 条导流洞组成。工程总投资 138 亿元。电站由水利部长江水利委员会长江勘测规划设计研究院设计。中国水利水电第八工程局有限公司和中国水利水电第九工程局组成的“八、九联营体”承担着拦河大坝、电站及通航设施的施工安装工程任务。

1. 构皮滩水电站工程背景资料

乌江是我国西南地区贵州省内第一大江,为长江上游南岸最大的支流。乌江发源于乌蒙山东麓,全长 1 037 km,横贯贵州中部,在贵州东北部出境进入重庆市,并于涪陵区汇入长江。其中,贵州境内 802 km,贵州省与重庆市共界河段 72 km,重庆境内河段 163 km。干流总落差达到 2 124 m,平均径流量达到 534 亿 m^3,接近黄河的流量,是水能资源相对集中的水电富矿区域,也为我国十二大水电基地之一。根据 1989 年国家批准的《乌江干流规划报告》,乌江干流可兴建 11 座大中型水电站,由上而下依次为:北源六冲河上的洪家渡水电站、南源三岔河上的普定水电站、引子渡水电站、干流上的东风水电站、索风营水电站、乌江渡水电站、构皮滩水电站、思林水电站、沙沱水电站、彭水水电站、大溪口水电站等。除彭水和大溪口(在三峡电站兴建后被取消)外,其余电站均在贵州境内。构皮滩水电站是开发乌江干流丰富的水力资源与航运资源的规划中,11 个航电结合的梯级水电站中(由下向上数)的第 5 个梯级。

2. 构皮滩水电站基本概况

构皮滩水电站位于贵州省余庆县构皮滩口上游 1.5 km 的乌江上(见图 10-10),该工程建设分为电站枢纽和通航设施两大部分。通航建筑物工程设计布置在大坝左岸,设计标准为Ⅳ级通航建筑物,年单向通过能力为 142.1 万 t。构皮滩水电站上距乌江渡水电站 137 km,下距河口涪陵 455 km;控制流域面积 43 250 km^2,占全流域总面积的 49%。坝址多年平均流量为 717 m^3/s,坝址多年平均径向流量 226 亿 m^3。电站的主要任务是在发电的同时兼顾航运、防洪以及其他综合利用。水库总库容量为 64.54 亿 m^3,调节库容量为 29.02 亿 m^3,正常的蓄水位 630 m。地下电站总装机容量为 5×600 MW,保证出力 746.4 MW;设计多年平均发电量为 96.82 亿 kW·h。电站枢纽由高 225 m 的混凝土双曲拱坝、右岸地下式厂房、坝身表中孔泄洪及左岸泄洪洞等建筑物组成。导流工程由左岸的 2 条导流洞和右岸的 1 条导流洞组成。工程总投资为 138 亿元。电站由水利部长江水利委员会长江勘测规划设计研究院设计。

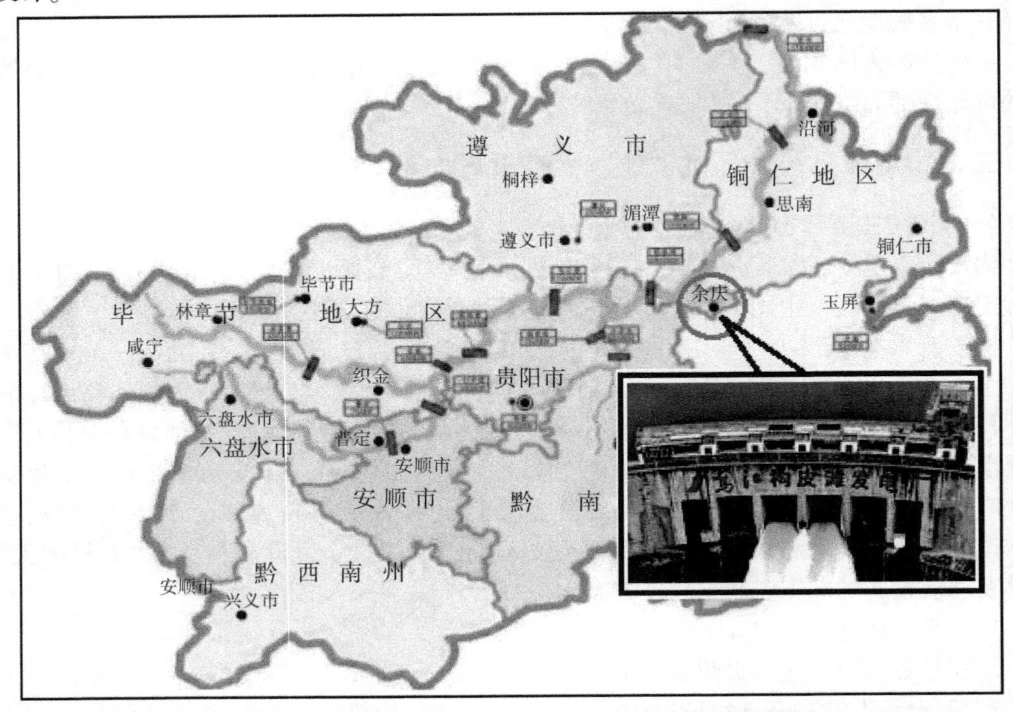

图 10-10 贵州省乌江构皮滩水电枢纽工程，是国家“十五”规划的重点水运水电工程

3. 构皮滩水电站通航建筑物概况

构皮滩水电站通航建筑物为Ⅳ级建筑物，采用三级垂直升船机设施方案。其中，主要由上下游引航道、三级垂直升船机和两级中间渠道组成。设计通航线路总长 2 306 m，年单向设计通过能力为 142.1 万 t，工程概算投资 29.5 亿元。该工程是我国首次采用三级升船机、两级中间渠道（并含通航隧洞、渡槽及明渠）等多种水工建筑物组成的复杂的通航设施系统，是当今世界通航水头最高、单级提升高度最大、主提升设备规模最大、通航建筑设施系统组成最为复杂的通航设施建筑。构皮滩水电站通航建筑物具体由上下游引航道、3 座钢丝绳卷扬提升式垂直升船机（见图 10-11）和 2 级中间渠道（其中有通航隧洞、渡槽及明渠）等多种建筑物组成的通航设施系统。通航建筑物最高通航水头为 199 m，设计代表船型为 500 t 级机动驳船，规划过坝年单向（下行）运量 125 万 t/a：第一级升船机最大提升高度为 47 m；第二级升船机提升高度为 127 m（比三峡升船机提升高度还要多 14 m）；第三级升船机最大提升高度为 79 m。第一、三级采用船厢（直接）下水式垂直升船机，第二级采用全平衡式垂直升船机（不下水）。其中，由中电建水电八局承建安装的第一、三级 500 t 级（直接）下水式升船机，（船厢出入水时）主提升力 18 000 kN；（船厢在空气中运行时）额定提升力 12 000 kN；船厢在空气中运行的正常提升速度为 8 m/min，为国内规模最大提升力的下水式升船机。第一至三级升船机，主要包含主提升机、平衡重系统、船厢室设备、机房检修桥机、主机房钢网架、承船厢、上下闸首设备、上游导航浮箱、控制与检测设备以及其他机电设备等。2021 年 6 月 22 日，构皮滩水电站通航工程完成全线集控过标船测试后，正式投入试

运行。

图 10-11　构皮滩水电站航运工程三级升船机全景图

(二)构皮滩通航设施创造了六项“世界之最”

因构皮滩水电站通航工程规模宏大,建设难度举世罕见,该工程还创造了六项“世界之最”:

一是国内外首座采用三级升船机方案的通航建筑物与设施。

二是世界上通航水头最高的通航设施(升船机)——最大通航水头 199 m。

三是世界上提升高度最大的垂直升船机,其中,第二级升船机提升高度为 127 m(高于三峡升船机 14 m)。

四是国内规模最大、提升力最大的下水式升船机,其中,第一、三级 500 t 级下水式升船机,主提升力为 18 000 kN。

五是国内外首次采用通航隧洞穿越山体的通航设施方案(见图 10-12)。

六是国内规模最大的通航渡槽,其中,三级升船机之间通航渡槽水深 3 m,通航渡槽最大墩高超过 100 m。

图 10-12　构皮滩水电站三级升船机与大坝全貌图

构皮滩水电站通航工程投入试运行后,它标志着在乌江梯级水电开发中,3 个电站(构皮滩、思林、沙沱)的通航工程全面完成。500 t 级船舶可以从贵阳的开阳码头依次通过构皮滩、思林、沙沱等升船机系统,在涪陵进入长江,从而实现了黔中地区货物一船出省、直达长江的梦想,为贵州融入长江经济带提供了强力保障。据有关负责人介绍,今后乌江水运发展的前景十分广阔,围绕乌江通道，下一步，将大力推动船舶运力的提升，力争在 3~5 年时间内，新增 200 艘以上 500 t 级货船，船舶运力达到 10 万 t。伴随着乌江水电航运梯级化工程的大力推进，处于西南地区内陆的贵州省，将沿着我国又一个新的“黄金水道”实现地区经济腾飞。

第十一章　大运河遗产保护与运河文化

第一节　有关大运河申遗事宜的认识与介绍

2006年3月,我国58位政协委员联合向全国政协十届四次会议提交了一份提案报告,提案内容是:呼吁从战略高度启动对京杭大运河的抢救性保护工作,并在适当时候申报人类文明世界遗产。

第一提案人刘枫委员说,大运河以其深厚的历史文化内涵,被誉为中国"古代文化长廊""古代科技宝库""世界名胜博物馆""中国民俗陈列室",其历史遗存是研究中国古代政治、经济、文化、社会等诸多方面的绝好实物资料,是中华文明悠久历史的最好见证。我们要站在保护人类文明的高度看,大运河不仅在中国是独一无二的,而且它对推动人类历史向前发展的作用和贡献也是绝无仅有而世界公认的。大运河水,从古至今,绵延数千里,纵贯南北,从古代流到现代,构成了我国独特的自然风情,孕育出我国浓郁的线形文化景观。如果再加上尚未被很好发掘的非物质文化遗产,其内容就更加丰富。"如果将京杭大运河的历史价值、文化内涵和对中国社会经济的历史发展所做出的重大历史性贡献相叠加,在某种程度上说,它完全可以与万里长城媲美。"另外两位权威专家——1985年呼吁中国加入保护世界文化与自然遗产公约的郑孝燮、罗哲文如此预测:"我们坚信,我国京杭大运河在世界上'申遗'的成功率非常大。"

如果我们从"原始水利是孕育船闸文明的土壤,开凿运河是诞生船闸文明的温床"的角度去看,船闸文明是在大运河这张温床上诞生的,而且船闸又是大运河上极其关键而重要的通航建筑物。因此,我们有充分的理由说明,有着中华古老文明"历史丰碑"之称的京杭大运河,如果没有船闸的兴建,也就不可能有大运河数千年的畅通。同时,我们也可以毫不夸张地说:大运河虽然孕育了船闸文明的成长,然而船闸文明也同样促进了大运河的发展与沿线城市的繁荣以及运河文化的兴起!因此,大运河在对促进国家统一,增进民族团结,以及促进我国南北政治、经济、文化交流等诸多方面所做出的重大的历史性贡献中,船闸所起的历史性作用不可低估,而且功不可没。

一、对《世界文化和自然遗产》的认识

第二次世界大战以后,人类科学技术迅猛发展、人口巨增,全球现代化进程加快,给人类

自身居住环境和历史文明遗存带来了巨大的压力和破坏作用。为了使人类物质文明进步与环境保护以及文化遗存等相适应和协调,同时,也为了全人类的可持续发展,联合国教科文组织成员国于1972年在法国巴黎举行会议,到会的成员国在会上一致通过了其倡导和缔结的《保护世界文化和自然遗产公约》(Convention Concerning the Protection of the World Cultural and Natural Heritage),公约的管理机构是联合国教科文组织的世界遗产委员会,该委员会于1976年正式成立,并同时建立《世界遗产名录》。被世界遗产委员会列入《世界遗产名录》的地方,将成为全世界的著名名胜,可受到世界遗产基金提供的援助,还可以由有关单位招徕和组织国际游客进行游览观光等活动。缔结公约的主要宗旨在于:促进各国和各国人民之间的友好交流与合作,为合理保护和恢复全人类共同的精神文明遗产做出积极的贡献。

缔结公约的主要背景是:考虑到世界各地区部分文化和自然遗产具有突出的重要性,因而需要作为全人类世界遗产的一部分加以保护;并且,也考虑到鉴于威胁这类遗产的新危险的规模和严重性,整个国际社会有责任通过提供集体性援助来参与保护具有突出的普遍价值的文化和自然遗产。例如,1959年,埃及政府打算修建阿斯旺大坝,这个大坝可能会淹没尼罗河谷里的珍贵古迹,比如阿布辛贝神殿等。1960年联合国教科文组织发起了"努比亚行动计划"。后来,阿布辛贝神殿和菲莱神殿等古迹被人工仔细地机械分解,然后运到高地,再一块块地重组还原成原貌。这个保护行动共耗资8 000万美元,其中有4 000万美元是由50多个国家出资的。这次行动被认为是一次非常成功的保护行动,并且促进了其他类似保护行动的开展,比如挽救意大利的水城威尼斯、巴基斯坦的摩亨佐-达罗遗址、印度尼西亚的婆罗浮屠等。后来,吸取此次保护行动的成功经验,为避免人类的物质文明进步与重要文化、自然遗产在现代化进程中遭受破坏,在此背景下,联合国教科文组织会同国际古迹遗址理事会起草了保护人类文化遗产的协定并成立了该组织。

合约根据缔约国国内的文化和自然遗产,由缔约国自行申报,然后,经世界遗产中心组织权威专家考察、评估,并经世界遗产委员会主席团会议进行初步审议,最后经公约国大会投票通过后,才被列入《世界遗产名录》。遗产种类有文化遗产、自然遗产和文化、自然双重遗产。列入《世界遗产名录》的文化遗产被称为世界文化遗产。

二、世界文化遗产标识和运河申遗现状

目前,世界上已有162个国家成为《世界文化和自然遗产保护公约》的缔约国。其中,已有690处遗产列入《世界遗产名录》(见图11-1①)。中国是在1985年12月12日加入《世界文化和自然遗产保护公约》的,并在1999年10月29日当选为世界遗产委员会成员。世界遗产标志在中国使用时,加上汉语"世界遗产"字样(见图11-1②)。1998年5月25日,中国教科文组织、建设部、国家文物局在北京联合召开会议,向当时被联合国授予《世界自然和文化遗产》的遗产管理单位颁发世界遗产标志牌。从此,"世界遗产"标志牌开始在我国被列入《世界遗产名录》的地方永久悬挂。

尽管我国在世界遗产保护方面起步较晚,于1985年才成为该公约的缔约国,但却是后来居上。自1987年我国拥有第一批"世界遗产"项目以来,至今已有27个世界遗产项目,遗产数目排在意大利、西班牙之后,位居世界第三。在我国已被列入的27处世界遗产中,约有20处为文化遗产,3处为自然遗产,4处为文化与自然双重遗产(这是1999年统计数字)。

图 11-1③是 2005 年 8 月 16 日国家文物局确定的中国文化遗产专用图形标志。该图形采用了 2001 年在成都金沙遗址出土的“太阳神鸟”金饰的造型。这一金饰图案，构图严谨、线条流畅，极富美感，是中国古代人民“天人合一”的哲学思想、丰富的想象力、非凡的艺术创造力和精湛的工艺水平的完美结合。这是新中国成立以来，首个全国统一的文化遗产标志。它的确立，将对宣传落实我国文物保护工作的法律法规，建立以国家保护为主，动员全社会参与的文物保护新体制，具有极其重要的意义。

图 11-1④是根据联合国教科文组织《保护非物质文化遗产公约》定义确定的非物质文化遗产标志，非物质文化遗产（intangible cultural heritage）指被各群体、团体，有时为个人所视为其文化遗产的各种实践、表演、表现形式、知识体系和技能及其有关的工具、实物、工艺品和文化场所。各个群体和团体随着其所处环境与自然界的相互关系和历史条件的变化，不断使这种代代相传的非物质文化遗产得到创新，同时，使传人自己也有一种认同感和历史感，从而促进了人类文化的多样性和激发人类无比巨大的创造能力。

图 11-1　世界遗产和中国文化及非物质文化遗产标识

三、有关世界运河申遗的概况

目前，世界上已经有 5 条运河被列入《世界遗产名录》。其中，包括法国的米迪运河、比利时的中央运河的四条吊桥、加拿大的里多运河、英国的旁特斯沃泰水道桥运河和荷兰的阿姆斯特丹 17 世纪运河区。这 5 条运河体现的价值虽然各不相同，但有一点却是相同的，那就是它们都反映了运河随着技术变革和使用周期不断适应与变化的功能。这些水利工程的现代化过程、对技术变革的相辅相成也是有其突出价值的。这些运河所体现的文化附加值，如保护与管理体系、沿岸文化景观的规划、与城市的融合也是其得到一致认可的原因之一。

现以加拿大里多运河为例进行简介。里多运河（Rideau Canal Ontario）（见图 11-2）全长 202 km，起自渥太华西南部，溯里多河而上到达里多湖，然后取道卡塔拉奎河，进入安大略湖。里多运河有 47 个石建水闸和 53 个水坝，是 19 世纪工程技术奇迹之一，它由英国皇家工程师、海军陆战队中校约翰·拜设计。秀丽的里多河横贯全城，为首府渥太华平添了几分春色。里多运河是目前北美地区保存最为完好并持续通航的古老运河。它于 1832 年竣工。位于加拿大安大略省的东南部，连接渥太华和安大略湖滨的京斯顿（Kingston）。1812 年美英（加）战争之后，加拿大人民担心美国会再次发动战争入侵，英国威灵顿公爵决定将渥太华和军事要塞京士顿连接起来。这不仅方便两个军事中心进行交流，也可获得一条它们之间的供给运输线路。里多运河因其土木工程建筑和防御工事结构中所体现出的纯正的手工工艺而获得遗产称号。在概念、设计和保存状态上，它是世界上最杰出的平流运河，也是最早为行驶蒸汽船而设计的运河之一。

图 11-2　2007 年加拿大的里多运河被入选世界文化遗产

虽然世界各国的运河都各有千秋、各具特色,然而比起中国京杭大运河来说,其历史经历之漫长和悠久性(从公元前 486 年到目前整整历时 2 500 多年)、流经地域之宽广性(流经河北、河南、安徽、江苏和浙江五省)、连接与沟通流域之广泛性(连接沟通长江、淮河、黄河、钱塘江和海河五大水系)、运河渠道线路之绵长与艰巨性(前期隋唐大运河全长 2 500 km,裁弯取直东移后的京杭大运河全长 1 790 km)……这些都是世界上任何其他运河都无法与之比拟的。特别是,大运河对中华民族的形成,对历代中国社会经济的发展,对维护国家统一,促进南北政治、经济、文化技术的交流等,所做出的巨大重要贡献,以及直到现代仍然发挥着的巨大作用相比较,中国的大运河真是有其过之而无不及之处。

第二节　中国大运河申遗工作的准备和经过

一、一则令人兴奋的大运河申遗报道

2012 年 12 月 17 日,国家文物局网站发布了一则有关大运河申遗考察工作的报道。作者乔明在报道中说:2012 年 12 月 9 日,国家文物局文物保护与考古司副司长陆琼、世界遗产处处长唐炜来到济宁市考察大运河(济宁段)的保护和申遗工作。山东省文物局、济宁市政府、微山县政府等三级有关领导,以及市、县文物部门负责同志陪同进行了考察。

考察组一行实地考察了该市微山县南四湖中的运道和利建闸等大运河遗产点段,认真听取了当地负责人关于大运河保护和申遗工作的汇报。在考察现场,考察组对遗产点段的保护现状和周边环境风貌给予了高度评价;对济宁市开展的大运河保护和申遗工作给予了充分肯定。陆琼指出,大运河及沿线保留着丰富的历史文化遗产,湖中运道、利建闸等遗产

点段因其独特的地理位置和人文环境，是大运河中一道绿色、环保、原生态的文化景观。它必将成为申遗工作的一大亮点。陆琼提出今后工作的三点要求：

一是要科学实施湖中运道的整治和利建闸保护维修等工作，进一步厘清利建闸的建筑结构特点，保持大运河遗产点段的真实性与完整性。

二是南阳镇的规划建设要与大运河申遗结合起来，积极挖掘文化内涵，合理安排文化遗产本体的保护、展示等各项工作，加快推进项目建设。

三是严格按照国家文物局对湖中运道、利建闸等相关规划的实施意见逐步实施，确保明年6月底前完成各项任务。

陆琼强调，目前大运河保护和申遗工作已进入关键的冲刺阶段，时间紧迫，任务光荣，省、市、县三级政府和文物部门要以大运河申遗为契机，齐心协力、攻坚克难，严格按照世界文化遗产的申报标准和时间节点，强力推进遗产点段的本体保护及周边环境整治，确保2014年大运河申遗成功。

二、大运河遗产“点多线长”，内涵极其丰富

我国南北京杭大运河全长1 790多km，是世界现有运河开凿时间最早、规模最大、线路最长、延续时间最久，而且目前还继续发挥作用的人工运河。即使到了21世纪，大运河仍然是我国内河中仅次于长江的第二条“黄金水道”。它的长度是世界著名的苏伊士运河的16倍、巴拿马运河的33倍。在长达2 000余年的漫长历史进程中，大运河随历史及朝代的兴衰而变迁，它给我们留下了极其丰富的历史文化遗存，它孕育了一座座明珠般璀璨夺目的名城古镇，它积淀了中华文明深厚而悠久的文化底蕴与文明内涵，它凝聚了我国历代政治、经济、文化、社会及科技等诸多领域的庞大信息，它显示了我国古代水利水运工程技术领先于世界的卓越成就。我国的大运河与万里长城一样，都是古老中华文明和民族精神的象征，是华夏儿女们心目中为之自豪的骄傲。

就现存情况来说，虽然大运河全线的文化遗产极其众多，但是各处遗产点段的文物价值和保护现状又各不尽相同。因此，我们不可能一次将沿线的每个城市的河段、闸坝等都同时列入申遗的预备名单中。

据国家文物局文物保护与考古司副司长陆琼介绍，大运河保护和申遗的省、部际会商小组第三次会议通过非常严格的遴选，原则上通过了《大运河遗产保护和管理总体规划》和《大运河申报世界文化遗产预备名单》。这份预备名单，包括了8个省35个城市的132个遗产点和43段河道。在132个遗产点中，有符合世界遗产标准、能够代表运河突出价值的65项可立即列入申报的项目。另有67项后续申报列入项目，43段河道有31段可立即列入项目和12项后续列入项目。可立即列入申报项目是指其文物价值和保护管理现状均符合申遗条件，是大运河首批申遗的基础名单。而后续列入申报项目是指文物价值足够，但是保护与管理还存在一定差距的项目。

陆琼表示：“作为一个巨大的线形遗产，大运河申遗必须遴选足够多的遗产点与河道段来全面反映中国大运河的整体价值，并支撑其丰富的历史文化内涵。目前出于申报的需要又只能选择其最具代表性的一些遗产点段予以重点推进。但是，没有列入此次申遗范围的遗产点段仍然是大运河遗产的重要组成部分，仍然需要按照各级保护规划的要求予以妥善保护。”

从历史角度看,大运河包括京杭运河、隋唐运河和浙东运河三部分,地跨北京、天津、河北、山东、江苏、浙江、河南和安徽8个省(市)。其始建年代为春秋战国时期,后经两汉、隋唐、宋、元、明、清至近代。其历史进程展现了大运河自春秋创建、隋唐至明清持续兴盛、近代衰落、现代逐步复兴的完整演变历程。前后历经2 500余年,时间、空间跨度之大为世所罕见。如今,大运河已经成为南水北调东线输水的主要通道,仍有1 100多km河道为多线通航。

大运河是一条体现我国古代人民劳动智慧的水利水运工程。它的使用功能和设计构想,以及后来随客观条件的不断变化而采取的各种应对措施等,都表现出人与自然的不断适应、不断协调的过程。也就是说,大运河随着人类经济社会的发展与技术更新,并不断与变化了的不同阶段,发挥和体现了相适应的功能。例如,大运河山东济宁的南旺分水枢纽工程,就是大运河上最具技术价值的节点。它通过历代一系列"疏河济运""挖泉集流""泄涨保运""增闸节流"等结构缜密的配套工程措施,科学地解决了当时运河引水、分流、蓄水等极为复杂的水工技术问题(见图11-3)。同时,还有效地保证了大运河连续500余年畅通无阻的记录。其规划思想、水工技术以及建造水平之高,充分展现了我国古代水工技术的精湛技艺、独特的创造性和与时共进的历史贡献,是世界水利史上的杰作。

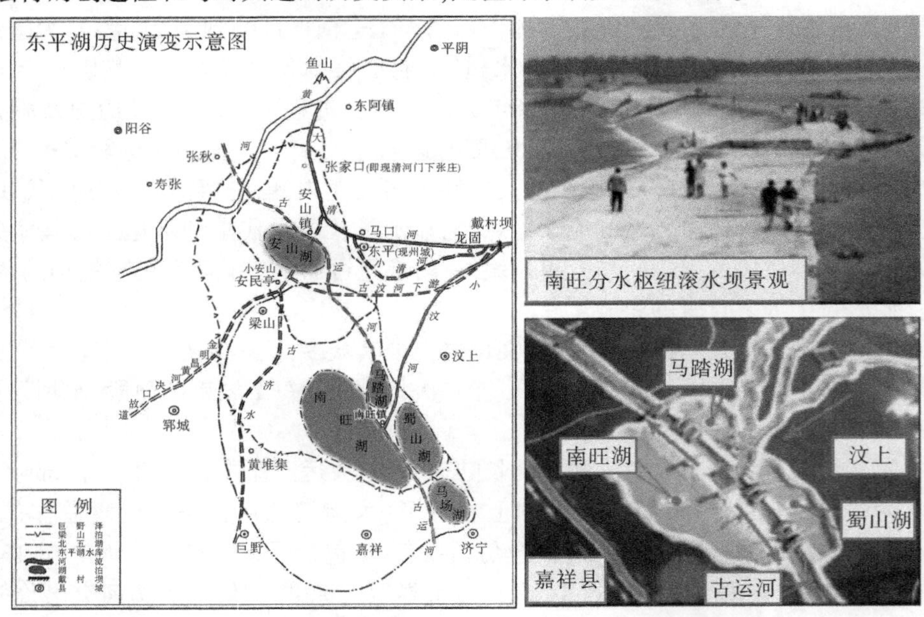

图11-3 南旺分水枢纽工程科学地解决了引水分流等复杂的水工技术

2006年12月,我国大运河申遗工作正式启动,并从8个省35个城市的132个遗产点和43段河道中,拟定和列出符合世界遗产标准、能够代表运河突出价值的首批《大运河申报世界文化遗产预备名单》65项。2007年9月,扬州开始牵头推进大运河申遗工作。2008年3月,运河沿线35座城市在扬州结盟,共商申遗大计。2009年4月国务院协调13个部委、8个省(市)共同组成大运河保护和申遗省部际会商小组。于是,大运河申遗活动成为国家重大文化工程。此次申报世界遗产名录的大运河,包括京杭运河、隋唐运河和浙东运河。

2014年6月22日,联合国教科文组织第38届世界遗产大会在卡塔尔首都多哈召开。

在第38届世界遗产大会现场，会议审议并一致通过了中国提交的“大运河”申遗申请。当大会主席玛雅萨宣布：中国大运河经大会审议通过，正式列入《世界遗产名录》时，会场掌声和祝福声不断。这是中国第46个世界遗产，也是我国自申报世界遗产以来，同时参加城市最多的项目。审议通过的首批大运河世界遗产点段共有典型河道27段（总长度1 011 km），以及船闸、码头等相关遗产设施点共58处，都被正式列入《世界遗产名录》。获得世界遗产名录的点段分布在31个遗产区，扬州境内有6段河道和10个遗产点入选。

世界遗产委员会认为，中国大运河是世界上最长的、最古老的人工水道，也是工业革命前规模最大、范围最广的土木工程项目，它促进了中国南北物资的交流和领土的统一管辖，反映出中国人民高超的智慧、决心和勇气，以及东方文明在水利技术和管理能力方面的杰出成就。经历两千余年的持续发展与演变，大运河直到今天仍然发挥着重要的交通、运输、行洪、灌溉、输水等作用，这是大运河沿线地区不可缺少的重要交通运输方式，从古至今在保障中国经济繁荣和社会稳定方面发挥了重要作用，符合世界遗产标准。

第三节　大运河部分点段的遗产价值与考古保护片断

“运河是诞生船闸文明的温床”。如果没有中国特殊的地理环境、地形特征以及气候环境变化等客观条件的影响，也许可能就没有中国大运河的出现，于是，也可能就没有了中国古老船闸文明的诞生与演变。换句话说，如果没有船闸的助航作用，也就可能没有大运河延绵2 000余年的南北畅通，更没有现代丰富多彩的运河文化和灿烂辉煌的船闸文明。我们可以肯定地说：运河与船闸是血肉相依、患难与共。军功章里，有船闸文明的一半，也有运河文化的一半。因此，古老船闸诞生、演变进化的历史文化价值，理所当然地也应是大运河的文化遗产价值；对历代船闸文明遗址的保护，当然也是对运河历史文化遗产与世界文化遗产的保护。

今天我们所说的大运河应该包括南北京杭运河、隋唐运河和浙东运河三部分。由于中国特殊的地理气候环境，以及朝代更迭与政治中心迁移等诸多因素影响，曾经辉煌一时的隋唐大运河及部分因黄河泛滥而废弃的京杭大运河遗址，随着光阴逝去，时代久远，历史的风沙几乎堙没了这些运河河段的古老文明和遥远的记忆。为弘扬中华文化，挖掘、整理和保护历史遗产，我国开始了抢救性发掘工作，让千百年前曾经辉煌一时的古老中华文明与运河文化重见光明。

当然，从船闸文明演变发展研究的角度考虑，大运河考古发掘工作所取得的成果，也同时可以从客观的史实上印证船闸文明演变进化的历史过程。

一、我国首次发现隋唐运河建筑遗址

1999年安徽省文物研究所、淮北博物馆和濉溪县文物管理所在濉溪县百善镇柳孜村，首次发现并发掘了距今约2 000多年前的运河建筑遗址，从而填补了我国对大运河遗址的考古空白。

柳孜，古称柳子镇，位于安徽省淮北市濉溪县百善镇之西，宿永公路穿境而过（在百善镇和铁佛镇之间），始建于东汉时期，因隋炀帝开凿的大运河通济渠段运道穿镇而过，使该

镇商贸发展,逐渐繁荣,以至成为唐宋时期淮北地区的政治、经济、军事和文化重镇而“运漕商旅,往来不绝”。据《宿州志》记载,柳孜为巨镇,有庙宇99座,井百眼。著名东晋音乐家桓伊和“竹林七贤”之一的嵇康就是生长在这里,由此可见当时柳孜文风之盛。然而,沧海桑田,世道多变,南宋绍熙五年(1194),黄河泛滥,洪水夺淮入海,通济渠从此淤塞,柳孜镇也因此而衰落。千年历史一晃而逝,如今的柳孜镇再次因安徽省文物局的重大考古发现,吸引了世人的瞩目。8艘唐船、宋代码头、大批唐宋名窑瓷器的相继出土印证了这块土地昔日的繁华。2000年4月8日,中国国家文物局副局长郑欣淼在柳孜镇实地考察后,向世界郑重宣布:“柳孜隋唐大运河遗址的考古发掘是中国运河考古工作的重大成果,它证明了1 000多年前隋唐大运河的流经路线,以及运漕商旅,往来不绝的繁荣,填补了中国运河考古的空白。”(见图11-4)。

图11-4 柳孜运河考古挖掘填补了隋唐大运河的考古空白

(一)宋代码头露真容经过

1999年春夏之交,淮北市决定将境内宿州至永城一段公路拓宽改建,部分公路恰好沿古运河南堤(史称隋堤)从柳孜镇穿过。安徽文物考古研究部门曾长期考证与研究,认为在柳孜镇有座古代码头,为保护这一历史遗址,当即对柳孜一带路段进行了十多个日夜的抢救性发掘。发掘遗址面积900 m^2。一座沿运河南岸东西走向的石砌码头终于露面,整座码头为长方形建筑,长14.3 m,宽9 m,高5.5 m。东、西、南三面采用由上而下的飞檐砌法,两侧用夯土护堤,临水面石壁陡峭,便于保证水深靠船装卸。据考察,此码头为北宋时期的货运码头。这是我国隋唐大运河考古的首次发现(见图11-4)。

(二)8艘沉船传递唐代繁荣信息

考古队在发掘码头四周深部土层时,出乎意料地发现了8艘古代沉船。有3艘沉船较为完整,其中,1#船为木板结构,长2.6 m、宽1.92 m,尾舵呈扫把状;2#船为一巨型整圆木雕凿而成的独木舟,长6.0 m、宽1.10 m, 出土时舱内有唐代釉陶制泡菜坛等文物;3#船木板结构,长23.6 m。另外,沉船土层中还有青釉、三彩瓷器和唐代“开元通宝”钱币等物品。据专家认定,沉船的年代为唐朝。此次发现沉船位置均在古河道南侧河底。专家推测可能是黄河泛滥河水冲翻所致。在古运河内,同时发现如此之多的相同沉船,在我国尚属首次。

通济渠,又称新汴渠,唐宋时期称汴河。《隋书·炀帝纪》记载:"大业元年(公元605年)三月辛亥,发河南诸郡男女百余万,开通济渠……自板渚引河通於淮。"

通济渠,西汉时称鸿沟或狼汤渠,东汉时称汴渠,直到隋初又称古汴河。新汴河则是隋炀帝另外开挖的河道,称通汴渠,新旧汴河分叉点在开封。

关于通济渠的流经路线,考古界尚有争论,其中一种说法是经陈留、雍邱、襄邑、宁陵、考城、宋城、宋邱、虞城、肖县、徐州汇入泗水;另一种说法是根据《元和郡县图志》《来南录》《开河记》等文献记载,通济渠与汴渠分离后,经陈留、雍丘、襄县、宁陵、宋城、虞城、谷熟、永城、临涣、甬桥(今宿州)、虹县至泗州洪泽湖入淮。

柳孜镇隋唐大运河遗址的考古重大发现,为1 000多年来古运河路线之谜揭开了谜底。它从事实上证明了通济渠的确切走向为第二种说法,从而填补了中国考古史上对运河流经线路变迁的一项历史空白,并且还为研究中国运河考古史找到了新的突破点。

东西大运河是隋、唐、宋三代的运输大动脉。通济渠将黄河与淮河两大水系连接起来,它把江南与江淮地区的丰富物产、粮食运到京城以解决军民物资供应。这是人力马车陆路运输所不及或不能解决的。运河的畅通,还带动了两岸城镇的繁荣,促进了全国商业、对外贸易和商旅的大力发展,从而形成了我国古运河经济带。唐宋王朝是我国漕运相当发达的时期,正是靠着运河才保证了当时的物资供应,才使其走向中国历史的鼎盛时期。正如安徽省文物局局长章家礼所说:"隋唐大运河是当时王朝的命脉,其显赫的历史作用可与我国的古代的'丝绸之路'相媲美。"(见图11-5)

图11-5　隋唐大运河是统治者的生存命脉,显赫作用堪比丝绸之路

柳孜镇是隋、唐、宋三代通济渠岸边的重镇,此次发掘证明了柳孜镇不仅是一个漕运中转码头,而且是当时一个很大的商旅之地。发掘获得的大量唐宋以来8个朝代、20多个窑口的精美瓷器尤为珍贵,器物保存完好,造型各异,其中颇多精品。特别是在淮北运河发现辽代的瓷器,对研究当时宋、元、金、辽的交通与商贸往来有一定的意义。在柳孜遗址出土的大量陶瓷器中,以瓷器居多。另外,还有铜钱、铁器、石器等,陶器有灰、红色陶,釉陶和建筑陶等,器形有缸、盆、坛和砖瓦等。铜钱均是方孔圆钱,有"开元通宝""嘉祐通宝""熙宁通宝"。铁器有三足釜、斧等,石器有磨、石柱、锚等。瓷器品种最多,有青、黄、白、黑以及白地黑花、外黑内白等许多釉色,一般釉质较粗,少数青、白釉较细。瓷胎多为较粗的泛黄色或灰色的瓷胎,少数白瓷胎洁白细腻,瓷器多素面,少数印花、刻花、三彩、点彩和堆贴文饰等。从瓷器的釉色和造型初步辨认出窑口有寿州窑、肖窑、吉州窑、耀州窑、磁州窑、景德镇窑、建窑、定窑、越窑、长沙窑、均窑等隋、唐、宋时期的窑口,对一些不明窑口的瓷器还有待进一步确认。柳孜遗址出土的陶瓷器,数量之多、窑口之众,实属罕见,这一切为研究唐宋陶瓷生产、运销、外销等古代生产与商贸提供了珍贵的实物资料。

(三)加强遗产保护所采取的措施

为加强遗产保护,安徽省文物研究所、淮北博物馆和濉溪县文物管理所等管理部门,认真按照《大运河遗产保护和管理总体规划》,一方面在发展经济的同时,对重点历史文物进行抢救、保护性发掘;绝对不允许因为建设而破坏或销毁具有历史价值的遗址和文物;另一方面,进行出土文物的妥善修复、研究、保护和展示工作,并将淮北市博物馆更名扩建为"隋唐大运河博物馆"。馆场占地面积40余亩,建筑面积10 670 m^2,由中国工程院院士祁康教授主持设计。该设计巧妙地结合了煤文化与隋唐运河文化的特点,象征着淮北犹如航船乘风破浪,勇往直前,奔向光明。博物馆共设隋唐运河出土文物展、运河遗韵厅、淮海战役厅、新中国上市公司证券、汉画像石厅、古相遗珍厅等六个展厅,珍贵藏品主要有古木船、磁州窑白釉黑花罐、汉代"天上人间"画像石、寿州窑黄釉执壶等。

二、确保京杭大运河畅通的关键工程——南旺分水枢纽

(一)南旺分水枢纽概述

南旺分水枢纽位于山东省汶上县南旺镇。汶上,古称中都,地处鲁西南,儒家文化、佛教文化、运河文化在此交相辉映,历史悠久,古今闻名,早在7 000年前,先民们便在这里繁衍生息。公元前501年,孔子初仕中都宰,留下"路不拾遗,夜不闭户"的千古佳话。

南旺分水枢纽是确保南北京杭运河畅通的"河脊"咽喉与瓶颈之地,它是维系明清漕运畅通的关键性工程,是我国符号性文化遗产的代表,更是大运河重要的宝贵遗产和运河申遗点段的标志性节点工程。鉴于其突出的历史文化价值,2010年10月,南旺分水枢纽考古遗址公园被列入国家文物局公布的第一批国家考古遗址公园立项名单;接着,2011年,南旺分水枢纽又被列入《大运河申报世界文化遗产预备名单》。

15世纪初,明成祖朱棣为抵御北方民族入侵而迁都北京。然而,因黄河决口,淤塞会通河,运河漕运中断。为保障京师物资供应,永乐九年(1411),他派工部尚书宋礼率13万夫役疏浚京杭大运河中的会通河(临清至济宁)段。河成而无水,宋礼心急如焚,微服私访,遇汶上民间农民(后称水利专家)白英。白英被宋礼忧国忧民的思想所感动,对其提出"遏汶济运"的建议:在大汶河下游戴村处建坝拦水,然后再开小汶河将汶水引至南旺湖,利用该处为南北河脊的地理条件自然分水,在汶、运交汇处设分水口,使汶水北流以济漳、卫,南下而济黄、淮。南旺河脊段运河水量北少南丰,为达到调节水量的目的,宋礼、白英在小汶河入

运口对岸砌石堤，并建造一鱼嘴形的石拔（分水尖），这样不仅能防止洪水冲刷，而且最重要的是可以调节南北补运之水量。因此，民间流传着“七分朝天子，三分下江南”的说法（这是对元代任城济州河分水“三分朝天子，七分下江南”说法的纠正）。

南旺分水枢纽围绕着“引”“蓄”“分”“排”四大重要环节，成功地解决了会通河“水源不足”的难题。它以漕运为中心，因势造物，相继兴建了“疏河济运”“挖泉集流”“设柜蓄水”“建湖泄涨”“防河保运”“建闸节流”等一系列结构缜密的配套工程，有效保证了大运河连续500余年畅通。南旺分水枢纽工程是一套完整的系统工程，是从无数代运河开凿和船闸文明演变过程的经验教训中总结出来的古代人民劳动智慧的结晶。

清末，铁路渐兴又开海运，光绪二十七年（1901）漕粮改折色（折现银），漕运废止，至光绪三十年，始裁漕督，全废河运。至此，历时两千余年的封建漕运制度终于结束了它的历史使命。运河航运被逐渐废弃，南旺分水枢纽也渐渐荒废。时至今日，运河沿线现存分水口、寺前铺闸、柳林闸、十里闸、徐建口斗门、邢通斗门（见图11-6）等遗址。

图11-6　南旺分水枢纽是大运河的关键工程，是申遗的标志性重点

（二）对南旺分水枢纽的评价与保护

南旺分水枢纽是整个大运河中最具科技含量的工程，它以漕运为中心“拦蓄壅水”，疏河济运、挖泉集流、蓄水济运、泄涨保运、增闸节流，科学地解决了引汶、分流、蓄水等重大而复杂的水工技术和施工难题，从而保证了大运河500余年畅通无阻。即使在今日，其设想与构思之巧妙，仍不失“堪称世界水利史上之典范”，具有永恒的研究和借鉴价值。其科学性与技术性可与中国古代的灵渠和都江堰水利工程媲美。因此，历史上对其评价是“令唐人有遗憾，让元代无全功”，就连精通水利知识的康熙皇帝也褒奖说：“朕屡次南巡而经汶上分水口，观遏其分流处，深服白英度全之妙也。”民国初年，美国水利专家方维来到南旺分水枢纽时，观看后无比敬佩地说：“此工程正当十四五世纪工程学之胚胎时代，必视为绝大事业，被古人之综其事，主其谋而遂如许完善之结果者，令我等后人见之焉得不敬而且崇耶！”

汶上百姓白英，实为民间有实际经验的水利专家。他协助工部尚书宋礼，在千里运河南北分水之河脊处，建成运河上这一最具科技含量的工程——南旺分水枢纽工程。从此，京杭大运河畅通500余年，为国家做出了巨大贡献。正因为如此，当时从皇帝到民间，都对白英的贡献给予了极高的评价，把白英封为永济神，并立白大王庙，荫封后代。后来，在南旺陆续修建了以分水龙王庙为代表的颇有纪念意义而且相当壮观的建筑群。乾隆六次南巡，每次都为该建筑群留诗填词。毛泽东在南旺分水遗址也曾感叹地挥毫留下墨宝。

2010年8月，汶上成立了“大运河南旺枢纽工程大遗址保护与申遗工作领导小组”工程建设指挥部，先期投入4 000多万元，在驻地拆迁建设的同时，开工了重点项目工程。投资上千万元建成了“大运河南旺枢纽水工科技馆”，目前，该馆已建成并对外开放。

为推动遗址公园建设，营造全社会共同参与的浓厚兴趣与氛围，2011年6月9日汶上县启动了由中国文化遗产研究院、山东省文物局、济宁市文物局和汶上县人民政府联合举办的2011年中国文化遗产日大运河南旺枢纽遗址公众考古活动。此次活动让更多的人了解和认识了大运河南旺枢纽工程的突出价值，实现了文化遗产保护的全民动员（见图11-7）。

图11-7　南旺分水枢纽是我国古代劳动人民智慧与创造力的结晶

现代人常把“京杭大运河”“万里长城”“埃及金字塔”“印度大佛塔”并列称为世界最宏伟的四大古代工程建筑。其实，万里长城、金字塔、大佛塔，随着现代文明的推进，都已经成为历史遗迹。唯独京杭大运河，时至今日，仍然显现出历史文化的深厚底蕴和流动不息的鲜活生命力而仍然造福于沿岸人民，从而体现了我国古代劳动人民惊人的智慧和伟大的创造力。

三、几则报道透露出古运河的文化遗址

台儿庄运河，是大运河山东境内枣庄段的俗称。它西起微山湖口韩庄镇，东至台儿庄，然后迤逦南下入江苏境内中运河，故又称韩庄运河，全长 40 km。台儿庄运河自明代万历二十一年实施“河运分离”时开挖，直到万历三十二年才竣工。它历经沧桑，不但在数百年中国的漕运史上留下了不可磨灭的历史功绩，而且还见证和经历了抗日战争烽火中可歌可泣的台儿庄战役。虽然原来的台儿庄已经毁于抗战烽火之中，但是，她为中华儿女抵抗日本军国主义的侵略立下丰功伟绩。

在我国漕运历史上，船闸是运河中必不可少的助航建筑物，特别是在大运河台儿庄段所修建的船闸，从开凿至今，历史上大约经历过三代演变过程：第一代就是大运河开凿初期，承继宋代以来的“筑土叠石，以牢其址”的土坝、石闸；第二代就是新中国成立初期兴建的一批小规模的现代船闸；第三代就是如今正在使用和兴建的现代化大型二级船闸。

在人类文明发展过程中，人们都是把已经过去的事情称之为历史。现代人如果要了解历史，主要靠的是史籍记载。中国的史籍虽然浩如烟海，然而有许多事情并非全有记载，有的记载则又不见得与事实相符。于是，现代人如果想要弄清几百年前的事情的来龙去脉，还必须依靠史籍记载并参考考古发掘，即从考古发掘中发现古代的信息。自 20 世纪 70 年代开始，我国考古研究成果极其显著，它既作为人们对史籍历史研究的佐证，也对我国的史学研究起到巨大的推动作用。

随着我国现代化建设进程加快，建设用地的基础开挖、航道治理的河道疏浚，特别是南水北调东线工程的施工进程加快等，在这些工程的施工中，很容易触及和揭示古籍遗址，从以下几则新闻报道中，就可了解到被发掘的古代运河文化遗址中所透露出的古代船闸文明的真实面目。

（一）明代古船闸现身聊城

2008 年，随着南水北调东线工程的施工进程加快，山东省文物考古部门会同聊城相关单位，于当年 8 月至 12 月间，对京杭大运河聊城段古运河遗址进行了重点考古发掘工作。于是，一座京杭大运河聊城段古船闸遗址——土桥闸终于露出了庐山真面目。

考古发掘中，在聊城市东昌府区梁水镇土闸村，发现了一座明代古船闸。随着发掘工作的进行，京杭大运河聊城段的土桥闸遗址渐渐露出原貌：该船闸闸口呈南北走向，闸室为长方形，船闸整体造型非常壮观，闸底布有大量为了固定船闸基础的木桩，这些木桩依旧深深地插在河床之中，虽然古船闸经历几百年的风霜雨雪，但仍然保持完好。船闸造型坚固、施工精细、设计宏伟，给现代人带来了不少当年胜景的遐想——勾画出一幅诱人的明清时期的运河图景（见图 11-8）。

山东省考古研究所研究员、此次土桥船闸发掘工作的领队李振光说：“聊城古船闸的发掘，是我国对京杭大运河山东段古船闸的首次发掘，也是在大运河上，完整揭示（船闸文明）与运河文化相生相伴的第一座古船闸遗址。”

谈及聊城古运河船闸，有关专家表示，这座古船闸规模宏大、做工精细，而且坚固结实，从明朝修建完毕后直至清朝乾隆年间，一百多年里只修缮过一次。而随后，又一直使用到

图 11-8　隋唐大运河上，我国古代运河船闸留下的无数文化遗址

20 世纪 60 年代，真可谓精品工程。山东省南水北调工程副主任张振国表示，在今后南水北调过程中，这座古船闸还将被重新启用。这位张副主任还介绍说："以后南水北调的水会再次经过这里北上，我们设计流量为 50 m^3/s。但为了保护这座船闸，如果它承受不了这么多流量通过，我们也可在河道的旁边修建辅助的地下管道，从而达到减轻其过流压力的效果。总之，我们今后南水北调的所有设计，都可以根据对这座古船闸的保护来制定。"

(二)古运河顿庄船闸重见光明

2008 年 11 月 21 日，有关部门在对山东省台儿庄段古运河河道进行疏浚施工时，一座明代古运河船闸在施工中被发现。这座古船闸的闸室四周全部由条状块石和大块黑砖垒砌，船闸最窄处约 8 m。从遗址规模上看，可见其昔日漕运之繁忙景象。据考证，该船闸修建于明朝万历年间，是明代"河运分离"时重新开凿的泇运河上的顿庄船闸，它是枣庄段运河(泇运河)开通时著名的八大闸之一，距今有 400 多年历史。

(三)古运河丁庙船闸露真容

2009 年 3 月 25 日，在京杭运河山东台儿庄段，中新社高启民同志拍摄到一套刚浮出水面的明朝古运河船闸遗址照片。于是，一座在水下沉睡了 400 多年的古代水工建筑遗址(古船闸)在京杭运河台儿庄段进行河道疏浚时，终于露出了庐山真面目(见图 11-9)。

这座古船闸位于新闸村北古运河中心，船闸东西长约 56 m，南北宽约 12 m，古船闸的木桩繁多，条状块石可见，闸门桩基遗址清晰，据考证，该船闸修建于明朝万历年间，是明代泇运河之丁庙船闸，也是枣庄段运河(泇运河)开通时著名的八大闸之一。此次古船闸的发现，是继顿庄船闸后的又一次重大发现，对古运河枣庄段历史和古水工建筑的演变进化发展史研究工作具有非常重要的历史价值。

考古人员在此次发掘中，也发现了大量的古代文化遗物。出土的瓷器主要有明清时

图 11-9　隋唐大运河上我国古运河船闸留下的无数船闸文化遗址

代的青花瓷、青瓷等。“这也从一个侧面说明了，当时这个古船闸是京杭大运河的重要关节点之一，周边城镇或村落也有着非常繁荣的生活景象，民众的生活富足，物质供给很也充裕。”

第四节　大运河是世界无双的精神文明宝库

如果将我国的京杭大运河与其他国家已经被列入《世界遗产名录》的五条运河相比较的话，虽然各有千秋，但是无论按世界遗产历史价值评审的6条标准，或者按申遗登录的10项基准条件来衡量，大运河都有着“过之而无不及”的优点。我们如果从大运河的演变进化历史以及船闸文明的演变进化过程来看，我国的京杭大运河不仅与我国社会发展和国家统一的需要息息相关，而且在两千多年的历史长河中，它始终在为促进我国社会经济的发展、科学技术的进步，以及南北物质文化的交流、多民族的团结与融合等诸多方面，树立了一个又一个的“历史丰碑”。而且它所形成的独特的“运河文化”以及同时代而稍前的船闸文明，这些都是世界精神文明宝库中不可多得的历史文化遗产。

史籍用“举锸如云”来形容吴国当初用数十万人开凿邗沟运河的壮烈景观，其波澜壮阔的场面，“哼哼唷唷”的震天号子，令后人无限惊叹和遐想。谁能想到，在漫长的人类历史的发展长河中，有着中国古典文学精粹之称的诗歌，其实就是起源于人类的这种简单的劳动号子。所以我们说，劳动改造了自然，劳动创造了人类，而且劳动还在改造自然与创造人类的同时，创立了人类社会伟大的物质文明和精神文明财富。

我国文坛,前有《诗经》《楚辞》等古诗典籍,后有唐诗宋词古代繁荣。诗歌,是人类情感的升华与心灵的感悟,是人类无穷创造力的源泉,是劳动智慧的结晶,是跨越时空的鲜活记忆以及流失岁月的历史再现。现在,就让我们在无数运河诗的小小浪花中,去感受大运河精神文明的古典芬芳。

一、大运河是历代政权的生命线

我国对人工渠道的疏导与开凿,起源于大禹治水。到了春秋战国时期,诸侯国各为自利,于是,区域性运河开始沟通。中国的大运河肇始于春秋,完成于隋代,繁荣于唐宋。唐宋时期的大运河史称(东西)隋唐大运河。到了元代,因北方民族入主中原,政治中心北移,经济中心南迁。大运河为适应新的国家形势而改道鲁西丘陵直接北上。运河东移后的史称(南北)京杭大运河。其实,中国的大运河,就是隋唐大运河与京杭大运河以及浙东运河的统称。

然而,不管怎么称呼,大运河一直都是被历代统治者视为维系其封建政权统治的生命线,因而才被历代朝廷所重视,这是世界上绝无仅有的。下面,我们列举几个历史事例给予说明。

西汉时期,黄河频决,武帝建元至元光年间(前138—前132)黄河三次决口,其中瓠子口决"东南注巨野,通于淮泗",即黄河夺淮入海、横流泛滥二三十年。此阶段正是西汉反击匈奴入侵战争的紧张阶段。黄河泛滥,漕运不济,险些断送了西汉王朝的政权。因此,武帝不得不亲自督阵"瓠子堵口",并留下"颓林竹兮楗石菑,宣防塞兮开福来"的诗句。

唐代安史之乱后,晚唐政治动乱,漕渠(隋之广通渠)淤塞,漕运不济,严重影响京师人民以及朝廷百官的起码生存条件。于是,几代皇帝都不得不带领百官赴东都洛阳就食(所谓洛阳就食,其实就是皇帝带百官到洛阳讨饭吃)。

北宋建都汴京,以汴河为骨干形成运河新体系,入京粮食高达600万石。淳化二年(991)汴河决口,宋太宗强调说:"东京养甲兵数十万,居民百万家,天下转漕,仰给此一渠水,朕安得不顾!"于是,他率领百官一起参加堵口。北宋画家张择端所绘著名的《清明上河图》,真实地反映了当时京城开封的繁华和大运河漕运的繁忙景象(见图11-10)。

元初,漕粮借原来隋唐运河部分河道绕行运输艰苦,海运又损失严重,朝廷令郭守敬勘测运河新路线成功。后来,于公元1292年开工,施工一年多,主体工程建成。然而,分水枢纽选址失当,水源不足,不得不还是以海运为主。明代以南旺为分水枢纽,运河梯级渠道化,才保证南北京杭大运河从此畅通了500余年。

事实证明,我国无论哪朝哪代的政权都离不开运河的畅通,因为它关系着朝代的兴衰,是封建朝廷赖以生存的生命线。

二、诗的国度、诗的长河、宝贵的遗产

岁月,把流连的历史雕琢成有节奏的隽永符号(文字)。然而,在那看似扑朔迷离的律动中,仍然能够把握住那个时代的脉搏和倾听到当初人民的心声。它就是用历史凝聚而成的人类智慧的结晶,是极其珍贵的精神文明遗产——古诗。

诗,既可以歌,又可以诵,也可因配以韵律而传唱,因此也叫诗歌。中国是一个诗的国度,大运河是一条诗的长河。大运河在为人类社会的发展取得物质文明成就的同时,还留下

图 11-10　大运河是劳动人民创造的世界无双的精神文明宝库！

了无数我国所特有的既宝贵而又隽永的精神文明财富，即运河诗。

凡是大运河流经之处，后来，就多为军政商旅之重镇。运河沿线几乎处处山清水秀，风光绮丽，人文荟萃，物产丰饶，商贸繁荣，因而令历代迁客骚人流连往返而留下了无数的华美诗篇，为大运河这一宝贵的历史文化遗产增添了不少难忘的动人心弦，更是我们现代人感到弥足珍贵的精神文明财富和智慧的源泉。

运河诗，是流动的生命之歌：从前面得知，诗歌起源于劳动号子，是人类在艰苦劳作之中用生命在呐喊，所以，它是人民心声的表达。

中国所独有的运河诗，是源远流长的大运河文化的独特表达形式；是我国历史上，文学的生命力与艺术魅力的完美结合；是历代物质文明成果与精神文明结晶所产生的共鸣；是我国运河文学与运河文化的最高层次体现；是人类无比巨大的创造力与劳动智慧的伟大结晶。仔细剖析历代的运河诗，可以大概归纳为三类：其一，写开凿大运河之民工的悲惨命运，揭露隋炀帝骄奢淫逸的生活；其二，肯定大运河的作用，并对当年开凿运河的民工寄予深切的同情；其三，对大运河沿岸之风光景致的赞美和歌颂。因此，如果我们用诗的角度去透视运河的话，将更能彰显大运河的文化魅力及其博大精深的历史内涵。

汴河直进船

唐 · 李敬芳

汴河通淮利最多，
生人为害亦相和。
东南四十三州地，

取尽膏脂是此河。

从这首诗中我们了解到，大运河虽然维护了国家统一，但是，满船装载的物资都是当时统治者吸取古代各地劳动人民的血汗(膏脂)。

如果从另一个角度去理解，人们又有另外一种看法：

汴河怀古二首

唐·皮日休

万艘龙舸绿丝间，载到扬州尽不还。
应是天教开汴水，一千余里地无山。

尽道隋亡为此河，至今千里赖通波。
若无水殿龙舟事，共禹论功不较多。

汴河铭

唐·皮日休

隋之疏淇汴，凿太行，在隋之民，不胜其害也，在唐之民，不胜其利也。今自九河外，复有淇汴，北通涿郡之渔商，南运江都之转输，其为利也博哉！不劳一夫之荷畚，一卒之凿险，而先功巍巍，得非天假暴隋，成我大利哉！

诗，当然也是人类对客观世界认识的表达，历史功过任后人评说。大运河的开通，广输海内外货物，极大地促进了当时的社会经济繁荣和商业贸易的发展，成就了我国历史上最著名的古代水上丝绸之路、陶瓷之路。这在前面所介绍的淮北濉溪县百善镇柳孜村的大运河考古发掘中得到了有力的印证。

唐宋时代是我国诗词发展与创作的鼎盛时期，各地文人士子，流连于碧波，诗酒盘桓，放歌运河，或咏物言情，或咏史抒怀，极尽风雅。

汴隋堤柳

唐·罗隐

夹路依依千里遥，路人回首认隋朝。
春风未惜宣华意，犹费工夫长绿条。

诗中，还真有那么点杨柳依旧而往事如烟的意境。宣华，即汉武帝亲自督阵“瓠子堵口”之地；绿条，即柳树枝条，传说，隋炀帝要求在运河两岸纤道，遍插柳树枝条(绿条)并赐姓“杨”，所以，后来柳树又叫“杨柳树”。

三、诗歌记载着历史兴衰与朝代更替之主要原因

隋炀帝历时六年，役民数百万，开凿了纵贯东西南北、长达五千余华里的隋唐大运河，沟通了海河、黄河、淮河、长江和钱塘江五大水系，终于完成了我国乃至世界历史上最伟大的人工水利、水运工程。加之他北修长城，建东都，修皇宫，连年征战，耗尽国力，民怨沸腾。历来的封建王朝，对劳苦大众总是“只知其奴役勒索，而不顾其百姓死活”。大业十二年(616年)，隋炀帝第三次巡游江都，因兵变未能返京，次年被部下刺杀于江都。公元618年隋亡。历史上人们将隋朝亡国归咎于隋炀帝开凿运河和恣意游乐，于是“隋宫”“隋堤”“隋堤柳”

成为当时最具隋代特征意义的文化符号,成为评价隋炀帝功过是非的文学聚焦点。最具代表性的诗词作品还是唐代大诗人白居易的《隋堤柳》:

隋堤柳

唐·白居易

隋堤柳,岁久年深尽衰朽。风飘飘兮雨萧萧,三株两株汴河口。老枝病叶愁杀人,曾经大业年中春。大业年中炀天子,种柳成行夹流水。西自黄河东至淮,绿阴一千三百里。大业末年春暮月,柳色如烟絮如雪。南幸江都恣佚游,应将此柳系龙舟。紫髯郎将护锦缆,青娥御史直迷楼。海内财力此时竭,舟中歌笑何日休?上荒下困势不久,宗社之危如缀旒。

炀天子,自言福祚长无穷,岂知皇子封酅公。龙舟未过彭城阁,义旗已入长安宫。萧墙祸生人事变,晏驾不得归秦中。土坟数尺何处葬?吴公台下多悲风。二百年来汴河路,沙草和烟朝复暮。后王何以鉴前王?请看隋堤亡国树。

这首七言乐府的叙事长诗,诗中"隋堤柳"成为一种亡国追索的意象指代。

汴河亭

唐·许浑

广陵花盛帝东游,先劈昆仑一派流。
百二禁兵辞象阙,三千宫女下龙舟。

凝云鼓震星辰动,拂浪旗开日月浮。
四海义师归有道,迷楼还似景阳楼。

汴　水

唐·胡曾

千里长河一旦开,亡隋波浪九天来。
锦帆未落干戈过,惆怅龙舟更不回。

汴河曲

唐·李益

汴水东流无限春,隋家宫阙已成尘。
行人莫上长堤望,风起杨花愁杀人。

隋帝陵

唐·罗隐

入郭登桥出郭船,红楼日日柳年年。
君王忍把平陈业,只博雷塘数亩田。

隋　宫

唐·李商隐

乘兴南游不戒严,九重谁省谏书函。
春风举国裁宫锦,半作障泥半作帆。

汴河怀古

唐·杜牧

锦缆龙舟隋炀帝,平台复道汉梁王。
游人闲起前朝念,《折柳》孤吟断杀肠。

扬州三首(其一)

唐·杜牧

炀帝雷塘土,迷藏有旧楼。谁家唱水调,明月满扬州。
骏马宜闲出,千金好旧游。喧阗醉年少,半脱紫茸裘。

汴　水

北宋·王安石

汴水无情日夜流,不肯为我少淹留。
相逢故人昨夜去,不知今日到何州?
州州人物不相似,处处蝉鸣令客愁。
可怜南北意不就,二十起家今白头。

汴　水

北宋·易士达

千里通渠竟达河,万民力役怨声多。
锦帆不送龙舟返,并覆亡隋入巨波。

四、运河诗渲染了诗人之间的情感和友谊

素有“大运河之咽喉”和“汴渠之首”的江淮运河(邗沟运河),自冯梦龙笔下流出《杜十娘怒沉百宝箱》等文学作品后,在大运河与长江交汇处的瓜洲古渡,便成了历朝历代的繁华锦绣之地。我们不妨从这小小瓜洲古渡的古典诗坛中,去撷取两位著名诗人有关情感友谊的代表之作欣赏。

扬子津与白居易不期而遇

唐·刘禹锡

巴山楚水凄凉地,二十三年弃置身。
怀旧空吟闻笛赋,到乡翻似烂柯人。
沉舟侧畔千帆过,病树前头万木春。
今日听君歌一曲,暂凭杯酒长精神。

扬子津地名至今仍在,是古代渡口。瓜洲,是长江中的小沙洲,由江中泥沙淤积而成,后来与北边陆地连成一片并形成新的长江北岸。这是典型的沧海桑田。通扬桥向北不远就是广陵驿了。白居易在驿站里梦见过苏州的朋友:

梦　友

唐·白居易

扬州驿里梦苏州,梦到花桥水阁头。
觉后不知冯侍御,此中昨夜共谁游?

元代萨都剌路过广陵驿时也写过诗述怀:

灯前述怀

元·萨都剌

秋风江上芙蓉老,阶下数株黄菊鲜。
落叶正飞扬子渡,行人又上广陵船。
寒砧万户月如水,老雁一声霜满天。
自笑栖迟淮海客,十年心事一灯前。

由扬子津诗(原诗无名,作者杜撰),又使我们联想到白居易的另外一首诗:

长相思

唐·白居易

汴水流,泗水流,流到瓜洲古渡头,吴山点点愁。
思悠悠,恨悠悠,恨到归时方始休,月明人倚楼。

白居易这首《长相思》,诗中所提到的汴水,即汴河。它曾是古城开封的生命之河,也是张择端笔下《清明上河图》中描绘的热闹非凡、清闲优雅而又迷人的古运河。在《东京梦华录》中有记载:"自西京洛口分水入京城,东去至泗州入淮,运东南之粮,凡东南方物,自此入京城,公私仰给全仗此渠。"可知汴水的兴废,几乎与政权的存亡密切相联,北宋亡,汴水废。接着就是一百多年的南北内战,最后,北方少数民族入主中原,蒙古建元朝于大都(今北京),后来,运河改经鲁西河脊直达大都,汴水之繁荣便成为历史。如商丘南关的汴河码头遗址、安徽泗县的汴河遗址,以及前面所介绍的淮北濉溪县百善镇柳孜村的汴河码头遗址等,它们都是中国大运河申遗的"重点历史文化遗址"。白居易一首《长相思》,相思千余春秋而胜传不衰,看来,只有让这些珍贵的历史文物来解读诗词中主人翁心中的愁肠到底还能相思多久。

明代,大运河经常疏浚治理,航运畅通。大学士李东阳乘船经过临清时写下一首诗记述当时临清街道的繁华及航运繁忙的盛况:

过鳌头矶

明·李东阳

(一)

十里人家两岸分,层楼高栋入青云。
官船贾舶纷纷过,击鼓鸣锣处处闻。

(二)

折岸惊流此地回,涛声日夜响春雷。
城中烟火千家集,江上帆樯万斛来。

枫　桥

南宋·汤仲友

出城才七里，地僻罕曾守。
孤塔临官路，三门背运河。
钟鸣惊宿鸟，墙矮入渔歌。
醉里看题壁，如今张继多。

浪淘沙

北宋·朱敦儒

圆月又中秋。南海西头,蛮云瘴雨晚难收。
北客相逢弹泪坐,合恨分愁。
无酒可销忧。但说皇州,天家宫阙酒家楼。
今夜只应清汴水,鸣咽东流。

清平乐·春风依旧

北宋·赵令畤

春风依旧,着意隋堤柳。搓得鹅儿黄欲就,天气清明时候。
去年紫陌青门,今宵雨魄云魂。断送一生憔悴,只消几个黄昏?

大运河是中华民族的骄傲,诗歌是中国文学艺术的瑰宝。诗歌与运河的结合,更是赋予了大运河鲜活而生动的艺术魅力与无穷无尽的文学生命。正如有位国际友人在评价大运河时说的,中国的“运河是活在文人墨客笔下的河流”。所以,我们说运河诗是集中华精神文明成就之大成。然而,诗海无边,篇幅所限,笔者仅撷取几朵当年时代的浪花,以供读者欣赏。

五、历史遗留下的帝王运河诗点滴

京杭大运河自隋代沟通后,纵贯南北,横贯东西,流经地域广泛,文化遗存丰厚;除诗词外,还有大量的民歌民谣,反映了运河沿途的民俗民情,同时折射出不同时代、不同阶层的社会、政治与经济等方面的文化现象。

虽然世界上许多国家都有运河,但是没有哪一个国家的运河,能够像中国的京杭大运河这样,一条运河,竟然能牵动着历朝历代掌权执政者或者国家主要领导人之心,并成为维系统治者政权巩固的生命线。从秦、两汉两晋、隋、唐到两宋、元、明、清。明之前已有所介绍,现在我们谈谈清代的情况。

清代自康熙起,历届皇帝极其重视大运河和漕运,康熙(爱新觉罗·玄烨)和乾隆(爱新觉罗·弘历)两位皇帝对水利都比较内行,而且他们都曾借视察大运河之机数次游历江南,留下不少遗址和墨宝,虽说这些都是封建统治者所题所书,但是,用历史唯物辩证观点看,遗留下的诗词也应该算是中华精神文明历史文化遗产吧。

《潞河诗》是清代皇帝康熙在南巡视察大运河时所写,诗中所反映的是大运河船闸的运行情况,大意为:早上起来听到五座闸门的启闭声响,春水高低即闸室内外之水位差,闸室蓄水时,小船划浆似在明镜之中,闸门启闭时,其声响远传让人觉得似闻惊雷(见图11-11)。

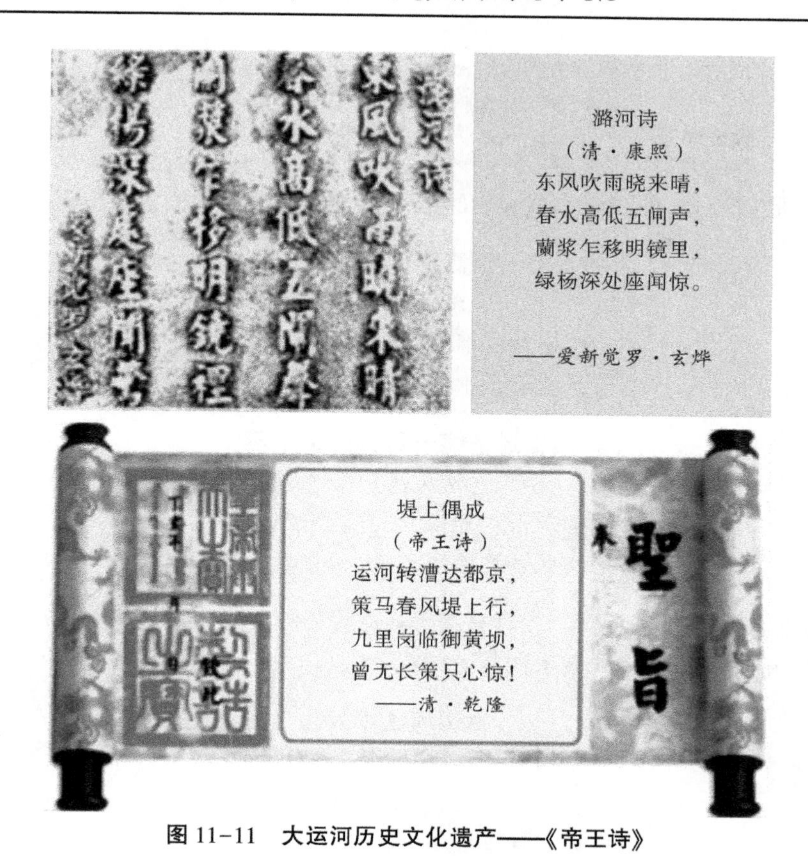

图 11-11　大运河历史文化遗产——《帝王诗》

《堤上偶成》是乾隆皇帝在江淮运河与黄淮交汇之清口附近写的诗。我国自宋代黄河决口南流，夺淮入海后的数百年间，起初，为了弥补运河水源不足之问题而实施了“河运合槽”“以河济运”等措施；而后，又因黄河泛滥，泥沙淤积，阻断运道，因此不得不实施“河运分离”另开新河行运。然而，在淮河、黄河与运河的交汇口门段——清口段，仍然遭受着黄河泥沙的影响，甚至有时泥沙倒灌江淮运河之运道，频频造成水患灾害。为此，清代曾在运河整治过程中探索并采用多种措施或办法治理清口。其中，就有九里岗处的御黄坝（所谓御黄坝，即黄河与运河交汇口门上游所筑之挑流坝。就是让黄河水远离运河口门而避免口门淤堵！）。乾隆在诗中，开门见山地点出运河的目的就是“转漕达京都”，他高兴地策马御黄堤上，想到过去曾经因为没有长远的良策整治清口运道而总是胆战心惊。诗中表达了作者的两种心态：一种是看到御黄坝修筑成功并起到一定作用，内心感到非常高兴；另一种是对过去的失策或处理不当似乎感到心有余悸的愧歉之意。总之，仅仅从这两首诗中就能看到，一条运河竟能牵动执政者的心（见图 11-11），即使是封建统治者也不例外。这在世界运河史上也是绝无仅有的。

以下有乾隆皇帝写的另一首诗：

登　舟

清·乾隆

御舟早候运河滨，陆路行余水路循。
一日之间遇李杜，千秋以上接精神。

麦苗夹岸穗将作，柳叶笼荫絮已频。
最是蓬窗心惬处，雨晴绿野出耕人。

康熙四十六年在大通河以北另开了一条会清河。西起水磨闸，经砂子营东抵通州，以运通州漕粮至德胜门粮仓，即卸储本裕仓。康熙皇帝曾到大通河视察漕运情况，写了两首诗：

通惠河阅运艘

清·康熙

千樯争溯白苹风，飞挽东南泽国同，
已见灵长资水德，也应辛苦念田功。

自宿迁解缆一日夜达山东境

清·康熙

千里南程几日回，轻舟直下溯沄回。
东风更假帆樯便，一夕山东境上来。

清代，运河水浅淤沙，除设置“捞浅夫”专事疏浚外，还筑坝蓄水。康熙曾写有《看运河建坝处》一诗，记述北运河因沙淤水浅易致泛滥，筑坝以维漕运之事：

看运河建坝处

清·康熙

十月风霾幸潞河，隔林疏叶尽寒柯。
岸边土薄难容水，堤外沙沉易涨波。
春末浅夫忙用力，秋深霖雨失时禾。
往来踟躇临渊叹，何惜分流建坝多。

清初，馆陶引漳济运，河床淤塞，航运受阻。1765年，乾隆皇帝乘舟南巡北返，写了一首诗《临清舟次》，反映了当时运河的航运情况：

临清舟次

清·乾隆

卫水西来挟浊漳，汇川北往色微黄。
更无关键资宣蓄，顺注乘流直进航。

附录 世界船闸文明发展顺序编年表

阶段	年代	特征	世界范围发展情况	中国国内发展情况	说明
一、原始文明孕育阶段	公元前	1. 修堤筑坝： 修堤筑坝是人类治水的第一项水利工程措施，有了修堤筑坝工程的出现，就可以拦水成库、引水成渠，灌溉农田、围堤防洪。堤坝壅高水位后还可让不同高程的河流得以沟通而成为运河	公元前 3400 年左右，埃及人修建了尼罗河左岸大堤，尼罗河流域在公元前 2300 年前后，在法尤姆盆地建造了美利斯水库，通过优素福水渠引来了尼罗河洪水，经调蓄后用于灌溉。这种灌溉方式持续了数千年	约公元前 2500 年左右（五帝颛顼时期），在中华大地的华夏民族中有一个氏族分支共工氏，为治理水患首创“筑堤筑坝”之方法，即《国语·周语》中所说：“壅防百川，堕高堙庳”。即修堤坝防洪、挖高填低、平整土地	水和土是农耕文明的根本，共工氏父子治水治土都很出色，被华夏民族后人祀奉其父为“水利之神”，而其子为“土地之神”
			两河流域约在公元前 2000 年，汉穆拉比时代已有了完整的灌溉渠系。干渠兼有通航与防洪的作用。印度河流域在公元前 2500 年左右已有引洪淤灌，但文字记载不多。公元前 2000 年雅利安人入侵后，修复了古代的灌溉工程。公元前 3 世纪左右，印度河流域凭借灌溉已做到一年两熟	约公元前 2200—前 2100 年（五帝最后一个舜帝时期），大禹治水“疏川导滞，陂障九泽”，以疏导为主，拦蓄兼用。使洪水后“水由地中行，然后，人得平土而居之”，从而取得了远古时期因地球气候异常而出现的自然灾害，即全球性洪水大灾害的治水胜利	大禹治水有功，接替了舜部落联盟领导权，其子启将原始民主禅让制转变为世袭专制的奴隶主统治的家天下。使中国比西欧要早 1 000 多年进入奴隶制社会

续表

阶段	年代	特征	世界范围发展情况	中国国内发展情况	说明
一、原始文明孕育阶段	公元前	2. 运河开凿期： 运河的开凿首先是先易后难。开始是借助支流、洼地、湖泊，沟通相邻河流之间的水道通航。形成地区性的区域性运河。然后，逐渐连接成流域间的运河。 这些区域性运河为后来中国的（东西）隋唐大运河和（南北）京杭大运河的形成打下了基础	公元前 1887—前 1849 年，古埃及塞劳斯内特三世时期，曾建成绕道尼罗河及其支流并经苦湖沟通地中海与红海的古代苏伊士运河。后来，此运河因泥沙淤积和年久失修而废弃	商末（约公元前 1100 年）陕西岐山部落周太王的长子泰伯，将王位继承权让给其弟季历，避地江南太湖流域。商末周初，为发展农业经济，带领当地人开凿泰伯渎并建立吴国	泰伯渎是我国首次开凿的运河，后来成为大运河江南段的重要部分。拉开了我国区域性运河开凿的序幕
			无资料	春秋时期（约公元前 600 年）《水经·济水注》引《徐州地理志》记载"沟通陈蔡之间"。不久便堙废	陈蔡运河
			无资料	楚灵王时（公元前 540—前 529 年）楚相孙叔敖主持开凿"扬夏运河"。《水经·沔水注》记载："此渎灵王立台之日漕运所由也。其水北流注于扬水"	扬夏运河
			无资料	春秋末年（约公元前 500 年）吴国阖闾、夫差相继为王，吴国逐渐强盛，用伍子胥开凿胥溪（又名堰渎、芜太运河）	芜太运河
			无资料	春秋末年（约公元前 500 年）齐国在淄水与济水之间开凿了一条济淄运河，《史记·河渠书》记载："于齐则通淄济之间"	济淄运河

续表

阶段	年代	特征	世界范围发展情况	中国国内发展情况	说明
二、埭堰文明萌芽阶段	公元前	3. 埭堰出现： 以吴王夫差率领水军北上争霸在北神堰因水浅受阻，筑临时土草坝壅水过船为标志。船闸文明从此进入“埭堰文明阶段，船只翻坝时期”	无资料	公元前486年，吴王夫差为北上争霸，“城邗，沟通江淮”（《左传·哀公九年》）。这是历史上有确切开凿年代记载的运河。长150 km，又叫扬楚运河、江淮运河、山羊渎、邗沟运河等	这是我国历史上有确切开凿年代记载的第一条流域间运河，即邗沟运河
			无资料	公元前482年，吴王夫差为争霸中原进军北方，开凿泗水至济水之间的菏水运河	菏水运河
			无资料	公元前360年，魏惠王开凿连接黄淮之间的运河形成鸿沟水运枢纽	鸿沟运河
三、斗门文明过渡阶段	公元前	4. 斗门过渡： 从公元前219年灵渠上出现斗门开始，船闸文明进入到“斗门过渡阶段，单门控制时期”。于此，船舶过坝出现翻坝或开口放船两种方式，也就成为船闸与升船机分道扬镳的分水岭：通过斗门过渡方式逐渐发展起来的为船闸；继续翻坝的逐渐发展为斜坡式升船机	无资料	公元前219年，秦始皇为进军岭南，在广西兴安县境内，修建了连接湘江和漓江水系的灵渠。长40 km，又称湘粤运河。灵渠埭堰首次采用开口放船，用陡（斗）门控制水位	湘桂运河
			无资料	公元前129年（西汉武帝元光六年），由大司农郑当时建议，水工徐伯勘测施工开凿渭南运河，称漕渠。全长300多里（150 km），历时三年完工	渭南运河

续表

阶段	年代	特征	世界范围发展情况	中国国内发展情况	说明
三、斗门文明过渡阶段	公元后	5. 隋唐大运河形成：隋代，将历代过去开凿的五条区域性运河，通过扩展改造，然后首尾相连地沟通而形成隋唐京杭东西大运河。全长5 000多里	公元67年，罗马人开凿连接莱茵河与马斯河的运河，长37 km，可以避开北海沿岸的风暴。后来，为了改造英格兰的剑桥洼地，罗马人曾挖掘了好几条运河，把卡姆河与乌斯河、宁河与威特姆河、威特姆河与特伦特河连接起来	东汉定都洛阳，公元48年（建武二十四年），大司空张纯开凿洛阳新运道——阳渠。公元69年（永平十二年），王景、王吴治汴河运河工程获得成功。修旧闸、建新闸，实行多口引水。修浚仪渠用“堨流法”控制运河水量（建滚水溢流坝）	阳渠运河 汴河运河
			无资料	东汉末年（200—213），曹操从政治军事需要出发，先后开凿了北方五渠，即白沟、平虏、泉州、新河、利漕等五条水道	北方五渠，为隋唐以长安洛阳为轴心，北通涿州、南达杭州的东西大运河奠定了基础
			无资料	隋代从公元584年起，开凿广通渠，接着对通济渠、山阳渎、江南运河、永济渠五条运河进行了拓展、改造、治理。虽然是五条运河，拓展后形成规模基本一致，组成了一个由长安、洛阳两都为中轴，成扇形，东南通余杭、东北到涿郡的完整的运河网，五段运河是一条运河的五个组成部分	隋唐京杭（东西）大运河形成，全长5 000多里，流经河南、河北、安徽、江苏和浙江五省，沟通长江、淮河、黄河、钱塘江和海河五大水系

续表

阶段	年代	特征	世界范围发展情况	中国国内发展情况	说明
四、船闸文明成型阶段	公元后	6. “二门一室”初期船闸诞生： 标志着船闸文明从此进入到初期成型阶段	无资料	唐代主要是改造、维护、利用大运河。大运河对其封建鼎盛时期的经济发展起到促进作用。公元734年，润州刺史齐浣创建“二门一室”两斗门初期船闸。公元738年，诗人李白乘船过船闸的诗句，为我国初期船闸诞生留下历史见证	开凿开元新河未如愿；重开广济渠为漕渠；改造通济渠、永济渠；加强漕运管理、设仓转运避险
		7. 初期船闸在宋代得到完善： 宋代初期船闸在前代的基础上得到完善：一是建筑材料“筑土垒石，以牢其址”；二是闸门木质，以平板与叠梁为主；三是出现澳闸和多级船闸。 本阶段从唐初（中间夹着五代十国）、北宋、南宋，直到公元1279年，元灭掉南宋，从而结束了中国三百余年分裂割据的局面	无资料	宋代定都汴州，围绕汴京修建了一批向四周幅射的运河，形成京城附近新的运河体系，史称“汴京四渠”。 其运河逐渐形成三大系统，即江北运河（联系黄河、长江的汴运颍运）、江南运河（联系江苏、浙江）、荆襄运河（联系长江、汉水）。 公元978年，西京转运史程能献提出经方城谷地兴建第二条江淮运河，施工完成后，因水不能至而失败。 初期船闸在宋代得到完善，并出现补水澳闸和多级船闸	“汴京四渠”是以汴河为骨干，包括广济河、金水河、惠民河。 初期船闸得到完善，并出现补水澳闸和多级船闸，如长安闸、邵伯闸等，当时都是“三门二室”的两级船闸
			无资料	公元1179—1202年，成吉思汗统一了北方蒙古各部。接着，蒙古军又进行了三次西征，沟通了东西方的经济和文化联系，把中国发明的火药、造纸术、印刷术、指南针等科学与技术传到西亚及欧洲各地；同时亦将西方的天文、医学、历算等传入中国	蒙古西征，使中国与阿拉伯国家发生了友好交往，既在元大都建立了天文台，又在巴格达成立了科学文化中心，使阿拉伯学术著作传到中国，中国的文化科学知识传入阿拉伯

续表

阶段	年代	特征	世界范围 发展情况	中国国内 发展情况	说明
五、运河渠化多级阶段	公元后	8. 在隋唐大运河基础上,经过改道,南北京杭大运河形成: 隋唐之后,北方少数民族进入中原。我国出现约400余年的分裂割据局面。五代十国、北宋南宋、辽、夏、金,最后蒙古族统一全中国建元代。建都北京称大都。 400余年间北方战乱,北人南迁,南方农业发展。元代经济粮草仍然依靠江南。 原隋唐大运河因黄河泛滥淤积和战乱毁损失修,部分运道不能通航。同时政治中心北迁,绕道黄河费事。 于是,元代除依靠海运外,开凿鲁西山地,将原来隋唐大运河的中部沿黄河段舍去并东移,通过鲁西山地,使运河从江南直达大都,形成了后来著名的南北京杭大运河	随着罗马帝国的衰亡,欧洲运河工程的发展在很长一段时间内停滞不前。 公元1275年夏,意大利人马可·波罗一家到达上都,1291年乘船离开泉州回欧州。后来他所写《马可·波罗游记》向西方介绍了中国的经济、文化、科技、漕运和运河技术,对中西方的文化科技交流起到了促进作用	公元1279年,元建都北京称大都。中国政治中心北移,经济中心仍在南方,大都繁华,人口众多,消费全靠江南补给。为保漕运。元代双管齐下:一是开辟海运;二是改造原来的扇形的东西大运河,将隋唐大运河裁弯取直,通过鲁西山地使江南直达大都,形成南北京杭大运河	鲁西河脊地势复杂,为解决水源和比降问题,运河开始建水柜调节水量,用航道梯级化实现通航。另外,从大都到通县,修建了11组复闸,有坝闸24座,称为坝河
			12世纪后,欧州运河随贸易的发展而复苏,荷兰、卢森堡、比利时等地势低洼的国家85%的运输依靠内河航道。 公元1179—1209年,意大利建成了纳维格里奥大运河,这条运河上出现了带有初期人字闸门的简易船闸	公元1403年(永乐元年)明迁都北京。1411年,命工部尚书宋礼负责大运河改造工程。其中,改进分水枢纽、疏浚运道、整顿坝闸、增建水柜,使运河通航能力得到大大提高。于是,停止海上漕运	分水枢纽选址失当,是元朝南北大运河没有发挥更大作用的主要原因。改建后,实现了河脊处南旺分水,让运河梯级化通航
			公元1373年,在荷兰梅尔韦德运河上的弗雷斯韦克建成了西方的第一座勘称现代型的船闸。1391—1398年,德国建成了从劳恩堡至吕贝克的施特克尼茨运河,沟通了北海和波罗的海	南北京杭大运河自元大都始,贯穿海河、黄河、淮河、长江、钱塘江五大水系;经过天津、德州、济宁、淮阴、扬州、镇江、无锡、苏州、嘉兴等重要商业城市,而后直达杭州。总长3 560多里。它展现了我国古代劳动人民的高度智慧和高超的创造能力,是人类文明史上的一大奇迹	明代白英老人为运河的畅通做出重大贡献,即选择南旺为水脊,将汶河水全汇于此,然后南北分流。北至临清地降90尺设闸17座;南至沛县地降116尺设闸21座

续表

阶段	年代	特征	世界范围发展情况	中国国内发展情况	说明
五、运河渠化多级阶段	公元后		16—18 世纪是欧洲运河大发展的时期。法国于 1642 年建成了布里亚尔运河,把卢瓦尔河与塞纳河连接在一起。在这条运河沿线建有 40 座船闸	明朝派宋礼等主持增建新闸和修复旧闸的施工,在临清至沛县河段共建有新旧 38 级船闸,从南旺北至临清建了 17 座船闸,南至沛县沽头建了 21 座船闸。还在会通河沿岸设置水柜、斗门。水柜在运西,水小时,以水柜之蓄水补运;斗门在运东,洪水时,从斗门排泄运道之余水。从此,会通河成了节节蓄水的“闸河”。依靠各闸的递互启闭,逐级平水过渡,使船只步步上升,越过运河河脊(此为“航道梯级化”之初期状态)	采用“以河济运”“以淮济运”,河、淮、运合槽等办法:利用河、淮之水来满足和补充运河缺水、水浅对运道的影响而维持通航
		9. 大运河改道后,能否让船只顺利翻越鲁西河脊是运河改道成败的关键: 先人们所采取的措施:一是开辟水源,二是渠化运道。 ①在汶、泗上游筑坝拦蓄,引水至任城为南北分流枢纽; ②运道顺河势渠化为多级。 元代分水枢纽在任城选址,大运河通过能力有限,后来仍保持部分海运。 明代以南旺为分水枢纽,使京杭大运河得以畅通,从此取消海运	1681 年,欧洲完成的朗格多克运河,长 250 km,把比斯开湾和地中海连接在一起。这条运河沿途建有 108 座船闸、1 条 165 m 长的隧洞和 3 座大渡槽。一些小溪则利用涵管暗渠从运河下面通过	自南宋杜充决黄河阻金兵,黄河改道南下。起初大运河利用河淮水道为运道,即“河淮运合槽”。元明以来,黄河南迁日久,河床泥沙淤积严重,决口频频。明末清初,为保运道畅通,实施“河运分离”,在淮北,陆续开凿了一批运河新道,甚至将会通河南段的部分运道,也予以放弃	“河运分离”另凿淮北新河: 新开夏镇新河; 新开泇河运河

续表

阶段	年代	特征	世界范围 发展情况	中国国内 发展情况	说明
五、运河渠化多级阶段	公元后		在德国，这期间曾开挖了许多运河，把易北河、奥得河和威悉河连接在一起。英国于1761年开通布里奇沃特运河，以便从沃斯利向曼彻斯特运输煤炭。1776年，这条运河延伸至默西河。大特朗克运河则促进了英格兰中部地区的发展，为出口贸易提供了到欧洲市场的水路运输。1773年动工、1822年通航、1847年竣工的喀里多尼亚运河穿过了苏格兰大峡谷，把沿线的许多湖泊连接在一起	洳河开通后，微山等湖蓄水济泇，湖面渐宽，日益显现其重要性。在清代，其作用远在南北诸湖之上。 骆马湖北与隅头湖连为一体，上接运河水及微山湖由荆山口下泄之水，沂河水亦注入该湖，为中运河之调蓄水柜，周围二万五千余丈，南北长七十里，东西宽三四十里。西与运河一堤之隔，南邻黄河有十字河泄水，清雍正后隔断黄河，建石闸多处，引湖水济运	清代以湖济运： 泇河运河的改建； 微山湖蓄水济运作用最大； 骆马湖也发挥水柜作用
			俄国早在1718年就有很大规模的运河系统，至1804年，在伯瑞西纳和德维纳河之间开辟了一条运河。此后俄国还将伏尔加河、第聂伯河、顿河、德维纳河与鄂毕河的上游连接在一起以发展航运	清顺治到康熙年间，董口淤堵，漕船由骆马湖自泇至黄，运道艰难。康熙十八年(1679)总河督靳辅用陈潢计，开董口西20里之皂河口筑堤通运，又增改泇河诸坝闸。两年后因皂河口易为黄河倒灌，又于皂河向东开支河三千丈至张庄，在张庄开新口通黄，堵闭皂河旧口。三年后，靳辅复用陈潢计，以张庄道口至清口180里，不走黄河水道，在黄河北岸创筑遥堤，并在遥、缕二堤之间挑挖中河行运。中河于康熙二十七年(1688)完工，后来，这个中河上之堤、坝、闸等设施逐渐完备，维修甚勤，成为后来行漕的主要航道	开通中运河

续表

阶段	年代	特征	世界范围 发展情况	中国国内 发展情况	说明
五、运河渠化多级阶段	公元后	10. 南北京杭大运河在元代确立，明代完善： 先是利用黄河通运，明以后黄河泛滥频发，为保运河畅通，明清两代实施“河运分离”“河湖分离”，并在沿线设置水柜，以湖济运，保持了大运河 500 余年畅通	美国于 1825 年完成 581 km 长的伊利运河，沿河建造了 82 座船闸，从而促进了美国中西部大草原地区的开发	泇运河上台儿庄以南，雍正二年(1724)建河清、河定、河成三闸，乾隆五十年(1785)又于宿迁县境建利运、亨济二闸，过后二年又增建汇泽、潆流二闸，乾隆中期四闸多废弃，嘉庆中期复修。咸丰、同治时七闸尽废，光绪中又修。由于各闸经常废毁，泇河常苦水浅，也常筑临时草坝壅水，有时多达数十处。于是，船闸文明又徘徊、辗转地退回到两千多年前的吴王夫差“拦河为堰，壅水过船”的埭堰文明时期	河运分离工程是明朝后期到清朝前期治理运河的主要工程之一，它的完工，使进入淮北地区的运河基本上摆脱了黄河的干扰
			1829 年，加拿大兴建了韦兰运河。从伊利湖上的科尔本(Colborne)港到安大略湖上的威乐(Weller)港，全长 44. 4 km，最浅处深 9 m。两湖之间水位差约 100 m，共建有 8 座船闸	引黄入微山湖济运，自靳辅起，徐州以上引黄河涨水归湖。由湖口闸或由茶城张谷口经荆山桥至直河口北六十里之猫儿窝济运。乾隆二十三年(1758)筑成黄河北岸堤，遂隔绝不通。三十九年以湖水少又开河引黄水，河头建滚水坝控制。四十九年、五十年又引黄济运。嘉庆十二年(1807)、十四、十五连年引黄水入湖，于是，微山湖底淤高已达三尺。十八年又议引黄，未批准。咸丰初，黄河连年决入微山等湖，淤地不少，微山湖基本失去蓄水济运作用	

续表

阶段	年代	特征	世界范围发展情况	中国国内发展情况	说明
五、运河渠化多级阶段	公元后		19世纪以后，世界各地开挖的运河迅速增加。1832年瑞典建成连接北海和波罗的海的约塔运河	京杭大运河，由于明、清两代人的不懈努力，与元代初建之时相比，有了很大发展。其中，只有通惠河（明、清叫大通河）是另外一种情况，它萎缩了。在元代，通惠河主要是以西山诸泉为水源，虽然不充裕，但是总还能维持大都到通州的航运。明代以后，由于白孚泉等日益干涸，以及皇家园苑耗水剧增等原因，运河水量严重不足。其间，虽然经过人们一再整治，如明代多次修理沿河坝闸，尽量减少水量流失，清乾隆时开辟昆明湖，以增加蓄水量，但都没有明显的好转。运河粮船只能到达通州，只有小船经过原始的盘坝方式后，勉强可以通到京都的大通桥	
			1893年，希腊的科林斯运河开挖成功，把伊奥尼亚海和爱琴海连接在一起	扬楚运河，即古邗沟运河，2 000余年来，历来是大运河南来北往的咽喉通道。清代因黄河泛滥，河淮运和江运交汇处淤积严重。嘉庆、道光年间，对其南北运口进行了整改	拦黄堰闸，引黄水入塘，倒塘灌运

续表

阶段	年代	特征	世界范围 发展情况	中国国内 发展情况	说明
五、运河渠化多级阶段	公元后	11. 明代以后，我国船闸文明进入徘徊衰退时期： 明代以前，我国的经济、科技一直处于世界领先地位。 12 世纪后，西方的运河开凿随贸易的发展而复苏，16—18 世纪是欧洲开凿运河大发展的时期。 后来，经文艺复兴和工业革命，在科技和物质条件的支持下，在欧州，船闸文明进入新式船闸时期。 此时，我国的船闸文明则长期徘徊不前，并随着封建制度的衰落而出现衰退现象	在中欧，1840 年建成路德维希运河，连接起多瑙河、美因河与莱茵河。 在此期间，欧美以外地区也有一些运河开凿，如缅甸的端迪运河、马达加斯加的潘加兰运河等	晚清，朝廷政治腐败，黄河在铜瓦厢决口改道，由山东利津入海。黄水泛滥冲击运河堤岸达二十余年未能治理。京杭大运河从此百孔千疮，很难畅通。后来，虽经几度努力，企图设法恢复通航。但是，最终还是未能如愿。后来，虽也有人主张修复运河，都无济于事。同治十二年(1873)，清王朝为维持将要崩溃的漕运制度，采用李鸿章建议，改由外商轮船海运漕粮入京。光绪二十七年(1901)，清政府改漕粮为折色(折合银两)。从此，我国历史上推行 2 000 余年的漕运制度正式宣告结束。著名的京杭大运河，从元代东迁 400 余年来逐渐走向衰落	
			19—20 世纪最重要的运河工程是基尔运河、苏伊士运河和巴拿马运河。 基尔运河于 1887—1895 年兴建，总长 98. 6 km，缩短了自英吉利海峡至波罗的海的航程达 685 km；20 世纪两次扩展，沿线设 8 座船闸。 苏伊士运河是连接红海和地中海的一条无闸水道。1869 年 11 月 17 日通航，全长 173 km。大大缩短了从地中海至印度洋的航程。 巴拿马运河是沟通太平洋和大西洋的国际水道，全长 81. 3 km，依靠 6 座船闸，逐级越过分水岭。这条运河自 1881 年起开凿，中间一度停顿，1904 年重新动工，直至 1914 年 8 月 15 日完工	南北京杭大运河长 3 580 多里，它是继隋唐东西大运河之后，古今中外使用时间最久远、线路最长的运河。运河沿线条件复杂，地势高低不一，水源丰枯不等，洪沙灾害频频。先人们用开拓水源、设置水柜、建立坝闸、分离河运、开凿减河等工程措施予以克服，使这条世界最古老的运河，从元至今历时长达五个多世纪经久不衰。这是我国历代千千万万劳动人民的聪明睿智和顽强拼搏精神的结晶，是我们民族和国家的骄傲，是伟大中华文明为丰富人类的精神财富与物质成就而对世界文明体系所做出的巨大贡献	

续表

阶段	年代	特征	世界范围发展情况	中国国内发展情况	说明
五、运河渠化多级阶段	公元后		1824年,英国人J.阿斯普丁发明了硅酸盐水泥,从而带动了混凝土结构的发展,使土木工程进入到一个新的发展阶段。19世纪下半叶出现了钢筋混凝土,这进一步推动了轻型混凝土水工建筑物的发展。19世纪70年代,出现了水电站。进入20世纪以后,许多新兴科学技术已开始在水利工程中得到广泛应用。在工程建设中,20世纪的世界水利工程越来越具有大型化、综合化、跨流域、多目标等工程特点	帝国主义的入侵与瓜分,给中国人民带来贫穷落后与耻辱的同时,也传入一些新技术、新思想和新理论。在当时,对这些科学技术思想和理论无消化和吸收条件。民国曾进行少量试验性应用。例如,关中灌溉工程的复兴,可以说是引进西方水利的先驱,国内新式船闸的创建、水电的开发等,虽然都寥寥无几,但亦可见其发展方向。民国25年(1936),大运河江淮段线上,开始兴建邵伯、淮阴、刘老涧三座新式船闸	1912年建成我国第一座水电站——云南省石龙坝水电站,1913年建成发电,装机两部共1 440 kW

续表

阶段	年代	特征	世界范围 发展情况	中国国内 发展情况	说明
六、流域综合开发阶段	公元后	12. 进入高水头枢纽期： 新中国成立后，在恢复经济、建设基础工业的同时，也狠抓了交通运输、水电开发、流域经济开发及水资源综合利用。 我国船闸文明在水资源综合开发利用中大放异彩。 船闸在水利枢纽中的重大作用日益显现，它已经从过去单纯为满足船舶航行条件或渠化航道功能的通航建筑物，转变为现代水利枢纽中，为协调水利、水电、航运、防洪等综合效益发挥的关键性工程。	自公元 1878 年法国建成了世界上第一座水电站起，1882 年美国威斯康星州建成美国第一座水电站。此后河流水力资源流域开发在全世界迅速发展。1950 年后进展更快，趋势是河流梯级开发，电站和机组向大容量发展，潮汐电站和抽水蓄能电站等也有发展。 直到 20 世纪 30 年代，世界上各国才逐渐开始在水利枢纽工程上建设船闸。从 20 世纪 50 年代开始，美国和俄罗斯等国家分别在兴建的大型水利枢纽的同时，建成了一批水头较高、规模较大的船闸，推动了船闸逐步向高水头、大型化和现代化的方向发展	新中国成立初期，全国水旱灾害频繁，1949—1952 年，黄淮海地区水灾不断，灾民从整个苏北到淮北有几千万人。此时，国家首要的任务是恢复生产、安定社会。控制水旱灾害成为一项极为重要的工作。党和国家领导人高度重视淮河灾情，毛泽东对江河治理提出了许多重要指示，他题字“一定要把淮河修好”极大地鼓舞了人民的治水热情和信心。京杭大运河从 20 世纪 50 年代起，通过重新疏浚整修后，成为我国内河（南北）航运的主要干线，最大可通行 4 000 t 级船队	
		我国的船闸建设也从小型低水头，到大型高水头和特大型、特高水头多级船闸。三峡双线五级船闸的建成和使用，标志着我国船闸建设已经跨入世界先进行列。船闸文明已经进入到一个辉煌的时代	1961 年意大利建成 262 m 高的瓦依昂双曲拱坝，次年瑞士建成 285 m 高的大迪克桑斯重力坝。世界的高坝技术也不断发展，苏联 1980 年建成的努列克土石坝高 300 m，而 1989 年建成的罗贡坝的高度则达 335 m	20 世纪 50 年代末，我国在一些大型水利枢纽建设的同时，开始了在水利枢纽上建造船闸的研究工作。20 世纪 60 年代初，先后在湖南潇水建成一座小型分开布置的两级双牌船闸和广西郁江建成了一座中型连续布置的两级西津船闸，开始了我国在大型水利枢纽上建设船闸的历史	20 世纪 60 年代初，开始了我国在大型水利枢纽上建设船闸的历史。 1965 年，湖北浠水白莲河升船机的建成，使我国成为最早在水利枢纽上建设升船机的国家

续表

阶段	年代	特征	世界范围发展情况	中国国内发展情况	说明
六、流域综合开发阶段	公元后		大坝建筑技术的萌生可以追溯到5 000年前古埃及的孟菲斯(Memphis)坝,中国的芍陂(现称安平塘)始建于公元前613年。但是水工结构建设从经验累积和技术上升到科学,则是近代的事。1966年第一座有理论指导设计的戈菲雷·当费尔(Coffred'Enfer)重力坝建成,从此,水工结构学开始了科学、技术、生产三者紧密结合的发展模式	在建成浙江富春江七里垅、江西赣江万安、福建闽江水口、湖南沅水五强溪等船闸之后,1981—1984年,先后在长江葛洲坝特大型水利枢纽上,建成了1#、2#和3#三座高水头船闸。从此,开始了我国在特大水利枢纽工程上建设大型高水头单级船闸的历史,并在船闸工程的设计、建设和管理上开始迈入世界先进行列	葛洲坝水利枢纽三座船闸兴建,开始了我国在特大型水利枢纽上建设高水头船闸的历史。葛洲坝建设之初,党中央提出“葛洲坝枢纽”是三峡枢纽的实战准备并有为三峡船闸“优化设计”反馈实际使用效果和提供总结经验教训技术资料的历史责任
			现代修建升船机较早的国家是德国和比利时。第一座升船机是德国在1789年建造的;1894—1899年德国先后建成两座提升高度为14 m的垂直升船机。1934年和1938年建成了尼德芬诺平衡重式垂直升船机和罗登塞浮筒式垂直升船机。1962年和1975年,德国建成亨利兴堡浮筒式垂直升船机和世界著名的吕内堡均衡重垂直升船机。1967年和1968年,比利时和苏联先后建成隆科尔斜面升船机和目前世界最大的克拉斯诺雅尔斯克斜面升船机(建在大型水利枢纽,其余都建在运河);2001年,比利时建成斯特勒比均衡重垂直升船机	随着我国在三峡水利枢纽双线五级船闸的建设中,对特高水头大型船闸一系列高难度技术问题的研究解决与技术突破,自2003年建成至今安全通航表明我国在特大型水利枢纽上设计建设高水头大型船闸的技术已经进入世界先进行列	
				升船机作为通航建筑设施,应用于水利枢纽较晚,1965年,湖北省浠水县浠水白莲河升船机的兴建,开始了我国在水利枢纽上建造升船机的历史。我国也因此成为最早在水利枢纽上建设升船机的国家	三峡双线五级船闸的建成和安全运行17年,表明我国在特大型水利枢纽上设计建设高水头大型船闸的技术已经进入世界先进行列

续表

阶段	年代	特征	世界范围发展情况	中国国内发展情况	说明
六、流域综合开发阶段	公元后			三峡升船机是世界上唯一技术难度最大、提升高度最高的升船机，对这样绝无仅有的工程，世界上没有标准可循。我国的工程技术人员坚持独立自主、自力更生的原则，敢想敢为，没技术可以引进学习，通过学习先消化后创新；没标准自创标准，在探索中积累经验，实践中吸取教训。通过创新设计理念、提高制造技术、施工工艺和管理方法，成功解决了众多世界级技术难题，为世界升船机行业制定出“大型齿轮齿条爬升平衡重式垂直升船机”一系列的“中国标准”	三峡升船机采用齿轮齿条爬升平衡重式垂直升船机。2016 年 9 月 16 日至 2019 年 9 月 17 日，三峡升船机试通航两年，累计运行 14 085 厢次，通过船舶 8 842 艘次，通过旅客 31.9 万人次，通过货物 289.08 万 t，充分发挥了快速通道作用
			我国与欧美等西方国家的内河高等级航道里程占总通航里程比例，美国为 61%，德国为 68%。我国高等级航道里程 1.44 万 km，占总通航里程的比例为 11.3%	根据交通运输部 2021 年的年度报告，截至 2020 年末，全国内河航道通航里程为 12.77 万 km。三级及三级及以上（千吨级）高等级航道里程 1.44 万 km，占总通航里程比例仅为 11.3%。很显然，我国的内河航运占比明显偏小。随着国家“双碳”目标的提出，由于内河航运的运量大、能耗与成本低的优势，使内河航运被抬升到一个全新的战略高度。在“十四五”时期，我国明确表示要补齐内河航运基础设施这个短板，开始被称为新中国第一批“世纪工程”的新运河的开凿。依次开建平陆运河、湘桂运河、赣粤大运河三大运河。推进我国“四纵四横两网”国家高等级航道建设，加强加快我国内河水系沟通和区域性成网”。促进广西壮族自治区建设，使之成为我国西南、西北等地区优质出海港口，促进广西北部湾经济区的快速发展	在“十二五”规划期间，我国继续加快了开发长江上游的乌江、南盘江、红水河、黄河中上游及北干流、湘西、闽浙赣和东北等 7 个水电基地。还重点开发了金沙江、雅砻江、大渡河、澜沧江、怒江、黄河上游干流等 6 个分布在西部地区的水电基地，目前来看我国一共有十三大水电基地。 解决水电开发与环境保护的矛盾措施如上：①要在环境保护中实施水电开发；②要在山洞开发中，进行环境保护；③施工前画好环保红线；④在红线内进行环保施工；⑤建设水质、地质监测站；⑥建设水质、水生、陆生动物洄游通道；⑦建立环保、水质、地质监测站和生态环境保护区等

续表

阶段	年代	特征	世界范围发展情况	中国国内发展情况	说明
六、流域综合开发阶段	公元后			平陆运河中,将有三座水利枢纽(船闸的建设)建设正在规划设计筹集过程中:①青年枢纽船闸;②马道枢纽船闸;③企石枢纽船闸。从平陆运河起点到海平面有65 m的落差,需要建设三个梯级船闸的航运枢纽来克服水位落差障碍。由此得知,如果把总落差65 m,按三个单级水利枢纽平均分配的话,每单级枢纽的水头应为22 m左右,约比葛洲坝三座船闸的水头(27 m)稍低或者相当;据介绍,三个水利枢纽都为非连续式整体间断布局。每枢纽由双线单级船闸和冲砂闸组成,并且要通过3 000~5 000 t级海轮。 2020年,位于广西西江的大藤峡枢纽建成。大藤峡枢纽船闸下首人字门设计高度为47.5 m,宽度为20.3 m,单扇门重1 295 t。船闸水头44 m。由此得知,大藤峡船闸下游人字门单扇门叶要比三峡多级船闸的单扇门叶的高度还要高7 m。于是,大藤峡船闸的人字门便在闸门的高度、闸门重量以及单级水头上超过三峡多级船闸的单级人字门重量和高度而成为当今世界名副其实的世界"第一高大闸门",其闸室充泄水时间每次约12 min,单次过闸时间仅需1 h。其船舶过闸效率要比常规二级船闸提高将近1倍	另外,在金沙江下游的水电基地,已经建成世界瞩目的四座称为"金沙四杰"的优质水电站。它们是:①乌东德水电站;②白鹤滩水电站;③溪洛渡水电站;④向家坝水电站。 2023年前,在世界上已经在建的2 000 MW以上的22个水力发电站中,中国占据6座,居世界之首。白鹤滩水电站投产后,其装机容量达16 000 MW,将超过溪洛渡水电站(13 860 MW)和伊泰普水坝(14 000 MW),白鹤滩水电站跃居世界第二。 世界上水电站装机容量在1 000 MW以上的187个水力发电站中,其中,中国占据了29座,居世界之首。在中国29座水力发电站中,长江流域就占有16座

参 考 文 献

[1] 周国兴. 人之由来[M]. 武汉:湖北少年儿童出版社,2009.
[2] 肖萐父,李锦全. 中国哲学史[M]. 北京:人民出版社,1982.
[3] 朱学西. 中国古代著名水利工程[M]. 北京:商务印书馆,1997.
[4] 水利史话编写组. 水利史话[M]. 上海:上海科学技术出版社,1989.
[5] 段亚兵. 文明纵横谈[M]. 北京:社会科学文献出版社,2006.
[6] 长办编写组. 长江水利史略[M]. 北京:水利电力出版社,1979.
[7] 李家熹. 船闸管理与维修实践[M]. 北京:中国三峡出版社,1996.
[8] 李景江. 船闸结构[M]. 北京:交通部航道职工教育研究组,1986.
[9] 姚汉源. 中国水利发展史[M]. 上海:上海人民出版社,2008.
[10] 宋镇铃,杨俊文. 中国历史上 100 个故事[M]. 北京:解放军出版社,1987.
[11] 常江. 诗词故事 365[M]. 北京:国际文化出版社,1987.
[12] 钮新强,宋维邦. 船闸与升船机设计[M]. 北京:中国水利水电出版社,2007.
[13] 李东明. 影响二十世纪中国的十件大事[M]. 西安:陕西人民出版社,1997.
[14] 北京师范大学历史系及教研室. 中国现代史[M]. 北京:北京师范大学出版社,1997.
[15] 孟云剑,等. 共和国记忆 60 年[M]. 北京:中信出版社,2009.
[16] 人民教育出版社历史室. 中国历史:初中教材[M]. 北京:人民教育出版社,1992.
[17] 杨溢. 三峡工程小丛书《论证始末》[M]. 北京:水利电力出版社,1992.
[18] 湖北省政协文史资料委员会,宜昌市政协学习文史委员会. 三峡文史博览[M]. 北京:中国文史出版社,1997.
[19] 王绶琯. 现代科技知识干部读本:科学现代化[M]. 北京:科学普及出版社,1988.
[20] 程虹,靳原. 三峡工程大纪实[M]. 武汉:长江文艺出版社,1992.
[21] 杨志玖. 元史三论[M]. 北京:人民出版社,1985.
[22] 陶承德. 现代科技干部读本[M]. 北京:中共中央党校出版社,1986.
[23] 北京师范大学科学史研究中心. 中国科学史讲义[M]. 北京:北京师范大学出版社,1989.
[24] 国家自然科学基金委员会. 水利科学[M]. 北京:科学出版社,1994.
[25] 武汉水利电力学院《中国水利史稿》编写组. 中国水利史稿[M]. 北京:中国言实出版社,1979.
[26] 刘红婴. 世界遗产精神[M]. 北京:华夏出版社,2006.
[27] 何民. 中国城市史[M]. 武汉:武汉大学出版社,2012.
[28] 鞠继武,潘凤英. 京杭运河巡礼[M]. 上海:上海教育出版社,1985.
[29] 杨邦柱,郭振宇. 中国水利概论[M]. 郑州:黄河水利出版社,2009.
[30] 周大璞. 中国历代寓言选:上下册[M]. 武汉:湖北人民出版社,1983.